U0425397

QRMS 译丛

安全性设计

DESIGN FOR SAFETY

[美]路易斯·J. 古洛(Louis J. Gullo)
[美]杰克·狄克逊(Jack Dixon) 著
李梦白 程海龙 李孝鹏 等译

国防工业出版社
·北京·

著作权合同登记　图字:军-2020-050号

图书在版编目(CIP)数据

安全性设计/(美)路易斯·J. 古洛(Louis J. Gullo),(美)杰克·狄克逊(Jack Dixon)著;李梦白等译. —北京:国防工业出版社,2023. 7
(QRMS 译丛)
书名原文:Design for Safety
ISBN 978-7-118-12424-8

Ⅰ. ①安…　Ⅱ. ①路…　②杰…　③李…　Ⅲ. ①航空发动机-安全设计　Ⅳ. ①V23

中国国家版本馆 CIP 数据核字(2023)第 132300 号

Design For Safety By Louis J. Gullo and Jack Dixon
ISBN 978-1-118-97429-2

※

国防工业出版社出版
(北京市海淀区紫竹院南路23号　邮政编码100048)
北京虎彩文化传播有限公司印刷
新华书店经售
*
开本 710×1000　1/16　**印张** 27¼　**字数** 476千字
2023年7月第1版第1次印刷　**印数** 1—1000册　**定价** 180.00元

(本书如有印装错误,我社负责调换)

国防书店:(010)88540777　　书店传真:(010)88540776
发行业务:(010)88540717　　发行传真:(010)88540762

译者序

近年来，随着装备组成和功能复杂性的日益提升，安全性成为制约装备效能发挥的重要因素。国内外装备安全性事故频发也说明了装备安全性工作存在不到位、不充分等问题。安全性设计是装备安全性的首要工作和基础保障。2012年，我国发布实施了GJB 900A《装备安全性工作通用要求》，对装备全寿命周期的安全性工作进行了明确规定，对安全性设计工作的要求主要集中在制定安全性设计准则（工作项目303）方面。实际上，影响装备安全性的因素众多，安全性与可靠性、安全性与风险之间也存在着紧密联系，如何从工程角度综合考虑上述因素，从而使得装备的安全性设计工作开展得更加深入、更为充分有效，是学术界和装备研发、使用、管理、保障部门都应深入思考的一个重要问题。

目前，公开出版的安全性书籍相对于可靠性书籍来说数量较少，而且大多集中在安全性管理、安全性分析、安全性评估的理论方法方面，专门针对安全性设计的书籍国内外均鲜有出版。因此，依托装备科技译著出版基金策划了本书的引进和翻译出版工作，旨在通过本书向国内学术界、工业界系统详细地介绍在安全性设计方面的理论、方法和应用方面的最新突破和见解，从而推动国内相关理论研究和工程应用发展。

本书是一本专门针对工程系统安全性设计的集理论方法和工程技术于一体的、实用价值较高的指南性专著。本书两位作者Louis J. Gullo和Jack Dixon都在自己职业生涯中积累了关于在产品设计、安全性和可靠性方面的丰富经验，他们长期从事装备安全性、可靠性与质量管理研究工作，与NASA、ESA及相关高校和知名企业集团、研究机构保持着紧密的学术联系，在该领域具有较高知名度，并且采用本书提出的相关技术方法开展了多个型号的安全性技术支持工作。本书内容是作者长期研究成果的高度概括和系统总结，作者将理论、实践、有用的应用和常识性的工程设计完美地融合到一起，是"威利质量与可靠性工程系列丛书"中一本不可多得的好书。本书内容深入浅出，包含大量的实例，无论是新生代设计工程师还是经验丰富的安全性相关从业人员，本书将对他们的安全性设计工作有很大帮助。因此译者认为，本书的翻译出版将进一步促进国内装备安全性设计的发展，具有广泛的适用性和工程实用价值。

全书共18章。第1章介绍了安全性设计的概念，给出了十个安全设计范例；第 2 章介绍了系统安全性的历史；第 3 章讨论了系统安全性工作的规划和管理；第 4 章讨论了管理风险和产品责任，简要总结了产品责任法及其意义；第 5 章讨论了如何制定良好的安全性要求，并提供了好的要求和不好要求的例子；第 6 章介绍了系统安全性设计检查单并提供了每种类型检查单的例子；第 7 章介绍了系统安全性危险分析以及危险跟踪及其重要性；第 8 章介绍了故障模式及影响分析（FMEA），故障模式、影响及危害性分析（FMECA），以及它们的多种应用方式；第 9 章介绍了故障树分析（FTA）技术；第 10 章介绍了其他几种常用的危险分析技术；第 11 章介绍了过程安全管理和分析；第 12 章介绍了系统安全性测试以及安全性测试的目的和重要性；第 13 章介绍了安全性与其他功能学科整合的几种方式；第 14 章介绍了可靠性设计与系统安全性的集成；第 15 章介绍了人因设计与系统安全性的整合；第 16 章介绍了软件安全性和安防；第 17 章介绍了相关经验教训；第 18 章深入探讨了几个特殊主题和应用，并思考系统安全性的未来。

本书由中国航天标准化研究所李梦白、程海龙、李孝鹏主译，中国航天标准化研究所顾长鸿研究员、海军装备研究院马绍力研究员、中国航天科技集团有限公司第五设计院谷岩研究员主审。中国航天标准化研究所的许多同志参与了本书的编译、校对、绘图、制表、文字和图表的编辑、电子文档的录入等工作，对张桅、周文明、张姗姗、陈露的辛勤工作，在此表示衷心的感谢。在本书的翻译、出版过程中，得到装备发展部项目管理中心宋太亮研究员、航天科工二院李庚雨研究员、清华大学李志忠教授的悉心指导与帮助，在此向他们致以由衷的谢意。

由于时间仓促和译者水平有限，本书翻译难免有不妥之处，敬请广大读者批评指正。

译　者

2020 年 8 月

威利质量与可靠性工程系列丛书

Andre Kleyner 博士(丛书编辑)

“威利质量与可靠性工程系列丛书”旨在为质量与可靠性领域的从业人员和研究人员提供坚实的教育基础,了解本领域的最新进展,扩展读者的知识。本系列丛书愿为工程设计的教学和实践带来持久、积极的贡献。

本系列丛书包含但不限于以下内容:

- 统计方法;
- 失效物理;
- 可靠性建模;
- 功能安全;
- 六西格玛方法;
- 无铅电子产品;
- 保修(warranty)分析/管理;
- 风险和安全性分析。

威利质量与可靠性工程系列丛书包括:

Next Generation HALT and HASS:Robust Design of Electronics and Systems (by Kirk A. Gray,John J. Paschkewitz,May 2016)。

Reliability and Risk Models:Setting Reliability Requirements,2nd Edition (by Michael Todinov,September 2015)。

Applied Reliability Engineering and Risk Analysis:Probabilistic Models and Statistical Inference (by Ilia B. Frenkel. Alex Karagrigoriou, Anatoly Lisnianski, Andre V. Kleyner,September 2013)。

Design for Reliability (by Dev G. Raheja (Editor),Louis J. Gullo (Editor), July 2012)。

Effective FMEAs: Achieving Safe. Reliable, and Economical Products and Processes Using Failure Modes and Effects Analysis (by Carl Carlson,April 2012)。

Failure Analysis:A Practical Guide for Manufacturers of Electronic Components and Systems (by Marius Bazu,Titu Bajenescu,April 2011)。

Reliability Technology: Principles and Practice of Failure Prevention in Electronic Systems (by Norman Pascoe, April 2011)。

Improving Product Reliability: Strategics and Implementation (by Mark A. Levin, Ted T. Kalal, March 2003)。

Test Engineering: A Concise Guide to Cost – Effective Design, Development and Manufacture (by Patrick O'Connor, April 2001)。

Integrated Circuit Failure Analysis: A Guide to Preparation Techniques (by Friedrich Beck, January 1998)。

Measurement and Calibration Requirements for Quality Assurance to ISO 9000 (by Alan S. Morris, October 1997)。

Electronic Component Reliability: Fundamentals. Modelling, Evaluation, and Assurance (by Finn Jensen, November 1995)。

丛书编辑的序

“威利质量与可靠性工程系列丛书”旨在为包括质量、可靠性和安全性在内的可信性领域的从业人员和研究人员提供一个坚实的教育基础，了解这些学科的最新进展，扩展读者的知识。

质量和可靠性对系统安全性有着极其重要的影响。如果关键安全性系统出现失效或故障的话，就可能会造成人员死亡或严重的人身伤害。根据美国联邦航空管理局(FAA)的定义，系统安全性指的是应用工程和管理原理、标准和技术手段，识别与安全性相关的风险、通过设计和/或程序消除或控制这些风险，基于可接受的系统安全性优先顺序以优化安全性。

随着车辆、飞机、火车、电器和其他设备中的电子元件不断增加，电子和机械系统的功能和性能也不断增强，并且变得越来越复杂。毋庸置疑，这一趋势对工程师的设计工作提出了更多挑战，而越来越多的安全召回事件也证实了这一点。这些召回事件促使人们进一步提高可靠性和安全性的要求，并加速功能安全标准的制定，如IEC 61508《电气/电子/可编程电子安全相关系统的功能安全》、ISO 26262《道路车辆功能安全》等。这些措施增加了改进设计流程并达到更高可靠性的压力，同时也适用于系统安全性。

在安全性方面投入多少努力都不为过。某个不安全系统引起的事故造成的人身伤害将是无法挽回的。因此，极为重要的是在设计之初就将系统设计为安全的系统。Louis J. Gullo和Jack Dixon所著的《安全性设计》阐述了安全性工程，并将设计理念和系统安全性的理念提升到了新高度。本书将带您一步一步地了解安全性设计过程，包括确定系统要求、设计安全性检查单以及各种重要设计工具的应用，如故障树分析、危险分析、故障模式及影响分析(FMEA)、系统集成、测试等。

这两位作者在产品设计、安全性和可靠性方面均积累了丰富的经验，共享其知识，无论是对新生代设计师还是经验丰富的从业人员都将会大有裨益。本书将理论、实践、有用的应用和工程常识完美地融合到一起，是“威利质量与可靠性工程系列丛书”中新添的一本不可多得的好书。

尽管质量、可靠性和安全性方面的教育如此重要，但在目前的工程学课程中相关内容却非常缺乏。很少有工程院校提供质量或可靠性方法方面的学位课程，或者相关类型课程不够，当前工科学生课程只涉及了安全性方面很小一部分。因此，大多数质量、可靠性和安全性领域的从业人员只能从同事、专业研讨会、出版物和技术书籍中获得技能培训。在这些领域中获得正式教育的机会很少，从而更加凸显了像本书这样的技术书籍对职业发展的重要性。

我们相信，本书和这一系列的丛书将延续威利出版公司在技术书籍方面的优良传统，并为质量、可靠性和安全工程的教学和实践作出持久、积极的贡献。

Andre Kleyner 博士

前　言

任何人在设计包含硬件和/或软件的产品或系统时，都应提出以下问题并寻求答案：

(1)我的设计对产品或系统的用户是否安全？

(2)我的设计对产品或系统的用户所影响的人是否安全？

(3)我的设计是否可能用于不安全的应用程序？尽管这并不是最初的设计意图。

(4)我的设计是否有可能造成人员伤亡？

能够完全回答这些问题并采取措施来改善设计安全性的设计师和工程师都是英雄。这些工程英雄们通常都是没有受到奖励或不追求名利的无名英雄。

提起英雄，你的脑海中可能会想到一名美国陆军荣誉勋章的获得者、一个奋不顾身从熊熊烈火中救人的英勇消防员，或是一名履行职责时表现出非凡勇气的警察，但是你可能不会想到那些愿意牺牲自己的工作或职业生涯来防止产品或系统发生潜在灾难性危险的工程师。每天，世界各地各种工程研发领域的众多工程师们都在识别和分析安全性关键的故障模式，对有可能造成人员死亡或严重伤害的危险评估其对用户和客户的危险风险。这些工程师全面考虑产品或系统的安全性，意识到产品或系统对用户群体健康和幸福的影响，他们对工作充满激情。除了与其密切共事的工程师和管理人员外，这些工程师的激情往往不为人知。在极端或不寻常的情况下，这些工程师的激情有可能得到认可，获得个人或团队成就奖励，但是他们几乎肯定不会作为英雄而受到人们的称赞。为什么不呢？难道我们的工程学界不是很重视那些有勇气迎接技术的人吗？当然，工程师的这种特性是有价值的，但是仅仅是在能够让组织或公司赚更多钱的时候，而不是在减轻或消除可能会对用户群体造成危险或伤害的时候。工程师在应对技术问题的挑战以让人们更加安全所展现的勇气被视为系统安全性工程师或其他相关工作者的本职工作，人们并不会认为他们是英雄。

提起工程方面的英雄，你可能会说尼古拉·特斯拉或托马斯·爱迪生为了让世界变得更加安全作出了重大贡献。他们开发出了商业电力，在晚上照亮房屋，避免了过去因点蜡烛引燃窗饰或窗帘所造成的火灾。毋庸置疑，商业电力间接拯救了生命。由于采用了商业电力，大量因屋内使用蜡烛照明而引发的房屋火灾得到了预防,不过,尽管商业电力取代了蜡烛,但房屋火灾仍会发生。还有一些次要因素与房屋火灾的原因直接相关,如在床上吸烟,或者电线绝缘不良或是电路过载。

对汽车碰撞时油箱爆炸的危险在设计时采取预防性措施予以消除,这就是直接拯救生命的应用。工程师勤奋、执着和不断地追求降低汽车油箱在正常状态和灾难性事故中爆炸的风险,这一结果显然表明工程师的行为可以直接拯救生命。直接应用这种设计改进避免了汽车油箱爆炸引起的死亡和人身伤害,而作出这种卓越贡献的人完全有资格获得“工程英雄”的称号。

工程领域需要更多的英雄[1]。薪水最高的工程师们获得了最广泛的赞誉。在当今世界,你必须要在经济上取得成功并领先于同行,才有可能成为英雄。必须要有其他方式在更广泛的尺度上来认可工程英雄,但是应当如何去做?工程界没有诺贝尔奖。没有与之类似的具有全球地位和声望的工程奖项。工程师们无法像物理学家、经济学家和小说家那样有公认的英雄。为了公平起见,在不像诺贝尔奖那么有名的圈子里,工程师们通过京都奖、美国国家工程学院的查尔斯·斯塔克·德雷珀奖,以及 IEEE 自己的荣誉勋章等方式得到同行们的认可。我们同意 G. Pascal Zachary 的观点,他认为,工程师成为工程英雄的一个有效标准就是他克服了逆境。当工程师克服个人的、机构的或技术上的逆境,以正确的伦理道德标准最佳地完成自己的工作,并为全人类的社会和文化福祉作出贡献时,就表现出了工程英雄主义。

任何能够说服产品制造商在现有产品中加装安全功能的人都应当被赞为是英雄。在现有产品中加装安全功能的一个设计例子是枪械的“保险机构”。手枪和步枪设计中的保险栓或保险开关用于防止枪械的意外射击,有助于确保正常使用时的安全。枪械的保险开关有两个位置:一个是“安全”模式;另一个是“发射”模式。两位置保险拨动开关最初在军用枪械中进行了设计,如 M16 自动步枪。在“安全”模式下,无法扣下扳机,从而无法发射子弹。其他类型的保险机构包括手动保险、握把保险、待发解除杆保险、撞针保险、击槌保险、击发传动杆、安全槽口、螺栓互锁、扳机互锁、扳机断开、弹匣断开、集成扳机保险机构、上膛显示杆以及刚性联动扳机力。“跌落保险机构”或“扳机护环”是被动安全功能,用于降低枪支跌落或粗暴操作时意外走火的风险。防跌落安全措施通常是在击发机构中加入一个阻拦装置,只有在扣动扳机的时候才能移除这一装置,从而保证枪支不会意外走火。扳机护环提供了一个实质屏障,可以防止意外扣动扳机。20 世纪 90 年代后期制造的很多枪支在设计中都采用了强制性的整体锁定机构,只能在使用特殊的钥匙解锁机构后枪支才能发射。这些机构可以作为儿童安全装置防止在枪支没有人看管的情况下被儿童误操作。这些类型的锁定机构不作为携带时的保险机构。这一类别的其他设备包括枪口插销、扳机锁、枪膛锁和枪支保险装置。

由于采用了安全功能，多年来事故的数量大大减少。在“旧西部时代”(1850—1880年)，枪支走火是司空见惯的事情。在那个时候，步枪和手枪的设计中还没有采用保险开关。现在，只有当枪支上膛并且去掉保险的情况下才有可能走火。由于采用了保险开关设计，因走火造成的枪击事件大大减少。在这个保险开关设计的背后，就有一位想着如何拯救生命的设计师。在我们看来，这位设计师就是开发安全枪械众多英雄中的一位无名英雄。

这些无名英雄避免了枪支走火引起的不必要伤害或死亡，我们倡议他们应获得巨大的荣誉。这样的例子还有很多。

本书的构思来源于我们出版的第一本书——《可靠性设计》。我们认为有必要新增一本书来讨论与设计过程相关的各种主题。因此，我们计划创建一个“×××设计系列丛书”，而本书就是这一系列丛书中的第二本。这本书传播在产品或系统开发的最早期阶段进行安全性设计的益处，填补已出版的知识体系与当前工业实践之间的空白。对于希望了解在工程设计团队中如何进行协同设计实践的入门级工程师、经验丰富的工程师、工程经理，以及系统安全性工程师/经理来说，本书都能满足他们的需求。

Louis J. Gullo
Jack Dixon

参考文献

[1] Zachary G P(2014). Engineering Needs More Heroes. IEEE Spectrum,51,42 - 46.

致谢

在此，我们向Dev Raheja为本书所作的贡献，以及他在我们的“×××设计系列丛书”的第一本书——《可靠性设计》中的共同编辑工作表示感谢。如果没有Dev Raheja的灵感，本书大部分内容将不可能呈现。我们钦佩他的丰富知识，并感谢他为本书提供了10个范例的综合框架，将本书的内容串联起来。我们还要感谢Nancy Leveson和她的出版商，她为系统软件安全领域作出了巨大的贡献，受到人们的广泛尊重。使本书得以面世的还有很多人，他们扩展了相关的知识体系，使我们能够从中汲取营养。其中，我们特别要感谢Mike Allocco、Brian Moriarty、Robert Stoddard、Joseph Childs和Denis W. Stearns。

Louis J. Gullo

Jack Dixon

介绍：你将从本书学到哪些内容

第 1 章：安全性设计范例（Raheja、Gullo 和 Dixon）

本章介绍了安全性设计的概念，描述了当前技术水平与新产品安全性设计所需技术水平之间的技术差距，以及 10 个安全设计范例，可帮助你在正确的时间做正确的事情，这 10 个范例作为指导性的主题，将贯穿本书的整个内容。

第 2 章：系统安全性的历史（Dixon）

本章简要介绍了系统安全性的历史，从最初的“飞行—修复—飞行”的安全方法，到 20 世纪 40 年代提出的实现更好飞机安全性的方法，再到 20 世纪 50 年代“系统安全性”这一术语的引入，以及将系统实现安全性的方法作为主流引入的“民兵”导弹计划；接下来讨论了 MIL－STD－882 军用标准的发展和历史，详细介绍了系统安全性和各种危险分析技术多年来的发展，讨论了系统安全性在非军事、商业领域的扩展以及众多的行业标准；最后总结了权衡工具、系统安全性管理以及系统安全性与业务流程的整合。

第 3 章：系统安全性工作的规划和管理（Gullo 和 Dixon）

本章详细讨论了系统安全性的管理，描述了系统安全性如何适应开发周期、如何与系统工程过程集成，以及系统安全性和其他学科之间的关键接口；详细描述了系统安全性工作计划工作计划，以及它与其他管理计划的关系；还详细地说明了另一个重要的文件——“安全性评估报告”。

第 4 章：管理风险和产品责任（Gullo 和 Dixon）

本章强调了产品责任的重要性，先是给出了由于不良设计产生的一些财务统计数字和大量造成重大损失的例子，详细阐述了风险和风险管理的重要性；本章还简要总结了产品责任法，以及这一法律对产品或系统研发安全性工程师和组织的意义。

第 5 章：制定系统安全性要求（Gullo）

本章重点关注于安全性要求的制定，包括我们为什么需要安全性要求，以及为什么它们是如此重要；讨论了什么是要求，以及它们是如何纳入各种类型规范的；详细介绍了如何制定良好的安全性要求，并提供了好的要求和不好的要求的例子。

第 6 章:系统安全性设计检查单(Dixon)

本章介绍了各种类型的检查单,并解释了为什么它们对于安全性工程师来说是十分重要的工具;本章内容涵盖了过程检查单、观测检查单和设计检查单,并提供了每种类型检查单的例子;我们还讨论了检查单的使用方法,并在本书的附录中提供了一些详细的检查单。

第 7 章:系统安全性危险分析(Dixon)

本章介绍了一些术语,并详细讨论了风险,从而引出危险分析;本章涵盖了一些使用最为广泛的危险分析技术,包括初步危险清单、初步危险分析、子系统危险分析、系统危险分析、使用和保障危险分析和健康危险分析;最后,讨论了危险跟踪及其重要性。

第 8 章:用于系统安全性的故障模式、影响及危害性分析(Gullo)

本章介绍了故障模式及影响分析(FMEA)以及故障模式、影响及危害性分析(FMECA)是如何用于系统安全性分析的;讨论了各种类型的故障模式及影响分析,包括设计故障模式、影响及危害性分析,软件设计故障危险故障模式、影响及危害性分析、工艺故障危险故障模式、影响及危害性分析(PFMECA),以及它们在系统、硬件和软件开发寿命周期的不同阶段如何以多种方式灵活应用。

第 9 章:用于系统安全性的故障树分析(Dixon)

本章介绍了故障树分析(FTA)技术,这是系统安全性中的一种常用分析方法。它将造成某个特定非期望事件的原因(失效、故障、错误等)组合以树形表示。它使用符号逻辑,以图形的方式展现了可能导致被分析的不良事件发生的失效、故障和错误组合。故障树分析的目的是识别可能造成非期望事件的失效和错误组合。本章还简要介绍了故障树分析技术的发展历史,并详细描述了应当如何创建和使用故障树分析。

第 10 章:补充设计分析技术(Dixon)

本章介绍了其他几种常用的危险分析技术,包括事件树、潜在通路分析、功能危险分析、屏障分析和弯针分析;还简要介绍了一些不常用的技术,包括佩特里网(Petri 网)、马尔可夫分析、管理疏忽风险树和系统理论过程分析。

第 11 章:过程安全管理和分析(Dixon)

本章介绍了过程安全管理(PSM)。这一工作的目的是防止涉及危险化学品和能量的危险过程发生灾难性的事故。它采用管理原理和分析技术来降低化学品的制造、使用、处理、储存和运输过程中的过程风险。过程安全管理主要关注的是与化学生产设施中的材料和能量过程相关的危险。不过,它也可以应用于处理易燃材料、高压设备、大电流负载设备和高能材料(如火箭发动机推进剂)的设施中。本章讨论了过程安全管理的监管要求、过程安全管理的要素、危险分析技术,以及相关的法规,最后讨论了固有安全性设计。

第12章:系统安全性测试(Gullo)

本章讨论安全性测试的目的和重要性,阐述了不同类型的安全测试以及测试策略和测试架构,讨论了安全测试计划的制定;本章的一个小节介绍了关于法规符合性测试,并讨论了许多国家和国际标准;介绍了故障预测和健康管理(PHM)这一主题,并讨论了与故障预测和健康管理相关的投资回报;讨论了如何利用可靠性测试的方法来进行安全测试,还讨论了安全测试数据的收集,以及如何处理测试结果;最后介绍了可测试性设计和测试建模。

第13章:将安全性与其他功能性学科整合(Gullo)

本章介绍了将安全性与其他工程和功能性学科进行整合的几种方式;讨论了系统安全性过程的很多关键接口,并定义了跨职能团队;探讨了在数字化世界中的现代决策,以及如何知道谁是你的朋友、谁是你的敌人,强调了不断沟通的重要性,谈到了行为准则和价值观;介绍了一些来源于多处的范例,说明了这些范例与系统安全性的关系,以及这些范例如何能够让你成为一名更加优秀的工程师,并帮助你们取得更大的成功。

第14章:可靠性设计与系统安全性的集成(Gullo)

要有效和高效地实施系统安全性工程,与所有功能性学科的集成非常重要,但在这些功能性学科接口中,最重要的就是与可靠性工程的接口。本章利用第13章中给出的知识,建立起与可靠性工程学科的关键接口。本章讨论了什么是可靠性,以及可靠性是如何与系统安全性交织在一起的;特别讨论了系统安全性是如何利用可靠性数据的,以及如何使用这一数据来确定风险;最后给出了使用可靠性数据来进行安全性设计的示例。

第15章:人因设计与系统安全性的整合(Dixon和Gullo)

在开始本章的讨论时,我们先是回顾了前两章的内容。在前两章中,我们讨论了系统安全性工程师应该与其他领域的工程师和功能性学科进行整合和接口,特别是与可靠性工程的接口。系统安全性工程的另一个重要工程接口是人因工程(HFE)。与人因工程建立起良好和增强的接口能够给系统安全性带来极大的好处。在本章中,对人因工程进行了定义,并说明了人因工程在硬件设计和软件设计中的作用;讨论了人机界面(HMI)、人力和工作量要求的确定,以及它们对人员选择和培训的影响;详细说明了应当如何执行人因分析以及如何使用各种工具,还讨论了系统中人对风险的影响、人误及其缓解,以及如何通过测试来验证设计中的人为因素。

第16章:软件安全性和安全(Gullo)

本章介绍了软件安全性和安全的主题。如今,很多系统都是软件密集型的,有必要对软件进行彻底的分析、测试和理解,从而保证系统的安全、可靠,让系统总能按照预期的方式工作,而无需担心会出现中断和不良的后果,并使系统可信。本章详细讨论了网络安全和软件保证;接下来讨论了软件系统安全性的基本工作项目,以及软件安全性和网络安全的关联;讨论了软件危险分析工具,并详细讨论了软件的故障模式、影响及危害性分析(FMECA);最后讨论了软件安全性要求。

第17章:经验教训(Dixon、Gullo和Raheja)

经验教训是对过去事件中发现的相似类型的数据和知识进行研究,以预防未来再次发生不幸事件,或是实现巨大的成功。本章关注于利用经验教训来预防未来事故的重要性;讨论了获取经验教训的重要性,以及如何对故障进行分析并从中学习;还讨论了从成功和未遂事故中学习的重要性;通篇提供了很多相关的例子,并分析了为什么经验教训如此重要;最后还探讨了持续改进的过程。

第18章:关于系统安全性的特殊主题(Gullo和Dixon)

本章深入探讨了几个特殊主题和应用,并思考系统安全性的未来,要探讨系统安全性功能的未来,商业航空和汽车行业是最好的切入点。我们审视这两个行业的历史和当前的安全数据,从而看出致命事故的历史趋势和以后发生的可能性;探索了汽车制造商和新型地面运输系统开发者可以利用的商业航空旅行中的安全设计经验;还探讨了商业航天旅行未来的改进。

目　录

第1章　安全性设计的思维方式

Dev Raheja, Louis J. Gullo, Jack Dixon

1.1　为什么要进行系统安全性设计?

只有对某个特定系统的性能有了彻底的了解后,才能知道针对这一特定的系统应当如何进行安全性设计。任何进行安全性设计的人员都应认识到,掌握系统的运行特性、架构和设计拓扑的第一手资料有着无可替代的重要性。这些知识最重要的一部分就是对系统的理解——了解当系统按照设计的方式运行时会有怎样的表现、验证系统在最坏情况下(包括规定的环境应力条件)和故障条件(包括任务关键故障和安全性关键故障)时的表现。

1.1.1　什么是系统?

系统被定义为由独立的部件和操作流程组成的网络或集合,这些部件和流程共同工作,以实现系统的目标和要求。当系统运行并实现其目标和要求时,安全性是一个非常重要的方面。任何系统的设计流程都应当保证每个使用系统或是开发系统的人员都可以获其所需,防止系统设计时发生为了满足系统的某个关键部分而牺牲另一个关键部分的情况。这些情况包括客户、系统操作员、维护人员、供应商、系统开发人员、系统安全性工程师、社会和环境。

1.1.2　什么是系统安全性?

系统安全性是致力于防止复杂系统中出现危险和事故的工程学科。它是一种基于系统的风险管理方法,注重识别系统危险、分析这些系统危险,并采取系统设计改进措施、纠正措施、风险缓解措施、补偿措施以及进行系统控制。面向安全性基于系统的风险管理方法要求对系统管理、系统工程和各种技术技能进行综合和协调,从而发现危险、分析危险,并消除或减少系统寿命周期中的各种危险。

1.1.3 从组织的角度看问题

通过采用系统性的方法,管理层能够将内部和外部的众多相关组织和公司的业务联系交互综合起来进行看待,而不是仅仅通过组织内各种行政管理链条下分散、独立的职能部门或流程来考虑问题(注意:贯穿本书的内容中,我们使用了“组织”(organization)这一术语,用于指代所有系统开发者和客户实体,包括企业、公司、供应商、运营商、维护人员和系统用户)。如果所有的联系和交互都能一同协调来实现共同的目标,那么组织就可以实现巨大的成果,可以改善系统、产品和服务安全性,提升组织创造力,并让组织有更大的能力来开发创新的解决方案,从而帮助整个人类进步。

1.2 关于当前发展状况的思考

系统安全性被定义为采用工程和管理原理、标准和技术,在满足使用效能和适用性、时间和成本等约束条件下,在系统寿命周期的所有阶段使风险水平可接受[1]。自从 20 世纪 60 年代系统安全性概念开始出现以来,我们已经走过了漫长的道路。在很多组织中,系统安全性已经被成功地集成到系统工程设计的主流中,并作为一个能够为产品开发流程带来增值效应的学科而得到管理层的大力支持。很多相关的分析技术被开发出来,并经过了无数次的改进,从而使这些技术更有效果和效率。实践证明,系统安全性在产品设计和开发中的应用可以有效地减少事故和产品责任,有着非常宝贵的价值。

不过,系统安全性工程师们仍然面临着很多挑战。最重大的挑战就是,即使已经经过了 50 多年,系统安全性仍然只是一个很小且概念比较模糊的学科,它需要更多地被人们所认知。虽然有很多组织成功地实施了系统安全性,但是也有很多组织依然忽视系统安全性的好处,并因为提供了劣质、不安全的产品而自食其果。

其他的挑战包括当前系统的复杂性不断增加。如今,我们在同一个时间要关心的不仅仅是一个系统,而且还要关心如何将体系构建为安全的系统。这种额外的复杂性带来了新挑战,即应当如何处理体系中的所有系统之间的交互作用。

不充分的规格说明和要求继续困扰着这一学科。设计师得到的往往是不明确、过于一般化的规格说明,而含糊乃至错误定义的要求则会导致有缺陷的设计。

更改管理往往是产品寿命周期中的另一个薄弱点。对产品或系统作出更改时,必须要采取相应的系统安全性措施,以保证这些更改本身是安全的,而且不会产生可能引发事故的意外后果。

人类在使用(或误用)产品的时候,经常会造成安全问题。复杂的产品或系统及系统软件用户界面往往会给用户造成困扰。因此,要成功地实施系统,就必须要在设计过程中考虑到人的因素。

本书建立在多年的系统安全性成功经验基础上,旨在帮助改正这些问题并提高系统安全性。在本章中,我们介绍了 10 个有助于实现更好、更安全产品设计的思维方式。在贯穿本章和本书的内容中,我们既给出了好的例子,也给出了不好的例子,从而使读者能够从真实的案例中获得经验教训。

1.3 安全性设计的思维方式

在设计新的系统时,理想的系统化方式包括制定思维方式、标准和设计流程,供开发人员在以后的设计工作中作为一种模式来遵循和使用。这些思维方式经常被称为“至理名言”或“经验法则”。“思维方式”(paradigm)这个词源自希腊语,在本书中,我们使用这一术语来描述系统安全性工程师(或任何类型的工程师)在日常生活中用来指导自己的思维方式、框架以及模式。思维方式是观察这个世界,感受、理解和解释周围环境的一种方式,帮助你对看到和理解的事物作出应对。

本书重点讨论了用于管理和设计安全系统的 10 个思维方式。这 10 个思维方式是进行安全性设计最重要的准则。下面列出了每一个思维方式,并在本章后面的小节中进行详细地解释。

· 思维方式 1:始终以零事故为目标。

· 思维方式 2:有勇气“说不”。

· 思维方式 3:在系统需求分析中投入大量精力。

· 思维方式 4:防止单一因素以及多种因素造成的事故。

· 思维方式 5:如果解决方案成本太高,那就开发一种更经济的解决方案。

· 思维方式 6:针对故障预测和健康管理(PHM)进行设计,以尽量减少意外的灾难事件或可预防事故的数量。

· 思维方式 7:始终针对复杂系统的结构和架构进行安全性分析。

· 思维方式 8:制定全面的安全性培训计划,包括操作员和维护人员对系统的操作。

· 思维方式 9:不采取任何行动通常是一种不可接受的选项。

· 思维方式 10:如果停止使用错误的实践方式,那么很可能会发现正确的做法。

这些思维方式在贯穿本书的内容中都有所引用。表 1.1 给出了各个思维方式在本书中出现的位置。

表 1.1　思维方式的位置

思维方式编号	思维方式	章节																	
		1	2	3	4	5	6	7	8	9	10	11	12	13	14	15	16	17	18
思维方式 1	始终以零事故为目标	X	X		X							X	X	X	X				
思维方式 2	有勇气“说不”	X			X									X				X	
思维方式 3	在系统需求分析中投入大量精力	X			X	X									X	X		X	
思维方式 4	防止单一因素以及多种因素造成的事故	X			X				X	X	X				X				
思维方式 5	如果解决方案成本太高,那就开发一种更经济的解决方案	X			X			X				X							
思维方式 6	针对故障预测和健康管理(PHM)进行设计,以尽量减少意外灾难事件或可预防事故的数量	X			X								X		X				
思维方式 7	始终针对复杂系统的结构和架构进行安全性分析	X			X						X	X							
思维方式 8	制定全面的安全培训计划,包括操作员和维护人员对系统的操作	X			X								X			X		X	
思维方式 9	不采取任何行动通常是一种不可接受的选项	X			X			X						X				X	
思维方式 10	如果停止使用错误的实践方式,那么很可能会发现正确的做法	X			X		X							X				X	

1.3.1 始终以零事故为目标

菲利普·克罗斯比(Philip Crosby)是ITT的前高级副总裁(VP),也是著名的《质量免费》(Quality is Free)一书的作者,他首创了零缺陷标准。菲利普·克罗斯比认为,"零缺陷"是人们需要的唯一标准。对于安全来说,更是如此。这种方式致力于防止缺陷和错误,并努力在第一次时就把事情做对。其终极目标是将缺陷水平降低到零。实现零缺陷的总体效果就是盈利能力的最大化。

要实现高盈利性,一个组织必须要对使用当前方法来设计产品的寿命周期成本和使用创新解决方案来改善设计实现零事故的寿命周期成本进行比较。这种创新性的解决方案通常非常简单,因此,人们也常常将它们称为优雅的解决方案。与复杂的解决方案相比,开发简洁解决方案的成本可能会更低。正如通用电气(GE)的前首席执行官、伟大的杰克·韦尔奇(Jack Welch)在《胜者为王》(Get Better or Get Beaten)中所说的[2],以简单的方式做事情是人们能够做的最为优雅的事情。密歇根州的一家公司通过改变热处理方法,设计实现了一种用于重型卡车变速箱的轴/关键组件至少20年内零故障。热处理(如退火)是一种将金属物品加热和冷却来改变其材料属性的工艺,可以改善材料的设计强度并降低出现危险或失效的风险。在这一案例中,该公司对温度范围和加热/冷却率进行了改变,从而实现了最佳的设计强度。新的热处理方法的成本和原方法的成本是一样的,唯一增加的成本就是为确定获得最佳强度所需的温度范围和加热/冷却率而进行的几次试验成本。新的热处理方法帮助该公司降低了保修成本、因安全问题引发的法律诉讼成本以及计划的维修成本,因此是一种更加经济的方法。由于实现了更高的质量和安全性,客户的满意度提高了,该公司也获得了更多的业务,投资回报率(ROI)超过了1000%,这就是一个优雅的解决方案。与出现事故后需要缴纳的罚款和维护成本相比,这一解决方案要经济得多。

类似地,让我们看一下关于哈维兰DH 106彗星型客机(De Havilland DH 106 Comet)的例子。1952年,在哈维兰DH 106彗星型客机的机身失效造成了三次事故后,人们对这一型号的客机进行了重新设计。失效发生在机身大型方形窗口的周边,而机身的这一区域在制造时并没有增加厚度。尖锐边角处的应力高度集中造成了金属疲劳失效。设计人员将窗口的形状改为椭圆形,从而消除了尖锐的边角。与不改变设计导致事故而付出代价相比,重新设计的成本要低得多[3]。

1.3.2 有勇气“说不”

第2个思维方式是有勇气对那些没有进行严格评估而且没有采取步骤来防止灾难性事故就想匆忙让设计通过审核的人“说不”。在系统开发设计流程的某些时刻说“不”,可以防止以后可能出现的灾难性事故。很多组织都有一个“最终设计审核”,有时候也被称为“关键设计审核”。有人如果对设计中的任何环节有所担心,那么这是发声的最后机会。一个需要牢记在心、极其重要的启示就是“有勇气说不”。这里说的情况是,如果要呈交的最终设计有已知的安全设计问题,而每个人在没有对其提出严肃质疑的情况下都投了“赞同票”,那么你的回答应当是“不”。为什么？因为在团队成员的心中,几乎总会有一些新的问题挥之不去,但是他们并没有在适当的时间将它们说出来。也许他们认为这时候再介入已经太迟了,也许当所有人想法相近时他们想成为趋同思维的一部分。无论设计有多么好,一个独立的引导者总能找到很多问题。福特汽车公司在设计1995年款林肯大陆汽车的时候新聘用了一位副总裁。该公司生产这种汽车已经多年,而且团队中的每一个人都有着10年以上的经验。尽管设计已经得到了批准,但是这位新副总裁坚持让来自每一个子系统的工程师组成的跨职能团队对设计的每一个细节进行审查。

虽然1995年款林肯大陆车型的重新设计比预期晚了4个月,但是却得以提前一个月投放市场。团队进行了700多项设计变更。由于这些改进是设计仍然在纸面上时进行的,因此团队只用了9千万美元预算的三分之一就完成了项目,从而实现了6千万美元的节约[4]。

要成为一个真正的变革推动者,需要的是勇气和真正信仰变革的重要性。杰克·韦尔奇在他的著作《赢》(Winning)中声称[5]:在商界人士中,真正的变革推动者只占不到10%,他们有勇气——对未知事物的无所畏惧。就像杰克·韦尔奇所说的那样:“变革推动者往往让自己引人注目。他们通常是急性子、充满能量,而且对未来有点偏执。很多时候,他们自己提出变革计划,或是要求领导变革。他们总是充满好奇和向前看。他们提出很多问题,开场白总是:‘为什么我们不……?’”

为了在系统设计周期的关键点提出安全设计变更建议,并成功地实施这些设计变更,你需要争取人们来赞同你的思维方式。正如戴尔·卡耐基(Dale Carnegie)在其所著的《如何赢得友谊与影响他人》(How to Win Friends and Influence People,又名《人性的弱点》)一书中所述[6],要争取人们赞同你的思考方式,需要采用12条原则。

原则1:在争辩中获得最大利益的唯一方法就是避免争辩。

原则 2:尊重他人的意见,切勿说:“你错了”。
原则 3:如果你认识到自己错了,要立即承认自己错了。
原则 4:以友善而非对抗性的方法开始讨论。
原则 5:快速让对方给出“是”的回应。
原则 6:尽量让他人多说话。
原则 7:让对方觉得你的创意也是他的创意。
原则 8:从他人的角度和观点看待事物。
原则 9:考虑和同情对方的想法和愿望。
原则 10:诉求于更高尚的动机。
原则 11:让你的创意戏剧化,从而展示你的激情。
原则 12:如果其他方法不能奏效,那么就提出挑战。

1.3.3 在系统需求分析中投入大量精力

大多数事故和系统故障都源自规范中不良的需求说明。而大多数失败的需求说明都源自不完整、模棱两可以及定义不明确的设备规范。这些因素造成后续工程设计的更改代价高昂,这种情况称为“范围蔓延”(Scope Creep)。很多时候,由于项目已经延误,而且可能也没有足够资源来实施新的功能,结果造成有效的更改措施无法被实施。

特别需要注意的是规范中的功能缺失。在当前设计中通常存在对模块化(减少交互)、可靠性、安全性、可维修性、物流、人的因素、可测试性、诊断能力以及在当前设计中如何预防过去的故障等没有提出充分的要求。在规范中,需要更加详细地说明交互操作的功能,包括对内部接口、外部接口、用户—硬件界面、用户 - 软件界面的要求。在规范中,还需要说明出现意外情况(如设备因电源故障或人为意外错误而关机)时产品的行为方式。如果按照有缺陷的规范进行设计,那么就只能获得有缺陷的设计。不幸的是,大多数公司在设计进入生产阶段仍然还在发现设计问题。在这一阶段,往往已经没有足够的资源和时间来实施重大的设计变更了。

要确定规范中缺失的功能,就需要执行需求分析。这一分析通常由一个跨职能团队实施。每个专业应当至少派一名成员参加,如研发、设计、质量、可靠性、安全性、制造、现场服务、营销,如果可能的话,还应当有一个客户代表。在新产品中,出现需求缺失或是需求说明不明确的情况达到了 60%[7]。因此,编写准确、全面的性能规范是实现安全设计的前提条件。对参加安全培训的各类人员进行的访谈表明,在对复杂的电子产品进行故障排除时,技术人员无法诊断大约 65% 的问题(如无法再现故障)。显然,对于此类产品,在规范中改善故障隔离要求是必要的，但是成本可能会过高。在大型、复杂的系统中，要实现100%的测试覆盖，成本会高得无法想象，而要实现100%将故障覆盖隔离到造成故障的单一项目则会更加困难。

要及早找到设计缺陷，团队必须从各种不同的角度对系统进行审查。你不会仅仅在看了一套房子的正面后就买下它，而会观察房子的各个方面。类似的，我们需要至少从以下角度对系统方案进行审查：

· 产品的功能。
· 产品决不能执行的非期望功能（如突然加速）。
· 应用范围。
· 环境范围。
· 主动安全（使用设备时的固有安全控制）。
· 寿命周期中的工作占比。
· 全寿命期的可靠性。
· 用户/服务出现错误时的稳健性。
· 避免有害事件的后勤保障要求。
· 无缺陷生产的可制造性要求。
· 内部接口要求。
· 外部接口要求。
· 保证安全运行的安装要求（有一个 MRI 在安装后发现不准确）。
· 保证设备安全的运输/处理能力（电子元件在潮湿环境中失效）。
· 可维护性/诊断能力。
· 故障预测和健康管理（PHM），在异常情况下警告用户。
· 与其他产品的互操作性。
· 可持续性。
· 潜在的事故和误用。
· 人为因素。

大多数设计师往往会漏掉前面提到的一些要求，而几乎所有这些要求都会对安全产生影响。这并不是什么新知识，通过邀请这些领域的专家进行头脑风暴就可以实现。要求应当包括当出现潜在故障时，系统应当怎样表现。“潜在通路分析”（SCA）可以用于预测潜在故障。一个良好的规范还应当说明系统不得做什么，如“无论任何原因，汽车都不得突然起火。”这里的重点是，如果我们在一开始就将所有事情都做对，那么就可以避免用户承受痛苦和折磨。

1.3.4 防止单一因素以及多种因素造成的事故

很多故障模式与影响分析(FMEA)技术对设计进行评估,以确定因为单点故障原因(如某个组件失效或是一次人为错误)或多个故障原因而引发事故的可能性。根据系统安全性理论[8],在任何事故中都至少有两个事件发生。系统中会有一个潜在的危险,还会有一个激发事故的触发事件,如人为错误。潜在的危险可能是设计疏忽、监管不力、规范不佳、风险分析不充分或流程不当。故障树分析(FTA)工具可以揭示造成危险的原因以及触发事件的组合。为了在设计中排除事故,需要防止潜在的危险或防止触发事件。

以“挑战者”号航天飞机事故为例,可以清楚地说明这一点。1996 年,载有 8 名宇航员的 NASA“挑战者”号航天飞机在升空后不久爆炸,造成全体乘员死亡。造成危险的原因是橡胶 O 形密封圈在低于 40℉的时候不能正常工作。触发事件则是:虽然产品规范清楚地说明了不得在低于 40℉的情况下发射,管理人员还是决定在低温的情况下起飞(人为错误)。如果能够在设计中排除掉危险(密封的薄弱点),或是管理决策流程能够防止发射决策中出现错误,那么都可以避免这一惨烈的事故。由于人为错误是很难控制的,因此最好的策略是将密封装置设计为在任何适合发射的温度下都能正常工作。这正是 NASA 在本次事故后采取的更改。他们在密封装置的周围添加了一个电热丝,这样在任何温度下,密封装置都能保持足够的柔性来提供良好的密封效果。

最为困难的事情是如何在设计发布之前知道潜在的危险,并通过设计来预防危险。通过使用初步危险分析(PHA)、故障树分析(FTA)、潜在通路分析(SCA)、使用与保障危险分析(O&SHA)和故障模式与影响分析(FMEA)等工具,可以预测很多危险。

1.3.5 如果解决方案成本太高,那就开发一种更经济的解决方案

前面“挑战者”号的例子表明,只需很少的成本,就可以将密封设计为能适合任何温度下的发射任务。电热丝的成本可能还不到 1 千美元,而事故的成本却是数百万美元和 8 个人的生命。这里获得的经验教训就是,跨职能团队不应当在没有质疑设计的情况下就认可任何设计。显然,这一设计(在低于 40℉时不得飞行)并没有得到充分的质疑。如果当时有人能够提出质疑说这样的密封会有危险,那么就有机会以极低的成本来防止这一事故。另一个低成本更改的例子是前面思维方式 1 中给出的,在该例子中,仅仅是改变热处理方法就保证了重型卡车变速箱至少 20 年的寿命。

这些解决方案既简单又经济，如果跨职能团队能进行创新性头脑风暴，针对每个问题提出至少 10 个可能解决方案的话，其中某个方案就可能会非常经济高效。在前面仅改变热处理方法就获得无故障长寿命的例子中就采用了这种方式。该组织甚至在安全方面也要求 500% 的投资回报，以鼓励健壮、经济高效的设计。这需要在批准规范之前进行系统危险分析，并且需要在设计中减轻所有灾难性的危险。这里的要点是，在概念阶段及早进行所有的重大安全变更，此时进行变更的成本还不算太高。在方案阶段减轻风险的顺序如下：

- 通过更改要求来避免危险。
- 引入故障容限。
- 通过设计来保证安全地完成任务。
- 提供早期诊断报警。

注意，在前面的列表中没有包括检查和测试。在安全方面不能完全依赖检查和测试。不过，为了增强对解决方案的信心，并注意在工程更改中出现被无意引入的新缺陷，进行检查或测试不失为一个明智的选择。

这些策略通常总能大幅降低寿命周期成本，如降低保修成本、减少伤亡、降低维护/维修成本、降低事故成本及降低环境破坏成本和其他成本。如果要从创新性头脑风暴中选出一个最佳的解决方案，安全性应总是作为一项良好的商业案例。

1.3.6 进行故障预测和健康管理设计，以尽量减少意外的灾难事件或可预防的事故的数量

故障预测和健康管理技术和应用增强了系统的安全性、效率、可用性和有效性。在诸如电信和航空航天系统这样的复杂系统中，大多数系统故障是由于设计强度的限制、机械随着时间而不断恶化的退化机理并导致物理磨损等引起的。设计强度必须能够承受最坏情况的使用和最坏的环境应力条件。这些潜在问题通常由于是概率性非确定性故障而作为小概率事件，需要创新性的解决方案来发现它们。通过在嵌入式处理器中使用嵌入式传感器进行健康监测和预测分析，使预测性维护的预测解决方案成为可能。故障预测和健康管理是系统可靠性和安全性的使能者。我们需要创新的工具来发现隐藏的问题，这些问题通常发生在小概率事件中，如在撞车时安全气囊该打开却没有打开的时候。以安全气囊设计为例，我们需要进行一些头脑风暴并提出问题，如“气囊在该打开的时候会打开吗?”“气囊会在错误的时间打开吗?”“系统是否会发出错误警报? 或者如果发生未知的部件故障，系统是否会保证故障安全?”

归根到底，无论我们进行多少分析，也不能完全分析成千上万个可能发生的

事故或故障的组合。这些故障可能是由于测试覆盖或故障覆盖不完全导致的,这一问题是由于时间和资金有限,无法通过机内测试(BIT)或外部保障测试设备达到100%的故障检查能力。总是有一定比例的故障是未知的未知项(Unknown Unknowns)。有些故障将会保持隐藏、潜伏、未知,直到任务执行过程中某个关键的功能无法运行后才被人们所发现,这类故障的数量也是未知的。这些故障称为不可预测的故障。下面是美国联邦航空管理局(FAA)/美国航空航天局(NASA)专题研讨会上给出的主要航空公司的数据[9],展示了不可预测故障的程度:

· 美国联邦航空管理局已知的大约有130个问题。

· 航空公司的文件中大约有260个实际的问题。

· 航空公司员工秘密报告的大约有13000个问题。

潜在故障更容易出现在嵌入式软件中,在嵌入式软件中进行彻底的分析是不切实际的。规范出现错误,原因往往是这些规范并不是根据系统或体系的性能规范得出的。斯坦福国际研究院(SRI International)的计算机科学家彼得·纽曼(Peter Neumann)强调了软件缺陷的破坏性[10]:

· 造成欧洲一次卫星发射失败。

· 造成新丹佛机场延迟一年开放。

· 毁掉了NASA的火星任务。

· 导致美国海军舰艇摧毁了一架客机。

· 造成伦敦的救护系统关闭,导致多人死亡。

为了应对这些风险,我们需要一个早期诊断报警,并通过嵌入式传感器进行健康监控来防止重大事故的发生。设计流程需要将考虑所有可能的事故的早期警报以及智能设计融合到一起来检测系统的异常行为。智能行为可能包括测量重要的功能并对它们的影响进行决策。例如,在定时要求中表明,传感器的输入延迟为20ms,但是有时候30ms后才得到输入。那么问题就是:“这是否是灾难发生的一种指示?”如果是那样,那么就应当在故障衍变到严重状态之前更换传感器。

1.3.7 始终针对复杂系统的结构和架构进行安全性分析

如今的系统都与很多其他系统直接或间接地相连。对于武器系统等大型系统,其安全性与其他系统、车辆、士兵和卫星都有关系,并且有着无数的交互。在一个地方稍做调整,就一定会在其他地方产生一些变动。因此,我们无法以很高的置信度预测所有潜在的危险。所有遵循良好流程和正确做事的组织需要重新思考如何应对巨大的复杂性。把事情做对本身已经很难,而知道什么才是正确的事情则要更难!

那么,我们可以做些什么来控制复杂性呢?组织不仅要分析其自身系统的安全性,而且还要分析由互联系统组成的体系的安全性。安全性需要更加注重对复杂系统的结构和架构进行危险分析。架构必须模块化,并且对与安全相关的交互具有可追溯性。不幸的是,当安全性工程师参与进来时,结构和架构往往已被选定。因此,在处理大型、复杂的系统时,尽早让安全工程人员参与进来非常重要。

1.3.8 制定全面的安全性培训计划,包括运营人员和维护人员对系统的处理

要开发全面的安全性培训计划来对运营人员和维护人员进行认证,不仅需要认识部件和子系统,而且还要理解整个系统。很多安全性培训计划仅仅关注子系统的培训。在这种情况下,就意味着对设备操作和维护人员的认证将较为有限。这样,操作和维护人员可能就会认识到潜在的危险对整个系统产生影响。例如,如果只有一个电源,那么就可能对维护人员的工作产生负面影响。对于安全性关键的工作,可采取使用冗余电源来减轻危险。不过,如果失去了所有的电源(主电源、备用电源和应急电源),那么在采取恢复措施前,整个系统将无法工作。安全性培训项目必须包括对安全恢复流程的培训。它应当包括对全部关联系统的培训,以应对危险潜在的最坏的危险次生效应。必须明确相应的场景,帮助教员和学员真正地了解整个系统,以及如何保护人员免受伤害。对于复杂的系统,安全培训是重要的降低危险的方法;因此,必须提供全面的培训,这样才能在任何时候、针对所有可能的场景来正确地操作和维护系统。

1.3.9 不采取任何行动通常是一种不可接受的选项

有时候,团队无法提出可行的解决方案。他们不采取行动,或是推迟行动,指望着问题随时间的推移能够得到解决。这可能是因为心理上的拒绝,也可能是因为害怕采取行动,或者是害怕惹恼上司。与此同时,带有潜在故障的产品却流入了市场。无论是何种原因,包括客户在内的所有利益相关方都将成为受害者。我们的目标是防止客户成为受害者,并避免缺陷设计而造成伤亡。思维方式 2 提供了有关如何影响更改的有用指导。对于已知的问题不采取任何行动是不可接受的。

1.3.10 如果停止使用错误的实践,那么很可能会发现正确的实践

很多产品被召回的原因都是在进行产品开发之前没有充分了解需要完成的工作。本章中讨论的一些错误做法需要再次重申一下:

·设计团队没有经过全面的需求分析就开始设计产品。他们没有提出什么质疑就接受了这些要求。他们不怎么关注需求缺失或是定义不清。

·项目在没有适当选择正确团队的情况下就得到了批准。一个良好的设计团队必须至少包括一个来自营销或现场服务的客户代表、一个对安全设计科学有着丰富知识的人士、一个来自制造行业并保证能够生产无缺陷产品的人士,以及一个能指导团队实现产品预期寿命周期内无故障运行的可靠性工程师。

·设计团队相信生产中的100%测试和100%检查。根据戴明和克劳士比等质量大师所说,100%的检查随时间的推移有效性还不到80%,设计团队不理解这一情况。测试很少能够代表真实的环境。

·设计团队经常进行成本高昂的设计更改,而不是遵循结构化的方式来实现健壮设计以降低寿命周期成本。

鼓励设计团队中的每一个成员发现错误的事情,让每个团队成员都发现至少5个错误的事情,他们总是能够做到这一点。如果有好的领导者,每个团队成员都能做到这一点。接着,创建一个方案来停止做错误的事情,并用正确的事情取代错误的事情。在一个案例中,员工们针对一个设计问题给出了22个解决方案。在这些解决方案中,有大约5个能够获得超过600%的投资回报。正确的事情几乎总是自己出现,你要做的只是寻找它们。

1.4 创建自己的思维方式

针对潜在的故障和潜在的解决方案进行创造性头脑风暴的优势是,团队有时候会出现“灵光一闪”的时刻。有人将会洞察到什么是应该做的而不是什么是已经做的。这一情况与系统需求分析相关的个人经验有关。在一个特别的例子中,在针对一个复杂产品的头脑风暴讨论过程中发现系统规范中至少有100项需求缺失。此时不禁让人想起一句名言:“如果你不知道你要去的是什么地方,那么你可能最终到达的是另外一个地方”。对于研发工程师和规范编写人员来说,这可能是一个非常好的思维方式。当阅读一本好书时,也可能产生这样的想法。日本质量体系之父戴明博士曾经说过,“如果做的事情是错误的,那么再怎么努力也没用”。这是一个非常有用的思维方式。在另一个例子中可以看出这一点:某个公司有着400页的故障模式与影响分析(FMEA)文档,但是他们却没有进行过一次设计更改。这是非常没有成效的!他们依赖于检查和测试。他们对故障模式与影响分析非常认真,每周都要开一次会,就这样持续了6个月。这显然对公司没有帮助。从这一事件中,人们可以创建出一个新的思维方式:通过设计排除问题,这要比生产中的检查和测试更加经济。

1.5 总结

总之,这些思维方式可以帮助你在正确的时间做正确的事情。如果我们能够从一开始就把事情做对,从而防止危险和故障,那么就不会有安全成本这样的事情,因为成本已经是初始设计的一部分,并且无法分离。这些预防危险和故障的行动包括进行正确的安全分析、使用 10 个思维方式,以及尽早设计健壮的风险缓解措施。将无所作为的成本与进行安全分析以及设计相应的预防措施的成本相比,投资回报率通常至少是 1000 倍。鉴于如此高的投资回报率,我们没有理由不去完成一个可以预防危险的安全性关键设计变更。

参考文献

[1] MIL - STD - 882E, Department of Defense Standard Practice System Safety, Washington, DC: U. S. Department of Defense, May 11, 2012.

[2] Slater, R., Get Better or Get Beaten, New York: McGraw - Hill, Second Ed, 2001, page 97.

[3] Wikipedia Encyclopedia, de Havilland Comet, https://en. wikipedia. org/wiki/De_Havilland_Comet(Accessed on October 4, 2015).

[4] Goleman, D., Working with Emotional Intelligence, London: Bloomsbury, 1998.

[5] Slater, R. Winning, New York: Harper Business, 2005, page 139.

[6] Carnegie, D., How to Win Friends and Influence People, New York: Pocket Books, adivision of Simon & Schuster, Inc., 1936.

[7] Raheja, D. and Allocco, M., Assurance Technologies Principles and Practices, Hoboken: Wiley - Interscience, 2006.

[8] Raheja, D., Preventing Medical Device Recalls, Boca Raton: CRC Press, Taylor & Francis, 2014.

[9] Farrow, D. R., Speech at the Fifth International Workshop on Risk Analysis and Performance Measurement in Aviation sponsored by FAA and NASA, Baltimore, August 19 - 21, 2003.

[10] Mann, C. C., Why Software Is So Bad, MIT Technology Review, July, 2002, http://www. technologyreview. com/featuredstory/401594/why - software - is - so - bad/(Accessed October 4, 2015).

第2章　系统安全性的历史

Jack Dixon

2.1　介绍

进行安全性设计时，最主要的关注点是防止事故——防止出现伤害、生命损失、设备损坏、宝贵资源损失等情况。要预防事故，最有效的方式就是采用被称为系统安全性的工程学科。

《系统安全性军用标准》(MIL－STD－882E)将安全定义为“不会出现可能造成死亡、伤害、职业病、设备(或财产)的损坏(或损失)、破坏环境的情况”[1]。

该标准继续将系统安全性定义为“采用工程和管理原理、标准和技术手段，在系统寿命周期的所有阶段，在满足运行效能和可持续性、时间和成本限制的条件下实现可接受的风险水平。”[1]

成功的系统安全性实践需要多种要素。首先，必须要建立一个系统安全性计划。这为安全性的成功建立了工作框架，打下了基础。接下来，必须要确定都有哪些危险。确定危险后，必须完成各种类型的危险分析，从而进一步定义危险、提出危险控制的建议，并消除危险或将风险减小到可以接受的水平。在之后的开发中，要执行安全性测试，以保证用于控制危险的解决措施是有效的。安全性测试之后，必须要对危险分析进行更新，评估残余风险。任何残余风险都必须得到管理层的认可。

本章对系统安全性进行顶层介绍，首先，介绍了系统安全性的起源，然后，简要介绍了这一学科的历史；最后，将重点介绍系统安全性实践中的一些工具和这些工具带来的好处。我们还将简要讨论在产品开发过程中如何管理系统安全性，以及如何将其集成到业务流程中。在后面的章节中，将对所有这些主题展开讨论。

2.2　系统安全性的起源

人类有史以来就一直关注着自身的安全。从寻找容身之所到击退其他野兽或其他部落,安全一直都非常重要。安全就意味着生存,就意味着有生存的机会。安全还意味着保障。如果你的状况得到了保障,你在所处的周边环境中就是得到保护和安全的,这样你的基本生存需求就得到了满足。

20世纪40年代,亚伯拉罕·马斯洛(Abraham Maslow)创建了一个需求层次模型[2]。在他那篇著名的论文中,他提出了人类有5种层次需求,如图2.1所示。当低层次的需求得到满足后,人就会在金字塔层次中上升,关注于满足下一个更高层次的需求。注意,一旦人对食物、水、空气、睡眠和居所的基本生理需求得到满足后,下一个最重要的需求就是安全性。安全性包括安全保护、健康和社会稳定性。虽然在这些层次中我们关注的只是安全性,不过人只有在满足安全性需求后才能追寻其他更高层次的需求。人的社会需求包括爱和归属感,与家人、朋友相聚以及其他社会联系。金字塔再上一层是自尊。在这一层次上,人们培养自尊、争取获得成就和赢得他人的尊重,并获得自信心。在层次结构的顶层是自我实现。在这一层次上,人们追求生命的意义和目的,并开展更多创造性的活动。

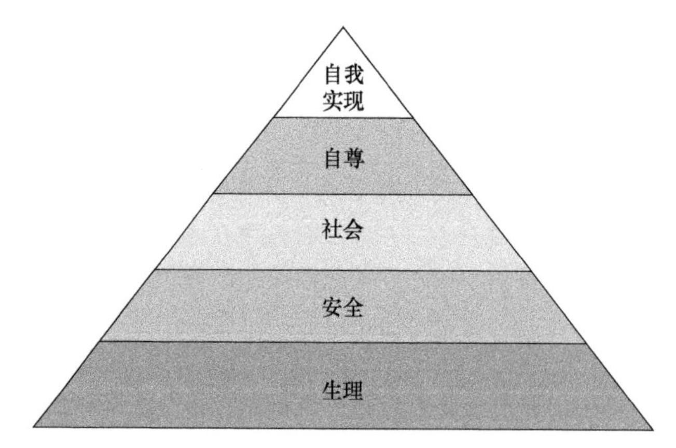

图2.1 马斯洛的层次模型

虽然人类到底是什么时候开始关注产品安全性的已经无法考证,但是可以知道的是,早在大约公元前1754年,《汉谟拉比法典》(The Code of Hammurabi)中就有了与产品安全性相关的记录。该法典中共有282条法律,其中一些是与房屋和船只的产品安全性相关的。下面是该法典中一些安全性相关法律的释文:

第229条:如果建筑者建造房屋不当,导致房屋倒塌且造成房屋所有者死亡,那么建筑者将被判处死刑。

第230条:如果房屋倒塌导致房屋所有者的儿子死亡,那么建筑者的儿子将被判处死刑。

第 231 条:如果房屋倒塌导致房屋所有者的奴隶死亡,那么建筑者需要用奴隶赔付房屋所有者的损失。

第 232 条:如果房屋倒塌导致货物损失,那么建筑者需要补偿所有损失,同时,由于建筑者建造不当而导致房屋倒塌,他需要自己出资重建该栋房屋。

第 235 条:如果船只建造者为某人建造船只而没有将船只造坚固,而在同一年该船出航并受到损坏,那么船只建造者应当自己出资将船拆卸并将其组装坚固,然后再将坚固的船只给予船只所有者。

虽然有些惩罚按照今天的标准来看有些严厉,不过这是关于产品开发者对客户责任的最早记录。自从巴比伦时代以来,产品安全有了很大的演进。

2.2.1 系统安全性的历史

在很久以前不远的某地,我们今天所知的系统安全性还不存在。相反,当事故发生时,人们就会进行调查来找到可能出错的原因,然后对系统或产品进行修补。这被称为“飞行—修复—飞行”方式。用更通俗的话来说,这是系统或产品开发的“试错法(Trial - and - Error)”。

系统安全性起源于“飞行—修复—飞行”方式的不满意,第二次世界大战后,军方开始关注于飞机的安全性,从此开始了系统安全性的演化。Amos L. Wood 于 1946 年 1 月首次向航空业展示了系统安全性方面的流程,不过其中并没有使用“系统安全性”这一术语。在题为“飞机制造商的航空安全性工作的组织”的论文中,他强调了需要不断地关注于设计中的安全、事故后的分析、安全教育以及通过设计来减少人为错误。1947 年 9 月,William Stieglitz 发表了题为“安全工程”的论文,展望了系统安全性的愿景。他表示,“就像性能、稳定性和结构完整性一样,安全性也必须包含在飞机的设计中……”而且“……就像应力、空气动力学和重量小组一样,安全性小组也必须成为制造商组织的一个重要部分……”而且“就像空气动力学和结构学一样,安全性也是一个专门的学科”。在这里,他认识到安全性本身就是一个专业。在此之前,安全性仅仅是工程师需要负责的另一个方面。这是将系统作为一个整体对待的跨学科方法的开始。

这些有远见的愿景构成了系统安全性的发展基础。等待事故发生后再寻找设计缺陷是一种不负责任的行为。采用“飞行—修复—飞行”的理念来发现和控制危险已经逐渐变得不可接受。

在接下来的 10 年里,国防部(DoD)在空军的牵头下开始强调采用系统化、规范化的方式来进行系统开发,注重于积极主动地找到并分析危险,分析它们的风险并控制它们。人们从“飞行—修复—飞行”的理念转变为在将系统投入运行之前通过设计在系统中将安全性控制在可接受的水平。在发生事故并造成损失之前就对危险进行评估和控制。

这段时间，在20世纪50年代初，开始成立了一些关注安全性并将安全性视为一门学科的组织。1950年，空军创建了美国空军飞行安全研究局(DFSR)。他们开始支持讨论飞机系统安全性问题的行业会议。在空军的带头作用下，海军于1954年、陆军于1957年也很快创建了安全性中心。飞行安全基金会也在这段时间成立，此外还举行了很多研讨会，将工程和管理人员汇集到一起。1954年，在其中一个研讨会上，Chuck Miller在题为"通过系统安全性理念将事故调查中获得的经验教训应用到设计中"的论文中首次引入了"系统安全性"这一术语[6]。

此时，空军正在开发洲际弹道导弹(ICBM)。当时系统安全性还没有成为一个单独的学科或作为一项系统要求。每个人都为安全负责，结果相当于没人负责。这些项目变得越来越危险。它们变得更加复杂，使用了新的技术和更多的接口，因此过去的安全性工作方式已经不再有效。洲际弹道导弹计划因多次失败而困扰。根据空军《针对采购经理的系统安全性手册》[7]所说：

……空间部(当时的弹道导弹部(BMD))参与了我们第一个弹道导弹系统的运行测试和现场活动。在这一过程中，我们失去了两个泰坦导弹发射井、3个阿特拉斯发射井，还失去了至少5个人，我们的发射成功率非常低。这些事故中大比例普遍存在的显著因素是，事故原因可以追溯到设计、使用规划中的不足，以及考虑不周全的管理决策。

一个泰坦导弹发射井被摧毁，其原因是用于平衡发射井上下电梯的配重在设计时仅考虑到将已加注推进剂的导弹送到地面并进行发射的情况。设计中没有考虑到，当选择不发射时，你还需要把已加注推进剂的导弹送回到地面并排空推进剂。第一次对已加注推进剂导弹的操作接近成功。驱动机构将导弹保持了差不多5′，然后在重力的作用下导弹倾倒了。原来直径为40′的发射井一下子就变成了大约100′的直径。

在另一个发射井的操作测试中，虽然安全性工程师根据各种迹象给出建议说，由于发射井氧气浓度过高，马上就会发生灾难，但是管理人员还是决定继续进行测试。之后发生的大火摧毁了导弹，并造成发射井严重毁损。在另一起事故中，由于液压系统的单点故障使120t重的门突然落下，造成5人死亡。

发射失败是由于反转的陀螺仪、反接的电气插头、跳过程序步骤，甚至在已知关键部件故障的情况下继续发射等导致的。弹道导弹部的指挥官发布了一个指令，使人们关注事故预防，并废除了"飞行—修复—飞行"的方式。这些指令最终演化为系统安全性理念。

由于上述这些问题，多个项目被取消，而"民兵"导弹项目被提到加速开发的日程。重大设计缺陷是很多事故的原因。“飞行—修复—飞行”的方式显然不再可行。随着系统的危险程度增高，而且最终将会携带核弹头，显然需要采用更加系统化的方式来预防事故。这种共识最终使系统安全性的方式得以广泛使用。

从那以后，我们走过了漫长的历程。

2.2.2 系统安全性及其定义的演化

系统安全性的历史与 MIL – STD – 882 军用标准的发展是平行的。

系统安全性的定义已经发展了很多年。虽然过去曾尝试将安全性包含在系统开发过程中，但是“系统安全性”真正的发展是在 20 世纪 60 年代初“民兵”洲际弹道导弹项目的时候。国防部于 1966 年 6 月根据空军早期的一个版本推出了 MIL – S – 38130A 以后[8]，才出现了第一个官方的系统安全性定义。这一规范将系统安全性定义为“在满足运行效能、时间和成本限制条件的情况下，通过系统安全性工程的特定应用在系统的所有阶段实现最佳程度的安全水平”。

1969 年，国防部基于之前的 MIL – S – 38310A 规范发布了第一版的 MIL – STD – 882 标准。从规范升格到标准，这意味着人们对系统安全性的重视程度有了提升。在 MIL – S – 38130A 定义的基础上，系统安全性的概念得到扩展，不仅是工程设计还包括了管理，并将范围扩展到整个寿命周期。“在满足运行效能、时间和成本限制条件的情况下，通过系统安全性管理和工程原理的特定应用在系统寿命周期的所有阶段实现最佳程度的安全水平”[9]。

1977 年，军方发布了第二个版本：MIL – STD – 882A。这一版本添加了危险识别和风险管理的内容：“在满足运行效能、时间和成本限制条件的情况下，通过系统安全性管理和工程原理的特定应用来识别危险和减小风险，从而在系统寿命周期的所有阶段实现最佳程度的安全水平。”[10]

MIL – STD – 882B 标准于 1984 年发布。新的定义为“通过采用工程设计和管理原理、标准和技术，在满足运行效能、时间和成本限制条件的情况下，在系统寿命周期的所有阶段来优化安全。”[11]这一说法将系统安全性表述为“活动”而不是“状态”。

1993 年的 MIL – STD – 882C 标准仅做了稍许改动，在定义中包括了“安全性的所有方面”。“通过采用工程设计和管理原则、标准和技术，在满足运行效能、时间和成本限制条件的情况下，在系统生命周期的所有阶段来优化安全的所有方面。”[12]

MIL – STD – 882D 经过了无数次的草案修订，当时国防部正在进行采购精简活动，并取消了很多军用标准。在这段时间，主要是担心 MIL – STD – 882 标准被国防部完全取消，于是国际系统安全性协会（International System Safety Society）试图创建一个行业标准来代替这一军用标准（如果它被取消的话）。这一草案标准为 SSS-STD-882[13]。他们选择的定义与 MIL-STD-882C 是一样的。该协会的标准从未发布。

幸运的是，国防部还是决定保留 MIL-STD-882 系统安全性标准，并最终在 2000 年作为一个大大精简的指导文件发布。多年来，添加的很多详细工作项目都被删除了。这一次，在系统安全性的定义中，“来优化安全”被改为“实现可接受的事故风险”。MIL-STD-882D 中的定义成为了“通过采用工程设计和管理原理、标准和技术，在满足运行效能和适用性、时间和成本限制条件的情况下，在系统寿命周期的所有阶段实现可接受的事故风险水平。”[14]

2000 年中期，又发起了修订系统安全性军用标准的尝试。在 2005 年又发布了多个草案，将详细的工作项目重新加入，不过，直到 2012 年春季才最终发布了 MIL-STD-882E[1] 标准。这一版本进行了极大的扩充，而且与 MIL-STD-882D 相比，更像是原来的 MIL-STD-882C。这一版本经过扩充，不仅引入了原来删除的任务，而且还添加了更多的任务。它还强调了系统安全性是系统工程（SE）的一个重要部分，并强化了其他功能性学科与系统工程的集成，最终在整个项目中增强危险管理实践的一致性。就像本章简介中介绍的那样，系统安全性定义被改为“通过采用工程设计和管理原则、标准和技术，在满足运行效能和适用性、时间和成本限制条件的情况下，在系统寿命周期的所有阶段实现可接受的风险水平”。这一次，通过将“实现可接受的事故风险水平”改为“实现可接受的风险水平”，强调了风险。

表 2.1 显示了 MIL-STD-882 标准多年来的演化，并总结了系统安全性定义中的变化。

表 2.1　MIL-STD-882 标准的演化

版本	发布时间	内容	系统安全性定义 （变更部分以黑体字显示）
882	1969 年 7 月 15 日	·强调了系统安全性工作计划（SSPP） ·提供了定义 ·包含了“危险等级”（类别） ·要求危险分析（初步危险分析（PHA）、子系统危险分析（SSHA）、系统危险分析（SHA）和危险使用与保障危险分析（O&SHA）） ·包含优先顺序 ·共 23 页	“在满足运行效能、时间和成本限制条件的情况下，通过系统安全性管理和工程原理的特定应用在系统寿命周期的所有阶段实现最佳程度的安全水平”

续表

版本	发布时间	内容	系统安全性定义（变更部分以黑体字显示）
882A	1977年 6月28日	·更新了研制阶段 ·针对每个阶段扩展了要求 ·扩展了政府与承包商的责任 ·定义了优先顺序 ·引入了风险认可概念 ·将“危险等级”改为“危险严重性”，并添加了一个“危险可能性”表格 ·添加了故障危险分析（FHA）、故障树分析（FTA）和潜在通路分析（SCA） ·共24页	“在满足运行效能、时间和成本限制条件的情况下，通过系统安全性管理和工程原理的特定应用来**识别危险和减小风险**，从而在系统寿命周期的所有阶段实现最佳程度的安全水平”
882B	1984年 3月30日	·大篇幅扩展，达到了98页 ·继续扩展详细的指导原则 ·增加了合同可以引用的工作项目，并引用了数据项描述（DID） ·系统安全性增加了对设施和货架产品的考虑系统安全性 ·第一个提到软件并且确实有关于软件安全危险分析工作项目的美国标准	“通过**采用**工程设计和管理原则、标准和技术，在满足运行效能、时间和成本限制条件的情况下，在系统寿命周期的所有阶段来优化安全”
882C	1993年 1月19日	·扩展到116页 ·重新组织和扩展了工作项目 ·删除了软件危险分析工作项目，但是定义了系统安全性工程工作项目和需要开展的活动，但是没有将这些工作特别指派给软件或是硬件 ·更加强调软件 ·添加了软件危险风险评估流程，包括软件控制类别和软件危险严重性矩阵	“通过采用工程设计和管理原则、标准和技术，在满足运行效能、时间和成本限制条件的情况下，在系统寿命周期的所有阶段来优化安全的**所有方面**”
882D	2000年 2月10日	·这一版本是在国防部采取采购精简理念后推出的 ·写得更像是一个事故风险管理合同标准。将特定的安全性工作项目描述为应当按照合同执行，而管理机构应当“采取所需的行动”。在合同中裁剪和谈判工作项目的责任落在了项目办公室的手上，往往导致了不那么令人满意的结果 ·缺乏软件安全指南 ·缩减到31页	“通过采用工程设计和管理原则、标准和技术，在满足运行效能和适用性、时间和成本限制条件的情况下，在系统寿命周期的所有阶段**实现可接受的事故风险水平**”

续表

版本	发布时间	内容	系统安全性定义（变更部分以黑体字显示）
882E	2012年5月11日	·扩展到104页 ·与“C”版类似，但更好 ·恢复了任务描述……真不容易！	“通过采用工程设计和管理原则、标准和技术，在满足运行效能和适用性、时间和成本限制条件的情况下，在系统寿命周期的所有阶段**实现可接受的风险水平**”

2.2.3 系统安全性的增长

虽然系统安全性这一概念是在国防工业中诞生的，但是多年来，已经有很多其他领域也采用了这一概念。我们不准备涵盖目前正在使用系统安全性方法（或是修订后的方式）的所有行业，不过将以几个行业和它们的标准为例，试着说明系统安全性概念目前达到的广度。

系统安全性源自国防航空业，多年来这一方式已经被航天工业和商业航空业所采用。对于航天工业，由于国防部和NASA有着基本上一样的承包商，因此NASA标准的发展有着与MIL－STD－882标准同样的路线。与MIL－STD－882标准类似，NASA的《设施系统安全性指南》将系统安全性定义为“通过采用工程设计和管理原则、标准和技术，在满足运行效能、时间和成本限制条件的情况下，在系统寿命周期的所有阶段优化安全性的所有方面。”[15]

至于商用飞机工业，美国联邦航空管理局（FAA）制定了自己的系统安全性手册[16]，供其员工使用，并为承包商和在整个联邦航空管理局范围内涉及使用系统安全性政策和程序的其他实体提供支持。它对系统安全性的定义与MIL－STD类似，如下：

> ……系统工程中为计划风险管理提供支持的一个专业。它采用工程设计和管理原理、标准和技术来优化安全性。系统安全性的目标是基于可接受的系统安全性优先级，通过设计和/或程序，发现与安全相关的风险，并消除或控制它们。

最近，联邦航空管理局刚刚实施了安全管理体系（SMS）。国际民用航空组织（ICAO）将安全管理体系定义为“……管理安全性的系统化方式，包括必要的组织结构、岗位职责、政策和程序。”[17]在实施安全管理体系时，联邦航空管理局的8000.369号指令“安全管理体系指南”[18]中的定义与MIL－STD非常类似，其定义为“通过采用工程设计和管理原则、标准和技术，在满足运行效能、时间和成本限制条件的情况下，在系统寿命周期的所有阶段优化安全性的所有方面”。在这两个例子中，联邦航空管理局对系统安全性的实施都遵循了国防工业的路线。

与商业航空业相关的是安全标准 SAE ARP 4761“对民用机载系统和设备实施安全性评估流程的准则和方法”[19]，描述了航空系统研制过程中使用的系统安全性技术。这一文件给出了民用飞机认证中进行安全性评估所用的指导原则和方法。文件引入了飞机级的安全性评估概念，并概述了完成这一任务的工具。其中描述的很多方法都直接来自国防界的系统安全性：

· 功能危险分析（FuHA）。

· 初步系统安全性评估（PSSA）。

· 系统安全性评估（SSA）。

· 故障树分析（FTA）。

· 故障模式与影响分析（FMEA）。

铁路行业也积极采用了系统安全性实践。例如，美国铁路公司（Amtrak）发布了自己的安全性文件“美国铁路公司系统安全性大纲”[20]。虽然美国铁路公司的定义略有不同，但是它抓住了系统安全性的本质。美国铁路公司将系统安全性定义为“通过采用科学、技术、运营和管理技术以及原则，满足运行效能、时间和成本限制条件的情况下，在系统寿命周期内及时发现危险风险，并采取行动来预防或控制这些危险的详细方法”。

矿山安全领域也采用了系统安全性流程。美国国家职业安全健康研究所（NIOSH）发布了 9456 号信息通报“可编程电子采矿系统：最佳实践推荐”[21]，提供了针对处理器控制的采矿设备功能安全的建议和指导。它是基于风险的系统安全性流程的一部分，包括硬件、软件、人，以及设备寿命周期的运行环境。这一系列报告涉及包括项目启动、设计、批准和验证、试运行、操作、维护和退役在内的各个寿命周期阶段。这些建议是由美国国家职业安全健康研究所（NIOSH）和美国矿山安全和健康管理局（Mine Safety and Health Administration）合作开发出来的。这些指导原则适用于采矿公司、原始设备制造商和采矿公司的售后市场供应商。

食品行业也采取了行动。食品行业没有使用“系统安全性”这一术语，但是他们遵循的是类似的方法。一些加工厂必须要满足美国联邦法规第 9 篇第 417 部分（9 CFR Part 417）中的要求。为此，他们需要危险分析和关键控制点（HACCP）计划。美国农业部（USDA）发布了关于准备危险分析和关键控制点计划的指南[22]，与系统安全性工作计划（SSPP）类似，而且危险分析/风险评估是肉类和禽类加工厂运行分析的主要要求。危险分析和关键控制点的方法对于肉类和果汁行业是强制要求，不过这一方法也被应用到其他食品加工以及其他相关的行业中，如水质、化妆品和药品。

很多具有系统安全性基本特性的通用标准（非行业特定的标准）已经制定出来。同样，我们不会详尽列举所有标准，只在以下几个段落中重点介绍几个最为常见的标准。

首先是电气和电子工程师协会（IEEE）发布的《软件安全性计划标准》。该标准为改进安全性关键软件的安全性，对所开展的流程和活动，规定了软件安全性计划中应包含的可接受的最低要求的内容。

另一个流行的通用标准是从 20 世纪 80 年代中期开始制定的，并且已经被很多行业所采用，这是国际电工委员会（IEC）公布的国际标准。IEC 61508 的标题为《电气/电子/可编程电子安全相关系统的功能安全》[24]，该标准分为 8 个部分：

- IEC 61508 – 0　功能安全和 IEC 61508；
- IEC 61508 – 1　一般要求；
- IEC 61508 – 2　电气/电子/可编程电子安全相关系统的要求；
- IEC 61508 – 3　软件要求；
- IEC 61508 – 4　定义和缩写；
- IEC 61508 – 5　确定安全完整性等级的实例和方法；
- IEC 61508 – 6　IEC 61508 – 2 和 IEC 61508 – 3 的应用指南；
- IEC 61508 – 7　技术和措施概述。

在 20 世纪 80 年代之前，很多监管机构都禁止在安全性关键的应用中使用基于软件的设备。这一国际标准为执行安全功能的电气、电子和可编程电子设备的功能安全提供了指南。与系统安全性的方式类似，这一标准关注于基于风险的安全相关系统设计。虽然该标准并没有专门使用一般意义上的“系统安全性”这一术语，但是它使用了同样的方法——在寿命周期的整个过程中采用系统安全性工程分析，并评估风险。这一标准要求必须执行危险和风险评估，并提供了多种方法的指导。它采用了与 MIL – STD – 882 标准类似的危险严重性和危险概率，还使用了安全完整性等级（SIL），作为衡量安全仪表功能的性能指标。

IEC 61508 标准是国际电工委员会的基础的安全性出版物。这是一个“总括”文件，没有采用行业特定的语言，因此可以涵盖多种行业和应用。该标准提供了指导原则，而各个行业可以根据这些指导原则开发出针对自己特定行业量身定做的标准。一些基于原始 IEC 61508 标准的特定行业标准已经被制定出来。表 2.2 给出了一些例子。

表 2.2 IEC 61508 标准的样例

标准	名称	应用
IEC 61511	功能安全:加工工业部门用安全仪表系统	通过使用仪表,在系统的工程设计中建立起保证工业流程安全的实践方式。加工工业部门包括很多类型的制造流程,例如炼油厂、石化、化学、制药、纸浆和造纸以及电力等
ANSI/ISA S84	过程工业用安全仪表系统的应用	保证安全仪表系统的安全应用,包括紧急停机系统、安全停机系统和过程工业的安全联锁系统
IEC 62061	机械安全:与安全有关的电气、电子和可编程电子控制系统的功能安全标准	这是 IEC 61508 针对机械领域的应用。它提供的要求适用于所有类型的机械安全相关电气控制系统的系统级设计,也适用于非复杂子系统或设备的设计
IEC 61513	功能安全:核能工业的安全仪表系统	对于与核电厂安全至关重要的系统,提供仪表和控制的要求和建议
ISO 26262	道路车辆功能安全	针对汽车电气/电子系统,基于 IEC 61508 而改编的标准
IEC 62279	铁路应用:通信、信号和处理系统—用于铁路控制和保护系统的软件	针对铁路应用提供 IEC 61508 的特定解释
IEC 61800 - 5 - 2	可调速电力驱动系统	这是一个特定产品的标准。提供针对变速电机控制器的安全要求
IEC 62304	医疗器械软件:软件寿命周期过程	提供寿命周期过程的框架,包括针对医疗器械软件的安全设计和维护所必需的活动和任务
EN 50128	铁路应用:通信、信号和处理系统—铁路控制和防护系统软件	针对用于铁路控制和防护应用的可编程电子系统,规定了开发的程序和要求
EN 50129	铁路应用:通信、信号、处理系统—信号安全相关电子系统	描述了用于铁路信号应用的安全相关电子系统,包括子系统和设备
EN 50402	可燃或有毒气体、蒸汽或氧气的探测和测量用电气设备—对固定式气体报警系统功能安全的要求	针对用于探测和测量易燃或有毒气体、蒸汽或氧气的固定式气体报警系统,给出功能安全要求

与这些系统安全性标准有紧密联系的是国际标准化组织发布的与风险管理相关的 ISO 31000[25]系列标准。这一系列标准提供了风险管理的原则、框架和流程。我们将在第 4 章讨论与产品安全和责任相关的风险。ISO 31010 是一个关于风险评估的技术标准[26],这一国际标准针对风险评估的系统化技术给出了选择和应用指南。虽然这一标准避免使用了“系统安全性”这一术语,但是其推荐的很多分析技术都来自系统安全性领域,包括:

· 检查单。
· 初步危险分析(PHA)。
· 危险与可操作性分析(HAZOP)。
· 场景分析。
· 根本原因分析。
· 故障模式与影响分析(FMEA)。
· 故障树分析(FTA)。
· 事件树分析。

我们将在第 7 章更加详细地讨论风险以及风险与系统安全性和其他各种类型系统安全性分析技术的关系。

2.3 行业工具

MIL - STD - 882E 系统安全性将安全定义为“不会出现可能造成死亡、伤害、职业病、设备或财产的损坏或损失,或是破坏环境的情况。”[1]

思维方式 1:始终以零事故为目标

就像前面所述,该标准将系统安全性定义为“通过采用工程设计和管理原理、标准和技术,在满足运行效能和适用性、时间和成本限制条件的情况下,在系统寿命周期的所有阶段实现可接受的风险水平”[1]。在更广泛的系统工程学科下,我们可以把系统安全性视为产品安全功能。

系统安全性的目标是发现设计中的固有风险,并随设计进展提出风险缓解建议。

那么,我们应当如何实现这些重要的目标呢?为了构建安全的系统和产品,多年来已经有很多文件和技术被制定出来。我们将在这里重点介绍其中的一少部分,并在后续的章节中进一步讨论。

系统安全性是一个由 8 个要素组成的流程。图 2.2 描述了该流程的典型逻辑顺序。根据情况,步骤之间可能需要进行迭代。

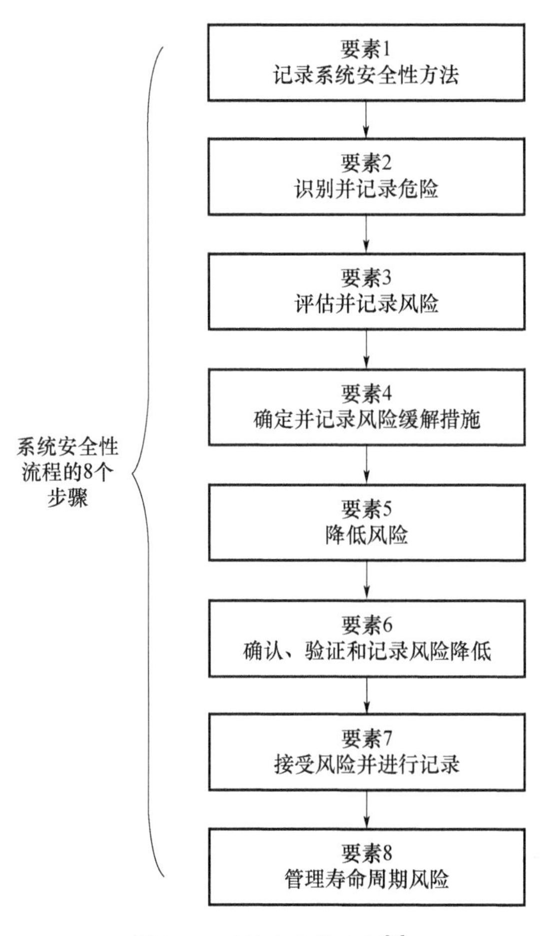

图 2.2　系统安全性流程[1]

首先,也是最为重要的是系统安全性工作计划(SSPP),作为系统工程整体流程的一部分,它记录了用于识别、分类和减缓危险的系统安全性方法论。系统安全性工作计划提供了系统化实施危险分析、风险评估和风险管理所需的详细工作和活动。它定义了如何将系统安全性管理工作集成到系统工程流程中。

如何处理风险是系统安全性、特别是系统安全性工作计划的一个重要部分。风险通常被定义为系统安全性过程的一部分,通常包括一种将事故发生的概率和事故后果的严重性(如果确实发生了的话)组合起来的方法。在系统安全性工作计划中,确定了事故概率和严重性的类别和可接受的风险水平,以及在某些特定风险无法完全缓解的情况下,管理层能够接受的风险水平。

随着设计的进展,危险被识别出来并对它们进行跟踪。在整个设计流程中，都会对这些危险进行跟踪，而且通常会使用自动化的危险跟踪系统（HTS）。在产品开发周期过程中，会执行各种类型的危险分析，以识别危险、评估相关的风险、减轻危险，并尽可能地完全消除危险。表2.3给出了一些最常见的危险分析技术。

表2.3　常见的危险分析技术

分析技术	简要描述
初步危险清单（PHL）	开发早期创建的潜在危险汇编
初步危险分析（PHA）	识别危险、评估初始风险，并确定可能的缓解措施
子系统危险分析（SSHA）	用于确认子系统是否符合消除危险或降低相关风险的要求。此外，还用于确认之前与子系统设计相关的未被发现的危险，并提出行动建议来消除危险或降低它们的风险
系统危险分析（SHA）	用于确认系统是否符合消除危险或降低相关风险的要求。此外，还用于确认之前与子系统接口和故障相关的未被发现的危险；确认与集成系统设计（包括软件和子系统接口）相关的危险；提出行动建议来消除被识别的危险或降低它们的风险
危险使用与保障危险分析（O&SHA）	用于识别评估运营、支持活动和程序引入的危险，评估用于减轻与这些已识别危险相关风险的运营和支持程序、设施、流程和设备的完备性
健康危险分析（HHA）	用于识别对人体健康的危险，评估准备使用的材料和使用这种材料的工艺，并提出消除这些危险或降低相关风险（如果危险无法消除的话）的措施
软件危险分析（SWHA）	应当在执行前面提到的所有危险分析后，识别软件危险
故障模式与影响分析（FMEA）	用于确定部件、组件、子系统、流程或功能失效模式的影响
故障树分析（FTA）	这是系统的一个逻辑图形模式，显示了可能造成之前定义的不良事件可能的故障和非故障情况的各种组合

2.4　系统安全性的益处

系统安全性的最大益处当然是预防事故，从而挽救生命和防止伤害。此外，如果能够防止事故，也可以避免对设备、系统、设施和环境的损害。

在预防事故的同时，也避免了与事故相关的费用。不仅可以避免因设备损失或损坏而导致事故的直接成本,而且还可以降低不良事件可能导致的间接成本。这些间接成本可能包括产品责任损失、法律诉讼、保险费率上升,以及客户和业务的流失和声誉损失。

有一个不那么明显但很重要的好处是,可以避免系统或产品开发阶段中的一些成本。通过在设计流程的早期阶段识别危险,可以避免因重新设计而造成的成本。这些成本可能包括设计完成后再解决缺陷,由于很晚才发现安全问题而重新设计产品,重新设计后对产品的重新测试,以及重新设计造成的延误成本。

成功的系统安全性计划还可能带来无形的收益。例如,由于员工参与这一过程,可以提高员工的满意度。考虑到系统安全性过程的透明度和参与特性,与客户和监管机构的交互可能会变得更加有效。客户对组织的满意度和信心也可能会得到改善。

因此,系统(或产品)安全性是设计的一个重要方面,在任何计划中,它的实施都将增强设计过程,并能够开发出更好的产品。

2.5 系统安全性管理

系统安全性管理包括为识别危险、评估和减轻相关的风险及跟踪、控制、接受和记录系统、子系统、设备和基础设施的设计、开发、测试、获取、使用,以及退役处理中遇到的风险而采取的所有计划和活动。

系统安全性工作计划(SSPP)是一个文件,定义了在研制大纲中应当如何管理系统安全性。作为整体系统工程过程的一部分,系统安全性工作计划记录了用于识别、分级和减缓危险的系统安全性方法论。系统安全性工作计划提供了系统化实施危险分析、风险评估和风险管理所需的详细工作项目及活动。它定义了如何将系统安全性管理工作集成到系统工程过程中。

在系统安全性工作计划中,至少应当包含以下主题:

· 描述风险管理工作,以及项目应当如何将风险管理整合到系统工程过程、产品集成和研制流程、整体项目管理结构中。

· 确定并记录适用于系统的要求,包括标准、系统规范、设计标准、风险管理要求和测试要求。

· 定义风险管控部门应当如何正式认可危险和相关的风险。

· 定义如何使用闭环危险跟踪系统(HTS)来记录和跟踪危险。

第 3 章将对系统安全性工作计划及其内容进行更加详细的说明。

2.6 将系统安全性整合到业务流程中

2.6.1 系统安全性的合同签订

根据所处的立场,系统安全性的合同签订有两个方面:首先,如果作为采购代理,那么你就会关心合同中的系统安全性要求;其次,如果你是向采购代理负责的承包商,那么你就会关注于如何满足系统安全性要求。

有两种主要类型的合同——固定价格合同和成本补偿合同,这两种合同之间的主要区别在于由谁来承担财务风险以及每一方各自承担多少风险。在固定价格合同中,承包商同意根据客户提供的规格以确定的价格开发特定产品,因此是由承包商来承担财务风险。如果开发成本超过了原来估计的价格,那么无论附加成本有多高,承包商依然必须提供产品。在成本补偿合同中,是由客户承担财务风险的,因为承包商根据客户的规格和产生的成本来开发产品,无论成本是否超过最初的估算,都要由客户来承担。

这两种合同类型还有很多变型,从而使各方承担不同程度的财务风险。下面列出了一些典型的合同类型。

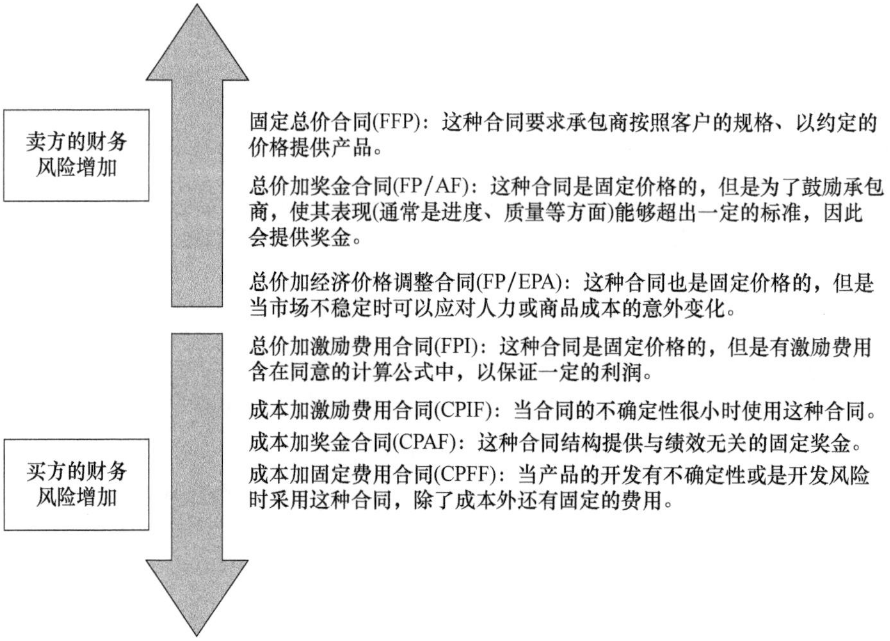

卖方的财务风险增加

固定总价合同(FFP):这种合同要求承包商按照客户的规格、以约定的价格提供产品。

总价加奖金合同(FP/AF):这种合同是固定价格的,但是为了鼓励承包商,使其表现(通常是进度、质量等方面)能够超出一定的标准,因此会提供奖金。

总价加经济价格调整合同(FP/EPA):这种合同也是固定价格的,但是当市场不稳定时可以应对人力或商品成本的意外变化。

总价加激励费用合同(FPI):这种合同是固定价格的,但是有激励费用含在同意的计算公式中,以保证一定的利润。

成本加激励费用合同(CPIF):当合同的不确定性很小时使用这种合同。

成本加奖金合同(CPAF):这种合同结构提供与绩效无关的固定奖金。

成本加固定费用合同(CPFF):当产品的开发有不确定性或是开发风险时采用这种合同,除了成本外还有固定的费用。

买方的财务风险增加

在所有这些合同中，采购组织通常都会发出一个需求建议（RFP），其中包含了工作说明（SOW）和规格说明。工作说明以清晰易懂的语言描述了承包商在开发或生产待交付物品或提供服务时需要完成的工作。它以明确、基于绩效的、定量的术语定义了需求，并以明确的条款让承包商能够清楚地了解客户的需求。规格说明提供了定性与定量的设计和性能要求。它通常会在工作说明中被引用，但是具体的技术要求不会出现在工作说明中，而是由规格说明给出。

从系统安全性的角度来看，工作说明通常会引用最高层次的标准和要求（如 MIL - STD - 882）。它也对特定开发项目定义了系统安全性计划中应包含的内容。它详细地说明了系统安全性工作计划的文档要求以及可能需要的各种危险分析。规格说明通常会提供与待采购硬件、设备或软件相关的更加明确和详细的安全性要求。例如，规格说明中一条详细的要求可能是“开/关控制机构不得凸出设备的表面”。

重要的是，客户和承包商双方都应当了解他们在协议中的角色。客户必须仔细确定他们希望承包商执行哪些系统安全性工作项目、希望承包商生成哪些系统安全性文档，以及需要满足哪些安全性要求。承包商必须在他们的建议书中对客户所有的安全性相关要求作出回应，而且在合同签订后，他们必须正确地执行系统安全性工作项目、进行所有要求的分析、提供要求的文件，并满足客户的所有安全性要求。

参考文献

[1] U. S. Department of Defense, Standard Practice System Safety, MIL - STD - 882E, Department of Defense, Washington, DC, 2012.

[2] Maslow, A. H. , A Theory of Human Motivation, Originally Published in PsychologicalReview, 50, 370 - 396, 1943.

[3] Code of Hammurabi, Circa 1754 BC. Based on the 1915 translation by L. W. King, http://avalon. law. yale. edu/ancient/hamframe. asp (Accessed on August 23, 2017).

[4] Wood, A. L. , The Organization of an Aircraft Manufacturer's Air Safety Program, 14th Annual Meeting of the Institute of Aeronautical Sciences (IAS), New York City, 1948.

[5] Stieglitz, W. , Engineering for Safety, Aeronautical Engineering Review, February 1948.

[6] Miller, C. O. , Applying Lessons Learned from Accident Investigations to Design-

Through a Systems Safety Concept, Paper presented at the Flight Safety Foundation Seminar, Sante Fe, November 11, 1954.

[7] Olson, R. E., System Safety Handbook for the Acquisition Manager, Air Force Systems Command SD – GB – 10, Space Division, Air Force Systems Command, Los Angeles, CA, 1982.

[8] U. S. Department of Defense, Safety Engineering of Systems and Associated Subsystems and Equipment: General Requirements for, MIL – S – 38130A, Department of Defense, Washington, DC, June 1966.

[9] U. S. Department of Defense, System Safety Program for Systems and Associated Subsystemsand Equipment: Requirements for, MIL – STD – 882, Department of Defense, Washington, DC, 1969.

[10] U. S. Department of Defense, System Safety Program Requirements, MIL – STD – 882A, Department of Defense, Washington, DC, 1977.

[11] U. S. Department of Defense, System Safety Program Requirements, MIL – STD – 882B, Department of Defense, Washington, DC, 1984.

[12] U. S. Department of Defense, System Safety Program Requirements, MIL – STD – 882C, Department of Defense, Washington, DC, 1993.

[13] SSS – STD – 882, System Safety Society Standard for System Safety Program Requirements, The International System Safety Society, Unionville, VA, 1994.

[14] U. S. Department of Defense, Standard Practice for System Safety, MIL – STD – 882D, Department of Defense, Washington, DC, 2000.

[15] NASA – STD – 8719. 7, NASA Facility System Safety Guidebook, National Aeronautics and Space Administration, Washington, DC, 1998.

[16] U. S. Federal Aviation Administration, System Safety Handbook, U. S. Department of Transportation, Federal Aviation Administration, Washington, DC, 2000.

[17] International Civil Aviation Organization, Safety Management Manual, ICAOSMM Doc. 9859, International Civil Aviation Organization, Montreal, Quebec, 2013.

[18] FAA Order 8000. 369, Safety Management System Guidance, U. S. Department of Transportation, Federal Aviation Administration, Washington, DC, September 30, 2008.

[19] Society of Automotive Engineers, Guidelines and Methods for Conducting the Safety Assessment Process on Civil Airborne Systems and Equipment, ARP

4761, SAE International, The Engineering Society For Advancing Mobility Land Sea Air and Space, Warrendale, PA, 1996.

[20] Amtrak System Safety Program, Amtrak, Washington, DC, December 2007.

[21] Sammarco, J. J. , Programmable Electronic Mining Systems: Best Practice Recommendations, Information Circular, 9456, U. S. Department of Health and Human Services, Public Health Service, Centers for Disease Control and Prevention, National Institute for Occupational Safety and Health, Pittsburgh Research Laboratory, Pittsburgh, PA, May2001.

[22] U. S. Food Safety and Inspection Service, Guidebook for the Preparation of HACCP Plans, U. S. Department of Agriculture, Food Safety and Inspection Service, Washington, DC, September 1999.

[23] IEEE Computer Society; Software Engineering Standards Committee; Institute of Electrical and Electronics Engineers; IEEE Standards Board, Standard for Software Safety Plans, IEEE Standard 1228, IEEE, New York, 1994.

[24] International Electrotechnical Commission, Functional Safety of Electrical/Electronic/Programmable Electronic Safety – Related Systems(E/E/PE, or E/E/PES), Eight Parts, International Electrotechnical Commission(IEC), Geneva, 2010.

[25] Standards Association of Australia; Standards New Zealand, Risk Management: Principles and Guidelines, ISO 31000, Standards Australia International, Sydney, 2009.

[26] South African Bureau of Standards, Risk Management: Risk Assessment Techniques, ISO 31010, SABS Standard Division, Pretoria, 2009.

补充阅读建议

Raheja, D. and Allocco, M. , Assurance Technologies Principles and Practices, John Wiley & Sons, Inc. , Hoboken, NJ, 2006.

Raheja, D. and Gullo, L. J. , Design for Reliability, John Wiley & Sons, Inc. , Hoboken, NJ, 2012.

Roland, H. E. and Moriarty, B. , Systems Safety Engineering and Management, John Wiley & Sons, Inc. , New York, 1990.

第3章　系统安全性工作计划和管理

Louis J. Gullo,Jack Dixon

3.1　系统安全性工作的管理

系统安全性工程师(SSE)将各种类型的流程应用到许多类型产品和系统的设计和开发中。这些产品与系统为不同的市场和行业提供各种各样的应用与解决方案。这些产品或系统能够为军队、政府机构和私营企业的很多客户带来好处。本书讨论的一些市场和行业包括国防、航空航天、商业航空电子、汽车、电信、医疗和零售消费市场。为了有效地实施系统安全性工作(SSP)保证安全产品的开发,需要对产品安全进行正式的规划和管理。在系统开发过程中,针对各种各样的产品有着不同的管理方式和项目要求,而且实施系统安全性工作的方式也有所不同。成功实施系统安全性工作的关键是制定一个系统安全性管理计划,来说明系统安全性应当如何实施的细节。根据不同的行业和项目,系统安全性工程师可能会以不同的名称来称呼这一计划。本书中将这一计划称为"系统安全性工作计划"(SSPP),这是从国防和航空航天工业借用的一个术语。

许多政府组织和行业已经采用系统安全性的方法来进行产品/系统开发,并将系统安全性要求纳入其安全管理项目中。创建的计划和计划中的要求根据系统安全性过程涉及的原因、方式和实施的场所都会有所不同。

本章讨论了为了在整个系统寿命周期中成功实施系统安全性工程,正确地进行安全性管理需要进行哪些必要的工作,并强调了成功实施系统安全性工作的要求。对于简单的系统、复杂的系统、体系(SoS)以及系统族来说,系统安全性工作的细节可能有很大不同,因此在系统安全性工作的确定过程中适应性是非常重要的。

3.1.1　系统安全性管理中的考虑因素

在确定安全管理工作时,需要考虑各个方面,包括各种安全标准、产品/系统的复杂性、人为因素以及涉及的风险。

对于特定的行业或产品,已经涌现出大量的安全相关标准、规范、要求、实践、规则和程序,因此必须在安全管理中予以处理。人们已经建立起大量的指导原则和推荐实践,给出了需要采用的详细项目内容、流程,以及需要遵循的程序。

取决于产品类型及其复杂性,具体的系统安全性工作中可能需要考虑或涉及大量的其他主题,包括:

- 工艺安全。
- 产品安全。
- 弹药安全。
- 危险材料安全。
- 生命安全。
- 武器安全。
- 集群安全。
- 工业卫生。
- 健康危险。
- 飞机/飞行安全。
- 环境影响。
- 消防安全。
- 辐射安全。
- 核安全。
- 发射场安全。
- 施工/设施安全。

人的因素仍然是另一个最重要也是最为复杂的考虑因素。人参与到很多层次的产品或系统开发、生产、使用和误用中,引起或造成事故和灾难的往往是人的因素,因此必须要考虑人可能会犯错误的情况。系统安全性大纲必须考虑设计中的人体工程学、可用性以及人的局限性。

要了解与被开发产品或系统相关的风险,就必须对危险、危险的严重性和危险发生的可能性进行细致分析。对于任何系统安全性工作来说,主要目标都是对这种风险进行评估,找到并评估能够消除危险或是减轻危险风险的备选设计或方法。系统安全性的理想目标就是设计出完全没有风险的系统。

综合所有这些考虑因素,可以得出一个结论:为了保证系统或产品在寿命周期内的安全,就必须要有系统安全性管理程序将众多与系统或产品开发有关的事项进行集成、实施和管理。

3.1.2 管理方法和概念

管理中的关键要素可能会根据特定的行业或实体而有所不同。不过,所有的管理层都会关注成本、进度和绩效。管理一般涉及组织、决策、规划和控制[1]。

3.1.2.1 组织

管理的一个基本要素,就是要创建有效的组织。组织设计包括:构建组织和组织的结构;定义权限、控制范围、责任,界限与员工关系;实现群体间的协调;定义组织边界。

从系统安全性的角度来看,组织是管理系统安全性工作的一个重要方面。必须明确一个有效的系统安全性组织及其功能,以及系统安全性工作是如何融入系统工程过程的。需要对人员配备和其他资源做好规划,以保证能够为项目提供足够的支持。必须明确描述系统安全性工作中涉及的每个人与每个接口组织单位的角色和职责。如果有承包商和分包商参与到系统安全性工作中,那么必须要确定他们的角色、职责、接口和沟通渠道。

奉献精神非常重要。安全性工程师必须致力于生产安全的产品。系统工程团队和来自各个学科、为系统工程工作提供支持的所有领域专家必须全身心投入到项目中,这样才能使项目获得成功。最重要的是,管理层的承诺对于成功实施系统安全性工作至关重要。高层管理人员必须相信系统安全性的重要性,并且必须支持这一信念。

3.1.2.2 决策

管理层的核心职能之一就是制定决策。管理层必须建立一套决策框架并定义决策流程。他们还必须了解决策者之间的差异、决策者的理性、决策制定中涉及的目标、不确定性和风险。

所有的决策过程都会涉及以下 6 个步骤:

· 设定目标。
· 寻找备选方案。
· 比较和评估备选方案。
· 从备选方案中进行选择。
· 实施决策。
· 跟进、控制和反馈。

从系统安全性的角度来看,必须尽早建立系统安全性工作的目的和目标。必须建立风险评估和风险评估准则,从而为危险分析和风险缓解提供指导。常规的设计准则(包括标准、指导原则和顶层安全要求)是早期决策过程的一部分。该过程还通过权衡研究来建议和评估初步设计方案。在项目寿命周期的早期阶段就会确定一个危险跟踪系统,以便实现危险的跟踪、控制和最终的缓解。

3.1.2.3 规划

规划是应对变化的关键管理功能,规划的主要目的如下:

· 预测问题和避免出现问题。

· 识别机会。

· 制定能够帮助组织实现其期望目标的行动方案。

规划包括资源的识别和分配。这些资源包括资金、人员、材料和设备。

大多数详细的规划都采用了计划评审技术(PERT)。这种方法通常使用某个商业计算机程序,在网络中展开整个开发和生产进度。它提供资源分配、时间和成本考虑因素,以及活动之间的依赖关系。通过对网络的分析,定义了网络的路径以及网络内的关键路径(也就是如果不遵守进度表的话,将会发生延迟的地方)。随着系统的成熟,计划评审技术正成为一种控制机制。

从系统安全性的角度来看,必须要制定一个系统安全性活动进度表,并为活动分配足够的资源以保证成功。该时间表应当包含所有必需的系统安全活动依赖性(完成活动所需的输入项)及其输出产品(分析、文档等)。所有活动都应当有与整个系统工程工作和开发计划相匹配的开始和结束日期。系统安全性活动还应与其他系统级别的活动(如技术评审、测试、手册和培训材料开发及交付里程碑)正确地综合到一起。

3.1.2.4 控制

正式的控制是帮助组织实现其预期结果的一种手段,必须要定义谁有权利向什么人做什么事情。

控制用于:

· 将绩效标准化。

· 保护资产。

· 标准化质量。

· 限制人员或组织可以行使的权限。

· 衡量和指导人员的绩效。

· 通过规划实现预期的结果。

· 协调工人和设备,从而实现组织的目标。

从系统安全性的角度来看,控制有两个主要方面:①确保系统安全性工作保持在正确的轨道上;②确保能够识别、分析和消除危险,或是将其控制在可接受的风险水平。

为确保系统安全性工作保持在正确的轨道上,管理层必须对系统安全性活动进行监督，保证这些活动能够按计划进行，获得足够的资源，并生产出高质量的产品。这是通过遵循早期阶段建立的计划并在生成安全产品时对其进行评审来实现的。

为了确保危险能够被识别并得到适当的处置，必须建立一个危险跟踪系统来明确定义风险的清除和认可的权限，并保证这一系统能够得到执行。

3.2 工程设计的角度

在深入研究系统安全性工程使用的各种流程之前，我们必须首先了解什么是系统工程和工程设计的观点。工程设计专注于如何开发新的系统以及如何改进现有的系统。系统工程有多种定义，而每种定义的含义都略有不同。维基百科[2]将系统工程定义为“一个跨学科的工程领域，专注于如何对复杂工程系统进行设计以及在其寿命周期内进行管理。”它还定义了系统工程的V模型[3]，用来解释系统工程流程（V模型将在本章后面讨论）。《INCOSE 2004 系统工程手册》[4]将系统工程定义为“一种跨学科的方法和实现成功系统的手段。”《NASA 系统工程手册》[5]将其定义为“一种用于系统设计、实现、技术管理和退役的系统的、规范的方法。”系统工程知识体系（SEBoK）[6]定义了四种类型的系统工程：

· 产品系统工程（PSE）。
· 企业系统工程（ESE）。
· 服务系统工程（SSE）。
· SoS。

产品系统工程属于传统的系统工程，专注于由硬件和软件组成的物理系统设计。企业系统工程将企业、组织（或多个组织）的组合视为系统。服务系统工程是服务系统的工程设计，如面向服务的架构（SOA）。一个服务系统可以是为另一个系统服务而设计的系统，如许多民用基础设施系统。

系统工程将多种工程学科和专业领域相结合并进行引领，以实现单一目标。这一目标就是在整个系统和/或产品寿命周期中对系统进行设计和管理。任何特定系统的系统工程都应当有着“从摇篮到坟墓”的责任，这意味着系统工程开始于方案设计阶段（编写和分析需求），接着继续进行系统设计和开发、进行系统生产并交付给客户，运行过程中进行系统性能的和改善和在客户应用中的支持，直到系统达到设计寿命或服务寿命并退役为止。随着系统变得越来越大、越来越复杂，诸如需求生成、需求分析、架构设计、详细设计、集成、检验和确认、项目管理、评估指标和衡量、项目和开发团队协调、系统安全性和可靠性、寿命周期后勤和保障性，以及其他管理、技术和工程学科也变得越来越困难。系统工程师在各种项目和工程范围内采用各种开发实践和流程、优化模型、方法和权衡研究以及风险管理工具和技术。系统工程保持对系统的整体把握，同时关注于系统分析，并在用户使用、系统性能参数、总体客户需求、要解决的问题和所需功能方面获取客户的反馈。客户反馈对于系统的成功与否至关重要，并且应当包括由项目合同渠道提供的高层次系统需求文档。在系统开发周期中尽早收集客户需求。在收集到客户反馈，并使用客户数据进行初步系统分析后，系统工程开始记录系统要求，将需求向下传递或分解到系统结构的较低层次。然后，系统工程师继续进行设计综合、仿真、测试以及系统验证和确认，同时根据系统在寿命周期中可能经历的应力和环境条件，综合考虑完整的系统解决方案或最终结果。

3.2.1 软件工具

系统工程中有很多工具，关于这一主题有很多书籍进行讨论。我们的目的是让读者意识到软件工具在系统工程中得到了广泛的使用，并优先关注于两种类型的软件工具：需求生成和跟踪工具（如 IBM DOORS）和系统架构和设计工具（如 IBM Rhapsody）。通过使用这些工具，可以确保高效、有效的系统设计和工程设计，防止后面的开发过程中出现工程错误和问题，并确保系统能够按照客户期望的质量和可靠性，按预算、按时进行交付。

3.2.2 设计方案和策略

系统设计方案和策略为开始开发系统提供工程计划与愿景，并让工程的计划与愿景关注于项目目的和目标。在开始系统开发时，应当始终牢记最终目的是什么，并了解为实现目的和目标需要采用的方法及流程。这些设计概念和策略通常包括系统架构的高层次视图。IBM Rhapsody 工具使用系统建模语言（sysML），非常有助于定义这些系统视图和体系结构。活动图和序列图的开发有利于清楚地表达设计概念和策略。此外，为描述系统在整个寿命周期内的运行和执行所有预期操作的方式，确定最终目标和愿景，“Zachman 框架”或“国防部体系结构框架”（DODAF）也是有用的手段。面向对象的设计是规划和定义交互对象系统的另一种方法，可以解决系统设计中的软件问题。系统设计方案和策略根据系统的类型而有所不同。与不包含任务关键或安全性关键功能的系统相比，包含任务关键或安全性关键功能的系统开发过程要严格得多。

3.2.3 系统开发过程

系统工程包括系统寿命周期过程管理。本书针对 ISO/IEC/IEEE 15288 来说明系统开发过程(SDP)中使用的关键流程。根据 IEEE/IEC 15288[7] 中的定义,系统寿命周期流程包括以下阶段:方案、开发、生产、使用、保障和退役。方案设计阶段是系统开发过程中的最初步骤,从用户层次的角度来定义系统,反映了客户对系统性能的需求。使用方案(CONOPS)是系统定义文档之一。需求定义文档和体系结构图在方案设计阶段创建,并在开发阶段完成。在开发阶段将执行详细的设计、实施、集成、测试、验证和确认过程。在验证并成功完成系统测试之后,就会进入生产阶段。使用、保障和退役阶段与系统开发过程中的运营和维护流程保持一致。风险管理是系统寿命周期各个阶段都使用的一个关键过程,而系统安全性则是风险管理中用于发现、预测和预防与系统设计安全危险相关风险的一门学科。系统寿命周期中的这些阶段(图 3.1)与安全性实践和功能的设计相关,我们将在本书的后续章节中按顺序对它们进行讨论。

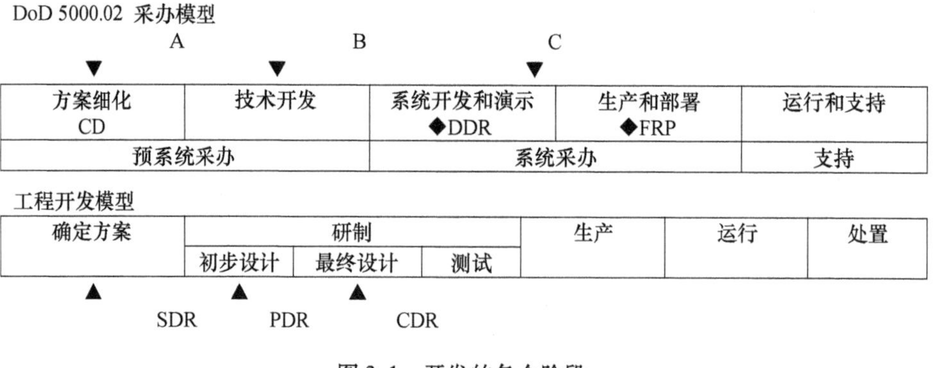

图 3.1 开发的各个阶段

3.2.4 系统工程 V 模型

系统工程的技术过程包括利益相关者需求定义、需求分析、架构设计、实现、集成、确认,以及转移、验证、运行、维护和处置。这些技术过程涉及各种类型的工程学科和功能,如系统安全性。系统工程 V 模型以图形方式描述了这些技术过程中的大多数过程。图 3.2 显示了 V 模型[8] 的一个实例。

根据维基百科[3],V 模型是首次出现于休斯飞机公司(Hughes Aircraft)针对美国联邦航空局先进自动化系统(AAS)计划的提案。V 模型构成了休斯公司先进自动化系统的设计竞争阶段(DCP)的测试策略,并用于展示用以解决检

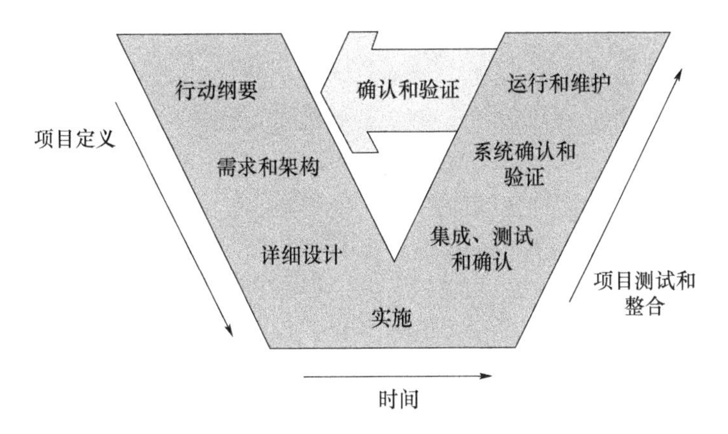

图 3.2 系统工程 V 模型[8]

测潜在软件缺陷的新问题的测试和集成方法。对潜在缺陷检测新层次的需求推动了自动化航路空中交通管制(AERA)计划中要求的空中交通管制者对自动规划流程的目标。

3.2.5 需求生成和分析

需求定义和创建在系统工程中至关重要。如果需求是错误的,那么在后续开发的各个阶段都会产生连锁反应。需求必须从系统寿命周期的一开始就是正确的,否则就要进行代价高昂的返工,并且越晚发现过程中的需求缺陷,纠正的成本就越高。使用需求生成和分析工具(如 IBM DOORS)无疑可以帮助系统工程师在系统开发过程(SDP)的早期找到需求缺口和缺陷。许多系统级的需求都涉及系统功能的规范。典型的系统需求可能被表述为"系统必须执行必要的功能,每 24 小时存储和备份关键的系统参数数据"。系统工程要求通常以肯定的方式书写,如"系统必须执行……"。系统安全性工程师通常以否定的方式书写系统安全性要求,如"系统不得……"。一个典型的系统安全性要求可以被写为"系统的运行不得造成死亡和身体伤害。"不过,要确认这种以否定形式书写的需求(如安全性要求)是非常困难的。由于系统工程师希望需求是可确认的,因此会以肯定的形式书写系统要求。系统工程师或是系统安全性工程师可能会以肯定的形式书写系统安全性要求,如"系统的运行必须能够防止人员受伤、避免灾难性的损害,并仅允许运行在安全的条件"或是"系统必须在无人受伤的环境中预测其性能"。系统安全性要求来源的例子可以来自以下标准:

· OSHA 法律法规(标准 -29 CFR)。

· IEC 61508. IEC 61511。

· ISA 84.00.01 - 2004。

· 安全需求规范 Fse - global.com。

在规范中创建并记录要求后，系统工程师将对要求进行分析。这一分析的目的是用来填补当要求从顶层系统规范（如系统之系统集成（SoSI））向下传递过程可能发生的遗漏或是通过分派或分配将要求分解到子系统规范中时可能遗漏。要求分析包括通过树形规范来跟踪需求。在树形规范中，系统中的每一个规范都在一个树形配置或层次结构中被确定。在进行可追溯性分析时，工程师不仅要寻找遗漏的要求，而且还要寻找具有正向和反向相连要求的可追溯性。其目的是保证没有较低层次的"孤儿"要求存在，也就是没有父要求的子要求或是没有子要求的父要求。换句话说，每一个顶层的要求都必须向下传递或分解到较低层次的要求。这一分析还将寻找冗余、含糊不清、模糊的要求，以及无法验证的要求，或是相互矛盾的要求缺陷。

3.2.6 系统分析

需求分析是系统分析的第一范式。系统分析在 V 模型的各个阶段执行，并涉及系统框图的制备，以评估系统的性能。每一个系统块都要创建功能块图。要决定是将功能分配为硬件还是软件或是两者的组合，功能分析至关重要。系统分析包括使用模型和仿真进行评估，以及运行系统性能处理中使用的算法来确定算法的性能是否符合要求，然后再构建第一个系统原型和测试系统。使用系统架构和设计工具（如 IBM Rhapsody）无疑有助于系统工程师进行系统分析，从而在系统开发过程的早期阶段发现性能差距和缺陷。

3.2.7 系统测试

在系统分析进行的过程中，将会开始系统测试。系统测试的主要目的是在环境条件可控的受控实验室或测试区内验证和确认（V&V）系统需求。这并不意味着所有的系统需求都会在实验室中通过测试来进行验证和确认。需求的验证和确认可以通过检查、分析、测试或演示来完成。通常系统分析和系统测试活动在系统开发过程中是重叠的，因为这两个系统功能都从一个应用中学到一些东西并试图复制到另一个应用。分析结果和测试结果之间的相关性非常重要，可以树立起对系统性能的信心，并且可以保证当系统通过某个关键测试里程碑后，确定它已经准备好可以进入到开发的下一个步骤或是可以向客户发布了。向客户进行演示通常是正式级别的系统测试，用于保证系统在客户使用的应用和环境中能够实现预期的性能。要实现对系统要求的高效验证和确认，以及对所有较低层次规范要求（如硬件和软件要求）的验证和确认，IBM DOORS

的使用都是非常重要的。硬件和软件的测试是独立进行的,而验证和确认是在开始系统集成和测试之前,在硬件和软件设计层次上完成的。硬件和软件集成后,就会开始执行系统测试。

3.2.8 风险管理

风险管理是项目、系统和工程管理过程中的关键实践,在系统 V 模型的所有阶段都要使用。在整个系统寿命周期过程中,风险管理流程与所有关键的相关接口都有集成。风险管理包括风险的识别和分类、风险发生概率和后果的评估、风险缓解策略、风险状态跟踪和报告、风险行动计划,以确保不会发生不可接受的风险,或是将风险发生的概率最小化。系统安全性工程与其他关键工程学科共同完成这些类型的风险管理功能。项目/工程管理、工程设计、质量、运行、信息系统(IS)和组织内的其他专业人员之间的相互作用有助于整个系统寿命周期过程与阶段的风险管理规划、处理和执行。有关风险管理流程的更多内容将在本书后面介绍。

3.3 系统工程中集成的安全性

系统安全性是良好系统工程项目的众多要素之一。因此,系统安全性必须成为每个系统寿命周期阶段不可分割的一部分。

在方案设计阶段,安全性目标和顶层安全性要求被开发出来,并记录在系统级的规范中。系统安全性工作计划(SSPP)就是在这一阶段开发的。通常,初步危险源清单(PHL)是以方案设计中发现的一般危险源为基础而创建的。在方案被确定后,就会执行初步危险分析(PHA)。

在研制阶段,随着产品/系统设计的完善,将进行更详细的危险分析。这些可能包括子系统危险分析(SSHA)、系统危险分析(SHA)、使用和保障危险分析(O&SHA)等。

在生产阶段,随着其他危险被发现,或者是为了生产所需的变化而改进设计,可能会对各种分析进行更新。

在使用、保障和退役阶段,随着早期部署或使用过程中发现其他危险,也可能会对各种分析进行更新。特别是,随着对产品或系统的经验增加,使用和保障危险分析也可能需要更新。

为了支持系统工程 V 模型,系统安全性工程师可以构建一个类似的 V 模型——系统安全性 V 型图,以显示系统安全性工程师是如何融入系统开发过程的。这一系统安全性过程遵循系统工程过程,系统安全性 V 模型图如图 3.3 所示。

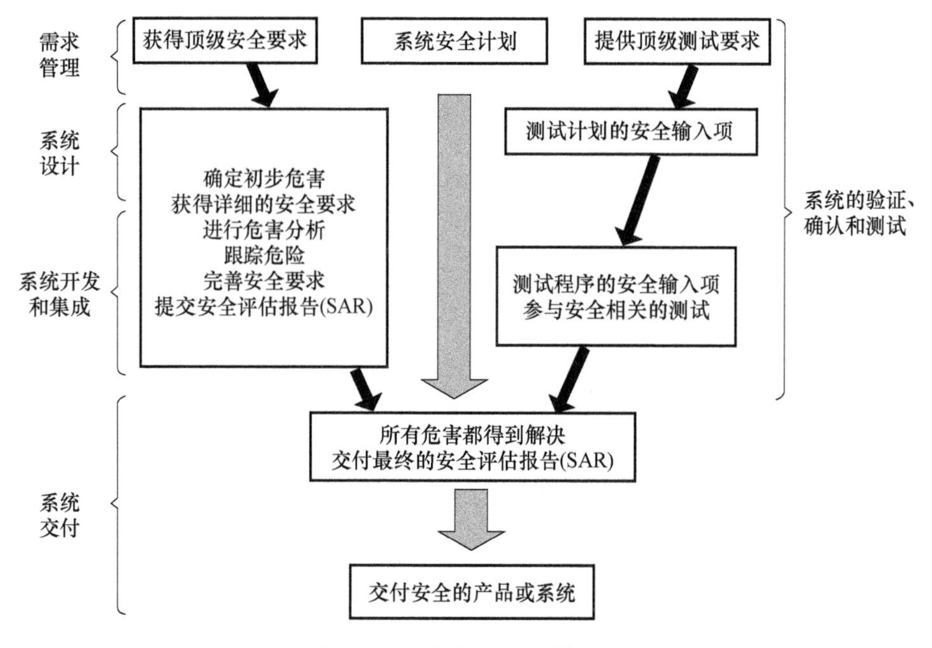

图 3.3　系统安全性 V 模型图

3.4　主要接口

系统工程与多个工程专业与技术和以人为中心的学科接口。系统工程保证项目或系统的所有可能的方面都得到考虑,并将它们融合为一体。

系统工程的主要接口包括但不限于以下学科:

· 业务开发(包括客户工程、应用工程和营销)。

· 技术状态管理。

· 控制工程。

· 电气工程(包括模拟、数字、射频、电源和元器件的电路设计者)。

· 人因工程(包括人与系统集成(HSI))。

· 工业工程。

· 接口设计。

· 后勤和保障性工程。

· 制造和生产工程。

· 机械工程。

· 运筹学。

· 绩效工程。

· 项目和工程管理(包括规划、进度安排和报价管理)。

· 质量工程(包括设计保证、六西格玛工程设计、任务保证、系统保证和产品保证)。

· 可靠性、维修性和可用性(RMA)工程。

· 风险管理。

· 环境健康与安全工程(EHSE)。

· 供应链工程。

· 系统安全性安防工程(SSE)(包括信息保证(IA)、运营安全(OPSEC)、通信安全(COMSEC)和防篡改工程)。

· 软件工程(包括软件保证)。

· 测试工程。

系统安全性工程与系统工程过程中的许多学科相互作用。系统安全性工程师通常会与可靠性、维修性、质量、后勤、人因、软件工程和测试工程等学科打交道。在危险分析、危险控制、危险追踪和风险解决活动中都应当运用这些学科。

3.5 规划、执行和文档记录

任何项目要取得成功,关键在于良好的规划、正确的执行和高质量的文档,对于系统安全性工作来说也是如此。预先创建一个全面的系统安全性工作计划,可以让安全性工作从一开始就正确地启动和得到监控,对系统安全性活动进行控制,使安全性工作在整个寿命周期中都能保持正常运行。针对各种类型的分析与评估提供出色的文档有助于确保产品安全和客户满意。

3.5.1 系统安全性工作计划

对于任何系统安全性工作的管理来说,系统安全性工作计划都是一个指导性的文件。系统安全性工作计划中确定了系统安全性管理和工程设计的工作项目和活动。本节列出的系统安全性工作计划是以 MIL - STD - 882E[9] 为范本的。

制定计划的目的是制定针对具体产品、项目、流程、操作或系统设计与之适应的计划。一个定制的好的计划,可以很好地应对组织和待开发的产品或系统所面对的复杂性。系统安全性工作计划中包含的工作项目应当适合手头的产品或系统,进度安排应当切合实际。以下段落强调了系统安全性工作计划的要素。

3.5.1.1 系统安全性工作计划的定义

系统安全性工作计划详细说明了系统安全性管理和系统安全性工程的工作项目和活动，用于在基线发生更改的过程中识别、评估、消除或控制危险。系统安全性工作计划完整描述了满足系统安全性工作要求所需的计划的安全性工作项目和活动。

3.5.1.2 系统安全性工作计划的内容

系统安全性工作计划通常包含以下信息（改编自 DI - SAFT - 81626[10]）。

1）系统安全性组织

· 系统安全性组织如何与整个项目的组织相配合。

· 沟通渠道。

· 系统安全性人员、承包商、分包商和系统安全性工作组的责任、权限和问责机制。

· 确定负责执行每个工作项目的组织单位。

· 确定负责解决所有已识别危险的主管。

· 针对整个工作，确定系统安全性组织的系统安全性工程师人员配置。

· 针对关键和灾难性危险、采取的纠正措施、事故或故障、安全要求的让步和项目偏差的管理决策流程。

2）系统安全性工作的里程碑

· 确定安全里程碑。

· 提供与其他的项目里程碑相关的安全性工作项目进度表，显示前置和后继工作项目以及工作项目是否处在关键链上。

· 确定适用于系统安全性工作、但是已经在其他工程研究中说明的集成系统活动（如设计分析、测试和演示）。

3）系统安全性要求

· 描述或引用将用于识别和应用安全/危险控制的方法。

· 列出作为安全性要求所引用的安全标准和系统规范。

· 描述风险评估程序。

· 定义危险严重性类别、危险概率等级和为了满足安全性要求应遵循的系统安全性优先级。

· 描述分包商设备安全信息的整合。

4）危险分析

· 在定性和定量分析中用来识别危险及其原因和影响，并推荐纠正措施的分析技术和格式。

·每种分析技术在系统内的使用深度。

·建立单一闭环危险跟踪系统的技术。

5）安全验证

·用于保证通过分析、检查和/或测试可以充分证明安全性的验证要求。

6）培训

·描述针对工程师、技术人员以及运营和维护人员的安全培训。

7）事故报告和调查

·在交付产品或系统之前，描述事故和针对事故进行的危险故障分析过程。

8）系统安全性接口

·确定系统和安全以及所有其他适用学科之间的接口，如维修性、质量保证、可靠性、人因工程、运输性工程和医疗保障（健康危险评估）。

3.5.1.3 系统安全性分析

为了开发安全系统，可能需要使用多种类型的系统安全性分析。所有安全性分析的目标都是识别正在开发的产品或系统的相关危险，并评估它们所带来的风险。这里的目标是消除风险或是将风险控制到可接受的水平。

有许多类型的系统安全性分析。在系统安全性工作计划中应详细地说明针对特定开发项目而计划采用的风险管理方法和各种分析技术，并在寿命周期的进度中安排恰当的时间执行分析。本书后面几章讨论了多种分析技术，如表3.1所列。

表3.1 系统安全性分析的类型

分析	所在章节
风险管理	第4章
初步危险清单（PHL）	第7章
初步危险分析（PHA）	
子系统危险分析（SSHA）	
系统危险分析（SHA）	
危险使用与保障危险分析（O&SHA）	
健康危险分析（HHA）	
故障模式与影响分析（FMEA）	第8章
故障树分析（FTA）	第9章

续表

分析	所在章节
事件树	第 10 章
潜在通路分析(SCA)	
功能性危险源分析(FuHA)	
屏障分析	
弯针分析	
佩特里网	
马尔可夫分析	
管理疏忽与危险树(MORT)分析	
系统理论过程分析(STPA)	
人因工程(HFE)分析	第 15 章

3.5.1.4 工作项目和剪裁

除了将要采用的各种安全性分析之外,在系统安全性工作计划中应当包含许多其他与系统安全性相关的任务。MIL - STD - 882E 标准提供了一个很好的指导,说明了在系统开发的各个阶段应当采用哪些安全性分析和哪些相关的系统安全性工作项目。表 3.2 根据 MIL - STD - 882E 的一个表格改编,显示了典型的工作项目选择(通过代码与 MIL - STD - 882E 中的工作项目描述关联),以及每个工作项目可能的裁剪。

表 3.2 工作项目应用矩阵

工作项目	名称	任务类型	MSA	TD	EMD	P&D	O&S
101	使用系统安全性方法识别和减轻危险的工作	MGT	G	G	G	G	G
102	系统安全性工作计划	MGT	G	G	G	G	G
103	危险管理计划	MGT	G	G	G	G	G
104	政府评论/审计的支持	MGT	G	G	G	G	G
105	集成产品团队/工作组支持	MGT	G	G	G	G	G
106	危险跟踪系统	MGT	S	G	G	G	G
107	危险管理进展报告	MGT	G	G	G	G	G

续表

工作项目	名称	任务类型	MSA	TD	EMD	P&D	O&S
108	危险材料管理计划	MGT	S	G	G	G	G
201	初步危险清单	ENG	G	S	S	GC	GC
202	初步危险分析	ENG	S	G	S	GC	GC
203	系统要求危险分析	ENG	G	G	G	GC	GC
204	子系统危险分析	ENG	N/A	G	G	GC	GC
205	系统危险分析	ENG	N/A	G	G	GC	GC
206	运营和支持危险分析	ENG	S	G	G	G	S
207	健康危险分析	ENG	S	G	G	GC	GC
208	功能危险分析	ENG	S	G	G	GC	GC
N/A	故障模式、影响和危害性分析	ENG	N/A	G	G	GC	GC
209	体系危险分析	ENG	N/A	G	G	GC	GC
210	环境危险分析	ENG	S	G	G	G	GC
301	安全性评估报告	ENG	S	G	G	G	S
302	危险管理评估报告	ENG	S	G	G	G	S
303	参与测试和评估	ENG	G	G	G	G	S
304	对工程更改提案、更改通知、缺陷报告、事故和偏离/让步请求的评审	ENG	N/A	S	G	G	G
401	安全性验证	ENG	N/A	S	G	G	S
402	爆炸物危险分级数据	ENG	N/A	S	G	G	GC
403	爆炸性军械处理数据	ENG	N/A	S	G	G	S

任务类型	项目阶段	适用性代码
ENG:工程设计 MGT:管理	MSA:装备解决方案分析 TD:技术开发 EMD:工程和制造开发 P&D:生产和部署 O&S:运营和保障	G:一般适用 S:选择性适用 GC:设计更改时适用 N/A:不适用

3.5.2 安全性评估报告

安全性评估报告(SAR)是产品/系统开发中最重要的系统安全性文档之一。安全性评估报告是对系统测试或运行之前和/或合同完成时所承担的安全风险的全面评估。它确定了系统、设计的所有安全功能,所开发系统中可能存在的流程危险,以及使用产品/系统时应遵循的具体程序控制手段和预防措施。安全性评估报告的交付进度表应在项目的早期进行计划,并应纳入系统安全性工作计划(SSPP)中。

3.5.2.1 安全性评估报告的内容

安全性评估报告通常包含以下信息(改编自 DI - SAFT - 80102B[11]):

1)介绍

·安全性评估报告的目的。

2)系统描述

·引用其他项目文档,如技术手册、系统安全性工作计划、系统规范等。

·系统的目的和用途。

·系统开发历史的摘要。

·系统及其组件的简要说明。

·软件及其作用。

·任何将与本系统一起测试或操作的其他系统的描述。

·包含照片、图表、流程图/功能图、草图或原理图,用于支持系统描述、测试或操作。

3)系统操作

·对系统操作、测试和维护过程的描述。

·集成在系统中与操作程序相关的安全性设计功能和控制措施。

·描述确保安全操作、测试和维护所需的任何特殊安全程序,包括应急程序。

·描述预期的使用环境,以及安全操作、测试、维护、运输或处置所需的任何特定技能。

·为系统提供支持的任何特殊设施要求或个人设备的描述。

4)系统安全性工程

·总结对危险情况进行分类和评级的安全标准和方法。

·描述为识别系统固有危险情况而进行的分析和测试。

·包含危险源清单,列出从项目一开始时就确定并考虑的子系统或主要部件层次的所有危险。

。讨论这些危险以及为消除或控制这些危险而采取的行动。

。讨论这些控制手段对潜在事故发生概率和严重程度的影响。

。讨论采取控制措施后仍然存在的残余风险,或者是那些无适用控制措施的风险。

·讨论为验证安全性准则要求和分析而进行的测试结果。

5)结论和建议

·包含安全项目工作成果的一个简短评估。

·列出所有重大危险以及为确保人员和财产安全所需的具体安全建议或预防措施。危险清单应当进行分类,说明这些危险为在正常或异常操作条件下是可预期的还是不可预期的。

·针对系统产生的或使用的所有危险材料,必须包括以下信息。

。按照类型、数量和潜在危险材料进行标识。

。使用、储存、运输和处置过程中所需的安全预防措施和程序。

。材料安全数据表(OSHA 表格 20 或 DD 表格 1813)的一份副本。

·一个关于系统不包含或产生有害物质(即爆炸性、毒性、放射性、致癌等)的声明。

·一份由系统安全性经理和项目经理签署的声明,说明所有已识别的危险都已被消除或控制,并且系统已准备好进行测试、运行,或进入下一个采办阶段。

·包含适用于本系统与其他系统安全性接口的建议。

6)参考文献

·所有相关参考资料的列表,如测试报告、初步操作手册和维护手册。

3.5.3 与系统安全性相关的计划

在与系统安全性相关的具体系统开发工作中,可能会出现其他计划。系统安全性工程师必须要了解这些计划,并参与到这些计划的创建和实施中。

1)系统工程管理计划(SEMP)

系统工程管理计划是一个总体系统工程计划,描述了所开发的产品/系统的整个系统工程计划。它通常将系统安全性工作作为自己的一个章节,或者实际上可能将系统安全性工作计划作为一个附录。

2)危险材料管理计划(HMMP)

危险材料管理计划是一份文件,列出了该项目中使用的所有有害物质。它包含有关材料、材料的使用场所、材料的使用量以及材料废弃处置方式的信息。

3)可靠性工作计划(RPP)

可靠性工作计划在可靠性工程方面与系统安全性工作计划等同。它描述可靠性工作的管理,计划了哪些分析,以及如何处理故障的方法。

4)测试计划

测试计划文档对于系统安全性工程非常重要。针对项目期间各个阶段可能执行的测试,可能会有许多测试计划。安全工程应当参与测试计划的开发,以保证安全性测试能够在合适的时间进行,以验证是否符合安全要求。

3.6 系统安全性工作项目

在一个开发项目中,有许多与安全相关的工作项目需要完成,其中许多工作项目在本章前面的内容已经进行了描述。

我们已经讨论了与各种类型危险分析密切相关的一些工作项目,并提供了关于应该在什么时候完成这些分析的一些指南。在后面的章节中,我们将更详细地讨论多种危险分析方法。

将要讨论的其他安全相关工作项目包括以下内容:

· 在第 6 章中将介绍设计检查单的使用。虽然不应将检查单作为唯一使用的安全工具,但它可以提供有价值的线索和指南,可以帮助系统安全性分析师进行危险分析。它们还可以提供一个可在安全测试中使用的工具。

· 风险数据采集、风险评估、风险缓解和风险管理是正确应用系统安全性的关键功能。这些功能有助于减小与被开发产品或系统相关的风险。第 7 章将详细讨论这些主题。

· 本章已多次提及安全测试。第 12 章将对测试这一主题展开讨论,测试与安全性相关,而且可以证明正在开发的产品或系统将可以安全地操作和维护。我们将要讨论的主题包括应当执行的测试类型、何时进行测试,以及如何处理各种类型测试的结果。

参考文献

[1] Hellriegel, D. and Slocum, J. W., Management: Contingency Approaches, Addison - Wesley, Reading, MA, 1978.

[2] Wikipedia, Systems Engineering, http://en. wikipedia. org/wiki/Systems_engineering(Accessed on July 31, 2017).

[3] Wikipedia, V - Model, http://en. wikipedia. org/wiki/V - Model(Accessed on

July 31,2017).

[4] INCOSE,Systems Engineering Handbook,2004,INCOSE,Seattle,WA.

[5] NASA,NASA Systems Engineering Handbook,NASA/SP -2007 -6105 Rev 1, NASA,Washington,DC,2007.

[6] BKCASE Editorial Board,The Guide to the Systems Engineering Body of Knowledge(SEBoK),v. 1. 3. 1,R. D. Adcock(EIC),The Trustees of the Stevens Institute of Technology,Hoboken,NJ,2014,http://www. sebokwiki. org(Accessed on February 4,2015). BKCASE is managed and maintained by the Stevens Institute of Technology Systems Engineering Research Center,the International Council on Systems Engineering,andthe Institute of Electrical and Electronics Engineers Computer Society.

[7] ISO/IEC 15288,Systems and Software Engineering:System Life Cycle Processes,IOS/IEC,Geneva,2008.

[8] Osborne,O. ,Brummond,J. ,Hart,R. ,Zarean,M. ,and Conger,S. ,Clarus:Concept of Operations,Publication No. FHWA - JPO - 05 - 072,Federal Highway Administration (FHWA), 2005, http://ntl. bts. gov/lib/jpodocs/repts _ te/14158. htm(Accessed on July 31,2017).

[9] MIL - STD - 882E,System Safety,U. S. Department of Defense,Washington, DC,2012.

[10] DI - SAFT - 81626,Data Item Description,System Safety Program Plan, U. S. Department of Defense,Washington,DC,2001.

[11] DI - SAFT - 80102B,Data Item Description:Safety Assessment Report, U. S. Departmentof Defense,Washington,DC,1995.

补充阅读建议

Checkland,P. ,Systems Thinking,Systems Practice:Includes a 30 - Year Retrospective,John Wiley& Sons,Inc. ,Hoboken,NJ,1999.

Raheja,D. and Allocco,M. ,Assurance Technologies Principles and Practices,John Wiley &Sons,Inc. ,Hoboken,NJ,2006.

Raheja,D. and Gullo,L. J. ,Design for Reliability,John Wiley & Sons,Inc. ,Hoboken,NJ,2012.

第4章 管理风险和产品责任

Louis J. Gullo, Jack Dixon

4.1 介绍

产品责任可能会给参与产品和系统的开发、生产和销售的组织带来严重问题。产品缺陷可能导致制造商对其产品造成的伤害或损坏承担责任。

为了正确地了解产品责任的后果,我们从司法统计局获取了下面的表格(表4.1),表中显示了从1990—2003年期间有关产品责任的联邦案件数量及其赔偿金额[1]。通过查看这些统计数据,可以明显地看出产品责任的成本可能会非常高。例如,我们可以看到,2000年产品责任案件的平均赔偿金额超过了100万美元。从1990—2003年期间,估算的平均赔偿金额有相当大的波动。2002年的估算平均赔偿金额最小,为30.6万美元。应该提到的是,这些估算金额仅适用于提交到联邦法院的案件,而不包括很多在州、地区和地方法院解决的其他案件。

表4.1 联邦法院的产品责任案件

在美国地区法庭结案的非石棉产品责任案件中的原告获胜者(1990—2003年)					
财政年度/财年	非石棉产品责任案件的数量①	原告获胜的百分比②	原告数量		
			获胜的原告数量	获得赔偿金的原告数量③	估算的平均赔偿金额④/美元
1990	279	35.5	99	89	783000
1991	284	33.1	94	85	923000
1992	267	34.8	93	76	847000
1993	237	29.5	70	66	673000
1994	255	27.1	69	64	341000
1995	229	29.7	68	61	355000
1996	201	28.4	57	45	433000

续表

在美国地区法庭结案的非石棉产品责任案件中的原告获胜者(1990—2003 年)					
财政年度/财年	非石棉产品责任案件的数量①	原告获胜的百分比②	原告数量		
			获胜的原告数量	获得赔偿金的原告数量③	估算的平均赔偿金额④/美元
1997	233	29.2	68	59	805000
1998	177	32.2	57	51	339000
1999	165	26.7	44	36	783000
2000	100	28.0	28	24	1024000
2001	79	38.0	30	22	702000
2002	107	33.6	36	30	306000
2003	87	33.3	29	25	405000

数据来源:联邦司法中心,综合数据库(民用),1990—2003 财年。

损害赔偿金根据通货膨胀率进行调整,按 2003 年美元计算。赔偿金数据四舍五入至最接近的千位数。

注:①非石棉产品的责任记录数量仅限于已知判例的案件。

②原告获胜的统计数据不包括原告和被告均获胜的侵权案件。

③赔偿金数据不适用于所有的获胜原告,因为在数据库中的数据条目中,赔偿金的字段并不是强制要求输入的。此外,一些获胜的原告获得的是律师费和诉讼成本补偿,而另一些原告则是以法律禁令的形式赢得案件。这些原告没有被计入到获得赔偿金的原告中。

④货币损失赔偿金为估算值而不是准确的赔偿金额。这些赔偿金包括补偿性(经济和非经济)和惩罚性损害赔偿。惩罚性赔偿金不能与实际货币损害赔偿金分开计算,因为整合的联邦数据文件中没有惩罚性赔偿数据

通过查看一个州的州法院统计数据样本,就会发现,人们有更充分的理由来担心产品责任。表 4.2 列出了密苏里州 2014 年的产品责任数据[2]。从表中可以看出,超过 1700 万美元是通过庭外和解支付的。

表 4.2 2014 年密苏里州的产品责任

2014 年按业务分类的产品责任							
业务分类	所有已支付索赔的百分比/%	所有已支付的索赔/美元	平均赔偿金额/美元	赔偿的总金额/美元	已支付索赔的平均理赔费用/美元	已支付索赔的平均初期准备金/美元	报告结案的平均月数
分包商到制造商	7.58	46	42766	1967218	10326	4561	14

续表

2014 年按业务分类的产品责任							
业务分类	所有已支付索赔的百分比/%	所有已支付的索赔/美元	平均赔偿金额/美元	赔偿的总金额/美元	已支付索赔的平均理赔费用/美元	已支付索赔的平均初期准备金/美元	报告结案的平均月数
制造商	64.74	393	23791	9350042	6860	6667	13
批发商	0.82	5	20233	101165	2609	20154	21
零售商	15.49	94	31223	2934967	2869	28554	8
服务商-维修商	7.91	48	34022	1633050	10734	6749	12
分销商	3.46	21	87857	1844997	15526	43985	13
总计	100.00	607	29376	17831439	7076	11306	13

同样的一份报告总结了2005—2014年间10年的数据，表明庭外和解支付的金额为3.61亿美元，如表4.3所列。

表4.3 密苏里州的产品责任(2005—2014年汇总)

2005—2014 年按业务分类的 10 年产品责任汇总							
业务分类	所有已支付索赔的百分比/%	所有已支付的索赔/美元	平均赔偿金额/美元	赔偿的总金额/美元	已支付索赔的平均理赔费用/美元	已支付索赔的平均初期准备金/美元	报告结案的平均月数
分包商到制造商	7.89	601	38666	23238417	8731	7287	16
制造商	57.01	4341	56881	246921779	10464	9968	17
批发商	0.93	71	78542	5576499	17198	15554	31
零售商	10.64	810	28061	22729157	4503	9665	10
服务商-维修商	10.33	787	35737	28124764	6644	8600	11
分销商	13.20	1005	35052	35227156	6982	12261	24
总计	100.00	7615	47514	361817772	8901	9937	17

产品责任中需要考虑的另一个重要领域是产品安全召回，取决于问题的性质、风险、成本以及对安全的影响和后果，召回可能是可选的或强制性的。如果产品具有巨大的灾难性后果和损害风险，那么制造商通常会以紧急方式召回产品，而有时候政府会要求按照时间表进行召回。也许，新闻中最常见、最引人注目的产品安全召回就是与汽车相关的召回事件。

美国国家公路交通安全管理局(NHTSA)在2014年创下了一个记录,在这一年,国家公路交通安全管理局的调查和执法行动次数在30多年里是最多的,因此车辆被召回次数也是最多的。年度召回报告显示,2014年,有803次车辆召回,影响到6,390万辆汽车,其中包括历史上最大规模的两次车辆召回。美国国家公路交通安全管理局的调查和执法工作引起了其中123起车辆召回,波及到1,910万辆汽车。表4.4显示了2014年规模最大的10次召回[3]。

表4.4 十大车辆召回事件

制造商	召回行动	组件	召回的汽车数量/辆
福特汽车公司	81V008	停车齿轮	21000000
福特汽车公司	96V071	点火	7900000
通用汽车公司	71V235	发动机架	6682084
通用汽车公司	14V400	点火开关	5877718
通用汽车公司	81V025	控制杆	5821160
本田(美国本田汽车公司)	14V351	气囊	5394000
福特汽车公司	05V388	控制解除装置	4500000
福特汽车公司	09V399	控制解除装置	4500000
丰田汽车公司	09V388	油门踏板	4445056
福特汽车公司	72V160	肩带	4072000

继2014年作为标志性的召回年度后,2015年又爆发了与高田气囊气体发生器相关的新闻,并导致了有史以来的最大召回事件。这些气囊气体发生器有故障,而且人们怀疑它们造成了爆炸破裂,在美国导致了7人死亡和将近100人受伤。美国国家公路交通安全管理局不仅发起了召回,而且对高田公司处以有史以来数额最高的2亿美元民事处罚。由于安全缺陷维修可能给美国人带来风险,因此美国国家公路交通安全管理局首次根据2000年《加强运输设备召回、责任和文件记录法案》(TRAD)赋予它的法定权利强制加速召回。当时,召回涉及超过2300万个气体发生器、1900万辆汽车和12个汽车制造商[4]。

后来,美国国家公路交通安全管理局在2016年确定了造成气体发生器容易破裂的根本原因,并且确定是高田气体发生器的破裂导致了美国的10人死亡和100多人受伤。美国国家公路交通安全管理局扩大了此次召回的规模,在之前已经召回的2880万个气体发生器的基础上,估计又额外召回了3500万~4000万个气体发生器[5]。

高田的召回规模持续扩大。截止到2016年10月,高田在日本、欧洲、中国和其他地区又额外召回了580万辆汽车来更换有缺陷的气囊气体发生器。根据高田公司的说法,该公司为了修复气体发生器,已经在全球召回了2.31亿辆汽车。全球报道的与高田有关的死亡事件共有16起,17个汽车制造商在美国召回了大约6900万个气体发生器,在世界范围内则召回了1亿个[6]。

最新报道:2017年6月25日,高田公司申请破产[7]。在经历了汽车行业有史以来最大的产品召回事件以及因安全气囊缺陷导致17人死亡的事故后,估计高田的总负债目前已经达到了170亿美元,而随着与汽车制造商的谈判继续进行,负债还可能会进一步增加。

因此,从这一很小的数据样本也可以看出,产品责任是非常普遍的,涵盖了很多产品,并且给汽车行业造成了重大损失。产品责任是危险的业务!而安全性设计则是良好的业务。

4.2 风险

《韦氏词典》将风险定义为"某些坏事或不愉快事情(如伤害或损失)将要发生的可能性"[8]。

有很多类型的风险。从安全的角度来看,风险通常与伤害或某种意外事故有关。然而,正如定义所暗示的那样,风险可能与任何类型的损失有关。大多数损失可以被视为是经济损失,即使是事故和伤害,除了明显的疼痛和痛苦之外,也有经济上的损失。一些典型的风险类别包括:

· 安全风险。
· 健康风险。
· 环境风险。
· 项目风险。
· 安防风险。
· 财务风险。
· 保险风险。
· 政治风险。
· 技术风险。
· 投资组合风险。
· 生态风险[9]。

有很多风险与产品责任相关。显然,受伤或事故的风险总是存在的。为了管理与伤害和事故相关的风险,我们使用系统安全性工具来消除风险或是将风险控制在可接受的水平。必须在设计过程的早期就识别与产品相关的危险。

必须对这些危险发生的可能性及其后果进行评估。必须确定消除危险的方法，而如果不能完全消除危险的话，必须要找到减轻相关风险的方法。

与产品责任的讨论相关的其他类型风险包括产品责任事件的经济影响：

· 针对产品责任案件进行辩护需要多少费用？
· 产品召回需要多少费用？
· 需要报废或重新加工的产品有多少？
· 重新设计需要多少费用？
· 组织将会失去多少客户？
· 对公司品牌会造成怎样的损害？
· 负面的新闻报道会对客户的信心和忠诚度造成怎样的影响？

4.3 风险管理

风险管理被公认为是业务和项目成功的关键因素。风险管理侧重于以积极的方式来解决不确定性，从而最大限度地减少威胁，使机会最大化，并优化实现目标。风险管理过程的要素已经得到了广泛的讨论并达成了国际共识。有越来越多功能强大的工具和技术、公认的知识体系、学术和研究基础以及许多行业的广泛实践经验为风险管理过程这一共同愿景提供支持。尽管有了这一愿景，但是接连不断的商业失败案例表明，风险管理往往没有达到人们的预期。可预见的威胁转变为了问题和危机，从而错失本来可以抓住的机会，并导致收入减少甚至破产。仅仅通过公认的原则、明确定义的流程与广泛记录的实践并不足以保证成功和避免代价高昂的责任。这里还缺少其他关键的要素[10]。

如果设计师对具体系统性能缺乏了解并且对其工作原理和工作方式没有深入理解，不了解如何为该系统设计安全性时，风险水平就会飙升，导致代价高昂的产品责任事故。任何安全性设计的人员都应该意识到，关于系统的第一手知识是无可替代的，包括使用特性、架构、设计拓扑、设计余量或是通过分析、模拟或实证检验而验证的安全系数等。如果负责设计的工程师缺乏这种知识，就会导致不良的后果。如果组织没有采用适当的系统方法来进行系统设计和开发，并忽略很多公司业务内部和外部相互关联的联系和交互时，系统就容易导致发生非期望的事件以及超出组织控制范围出现不可控情况。如果所有的联系和交互没有为实现共同目标而正确地协同工作，那么业务就可能会出现可怕的结果，包括从降低系统、产品和服务的安全状态到降低组织的创造力，并导致组织没有能力来开发创新的解决方案和帮助人类进步。

风险管理致力于降低所有类型的风险。管理风险是管理者和设计师需要控制的常规工作。项目和系统变得日益复杂,增加了失败的风险及其后果的严重性。因此,我们必须要确定、评估和缓解所有风险。

风险管理提供许多好处:

· 提高满足或超越进度、预算和技术性能所要求的能力。

· 增强对产品或系统的详细了解。

· 减少业务损失。

· 减少产品责任问题。

∘ 识别并纠正危险和故障。

∘ 根据各个备选设计或方案的相对风险,在它们之间进行设计权衡。

∘ 确定用于提高安全性的优先事项。

当然,管理层必须在风险和收益之间取得合理的平衡。要消除所有的风险,成本可能非常高且耗费大量的时间。成功的风险管理需要周密的规划并提供足够的资源。应在每个产品开发工作的寿命周期中尽早实施风险管理。其目标是识别相关的风险,为决策提供帮助,并开发出相关的策略,在风险成为重大问题之前加以解决。

风险管理的过程可以通过很多方式实现,不过国防部的《国防采办项目的风险、问题和机会管理指南》为风险管理过程提供了一个良好的通用方法。图4.1风险管理过程的简图[11]。

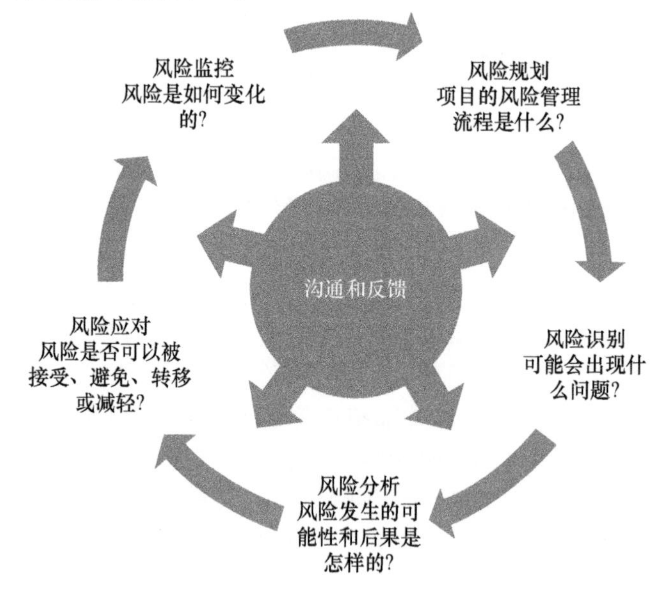

图4.1 风险管理流程图

虽然风险管理有很多应用，但在本书中，我们将主要关注于设计风险。这涉及产品设计中固有的风险。对于与产品责任相关的设计风险，风险管理试图通过降低发生事故的可能性并降低事故发生时后果的严重性来控制产品设计中的风险。在这种情况下，风险管理的目的就是将风险降低到可接受的水平。

要确定什么是可接受的风险水平，这取决于许多因素，包括危险的类型、最终用户的风险承受能力，以及所涉及的具体行业等。不过，通常情况下，对风险的接受可以归结为成本效益分析，该分析考虑了风险水平以及进一步降低风险所需的工作和成本。在另一些情况中（如受到严格监管的行业），可能会由一个独立机构来做出是否接受风险的最终决定。第 7 章将更详细地介绍设计风险和风险评估。

4.4 如果不遵循安全性设计的思维方式会发生什么情况？

设计新系统的理想系统方式包括制定思维方式、标准和设计流程，供开发人员（有时候是用户）在以后的设计工作中作为一种模式来遵循和使用。第 1 章重点介绍了管理和设计安全系统的 10 种思维方式。这些思维方式在本书的整个内容中都得到引用，而且经常被称为“至理名言”或“经验法则”。这 10 个思维方式的反面情况是最严重的风险，需要在安全性设计中避免或减轻，以避免产生代价昂贵的产品责任、案件诉讼和法律费用。

· 思维方式 1 反面：从来不以零事故为目标。

· 思维方式 2 反面：不大声说出自己的意见，没有勇气“说不”。

· 思维方式 3 反面：在系统需求分析中仅投入很少的精力。

· 思维方式 4 反面：忽视造成事故的单一因素以及多种因素。

· 思维方式 5 反面：如果解决方案成本太高，就什么也不做。

· 思维方式 6 反面：在进行系统设计时，对灾害事件或可预防的事故没有提供预警和行动，任由客户发现它们。

· 思维方式 7 反面：从来不针对复杂系统的结构和架构进行安全性分析。

· 思维方式 8 反面：培训？谁需要培训？听说过在职培训（OJT）吗？

· 思维方式 9 反面：不采取任何行动就是最好的方案；不用注意问题，它自己就会消失。

· 思维方式 10 反面：不要浪费时间来记录实践。

如果一个公司或个人不遵循安全思维方式，而试图走思维方式反面的“捷径”，那么就可能会在涉及侵权责任的法庭案件中面临严重的困难和挑战。如果某个公司或个人决定不遵循安全思维方式,那么就等于有意决定去冒险,期望不会发生事故以及不会导致代价高昂的诉讼案件。下一节,将从法律的角度解释侵权责任和产品责任的基础知识。我们将介绍“疏忽”这一概念,疏忽是导致产品责任的原因之一,应对客户受伤或财产损失负责的公司和个人将会由此导致产生不利的判决。

4.5 侵权责任

侵权责任的定义:侵权责任是指一方对作为民事不法行为或伤害结果受害人的另一方的法律责任或义务。侵权是可能导致民事法律责任的不法行为或是对权利(合同以外)的侵犯。责任可能是由于侵犯个人权利和违反法律、规则或行为准则并造成损害、人身伤害或私人违法的行为造成的。应当在法庭听证会上对证据进行评估,以确定案件中的责任方。

严格责任的定义:严格责任的适用情况为,被告将他人置于危险之中,即使没有疏忽,而仅仅因为该人(原告)拥有危险产品。原告不需要证明疏忽。

严格责任侵权:严格的产品责任是指对有缺陷且不够安全的产品作为近因所造成的伤害而需要承担的无过失责任。

因此,在确定严格责任时,受到伤害的原告只需要证明:①产品有缺陷;②产品缺陷是造成伤害的原因。换句话说,法庭关注的重点是产品,而不是制造商的行为,因为制造商是否采取了所有可能的预防措施在这里并不重要。如果产品有缺陷并造成了人身伤害,那么制造商就是有责任的。

有些情况下,当发生意外时,即使某个人没有意图造成这种情况发生,也可能需要对事情负责。有些行为,无论情况如何,都需要某人承担严格责任。例如,如果某人拥有一只经过训练并当作家庭宠物的野生危险动物(如狮子),而该宠物逃离了主人的房屋并咬伤了邻居,那么宠物的主人可能要承担责任。如果狮子推开没关严的大门逃出屋子,即使狮子的主人没有想让狮子跑出门,也可能需要承担人身伤害的责任。如果狮子为了逃避厨房里的火灾而从客厅的窗户逃离房屋,那么宠物的主人就有可能逃避惩罚。所有权可能足以或不足以让某人对人身伤害和发生的费用负责,这一切都取决于具体情况。严格责任侵权意味着被告对另一方受到的任何伤害均需要承担全部责任,无论伤害是有意的还是无意的。因主人对危险动物控制不力而导致的严格责任是主要的严格责任类别之一。另一个严格责任类别是产品责任,由于产品责任直接关系到安全性设计,我们接下来将深入讨论产品责任。

4.6 产品责任法简介

产品责任法对于侵权法来说一直非常重要。但是,这项法律的重要性以及作为其核心内容的严格责任概念长期以来其起源一直隐藏于食品案件中而被人忽视。在这些食品案件中,法院首先制定了规则,让那些因不安全食品而受到伤害的人能够获得赔偿。由于消费者对于掺假的无形危险是完全无助的,因此对食品严格责任规定的需求不仅在法律上是合理的,而且在实践中也是必要的[12]。然后,人们的关注点从食品安全一些特有的重要性转移到了让所有消费者在受到有缺陷产品损害时能够依法获得补偿的重要性。

当含有不合理的危险或不安全的缺陷产品造成人员伤害时,受伤者可以对设计、制造、销售、分销、出租或提供该产品的公司提出索赔或诉讼。该产品有关的公司承担产品责任,意味着该公司可能被法院依法认定应当对人员的伤害负责。法院可能会要求与该产品有关的公司向受害者支付损害赔偿金。

在这一讨论中,我们将"系统""产品"和"商品"这些术语视为同义词。它们可能在不同的上下文中使用,但在与产品责任相关的讨论中,含义都是一样的。

很多针对产品的风险进行评估都是由于有缺陷产品造成人身伤害时可能产生灾难性危险。在这些危险中,有很多都是可以预防的,然而,许多开发产品的组织却选择不降低这些危险的风险。实际发生的导致人身伤害的危险可能在之前被评估为不合理的危险或不安全。这些危险可能导致受伤者对设计、制造、销售、分销、出租或提供产品的一个公司、多个公司或组织提出索赔或诉讼。对于因危险性或不安全状况等任一原因而造成的伤害,任一参与到把产品提供给客户过程的公司或组织都可能需要对受伤者负责。因此,这些公司或组织有可能被要求支付法律赔偿金,而这些法定损害赔偿金(特别是与医疗手段和未来并发症可能性有关的赔偿金)可能是非常高昂的。与产品责任相关的成本可能很高,但用来纠正产品设计的成本可能更高。这就是为什么要在设计阶段及早找到并解决问题的原因。公司或组织会权衡利弊,以决定是纠正设计缺陷,还是分配一定的储备金来支付法庭案件中产生的产品责任损害赔偿金。

许多律师已经成为了处理与产品责任相关的法律案件的专家,而且非常了解产品责任的相关法律。关于产品责任法这一主题,已经出版了很多相关的书籍。无论是原告律师还是被告律师,产品责任和处理这类案件的律师工作都涉及非常复杂的主题。本书并不准备过度简化这一复杂的主题,相反,我们试图以安全性工程师的工作方式向读者介绍这一主题。

证明过失，是主张某个组织应当对与人身伤害和不安全状况相关损害负责的一种方法。将过失作为一个法律论证，以此来起诉某个组织，要求他们为造成人身伤害的产品危险负责，这是一种容易在法庭上获胜的论证方式。证明过失，意味着参与产品设计或参与产品上市行动的组织意识到有不安全的状况或是造成人身伤害的高风险，但没有采取任何行动或仅仅采取了最少的行动来纠正危险或降低危险的风险。

合同关系是主张组织应对与人身伤害和不安全状况相关损害承担责任的一种方法。基本上，如果某个组织知道他们的产品不安全但是仍然允许客户使用，那么这就构成对该组织进行法律诉讼的理由。

4.7 与产品责任法相关的著名法律案例

产品责任法产生于 1842 年在英国审理的“温特博特姆诉赖特案”(Winterbottom v. Wright)[13]。在这个著名的案件中，温特博特姆先生在驾驶马拉的邮件马车时受了重伤。温特博特姆先生称，邮件马车的翻倒是由于设计和建造不良造成的。邮政大臣从马车制造商赖特先生那里购买了邮件马车。赖特先生提供的是没有配备马匹的邮件马车。邮政局长与温特博特姆先生工作的公司签订了合同，提供马匹用于邮件马车。然后该公司聘用了温特博特姆先生来驾驶邮件马车。温特博特姆先生可以起诉自己的雇主或是邮政局长，但是却选择起诉赖特先生。事实证明这是一个糟糕的决定。基于产品销售商不能因没有直接业务关系的人(如合同工人)而进行过失起诉这个一般规则，温特博特姆先生的起诉被驳回了。在当时，一方不能起诉与该方没有“合同关系”的公司。合同法要求，如果合同的一方试图通过对另一方的诉讼来强制执行合同，那么他们之间必须存在“合同关系”(Privity)。

产品责任法的专家威廉·普罗塞(William Prosser)教授在 1960 年发表了著名的题为“隐私”(Privacy)的加利福尼亚州法律评论文章，声称产品责任法的历史实际上就是对“合同关系的堡垒”(Citadel of Privity)进行攻击的历史。“这也是像温特博特姆先生这样的受害者能够重回法庭，并因为有缺陷和不安全产品对他们造成的伤害获得法律赔偿的历史”[13]。普罗塞教授从 20 世纪 40 年代就开始关注于侵权隐私(Tort Privacy)，直到他于 1972 年去世。他是影响在侵权法中把隐私概念化的关键人物。

在 1960 年出版的“对城堡进攻”(Assault Upon the Citadel)中，普罗塞预示在越来越多的司法判决中，尽管缺乏合同关系，但是消费者仍然能够获得损害赔偿。对于普罗塞而言，这一增长证明了一种代表受到缺陷产品伤害的消费者而进行的斗争,这种斗争使消费者能够让卖方承担与产品相关伤害的严格责任,也就是无需证明过失。在讲述这场斗争故事时,普罗塞特别强调了食品案例,详细讨论了这些案件中对消费者进行保护的理由。然而,6 年之后,普罗塞在一篇名为"城堡的陷落"(The Fall of the Citadel)的后续文章中,宣布严格责任时代即将来临,但似乎准备不再强调食品案件的导入,而且也不再强调食品安全。突然之间,作为消费者保护的先例案件只不过是成为了脚注(毫不夸张)。华盛顿州最高法院在"梅泽特诉阿穆尔公司(Mazetti v. Armour)案"中的历史性判决是普罗塞减少对食品重视的一个很好的例子,为了斗争和获胜的需要,食品安全被牺牲了。

对"合同关系堡垒"的攻击是从对"仅由食品和饮料销售者防卫的薄弱城墙处直接攻击"的战斗开始的[14]。在征服了这些产品销售者,然后又将战场成功延伸到几乎所有其他产品后,全面的胜利几乎唾手可得,此时如果挑起一场可能会导致更大损失的战斗是完全没有意义的[12]。

对合同关系堡垒的攻击很可能始于 1916 年。对既定一般规则的改变导致了两个例外的产生。第一个例外是卖方知道产品有危险但未向客户披露危险的情况;第二个例外包括了被视为具有"固有"或"迫在眉睫"危险的产品,这类危险产品包括枪支、弹药和爆炸物。

1916 年,在"麦克弗森诉别克汽车公司案"(MacPherson v. Buick Motor Co)中,本杰明·卡多佐(Benjamin Cardozo)法官作出了历史性的判决。卡多佐法官将固有危险例外的范围扩展,同时使合同关系一般原则的范围最小化。卡多佐法官这样写到:

因此,我们认为(固有危险)的原则不仅限于毒药、爆炸物和类似性质的东西,而是扩展到在正常运作中会实施破坏的东西。如果某个事物具有当制造时有疏忽有理由确信它会将生命和人身安全置于危险之中的性质,那么它就是一件危险的事物。其性质警示了可能预期的后果。如果针对危险因素,又额外知道了该物品将由购买者以外的人使用,并且会在没有新测试的情况下使用,那么无论合同如何,这种危险物品的制造商都有认真制造的责任。

作为结论,他宣布:

我们已将责任源头置于应有的位置。我们已将其源头置于法律之中[13]。

卡多佐法官解释说,麦克弗森案的判决消除了这样一种观念,即保护生命和人身安全的责任"根据合同产生,和别的情况没有关系"。麦克弗森案判决的影响是立竿见影和影响深远的。合同关系的教条被永远改变了。现在,关于制造商是否能因不良的产品设计和构造的过失而承担责任,已经不再有争议。制造商的法律义务扩展到因产品缺陷而受伤或遭受损失的所有产品用户和客户。

这一法律义务意味着任何因有缺陷的产品而受伤的人即使此人是从其他公司（如批发商或零售商）购买的产品，都可以就该产品制造商的过失进行起诉。

加州最高法院成为美国第一个采用严格产品责任法规的法院。现在，这已经是美国所有50个州的法律。1963年，加州最高法院作出了“格林曼诉尤巴电器公司案”（Greenman V. Yuba Power Products）的判决，严格产品责任开始显现。首席法官罗杰·特雷诺（Roger Traynor）的判决创建了现代的产品责任法。该判决指出，与产品相关的默认担保是为了实现期望结果而创建的一个法律拟制。特雷诺法官明确指出，责任不是由合同担保法管辖的，而是由侵权中的严格责任法管辖。正如特雷诺法官所解释的那样：

要确定制造商的责任，原告只需证明他是在按照产品预期的使用方式使用（产品）时受到了伤害，而且这种伤害是由于产品具有原告没有意识到的设计和制造上的缺陷造成的，这一缺陷造成（产品）对于其预期用途是不安全的[13]。

在大多数司法管辖区，因产品受到伤害的人可以根据“过失”这一基本的法律依据来要求损害赔偿金。违反担保和严格侵权责任也可以是非常有力的立案依据。本节从法律理论简要介绍了过失和担保的定义和应用。本章开头介绍了侵权责任，以确立产品责任法取得的进步。

4.8 过失

过失的定义：过失是造成产品责任的一个潜在原因。当你有义务照顾某人，但却没有采取行动避免该人受到伤害，这就构成了过失。不知情不能构成辩护理由。关于一个正常人在相关情况下应当知道什么，这是有所考量的。与实际知情相比，这称为推定知情（Constructive Knowledge）。例如，假定你住在一个城市里，你的房屋和街道之间有一条人行道，而你又知道下了整整一晚上的雪，那么无论你是否向窗外看并实际看到了地上堆积多少雪，你对于人行道上的雪都是推定知情的，即知道应当铲除人行道上的雪来防止路人因滑倒而受伤。

如果买方仅仅证明卖方的行事有疏忽或卖方在类似情况下忽视了合理的行动，那这还是不够的。受伤者必须证明卖方存在责任，并且这一责任是面向买方的。许多人以为法律会要求每个人都以同样合理的方式来对待每一个人；不过，我们并不对每一个人都承担同样的注意义务。例如，如果某个人在黑暗中侵入我的房屋领地，落到了未被覆盖和未灌水的游泳池中并摔断了他的脖子，那这是由于他自己的过失造成的，没有更换灯泡提醒他注意这种危险并不是我的错。

未能实行普通注意的情况被称为违反注意义务。这种违反义务的行为还必须是伤害或损害的近因。在产品正常使用中受到产品伤害或遭到损失的客户必须能够证明,如果没有违反义务,那么伤害或损害就不会发生。这通常是“未能警示”案件中的一个问题。在这种类型的法律案件中,被告(产品制造商)可能会争辩说,无论是否有警示,伤害或财产损害都可能会发生。被告还可能争辩说,伤害或损害是由受害者自身的过失而不是产品引起的。

一般而言,执行普通注意义务来提供安全和无缺陷产品的义务适用于从产品设计师和制造商开始的供应链和分销链中的每一个人。产品设计者和制造商通常被称为原始设备制造商(OEM)。原始设备制造商负责产品设计的各个方面,包括形式、适合性和功能,并且还可以通过知识产权(IP)拥有该产品。通过知识产权,原始设备制造商可以将设计授权给另一家公司,并获取专利费和货币收益。因疏忽制造了有缺陷产品的原始设备制造商,使用该产品集成和组装为其他产品但没有发现缺陷的其他公司,以及将这一产品销售给公众且在销售该产品时本应多加注意的零售商,都可能因为产品引起的危险而负责。根据法律规定,这些实体对正常使用期间可能受到产品伤害的任何人都负有责任和注意义务。这包括产品客户、最初的购买者、产品所有者的家庭成员、无辜的旁观者,以及任何租赁该物品或为产品所有者保有该物品的人。

采取注意行动的责任或义务涉及将产品推向公众的各个阶段。例如,产品的设计必须确保其按预期使用方式使用时是安全的。在制造、分销和销售过程的合适阶段必须对产品进行检查和测试。产品必须由合适的(即安全和无缺陷的)材料制成,并在适度注意的情况下装配,以避免过失制造。产品的容器或包装必须是足够的(并且本身不存在危险或有缺陷),并包含适当的警告和使用说明。如果没有提供足够的安全使用说明,那么本来是无缺陷的产品也可能会变得不安全。在许多情况下,根据产品的类型,卖方有责任针对明显的危险向所有用户发出警告。至于什么情况下会构成明显的危险,其标准却远非显而易见。由于确定某个危险或危险是否明显的标准目前还不明确且含糊不清,因此关于某个产品的设计或操作中是否有明显危险总是有很多争论,这也是为什么卖方和买方之间总是有许多法律官司的原因[13]。

4.9 警告

说明和警告对于预防事故和伤害以及降低责任风险非常重要。但是,它们并不能替代良好、安全的产品设计。警告不能使一个危险的产品变得安全。如果可以通过设计使产品变得更加安全,则应该采用这一方案而不是仅仅提供警告。如果将重新设计产品所涉及的成本和时间与将产品推向市场以获得上市时间(TTM)的好处之间进行权衡考量,很明显许多公司在知道产品将非常受欢迎并获得广泛认可之前,会保留重新设计产品使其更安全的决定。因此,举例来说,某个公司可能选择使用产品警告标签来减轻事故或伤害的风险,在将来收到客户反馈后的某个时间点再进行重新设计,再设计时将为客户实现新功能并解决安全风险或使风险最小化。从公司的角度来看,如果他们的产品只是被放在零售店的商店货架上堆满灰尘,错过了创意成为市场上第一个上市的机会,那么重新设计产品并推迟产品发布是没有商业意义的。毕竟,如果没有人使用不安全的产品,就没有安全性的影响。因此,必须要对这些类型的决策进行权衡。不过,如果不安全的产品在早期发布阶段会造成伤害,那么公司必须要考虑这种方法的风险情况,协调放弃相关安全性设计更改而采用警告的决策。

如果公司决定通过使用产品警告来最大限度地减少产品责任,那么这里有一条宝贵的指导意见。我们建议,警告的设计应符合最新的标准。安全警告的“最佳实践”可以在最新的美国国家标准协会(ANSI)Z535 系列标准中找到,该系列包括以下 6 个单独的国家标准:

· ANSI Z535.1 美国安全色国家标准。

· ANSI Z535.2 美国环境和设施安全标志国家标准。

· ANSI Z535.3 美国安全符号国家标准。

· ANSI Z535.4 美国产品安全符号和标签国家标准。

· ANSI Z535.5 美国安全标签和路障胶带国家标准(针对临时危险)。

· ANSI Z535.6 美国产品手册、操作手册及其他宣传资料中的产品安全信息国家标准。

这些标准的最新版本于 2011 年发布。之前的 2007 年版本曾进行了大量的工作,将 ANSI Z535 系列中的美国标准与国际标准化组织(ISO)的 ISO 3864 标准“图形符号:安全色和安全标志”相协调。该标准分为四个部分,规定了设计要求,包括安全标志的形状和颜色。符合 ISO 标准就等于符合 ANSI 标准;因此,制造商设计能够适合市场和客户最佳的警告方案。

4.10 匆忙上市和未知危险的风险

在 4.9 节中,我们提到了在有着已知危险的情况下选择使用警告标签来提醒用户注意危险,匆忙将产品推向市场以获得上市时间优势的做法。如果产品中有未知的危险,而且由于分析或测试不充分,导致危险在产品上市后才被发现,那么匆忙上市就会有更大的风险。三星 Galaxy Note 7 智能手机最近出现的问题最能说明这种困境。为了击败苹果公司即将发布的最新的5.5英寸 iPhone 7 Plus 手机,三星公司匆忙将他们最新的智能手机推向市场[15]。在这一案例中,三星公司是真心想要推出一款创新的产品,从 Note 5 直接跳到 Note 7 型号,它具有纤薄的电池和弯曲外形等特点,并且优先加快了产品上市速度,以便在 iPhone 7 Plus 之前推出该产品,然而却忽视了产品的稳健性检查[15]。

三星 Galaxy Note 7 智能手机在 2016 年 8 月发布后不久,在全球范围就开始出现有关该款手机电池爆炸的报道。在发布后的两周内,经过一些拖延和三星公司提供的混乱信息之后,召回事件开始了。关于电池爆炸的原因有几种理论,不过三星公司将此问题归咎于电池制造商。三星公司在使用来自不同制造商的电池后,又发布了一款新版"安全的"智能手机来代替原来的型号,该手机推出后没几天,手机中的电池就出现了爆炸和/或起火的情况,包括肯塔基州路易斯维尔的西南航空公司的飞机上也出现了一次电池事故。三星公司不得不发起另一次召回。这一次,三星公司决定完全停止生产该手机,并允许客户退款或更换。在这一事件中,至少有 92 起电池过热的报告、26 起烧伤报告、55 起财产损失报告[16]。据估计,此次召回事件将给三星公司造成 53 亿美元的损失[17]。这种急于上市的代价是,三星公司不仅需要花费召回所需的资金,损失了声誉,而且毫无疑问还失去了客户。这对于三星市场价值的损害是巨大的。在三星公司宣布停止生产该手机之前,公司股价遭到了自 2008 年以来的最大日跌幅,超过了 8%,并使三星公司的市值减少了 170 亿美元[16]。有时候,急于将产品推向市场以击败竞争对手的愿望产生的风险太大,可能并不值得冒这样的风险。

4.11 担保

担保(Warranty)的定义:担保索赔受合同法管辖,担保是对产品的质量、类型、数量或性能的承诺、声明或陈述[13]。一般而言,法律假定卖方总是会对所售产品提供某种类型的担保。卖方应当被要求履行担保中描述的义务。如果卖方未能履行担保义务,那么就可以构成提出违反担保索赔的理由。

《统一商法典》(UCC)第 2 条是管辖货物销售的法律。根据统一商法典,有两种形式的担保:明示的和默示的[13]。

明示担保:明示担保通过产品销售商或原始设备制造商向产品购买者或客户事实确认而建立。它可能在销售时规定产品的使用条件、质量、安全性或可靠性。对产品的这种确认成为卖方和买方之间"交易基础"的一部分。这一确认或明示担保可以通过以下四种方式之一建立。

(1)口头:明示担保可以在销售讨论或谈判期间通过话语作出,也可以写在收据或发票、采购订单、销售协议或合同中。

(2)沉默:如果有遗漏信息产生故意隐瞒重要信息的影响或让人对所售产品的质量产生错误印象的情况,那么就可能通过沉默方式创建明示担保。

(3)样品:向买方展示的样品也可以构成明示担保。

(4)书面形式:以书面形式提供明示担保,供客户以后阅读和参考。营销手册可以作为营销声明构成担保。担保可以被记录在已发布的广告中或因特网上提供的设计规格中。此外,担保还可能在从同一个销售者或原始设备制造商之前购买的同类产品的标签上描述。在这种情况下,买方可以合理地预期第二次购买的产品与第一次购买的产品具有相同水平的质量、可靠性和安全性。

明示担保可以是关于产品在销售时的质量,不过也可以是关于商品未来的性能质量[13]。根据《统一商法典》,提出违反担保法律诉讼的时间从交付产品开始。通常,这一时间并不是始于产品投入使用时,以及发现缺陷时。不过,如果担保涉及某一产品的性能,而该性能在特定的时期内应当没有缺陷,那么即使在担保期满后,在这段规定的时期内仍然会继续计时。例如,如果担保期为1年,但是原始设备制造商声明该产品在3年内不会有缺陷,那么原始设备制造商就有义务在担保期到期后的两年内维修产品或提供更换用的产品。这额外的两年无缺陷期可被视为延长的担保期。

正如本章前面所讨论的那样,过去的法律对产品制造商或原始设备制造商有所保护,除非客户与作出担保的原始设备制造商"有合同关系",否则客户不能因违反明示担保而起诉原始设备制造商。这种法律上的保护如今已经不再可能。很多法庭都认为,只要明示担保已经作出,而且客户很可能是依靠这一担保而决定购买产品时,那么产品的客户就可以提出违反明示担保的控诉[13]。

默示担保:除非在销售协议中买方明确无误地以书面形式否认担保,那么就假定默示担保是存在的。

这与通过肯定行为建立的明示担保不同。《统一商法典》中有两种默示担保[13]:

(1)商销性默示担保是一种最低要求的担保。因为《统一商法典》主要关注的是商家之间进行的商业活动,与商家和消费者之间的商业活动相比,这种默示担保指的是在交易中无异议通过且适合此类商品普通用途的商品。通常,默示担保还包括一个合理安全担保[13]。

(2)在卖方知道或有理由对该商品有某个特定用途需求的情况下,针对该特定用途的适用性默示担保给出了类似的要求。在这种情况下,如果买方依赖卖方来选择或提供适合某种特定用途的商品,而卖方确实具有此类专业知识,那么根据法律,就构成了适用于特定用途的适用性默示担保[13]。

例如,假如有一位电子元件的买家告诉某个特定元件的卖家说,买家的公司对这个特定的元件感兴趣,如果能够满足一定的安全设计功能并将产能增加到满足需求的话,就准备购买这个元件并将其用于一个新的电子产品设计中。假定卖家需要一个新的机电设备来为该元件添加新的安全设计功能并能够每小时生产25个电子元件,从而使公司能与买方履行生产合同。如果卖方在电子行业中是公认的制造这种特定元件的行家,而卖方又推荐使用一个特定的机电设备型号来满足买方的生产数量要求,那么卖方就作出了一个适用性默示担保。如果卖方最后没有能够有效地生产具有合同约定安全设计功能的元件,而且每小时仅能生产出 5 个满足安全要求的电子元件,那么买方就可以提出诉讼。

4.12 政府承包商辩护

虽然我们主要关注的是与公众开展业务的商业组织的产品责任,但也有承包商向政府提供产品和系统这样一种情况。如果产品或系统造成事故或伤害,在某些情况下,政府会"保护"承包商免于承担责任。最高法院针对"博伊尔诉联合技术公司案"(Boyle v. United Technology)的判决[18]以及其他后来的一些判决对"联邦侵权索赔法"(Federal Tort Claims Act)作出了解释,在满足以下三个条件的情况下,承包商受到保护。

(1)美国政府批准了合理精确的规范。

(2)产品符合这些规范。

(3)对这些产品的使用时承包商知道但是美国政府不知道的危险,承包商向美国政府进行了警告。

法庭指出:这些条件中的前两个保证了诉讼属于"自由裁量功能"政策将受挫的领域,即它们保证了存在问题的设计功能被某个政府官员考虑过,而不仅仅是被承包商本身考虑过。第三个条件也是必要的,这是因为,如果没有这一条件,国家侵权法的取代让制造商有动机来隐藏风险信息,因为传达这一信息可能会破坏合同,但是隐瞒它不会产生责任。我们采用这一条款,以免由于切断与这些自由裁量决策高度相关的信息,我们为保护自由裁量功能所做的努力反而阻碍了它们。[18]

以后的案例表明,危险分析文件为满足第三个条件提供了有用的证据。我们将在第 6 ~ 第 11 章讨论各种类型的危险分析。

4.13 涉及有缺陷和不安全产品的法律结论

一般而言，当产品被认为不安全时，制造商应对与产品有关的伤害负责。正常使用产品时的不安全状况可能是由于材料缺陷或设计缺陷造成的。产品如果有缺陷，可能仍然是安全的，但不安全的产品肯定是由于某种类型的缺陷造成的。根据保修合同，制造商有责任对有缺陷的产品进行维修来解决问题，但可能不会面临因不安全产品而遭到高额诉讼的风险。如果是某个缺陷导致了不安全的状况，那么制造商有理由担心会面临代价高昂的诉讼。这里的重点是，应当关注于为什么产品会产生缺陷，并避免代价高昂的诉讼。为此，请遵循本书中提到的10个思维方式，以避免冗长、代价高昂的法律官司。

参考文献

[1] U. S. Department of Justice, Bureau of Justice Statistics, Federal Tort Trials and Verdicts, 2002 - 03, U. S. Department of Justice, Bureau of Justice Statistics, Washington, DC, 2005.

[2] State of Missouri, Department of Insurance, Financial Institutions & Professional-Registration, 2014 Missouri Product Liability Insurance Report, Jefferson City, MO, November 2015.

[3] National Highway Traffic Safety Administration (NHTSA), Tracking Vehicle Recalls Over the Years, 2015, http://www.safercar.gov/Vehicle + Owners/vehicle - recalls - historic - recap (Accessed on July 31, 2015).

[4] NHTSA Press Release, U. S. DOT Imposes Largest Civil Penalty in NHTSA History on Takata for Violating Motor Vehicle Safety Act; Accelerates Recalls to Get Safe Air Bagsinto U. S. Vehicles, NHTSA 46 - 15 Tuesday, 3 November 2015.

[5] NHTSA Press Release, U. S. Department of Transportation Expands and Accelerates Takata Air Bag Inflator Recall to Protect American Drivers and Passengers, NHTSA13 - 16, Wednesday, May 4, 2016.

[6] Orlando Sentinel, Toyota Adds 5.8M Vehicles to Global Takata Recall Total, October 27, 2016.

[7] Japanese Airbag Maker Takata Files for Bankruptcy, Gets U. S. Sponsor, Naomi Tajitsu, Reuters, June 26, 2017, from https://www.reuters.com/article/us - takata - bankruptcy - japan - idUSKBN19G0ZG (Accessed on July 31, 2015).

[8] Merriam - Webster Dictionary, Online, http://www. merriam - webster. com/ dictionary(Accessed on July 31,2017).
[9] Raheja, D. and Gullo, L. J., Design for Reliability, John Wiley & Sons, Inc., Hoboken, NJ, 2012.
[10] Hillson, D. and Murray - Webster, R., Understanding and Managing Risk Attitude, 2004, http://www. kent. ac. uk/scarr/events/finalpapers/Hillson%20%2B%20Murray - Webster. pdf(Accessed on July 31,2017).
[11] United States Office of the Deputy Assistant Secretary of Defense for Systems Engineering, Risk, Issue, and Opportunity Management Guide for Defense Acquisition Programs, Office of the Deputy Assistant Secretary of Defense for Systems Engineering, Washington, DC, 2015.
[12] Stearns, D. W., Prosser's Bait - and - Switch: How Food Safety Was Sacrificed in the Battle for Tort's Empire, Marler Clark, LLP, 2014, http://scholars. law. unlv. edu/cgi/viewcontent. cgi? article = 1574&context = nlj(Accessed on July 31,2017).
[13] Stearns, D. W., An Introduction to Product Liability Law, Marler Clark, LLP, 2001, http://www. marlerclark. com/pdfs/intro - product - liability - law. pdf (Accessed onJuly 31,2017).
[14] Prosser, W. L, The Assault upon the Citadel(Strict Liability to the Consumer), The YaleLaw Journal, 69, 1099 - 1148, 1960.
[15] Howley, D., Why Samsung Exploded and How It Can Turn Itself Around, October 11, 2016, http://finance. yahoo. com/news/samsung - note - 7 - fire - recall - 234416132. html(Accessed on July 31,2017).
[16] Korszun, J., The Reason Behind Samsung Permanently Discontinuing the Galaxy Note 7, October 12, 2016, http://www. electronicproducts. com/Mobile/Devices/The_reason_ behind_Samsung_permanently_discontinuing_the_Galaxy_Note_7. aspx(Accessed on July 31,2017).
[17] Kenwell, B., Samsung to Lose More Than $5 Billion from Galaxy Note 7 Recall, October 14, 2016, https://www. thestreet. com/story/13854429/1/samsung - to - lose - more - than - 5 - billion - from - galaxy - note - 7 - recall - tech - roundup. html(Accessed on July31,2017).
[18] Supreme Court Decision, Boyle v United Technology(487 U. S. 500), 1988.

补充阅读建议

Farrow, D. R., Speech at the Fifth International Workshop on Risk Analysis and Performance Measurement in Aviation Sponsored by FAA and NASA, Baltimore, August 19 - 21, 2003.

Raheja, D., Preventing Medical Device Recalls, Taylor & Francis, Boca Raton, FL, 2014.

Raheja, D. and Allocco, M., Assurance Technologies Principles and Practices, John Wiley &Sons, Inc., Hoboken, NJ, 2006.

第5章 制定系统安全性要求

Louis J. Gullo

5.1 我们为什么需要系统安全性要求?

安全性要求可以保证安全的设计。如果没有安全性要求,那么购买者就需要小心从事。系统/产品要求必须能够满足客户在安全的系统/产品运行方面的期望。让我们强调之前章节所说的,无论您所处什么行业,不充分的系统或产品规范和要求都会给系统工程学科带来极大的困扰。如果将要求不清晰或是不正确的总规范提供给硬件和软件设计师,那么就会导致错误的设计或是带着固有缺陷、歧义和缺点进行设计。根据多年经历中所收集的数据,作者发现绝大多数系统故障和安全危险事故都是由于要求书写不佳,或是要求分解不当或者要求向硬件和软件设计规范以及详细设计描述文档传递不当造成的。

系统安全性工程基于潜在或实际的危险识别和分析,针对要求提供了制定风险管理策略的手段。通过危险分析,应该采用基于系统的方法在设计中采用补救措施、过程控制、设计更改、风险缓解计划和预防措施[1-2]。对于任何系统或产品,限制产品责任和事故风险的最有效方法就是实施有组织的系统安全性工作,从方案设计阶段开始,一直到开发、制造、测试、生产、使用和最终处置为止[1-2]。以系统的方法实现安全性,这要求在系统、项目、工程、活动或产品的整个寿命周期中采用科学、技术和管理技能来进行危险识别、危险分析以及消除、控制或管理危险[1-2]。当概率风险分析面临困难时,系统安全性的方案有助于证明技术的充分性[1,3]。对于纠正风险认知非常重要的是通过创建、分析和理解信息模型(用于显示哪些因素产生和控制危险过程)来进行有关系统风险的沟通[1,3]。

系统安全性工程提供了对安全系统功能如何控制正常和最坏情况的要求和方法论。除了在正常系统运行和极端条件下的安全系统使用外,安全工程还必须提供在发生系统故障或系统维护期间如何安全控制系统或产品的要求和方法。在使用过程中,系统的状况可以通过系统自主行为或通过人机界面(HMI)来进行控制。对系统状况的控制是通过系统要求中规定了系统的自主行为应该如何执行,或者系统操作员或维护人员应当如何使用人机界面操作系统来实现的。要求传递给系统用户,这样他们可以知道系统运行的性能包络和边界。这些系统要求可以通过使用人机界面中有帮助界面的显示屏或是通过警报和警告传递给系统用户,从而防止发生事故。这些要求也可以通过培训手册、操作员和维护人员的技术认证课程,以及在操作系统时所用的操作员或维护人员手册来提供。如果操作员和维护人员不遵守提供给他们的已制定的程序和工作指示,就会因人为错误而发生事故。系统安全性工程根据最新的危险模式分析或根据对根本原因已经确定的过去事故案例的调查结果来确定事故原因。通过健全、有效的系统安全性要求,可以防止未来事故的初始发生或事故的持续发生。

5.2 对安全性设计思维方式3的重温

第1章中的思维方式3称:“在系统要求分析中投入大量精力”。

系统要求分析(SRA)是一项重要的任务,值得为此投入足够的时间和精力,以确保良好的系统要求。必须正确地编写系统要求说明,以便满足客户的目标,并且让设计人员知道应当如何理解这些说明,从而开发出正确的系统或产品来确保客户的成功。系统要求分析还必须包括系统安全性要求分析。系统要求分析能够确保系统按照书面的要求以预期的方式执行,而系统安全性要求分析则可以确保系统在无法按预期方式执行的情况下也不会导致系统产生灾难性的故障影响或是出现安全性关键的危险。系统规范中有缺陷或是书写不良的要求说明将会导致事故和系统故障。有缺陷的要求还可能导致安全性关键的系统故障,并带来灾难性的后果。

大多数要求失败的原因是不完整、模糊和定义不明确的设备规范。不良的要求将导致在开发或制造过程的后期阶段进行代价高昂的工程更改。当这些工程要求更改在一段时间内持续且连续地发生时,就将它们称为“范围蔓延”(Scope Creep)。持续要求更改的范围蔓延发生时间代表系统开发寿命周期中的不稳定时期。它代表了工程设计阶段中这样一部分阶段,即当普遍存在不成熟的要求时,当要求正在被添加、删除、编辑、改进、推迟以及更换时的阶段。范围蔓延会导致要求波动和设计不稳定。解决范围蔓延所需的时间越长,与工程开发相关的成本就越高。在系统开发过程(SDP)中进行工程更改所需的时间越长、发现要求缺陷的时间越长,进行更改的成本就越高。

如果某个要求缺陷是在确定项目要求的阶段发现的,那么这一缺陷就是“阶段内”缺陷,其纠正成本要比在开发过程后续阶段发现的“阶段外”缺陷的纠正成本要低。在项目的要求开发阶段之后发现的缺陷称为"阶段外"缺陷。要纠正在项目的详细设计阶段发现的"阶段外"要求缺陷,可能要比纠正在项目的要求确定阶段发现的缺陷的成本高10倍。与在要求确定阶段就发现要求缺陷并在项目早期阶段通过设计要求更改进行纠正相比,如果是在项目的系统集成和测试阶段才发现要求缺陷,然后再通过设计更改进行纠正的话,其成本要高上100倍。

与设计中一部分有关的的单一设计更改可能实施起来还不那么困难,但是对于影响系统层次结构多个层级的鲁棒性集成设计变更,或设计更改涉及从系统层次向下到硬件各个零件层次纵向集成的复杂功能和运行的详细设计,那么在一个简短的设计更改评审会议上就很难对其进行把控和解释清楚,因此也就很难得到快速批准。这种更改之所以困难,一个原因就是在一个复杂的混合技术设计中它会影响到多种技术和零件类型,因此需要不同领域的主题专家(SME)一起合作来说明设计更改如何有效。设计更改对系统有着深远的影响,而且如果是在系统开发的后期阶段,当要求已经被验证和确认后,可能就会过于复杂而难以实施了。很多时候,由于项目已经延误,而且在开发的后期阶段可能也没有设计工程资源来实现新的功能,结果造成无法实施健壮的更改。完成关键设计评审后,设计师们会投入到新的项目和工程开发工作中。不幸的是,大多数公司仍然在设计已经投入生产后还在发现设计问题。在这一阶段,往往已经没有足够的资源和时间来实施重大的设计更改了。

在进行系统安全性要求分析时,系统安全性工程师应特别注意规范中的功能缺失。当系统要求波动时,针对特定功能编写的要求就可能会被添加,然后被删除,最后再添加回来。要求之间的跟踪可能会断开,导致"孤儿"要求的存在,或出现无子要求的父要求。这种波动可能导致系统功能要求中出现错误,如功能数量不正确、系统功能被错误地分配给硬件和软件、功能集成不良,或某些类型的硬件功能和软件功能或软件模板(这些是让设计按照系统工程师和客户预期的方式进行工作所需的)的不适当混合。系统功能要求的缺陷可以通过使用功能流程图表、功能过程图、活动图和序列图进行的功能依赖性分析找到。通过功能依赖性分析除了可以找到系统功能要求中的缺陷之外,还可能找到与时序依赖性相关的缺陷。功能要求的编写可以是针对同步和异步操作的。同步功能涉及在特定计时周期上以固定频率进行的活动。异步功能不遵循计时周期。可以将它们称为是中断驱动的功能,也就是发生在正常时序之外。有些系统要求可能仅仅在系统寿命周期中的某些特定时间才可能是需要的,如安装系统时的"一次性事件"。重要的是,应当知道在系统开发寿命周期和系统的整个寿命周期中,哪些时候可能发生危险。工程师必须对从开发阶段开始到寿命终止（EOL）期或服务终止（EOS）期结束的系统寿命周期的各个阶段都必不可少的系统要求进行评估。针对以下过程，都应当编写系统安全性要求，以防止危险发生：

- 在开发所有系统部件的时候。
- 在制造所有系统部件并组装成系统的时候。
- 在客户现场进行系统安装或客户自行安装系统的时候。
- 在系统正常运行期间。
- 在最坏情况下操作系统的时候。
- 在发生故障造成系统正常运行中断或停止的时候。
- 在进行维护操作以修复或预防故障的时候。
- 对系统进行处理和运输的时候。
- 在生命终止期或服务终止期将系统拆卸和销毁的时候。

对于可在多种类型维护操作过程中减少交互作用的模块化要求往往不够。这些模块化要求对于维修性、可靠性、安全性、可服务性、后勤保障、人因、可测试性、诊断能力，以及在当前设计中预防老故障的发生是非常重要的。规范应当针对互操作性功能进行说明，如针对人机界面、内部系统接口和系统之间的外部接口的要求。人机界面系统要求接口涉及用户—硬件界面和用户—软件界面的要求。规范应当说明产品在出现意外的系统行为时，如设备因外部电源浪涌或意外人为错误而关闭，如何行动。

要确定规范缺失的功能，就需要进行系统要求分析。这一分析通常由一个跨职能团队执行。每个工程学科应当至少派一名成员参加，如研发、设计、质量、可靠性、安全性、制造以及保障性和现场服务。如果可能的话，还应当有一个客户代表。团队中的每一个人都应当了解相互的要求，并具有足够的知识来编写这些要求，对这些要求进行引用和参考、同行审核，并且编辑这些要求。编写准确而全面的性能规范对安全性设计来说至关重要。

参加一个专门的安全性培训的相关人员表示，由于要求缺陷，复杂电子产品大约65%的问题故障排除，技术人员无法诊断（如无法再现故障）。无论是在开发、制造还是现场支持方面，都需要提高规范的故障容限和测试覆盖率的要求，以便实现简单可靠的产品测试和排除故障，但实现简单可靠的产品测试、诊断和预测能力的成本可能会过高而难以实现，因此没有提供这种能力。在大型、复杂的系统中，要实现将近100%的测试覆盖，成本会高得无法想象，而要实现100%的对引起故障的单元进行故障覆盖隔离则会更加困难。

要及早找到系统设计要求缺陷，团队必须从各种不同的角度对系统文件和模型进行审查。跨职能系统团队必须至少从以下角度对系统要求进行审查：

· 在正常和最坏系统条件下的功能。
· 系统或系统中的产品在任何情况下都不应有的非期望功能。
· 应用和使用的范围。
· 环境和运行条件范围。
· 主动、半主动和被动安全控制。
· 寿命期间的工作占比(工作时间和总时间之比)。
· 整个系统寿命周期的可靠性设计。
· 系统寿命周期内针对用户/服务错误情况的稳健性设计。
· 电气设计中的潜在电路路径。
· 避免系统寿命期间出现不利事件的后勤保障要求。
· 无缺陷生产的可制造性要求。
· 人机界面要求。
· 人因工程(HFE)和人机工程能力。
· 确保安全功能的安装要求。
· 保证设备安全的运输/处理能力。
· 可服务性/可持续性/可测试性/维修性诊断功能。
· 故障预测和健康管理,用于警告用户即将发生的故障。
· 与其他系统或产品的互操作性。
· 系统寿命期间可能发生的潜在危险、事故和误用。

大多数设计师往往会漏掉前面提到的一些要求,而几乎所有这些要求都会对安全性产生影响。对于很多行业来说这并不是什么新知识,但是对于入行不久的工程师来说却可能是新的。通过邀请这些领域的专家加入开发团队并进行头脑风暴来执行这些系统要求分析,就可以分享知识并融入系统开发过程(SDP)中。要求应当包括,当出现"潜在"故障时,系统应当行动。可以使用"潜在通路分析"(SCA)工具以预测不期望的潜在通路发生或潜在通路故障。良好的规范还应当说明系统不应当做什么,如"不得出现潜在通路路径"。如果我们在一开始就将所有的事情都做对,那么就可以避免用户的伤痛和苦难。

5.3 如何推动系统安全性要求?

对于任何系统安全性计划来说,危险分析和安全性评估都是其主要的关注点,目的是确定可能会导致安全性关键的故障、危险或潜在事故的操作行为、异常情况、故障或人为错误。这一数据被用于影响要求来推动控制策略和安全属性,以安全设计功能或安全设备的形式来防止、消除、控制或降低安全风险。现代的系统安全性是一种基于风险、要求、功能和标准的综合手段,用于实现系统、硬件和软件的结构化目的、要求和目标。系统安全性工作生成用来验证确定性的或概率性的系统安全性要求和安全系统/产品功能的工程证据,以及生成表明在预期的操作环境中风险是可接受的还是不可接受的工程证据。对于指挥、控制和监控安全关键功能的软件密集型系统,需要进行大量的软件安全分析来影响详细设计要求,尤其是在操作员干预很少或没有干预的更加自主的系统或机器人系统中[1]。

在系统还处于要求确定和图纸阶段时,对系统采取正常合理的怀疑态度来进行功能危险分析,这有助于了解产生危险的因素和能够控制危险的缓解措施。严格的系统安全性分析过程通常被作为系统工程的一部分而正式实施,从而在错误和故障削弱系统防御并导致事故之前来影响设计并改善情况[1]。

这种使用功能危险分析的严格系统安全性分析过程是促进系统安全性要求的方法之一。

只有通过设计要求和设计更改才能消除或避免许多危险和故障。因此,系统安全性要求的编写绝不应被视为一项微不足道的任务。在编写系统安全性要求时,需要有创造性和创新性的思路并考虑各种方案的设计因素。编写系统安全性要求的四个关键步骤如下:

(1)首先确定所有系统功能中的安全性关键功能。

(2)分析整个系统、硬件和软件设计架构。

(3)分析人与系统集成(HSI)。

(4)从系统功能、架构和分析结果中得出系统安全性要求。

系统安全性要求是在验证危险分析过程中被细化的,用于建立起一套安全机制,以保证基本功能不会造成危险人员或损坏设备的灾难性情况。通过明确规定系统安全性要求,可以保证功能以可预测的方式正确执行,并产生可预测的结果。通过危险分析,可以确定潜在故障、破坏条件,以及能够影响、造成或引起危险的直接和间接因素。当识别每一个重大危险后,必须努力弄清楚在正常系统操作条件下、系统修复性维护活动过程中,或试图耐受在系统内(如果系统被设计为容纳人员的话),或非常接近系统的严酷环境时,系统设计中某个要素存在或不存在将如何决定生死攸关的情况。系统设计人员必须确保系统的运行不会造成伤害、防止人身伤害、避免灾难性损坏,只允许出现安全的状况,并确保系统操作员收集数据并监控系统运行状况,以便预测在某个不会导致有人受伤环境中的性能。对于防止发生危险的安全性要求,一个简单的例子就是人们往往将机械组件的所有边角都设计为圆滑的,去除所有的毛刺和尖锐的物体或表面,以避免造成人身伤害。无论是通过简单的还是复杂的系统要求分析完成，系统安全性要求都必须成为系统工程要求过程的重要组成部分。必须通过客观的安全性证据和充分的安全性文档来导出、确定、实施和验证系统安全性要求，并表明尽到了职责。预防事故是编写系统安全性要求的目标。

5.4 什么是系统要求?

制定和理解新系统或产品的要求是一项重大挑战。有多种原因造成了这一挑战。首先，客户通常不会想到所有的产品功能和需要。有些功能要求会先跳出来，其他要求似乎要花一些时间才被发现。然后是产品不应做什么的要求，以及产品在非正常输入的情况下应当怎样表现的要求（产品鲁棒性）。此外，还有满足业务和监管要求的要求。最后是有关基础设施的问题（这通常没有被说明）。它们通常被假定是存在的，只有在没有的时候才会引起注意[4]。

2006 年，C. J. Davis、Fuller、Tremblay 和 Berndt 发现，系统要求的准确捕获是 90% 大型软件项目失败的主要因素。这与之前 Lindquist 在 2005 年所做的研究工作相呼应，当时他得出的结论是“不良的要求管理是 71% 软件项目失败的原因；这超过了不好的技术、错过截止日期以及更改管理问题造成失败的比例”。这一要求挑战早已得到人们的认可和引用。

系统要求明确规定了为了满足客户的需要或目标，系统必须做什么。要求记录了在法律上要求某个公司做什么或提供什么的所有事情。要求捕捉到客户的目标、期望、愿望、约束和限制。要求确定了为保证实现和满足客户目标所需的所有工作方向。包含一条要求的句子包括两种未来时态情态动词中的一种：“必须”（Shall）和“将”（Will）。本节介绍了“必须”（Shall）、“将”（Will）和“应当”（Should）这几个术语的正确用法。“必须”表示该句子是一条要求，是比“将”更强烈的一个术语。“将”表示一个目的或目标，它提供了一个意图声明、需要或对未来的预测，也可以陈述一个事实。这是一个比“应当”更强烈的术语。“应当”反映了一个愿望，这个愿望可能被满足或遵守，也可能不被满足或遵守，它提供的是指导或信息。对于任何一个要被用来描述要求的表述，如果其中包含了“应当”这个词，那么就是一个不良要求说明的例子。在本章的后面，我们将更详细地解释如何识别好的要求和不好的要求，以及为什么有些要求是不好的，而且本章对如何修正这些不好的要求推荐了更改方法。

要求在系统工程学科中至关重要。如果系统要求是错误的，那么传递到项目的硬件和软件开发阶段就会产生连锁反应。要求必须从系统开发之初就是正确的，否则就要进行代价高昂的返工。在系统开发阶段中，要求缺陷被发现和纠正得越晚，那么解决的成本就越高。因此，很多公司使用标准的软件工具和数据库来记录和分析其要求。要求生成和分析工具可以防止出现“阶段外”的要求缺陷，并降低纠正要求缺陷的成本。

使用要求生成和分析工具（如 IBM DOORS）可以帮助系统工程师在系统开发过程（SDP）的早期找到要求遗漏和要求缺陷。在规范中创建和记录要求后，系统工程师就会使用工具来分析要求。要求分析包括通过规格树来跟踪要求。在规格树中，系统中的每一个规范都在一个树形配置或层次结构中被确定。IBM DOORS 等工具能够执行可追溯性分析、前向要求追溯和后向要求追溯。这一分析的目的是用来填补当要求从顶层系统规范（如系统之系统集成（SoSI））向下传递过程或分配给子系统的系统分解过程时可能发生的要求遗漏。在进行可追溯性分析时，工程师不仅要寻找要求遗漏，而且还要寻找要求正向和反向可追溯性的关系。其目的是保证没有较低层次的“孤儿”要求存在，也就是没有父要求的与要求或是没有子要求的父要求。换句话说，每一个顶层的要求都必须向下传递或分解到较低层次。新产品经常会遇到要求问题，而且这些问题占全部系统问题的 40% ~60%。这些要求问题是因为要求有缺陷或编写不良引起的，这与缺少要求的拓扑、本体、术语或语言或者这些比较模糊有关。

5.4.1 性能规范

性能规范明确了系统或产品的功能要求、系统或产品必须运行的环境、系统或产品的接口特性，以及系统或产品可互换性特征。性能规范以所需结果的方式说明了这些要求。不过，性能规范并没有说明用来实现这些所需结果的方法。它将操作要求转化为更加技术化的语言，告诉制造商可接受的产品性能是怎样的，以及产品可接受性是如何确定的。系统安全性专家可以在确定性能规范的过程中加入那些对危险的消除、减轻和控制进行验证的要求[5]。

系统工程基础中描述了 6 种类型的要求[5]：

- 运行要求。
- 功能要求。
- 性能要求。
- 设计要求。
- 派生要求。
- 分配要求。

运行要求是按照任务目标、环境、约束条件以及有效性与适用性度量来定义系统基本要求和预期的声明。功能要求是必要的任务、行动或必须完成的活动。性能要求定义了系统达到的良好运行水平，通常根据可靠性、质量和其他与性能相关的目标来衡量。设计要求是实际的“如何建造或购买”类型的要求。

派生要求是暗示的要求,或由于更高级别的要求而必须遵循的要求。分配要求是通过将高级别要求划分或分配到多个低级别的要求而建立的。

5.4.1.1 系统规范要求(SSR)

系统安全性应当提供初步危险清单(PHL)和环境、安全和职业健康(ESOH)标准,并以此为基础,确定系统的环境、安全和职业健康要求、限制条件和性能属性。如果适用的话,还应当将环境、安全和职业健康要求纳入系统规范中。识别某个危险后,就会给出消除这一危险或防止危险发生的要求。某个危险的关闭并不会消除将该危险保持在危险跟踪系统(HTS)的要求。危险将保持在危险跟踪系统和系统规范要求中,以提供未来的项目可见性。危险及其处置对消除或减轻发生风险的活动提供了审查跟踪。此外,在危险跟踪系统中记录了包括实施状态和事故数据在内的关闭活动,这些活动记录对于之后在系统寿命周期内确定是否需要采取进一步行动也是必要的。

5.4.1.2 软件需求规格说明(SRS)

针对任何特定软件配置项(SCI)设计的需求集合被称为软件需求规格说明。软件配置项是软件设计层次中最底层的代码,并由软件需求规格说明进行管理。

在软件配置项的软件需求规格说明中包含了针对功能、消息、接口和进程的需求。在软件需求规格说明包含“必须”(shall)的文本表示软件配置项的需求。

5.4.2 安全性要求规范

安全性功能要求被收集并汇编到安全性要求规范的单一文件中。这一术语不应与软件需求规格说明混淆。软件需求规格说明的术语和定义并不那么明确,可以在军事国防工业和医疗等各种行业中发现这一首字母缩略语的使用(注意:为了避免混淆,软件需求规格说明也可以称为计算机软件配置项规格说明(CSCIS)或软件配置项规格说明)。

安全性要求规范应当是全面的,包括与安全性工程功能性相关的所有硬件、软件和系统功能。安全性要求规范是关键的系统安全性设计文件,说明了每个安全性功能应当执行的详细行动和过程;每个安全性功能的安全性能要求及在系统、硬件和软件的设计和开发阶段需要考虑的一般的和特定的系统环境因素。

安全性要求规范至少可以分为四个主要的部分:

(1)顶层系统安全性要求。

(2)系统安全性功能要求。

(3)特定硬件和软件功能要求。

(4)系统、软件和硬件安全验证和确认(V&V)要求。

5.5 危险控制要求

就像我们已经看到的那样,系统和产品开发中会用到很多类型的要求。一些性能要求会引起安全性方面的关注,而另一些则没有安全性问题。一些要求被写下来的目的是防止危险的发生。大体上,这些性能要求在过去可能会对安全产生影响,不过,由于更改要求时良好的设计决策,现在它们已经对安全性危险没有影响,或消除了危险发生的可能性。一些要求保证安全性风险被减轻,但是并没有保证消除危险。通过引入危险控制,危险影响的严重性可能被降低到可接受的风险水平。例如,在一个机械系统中,有两个金属物体会相互摩擦,从而产生热量。如果有可燃性的材料接触这两个金属物体,那么就可能被点燃并引发火灾,从而带来人身安全方面的问题。如果使用冷却液来周期性地将这两个金属物体冷却,那么出现高温的时间就比较短,或者说在一段时间内充分降低平均温度,从而减少发生火灾的可能性。在涉及两个金属物体的机械系统中加入冷却剂,这就是一种危险控制手段。

危险控制决策是危险分析和风险评估的输出之一[6]。在对危险控制进行规划时,对危险控制的需求被转化为一套设计或过程要求,从而形成一个安全性标准。在制定危险控制要求时,需要考虑以下几个方面:

· 为了满足最低程度的保护或风险缓解,需要符合现有的安全性相关标准;然而可接受的风险水平并不一定能够得到保证。不恰当的决策、共识不足、偏见、有限的主动安全假设、过于一般化或调查和分析工作不足等,这些原因都可能造成无法实现可接受的风险水平。

· 在生成要求时,必须考虑和解决特定安全性相关问题或公正的事故分析、系统安全性分析、安全性研究、安全性评估或评审、调查、观察、测试、仿真或检查等工作的结果。

· 设计要求必须经过验证和确认。提供保证要求能有效地转化为系统或产品设计,并按照预期方式工作的具体方法。要求的验证和确认(V&V)必须通过有正式文档记录的方式进行,包括测试、建模、仿真、分析、检查或演示。

· 必须有一个系统专家能够了解系统的动态变化,并把适应系统动态变化的要求通过编写要求的方式传达给其他人,以保证在各种工作剖面下风险水平持续可接受。

· 在编写要求文档时,必须采用标准化的语言、简单通用的语言、词汇、分类法以及使用标准如本体论等。

· 确定要求的工具必须得到验证和认证。

·在确定要求时必须考虑实际的应用和客户使用环境。在处理功能或操作时,知道驱动功能或操作的因素,如人、硬件以及软件行动的组合,以及它们之间的接口(如人机界面、硬件接口、软件接口等)。

·应当充分了解要求抽象、语义、上下文、术语和书面时态。要求文档中,并不是每个陈述都是一个“必须”(Shall)的声明。有些声明是规范性的声明,有些则是信息性的声明。

·图片胜过千言万语,因此请使用图片、描述、插图和图表来支持要求的编写,并采用逻辑表述要求。

·编写规范后,对其中使用的语言和语气进行分析,注意命名约定、陈规和潜在的用户。应该对语言进行分析,以确保它不会冒犯任何人。如果某个偏僻的行业术语在潜在用户群体中只有很少一部分的特定人群才能理解,那么就应当减少这种术语的使用,或使用更常见的表达方式来代替。

·对于有问题的要求,应当通过同行评审来独立地分析、定义和验证其意图。

·要求定义应当保持高层次、中层次和低层次等抽象层次之间的一致性,并提供前向的和后向的可处理性和可追溯性。

·必须对系统或产品要求的制定过程和评审进行记录。

·在要求开发过程中,必须提供技术状态控制。

·必须始终一致地应用产品要求,并利用典型的专业工程学科要求。

·应当定义基于风险和合同化的标准,用于要求的排序、验证和确认。

5.6 确定良好的要求

根据 MIL - STD - 961E[7],一个良好的规范应当做到以下四点:①确定最低要求;②列出合规测试时使用的可重复的测试方法;③允许竞标;④以尽可能低的成本提供公平的奖励。这四件事似乎与项目管理方面关系更加密切,而不是系统安全性工程。不过,第 1 项和第 2 项对于这两方面都是适用的。让我们以工程师的角度聚焦于严格编写要求。

工程师希望要求说明清晰并且简洁。要求应当是正确并且一致的。良好的要求说明会避免模棱两可和多余,是可验证和可测试的,并且避免使用不准确的语言和术语。例如,一个良好的要求说明会使用数字和简洁的参数来指示某个事物应当何时和如何发生。周期性这一术语如果在要求中单独使用,那就是不准确的,不过如果周期性这一术语是与一个频率参数一起使用(例如,以每

分钟 ±1 秒的周期发送一个状态消息)，那这就是一个好的要求。此外，要求还应当包含针对每个参数的误差容限(如 ±1 秒)，从而知道为验证一个要求参数，测量必须达到的精度。

总结了前述内容，表 5.1 定义了编写良好的规范的质量要求。

表 5.1 编写良好的规范的质量要求

属性	质量要求
清晰	易于理解，不含糊
完整	包含相关的所有事项
一致	没有与其他要求的冲突
正确	说明了真正的要求
可行	技术上是可行的
客观	不留主观解释的空间
以需求为导向	仅说明问题，而不是解决方案
单一	仅关注于一个主题
简洁	没有多余材料，避免过度说明
可验证	可以通过测量来表明需求得到了满足

5.6.1 辨识不良的要求

不良的要求会对系统性能、开发成本和项目进度产生负面影响。这些要求是不明确和不简洁的，并且容易造成系统硬件和软件的设计的错误。它们会造成冲突，如有一个要求声称 xyz 功能将在一系列事件中的另一个事件后发生，而另一个要求则声称 xyz 功能将以一定的时间间隔发生，而与序列中的事件无关。

有很多词会造成不良便携的要求，下面仅仅举几个例子：大约、足够、适当、近似、根据需要、避免、不好的、大的(Big)、接近、快速、几个、经常、好的、高的、如果有必要、立即、间歇性的、直观的、巨大的(Large)、长的、低的、很多、最大化的、最小化的、大多数、优化、周期性的、快速的(Quick)、快的(Rapid)、有规律的、健壮的、短的、慢的、小的、足够的、及时的。

不良要求的类型有：

· 模棱两可。

· 不清楚。

· 矛盾。

· 不一致。
· 不必要。
· 无法追踪。
· 不合理。
· 无法验证。
· 不稳定。
· 不完整。
· 有缺失或省略的情况。
· 没有给出允差或限制范围。

5.6.2 要求问题排在问题列表的前列

参考国防部长办公室(OSD)的数据[8],我们引用了其中给出的新出现的十大系统性问题图表,以展示要求问题在国防部最关注的问题中排在何处。这些数据摘自2004年3月以来国防部长办公室的52个项目评审。图5.1包含了排名前10的问题。这些问题是造成项目表现不佳的主要原因。请注意,不良的要求是其中第二严重的问题。

发展测试和评估	
(1) 管理	· 集成产品开发团队(IPT)的角色、责任、权威、沟通不畅 · 员工没有经验,缺乏技术技能
(2) 要求	· 蔓延/稳定性 · 具体、可测量、可测试
(3) 系统工程	· 缺乏严谨的方法和技术专长 · 流程合规性
(4) 人员配备	· 政府项目办公室人员配备不足
(5) 可靠性	· 冒进的增长曲线,不切实际的要求 · 统计计算所需“测试时间”不足
(6) 采办策略	· 相互竞争的预算优先事项,进度驱动 · 合同问题,糟糕的技术假设
(7) 进度	· 务实,压缩
(8) 测试计划	· 广度,深度,资源
(9) 软件	· 架构,设计/开发规则 · 人员/技能水平,组织能力(流程)
(10) 维修性/保障	· 未充分考虑维持成本(目光短浅) · 保障性考虑因素被权衡
造成项目表现不佳的主要因素	

DT&E- 从方案到作战

图5.1 新出现的十大系统性问题[8]

如果在系统开发的早期阶段就纠正不良的要求,那么几乎对成本没有什么影响。而如果在开发的后期才找到和纠正问题,并对要求进行更正,就会对成本有很大影响。在开发阶段中的要求阶段引入的不良要求没有成本影响,而如果在系统详细设计阶段才找到不良要求,那么成本可以会增加 10 倍以上。如果是在开发阶段的系统集成和测试阶段才找到不良要求的,那么与在详细设计阶段找到并纠正不良要求相比,成本可能要高 10~100 倍。

要求问题或许可以被分为要求蔓延和波动、不稳定和不成熟的要求,以及不具体、不可测量和不可测试的要求等类别。

5.6.3 良好的系统安全性要求示例

以下列表包含了一些编写良好的安全性要求说明的例子,这对于任何设计项目都是有好处的:

· 要求系统设计针对每个操作、功能或过程都定义安全状态。

· 系统必须以预定的加电序列启动系统初始化功能,并最后到达预先确定的安全状态,并指示"系统就绪"状态。

· 要求所有安全性设计功能中都有时间约束和限制。例如,一条具有时序约束的安全性要求为"在启动安全联锁开关后,安全联锁电路必须在 10s(±1s)后接合"。

· 要求系统设计在安全和不安全状态之间即将发生运行切换,或安全和不安全模式之间切换时,对操作员进行通知。

· 当检测到不安全的硬件条件时,控制硬件子系统的系统元件必须将硬件返回到指定的安全状态。这些硬件条件可以由环境应力传感器检测,环境应力传感器用于预测和防止灾难性的硬件故障,如温度或振动传感器、热电偶和加速度计等。

· 系统必须检测外部安全关键硬件输入/输出硬件设备和接口的严重故障,并在这些故障发生时把系统恢复到安全状态。

· 在发生系统组件故障的情况下,系统的设计必须能够实现故障切换,并恢复到设计的降功能的安全状态。

· 在某些特定应力或条件下的一段特定时间执行特定功能时,系统故障不得造成系统损坏或人身伤害。

· 在某些特定应力或条件下的一段特定时间执行特定功能时,正常操作不得造成系统损坏或人身伤害。

· 使用容错架构配置的冗余和备份系统对进出安全关键流程的数据准确性应用其他流程进行检查。

·系统进程在消息流量的计时中应当留有余量,可以让系统在标记错误之前至少还能将消息重复发送三次,这样就有可能消除或减少消息流量错误。

·看门狗定时器或类似的设备必须提供一定的容错率,以确保计算机能够正常运行,并且不会挂机或冻结。

·对于安全性关键计算子系统的可测试性,故障检测和隔离的例行程序在编写时必须有具体的故障检测概率(P_{fd})和故障隔离概率(P_{fi})。

·测试结果报告通过或未通过决定的地方,应将误警最小化到每百万测试结果中不到一次。注意:误警可能是误报(False Positeve)或漏报(False Negative)。漏报意味着未通过的决定被发现是不正确的(译者注:未通过故障判断,即报警系统认为系统正常)。误报意味着通过决定被发现是不正确的。很多时候,误报不被认为是误报警,而由于与漏报的失效模式类似,它们应被认为是误报警类型(一个假的警报)。

·必须实施联锁机制,以确保安全地进入危险的访问口或直通门。

·对于引起火灾或爆炸的故障影响概率大于 0.00001 的任何组件,都必须采用故障安全电路设计。

5.6.4 否定性要求说明与肯定性要求说明

肯定性要求说明是以“必须”(Shall)声明编写的要求。否定性要求说明是以“不得”(Shall Not)声明编写的要求。

很多系统级的要求都涉及系统功能的规范。典型的系统要求可能被表述为“系统必须执行必要的功能,每 24h 存储和备份关键的系统参数数据”。系统工程要求通常以肯定的方式书写,例如:“系统必须执行……”

系统安全性工程师通常以否定的方式书写系统安全性要求,例如:“系统不得……”

一个典型的系统安全性要求可以被写为:“系统的运行不得造成死亡和身体伤害”。

要验证这种以否定形式书写的安全性要求可能是成本高昂和十分费时的。如何验证一个设备不会按照要求运行?要演示安全性能,需要进行多少测试?这些都是很难回答的问题。由于系统工程师希望要求是可验证的,因此会以肯定的形式书写系统要求。系统安全性要求可以用肯定的形式编写系统安全性,例如:“系统的运行必须能够防止人员受伤、避免灾难性的损害,并仅允许安全的工作条件”或“系统必须在一个没人会受伤的环境中运行”。

任何否定形式的要求都必须提供时间限制条件和与要防止的条件相关的行动。例如,否定要求的一个例子为“系统不得导致操作员受伤”。这一要求说明可以被视为一个不良的否定性要求说明，因为它没有详细地说明如何验证要求得到了满足。因此，我们可以将这一要求进行改写，使其成为一条好的否定性要求说明，例如“在 xyz 功能初始化后的两个小时内，当操作员坐在操作员控制台上时，系统不得造成操作员受伤”。要证明这一要求得到满足，操作员必须在 xyz 功能启动后，在控制台上坐两个小时。此外，要验证这一要求得到满足，操作员还必须是坐着的。如果操作员采用站姿或其他姿势，那么这一要求就是无效的。

5.7 针对状态感应设备启动的认证和验证要求示例

存在感应设备启动(PSDI)是在机械压力机中使用的一种系统安全性设备。本节提供了这种设备的要求认证和验证示例。在职业安全与健康管理局(OSHA)的一份文件中规定了存在感应设备启动的认证和验证要求[9]。许多要求和标准都归职业安全与健康管理局管辖。美国劳工部负责美国联邦法规第 29 篇，该篇的第 1910 部分涉及 OSHA 标准。美国联邦法规第 29 篇(29CFR)中 OSHA 标准的一个例子是标准号 1910.217，这是针对存在感应设备启动的安全系统认证和验证的强制性要求。这一标准的目的是保证机械压力机中使用的安全系统和存在感应设备启动设备的设计、安装和维护能够满足 29 CFR 1910.217(a)～(h)条款和该标准附录 A 的所有适用要求。OSHA 标准保证了存在感应设备启动设备作为机械动力压力机的安全系统，是可以安全运行的。

使用 29 CFR 1910.217[9]的通用设计认证和验证要求如下：

1)认证和验证项目要求

针对原始设备制造商(OEM)的通用设计认证要求涉及两个主要标准。原始设备制造商必须验证：

·在子系统内集成和测试的硬件和软件组件的设计，以及系统组装的设计满足 OSHA 性能要求，并且已准备好用于系统的预期用途。

·包括硬件和软件在内的集成子系统的系统性能符合 OSHA 操作要求。

通用要求的设计认证验证通常由职业安全与健康管理局认可的第三方认证机构执行，该认证机构确认原始设备制造商已经完成两个主要标准的认证。

2)风险水平评估要求

制造商必须通过确定与下述要求的符合性以评估和证明安全系统的设计和操作。

3)设计特点

安全系统必须具备能够承受单一故障或单一操作错误的能力，并且不会变成使用危险造成人员受伤危险。可接受的设计特点应按以下顺序进行证明：

· 没有可能导致伤害的单点故障。

· 对于可能导致伤害的关键产品，要有冗余、数据比较检查和诊断检查。

· 电气、机电和机械零件和组件都是根据它们的具体设计应用进行选择，保证它们能够承受该系统可能所处的操作和外部环境应力条件。

· 每个关键部件的关键性能参数都应降额。元器件的降额是将参数的电应力比制造商数据手册中规定的满负荷参数值降低一定比例。这些降额比例将作为安全因数，在每个公司设计项目的设计指南进行记录并特别标注。

在元器件制造商的数据手册中，功率、电压或电流等电气设计参数都是以最大值给出的，称为最大额定值。如果系统中使用的某个电子元器件是以元器件制造商规定的最大额定值工作的，那么该组件就是100%负荷的。如果元器件在使用时超过了元器件制造商规定的最大额定值，那么就认为组件是过应力的。元器件的过应力通常会导致制造商对该器件的保修承诺无效。如果器件在使用时低于器件制造商规定的最大额定值，那么器件就是降额的。具体器件参数的降额是通过测量或器件的应力并用100%减去应力后计算得出的。应力的计算是将参数的实际值除以制造商在数据手册中定义的参数额定值得到的。降额的程度直接与器件的应力和该器件发生故障的概率相关。器件的可靠性与器件额定参数的降额百分数成正比。根据不同的降额指南，器件的降额值也有不同。降额指南可以从多个来源获得。每个公司都应当根据公开的设计指南来制定自己的降额设计指南。

制造商应当设计、评估、测试和认证存在感应设备启动安全系统满足以下要求。

· 环境限制，例如：

∘ 温度。

∘ 相对湿度。

∘ 振动。

∘ 与其他材料的流体相容性。

· 设计限制，例如：

∘ 功率（如功率输入、功率输出和功耗）。

∘ 功率瞬变容差。

∘ 长期功率波动下的材料稳定性。

∘ 与附近其他材料的材料兼容性。

∘ 材料的电气、机械和电磁应力限制。

∘ 材料的机电和电磁容差限制。

· 电磁容差限制包括传导性和放射性辐射。

。信号和数据采集接收器对信号强度的灵敏度。

。无差错读取和记录连续参数测量的可重复性。

。对连续的参数测量有足够的空间容量,不会阻挡视线或导致无意中启用某个功能或启动某个开关。

。器件的可靠性和使用寿命,以故障间隔循环数(CTF)或故障间隔时间(TTF)或者两者的组合来表示。

通用设计认证项目风险水平评估要求通常由职业安全与健康管理局(OSHA)认可的第三方认证机构验证,验证原始设备制造商是否已经完成认证。第三方认证机构是职业安全与健康管理局的诚实代理人,可以保证职业安全与健康管理局和制造商之间进行坦诚的讨论,并让制造商保持诚实。

4)详细设计认证和验证要求

制造商或制造商的代表必须证明对表明 PSDI 安全系统设计的所需文件完全符合 29 CFR 1910.217(a)~(h)和附录 A 的要求。制造商或制造商的代表必须通过分析、测试或这两种方法的结合来进行证明,确定以下要求得到满足:

· 反应时间。

· 功能完成。

· 完全停止。

· 测试信号生成。

为了证明反应时间要求能够得到满足,测试文档必须使用以下定义和要求:

“反应时间“指的是一个用来启动或停用系统的信号在系统中通过的时间(以秒为单位),通过测量从信号开始时刻到被测功能完成时刻的时间得到。反应时间可用于对于系统中具有足够接口和通信命令的任何功能进行测量。对于特殊的数字仿真和基于微处理器的指令和控制(C2)系统,这一反应时间是从指令处理器发出“启动”功能的指令开始计时,一直到指令处理器从进行初始化并执行该功能的数字处理器接收到“已启动”时刻为止。

“功能完成”表示由系统中的一个数字处理器执行的系统功能根据指令处理器发出的“启动“指令而开始处理指令,已经完成其处理工作,并在其输出部件中产生状态变更。如果状态变更是运动(如旋转的机电设备),那么就应当在把“功能完成”指令应答发送回指令处理器之前,对运动的完成情况进行测量。

“完全停止”表示任何机械或机电设备(如齿轮、轴承、机或轴)都不会有移动。完全停止是一个能够同时或顺序影响多个系统功能的命令。当给出一个完全停止命令以及有多个功能需要作出反应时,一些功能会立即对命令作出反应,而其他功能则须等待,等轮到它们才停止。由于必须按顺序来,因此执行完全停止的反应时间可能要比启动单个功能的时间长得多。完全停止的反应时间从指令处理器发送“完全停止”命令开始计数，一直到从执行该功能的数字处理器接收到“完全停止”功能指令并由指令处理器确认为止。

为了保证系统可靠的功能，需要“测试信号”生成。测试信号生成通常是机内测试（BIT）或嵌入式诊断测试系统中的基本功能。引入到系统中用于测量反应时间的测试信号的生成应当满足：启动时间的误差要小于测量的反应时间的0.5%。必须对用于测量反应时间的仪器或设备进行校准，以证明其具有一贯的准确性。用于测量反应时间的仪器或设备可以被设计为嵌入在系统中机内（BIT）功能的一部分，也可以是系统停机期间连接的进行预防性或修复性维护的外部支持测试设备。用于测量反应时间的仪器或设备必须被校准，精确到0.001s（±1ms容差）。

对于某些类型的机械，用于机械压力机和机械防护设备的存在感应设备启动设备，定时是非常重要的，因此必须要非常重视测量时间的要求。计算停止时间（T_s）平均值时，必须针对每个停止倾角的至少25个停止时间进行测量后取算术平均值，测量时有三种类型：①没有使用制动器和/或离合器；②每50%磨损；③90%磨损。在模拟或估算制动器磨损时，必须采用制动系统制造商给出的建议。必须确定并记录制造商建议的最小衬厚度，并进行评估，以确定在下一次定期（如每年一次）重新认证或重新评估之前不会超过最小衬厚度。

计算安全距离所需的每个反应时间（包括制动监视器设置）都必须在单独的反应时间测试中进行记录。这些试验必须规定可接受的容差范围足以确保容差的累积不会造成安全距离的不安全。电子元器件制造商为确定应力、寿命、温度和负载极限而进行测试时，必须遵循《美国国家电气规范》（National Electric Code）的规定。使用分立元件组装的电气和/或电子板卡必须作为子系统，并对这些子系统进行单独的测试，以保证它们的性能不会在以下条件下降级：

· 环境温度在 -20℃ ~ +50℃之间变化。

· 环境相对湿度为99%。

· 当该设备被安装在压力机机身上时，每冲程振动45G，持续1毫秒（1ms/冲程）。

· 电磁干扰在与电力线基频及其谐波频率的地方与用于辐射感应场的波长相同。

· 电源变化为±15%。

5）安装认证和验证要求

雇主必须对存在感应设备启动系统的安装进行评估和测试，必须向职业安全与健康管理局(OSHA)认可的第三方认证机构提交支持文件,并且必须证明1910.217(a)~(h)条款和附录A的要求得到满足,而且安装是适当的。

6)重新认证和重新验证要求

获得安装认证和评估的存在感应设备启动安全系统必须每年进行重新认证和重新评估,或在以下情况发生的时候进行重新认证和重新评估:

·每当系统的硬件发生重大变更、修改或翻新时。

·每当操作条件发生重大变化(包括环境、应用或设施变更)时。

·可能影响安全的重要部件发生故障,并采取纠正措施来解决故障发生时。

5.8 STANAG 4404的要求示例

北约标准协定4404(STANAG 4404)[10]是与弹药相关的安全性关键计算系统的安全性设计要求和指南。这些要求和指南通常针对特定开发系统而定制,然后才包含在合同文件中。北约标准协定4404附件A提供了针对不同系统类型和规模的要求和指南进行剪裁的指导。附件A还为各种弹药系统开发阶段的要求和指导原则的实施提供了指导。分析人员必须确保所选择的要求和指南针对所考虑的弹药系统进行剪裁,并且最终设计满足了安全性设计要求并实现了总体的系统安全性目标,然后由相应的安全性机构进行审查。如果没有提供剪裁和实现这里提到的设计要求和指导原则的文件,那么研制者不能宣称符合这一北约标准协定。

以下是北约标准协定4404[10]给出的编写良好的系统安全性设计要求和指南的示例:

1)设计安全状态

系统必须为每个后勤和运行阶段确定至少一个安全状态。

2)独立计算机

在可行的情况下,应当由一台独立的计算机执行安全性关键功能。如果不可行,那么必须尽可能地将安全性关键功能与非关键性功能隔离。

3)易于维护

系统及其软件的设计必须让以后与原设计团队无关的人员能够方便地进行维护。必须针对计算系统开发专门的文档,以便于软件的维护。

4)安全状态返回

当检测到不安全的情况时,软件必须将软件控制的硬件子系统返回到设计的安全状态。

5)联锁的恢复

在完成测试和/或培训时,有些安全联锁会被移除、禁用或旁路。在恢复正常操作之前,必须使用软件来验证这些联锁已经恢复。如果有联锁被超驰,那么在操作员或测试管理人的控制台上必须显示这些联锁的状态(如果适用的话)。

6)I/O寄存器

输入/输出(I/O)寄存器和端口不得同时用于安全性关键和非关键性的功能,除非非关键性的功能也采用了相同的安全设计标准。

7)外部硬件故障

软件的设计必须能够检测外部硬件输入或输出设备中的故障,并在发生故障的时候可以恢复到安全状态。设计必须考虑到相关硬件的潜在故障模式。

8)安全内核故障

系统的设计必须能够检测到安全内核(如果应用了的话)的故障,并且能够使系统恢复到设计的安全状态。

9)规避不安全状况

系统的设计不得允许检测到的不安全条件被规避。如果系统中有"应急状态运行"(battle short)或"安全弧"(safety arc)这样的状态存在,那么必须被设计为不会在无意或未经授权的状况下激活这种状态。

10)回退和恢复

系统的设计必须能够在系统组件发生故障时,将系统回退和恢复到减功能的设计安全状态。

11)模拟器

如果系统中需要有模拟物、模拟器和测试集,那么系统的设计必须能够保证设备的标识是故障安全的,并且操作的硬件不会被无意中识别为模拟物、模拟器或测试集。

12)系统错误日志

软件必须提供相应的机制来记录检测到的所有系统错误。操作员必须能够查看记录的系统错误。安全性关键例程中的错误必须突出显示,并且在发生后必须尽快让操作员注意到。

13)正反馈机制

关键功能的软件控制必须具有反馈机制,能够对功能的发生给出正指示。

14)峰值负载条件

系统和软件的设计必须能够确保在峰值负载条件下也不会违反设计安全

性要求。

15）加电初始化

系统必须被设计为在安全状态下加电。设计中应当包含一个初始化测试，以验证系统处于安全状态，并对安全性关键电路和组件进行测试以确保其运行是安全的。测试还必须验证内存的完整性和程序的加载情况。

16）电源故障

系统和计算系统的设计必须能够确保系统在加电、间歇性故障，或可能对系统产生不利影响的电源波动期间，或断电的情况下处于安全状态。系统和/或软件的设计必须能够在发生故障或断电的情况下将系统以安全、有序的方式关机，从而避免出现可能的不安全状态。

5.9 总结

总之，如果能够在系统开发过程（SDP）的早期阶段就适当地集成系统安全性工程，那么当开发团队生成和分析性能规范要求时，就可以避免或减轻很多危险。当潜在的危险与性能结果或指标挂钩时，就要非常重视验证危险的消除或减轻。系统安全性工程师与系统、硬件和软件开发工程师以及测试和评估（T&E）人员在一个多样化的开发团队中一起合作，以紧密、有凝聚力的伙伴关系一起编写良好的要求，从而保证在安全性、成本、进度和性能之间取得良好的平衡。应当制定危险控制措施，并将其转换为安全性要求，形成正确的系统安全性规范或产品安全性规范。系统安全性工程和跨职能团队的其他成员应该以基于风险管理方法与数据驱动决策的推理及逻辑来影响和取信项目经理（PM）和客户，让他们了解到为什么要求是不好的，并且必须对这些不好的要求进行修改，以改进系统和产品的安全性设计。显然，在团队支持下的系统安全性工程给出的要求更改推荐应当不超过项目经理和客户在考虑成本与进度等因素时可接受的范围。

对于很多系统安全性工程师来说，影响决策来花费时间和金钱修正不良的要求，以保证风险或不安全的条件已消除或最小化所需的能力。系统安全性不易获得或运用。要获得能够影响他人的人际交往能力往往是一项艰巨的挑战，但是这一努力是值得付出的。贯穿本书，特别是在第13章和第14章，我们提供了有关如何培养影响他人的这种能力的指导。当要求更改得以实施，并且通过测试表明，在系统或产品的整个寿命周期内的操作和维护过程都会处在安全条件时，你就会发现，这些好处是完全值得你去迎接这一挑战的。

参考文献

[1] System Safety, Wikipedia, https://en. wikipedia. org/wiki/System_safety (Accessed on 1 August 2107).

[2] Roland, H. E. and Moriarty, B. (1990). System Safety Engineering and Management. JohnWiley & Sons, Inc., New York.

[3] Fischhoff, B. (1995). Risk Perception and Communication Unplugged: Twenty Years of Process. Risk Analysis, Vol. 15, No. 2, pp 137 - 145.

[4] Raheja, D. and Gullo, L. J. (2012). Design for Reliability, John Wiley & Sons, Inc., Hoboken, NJ.

[5] Wilkinson, P. K. (2014). Using the Performance Specification Process in Hazard Elimination and Control, presented at 30th International System Safety Conference, Atlanta, GA, August 6, 2012.

[6] Allocco, M. (2014). Eliminating or Controlling System Risks via Effective System Safety Requirements and Standards. Journal of System Safety, Vol. 50, No. 1, 30 - 31.

[7] MIL - STD - 961E, Military Standard: Defence and Program - Unique Specifications Format and Content, U. S. Department of Defense, Washington, DC.

[8] United States Office of Secretary of Defense (OSD), Top 10 Emerging Systemic Issues, http://www. dtic. mil/ndia/2007systems/Thursday/AM/Track2/5675.pdf (Accessedon August 1, 2017).

[9] Occupational Safety and Health Administration (OSHA), Law and Regulations (e. g., Standards: 29 CFR).

[10] STANAG 4404—Standard NATO Agreement 4404, Safety Design Requirements and Guidelines for Munition Related Safety Critical Computing Systems.

第6章　系统安全性设计检查单

Jack Dixon

6.1　背景介绍

检查单对于系统安全性工程师来说是非常重要的工具。在对设计进行评估时,系统安全性工程师要思考和考虑的事项实在是太多了。一般来说,检查单对于我们每个人来说都是日常生活中十分有用的工具。它们可以很方便地用来提醒我们哪些事情需要考虑以及哪些事情需要采取行动。检查单是一个记忆帮手。我们之中的很多人都在日常生活中使用检查单时甚至都没有想到过它们的存在。检查单可以作为工作辅助工具或培训辅助工具,提高我们使用某个特定流程的学习曲线。例如,每个人都有一个"待办事项"列表,用于跟踪在某个事件或某个时期内必须要完成的事情。购物清单和"工作日待办事项清单"都属于检查单。你的杂货店购物清单中包含了准备在家做饭时所需的食物和饮料,这也是一个检查单。你的假日购物列表中包含了一年中你准备购买,并在下一个假日或生日时送给家庭和朋友们的礼物名称,这也是一个检查单。你每天的日程表则是检查单的又一个例子。

正如你将在本章中看到的那样,检查单在系统安全性工程领域发挥着重要的作用,它们有助于确保流程、生产、维护操作以及新产品和系统设计中的安全性。

6.2　检查单的类型

有很多不同类型的检查单,而且也有很多对它们进行分类的方法。不过,从系统安全性的角度,我们将它们分为三种类别:

(1)程序。

(2)观察。

(3)设计。

在安全性领域,所有这三种类型的检查单都有应用。

6.2.1 程序检查单

对于包含很多步骤的复杂程序或流程，程序检查单有助于防止错误出现。它向用户提供了一个指南，以防用户在复杂的操作中遗失一些重要、关键性的步骤。程序检查单可以用于很多流程，是安全和事故预防中的一个关键因素。提到程序检查单，我们想到的最常见、最熟悉的就是飞行员所用的检查单了。

6.2.1.1 飞机的飞行

飞机的检查单始于1935年的一次致命事故后。当时美国军方对三个制造商的飞机进行最终评估，这三种飞机分别是马丁的146型、道格拉斯的DB-1型和波音299型。在军方评估的早期阶段，波音299型处于领先地位，它飞得更快、飞得更远，并且能够携带比军方要求的多5倍的炸弹。然而，在最终的测试飞行中，该飞机在滑行、起飞、顺利爬升后，却突然失速转向一个机翼的方向并在剧烈的爆炸中坠毁，导致飞机上的5个人中包括飞行员在内的两人死亡。这一事故的原因被归结为是飞行员的错误。在起飞之前，飞行员忘记了释放升降舵锁，之后意识到了这一错误并试图释放手柄，但是为时已晚。报纸在报道时称“飞机太复杂，一个人驾驶是勉为其难”。军方将合同给了道格拉斯公司。不过，由于波音299型的明显优势，军方还是又采购了几架来进行进一步的测试，但他们知道，如果再发生任何事故，波音299型就彻底完蛋了。因此，一群测试飞行员开始集思广益，并想出了能够保证正确完成驾驶这一复杂飞机所需的每项事情的方法——飞行员的检查单。实际上，他们提出了4个检查单，分别用于起飞、飞行、着陆前、着陆后。就像他们说的，“剩下的一切都是历史”。军方批准了这种飞机的使用，购买了数千架，并将其重新命名为B-17。B-17“飞行堡垒”飞行了180万英里而没有发生一起事故，并帮助美国赢得了第二次世界大战。检查单成为了飞机飞行业务的常用工具（改编自参考文献[1]和[2]）。

图6.1显示了MD-80的飞行前检查单的简短摘要[3]。

6.2.1.2 手术室

很多功能都有相应的程序检查单，而程序检查单的另一个例子是最近才开发出来，并且在挽救生命方面表现出巨大的潜力，这就是外科手术室的检查单。

根据世界卫生组织（WHO）[4]的数据：

· 大手术后的死亡率在0.5%~5%之间。

· 手术后出现并发症的患者比例高达25%。

· 在工业化国家，住院患者的不良事件中有将近一半与手术有关。

· 因手术导致伤害的案例中，至少有一半应该是可以预防的。

启动引擎之前

日志和系统事件日志	已检查
* 舵踏板和座椅	已调节并锁定
* 窗户	已关闭并锁定
氧气面板/口罩/对讲机/护目镜	已设置并检查
应急灯	亮起
* 探测器加温	CAPT
* 挡风玻璃防冰	开
防滑	关闭
增压	自动（上升）和设置
* 空调关闭	自动
* 飞行引导面板	已设置并检查
* 飞行指令/开关/错误	已设置并交叉检查
* 燃料面板/数量和分配	已设置/_LBS 和已检查
起落架手柄和灯	已放下并且为绿色
* 应答器	已设置
* 安定面配平	已设置
扰流板操纵杆	返回
油门	关闭
燃油操纵杆	关
FLAPS/SLATS	上/收回
* 副翼/方向舵配平	零/零
* 停车制动/压力	已停/正常
* 肩带（如有）	开
* 飞行表格	已检查
* 禁烟指示灯	开
* 安全带标志（起飞前 5min）	开

引擎启动或推出之前

厨房电力	关
发动机点火	CONTIN
燃油泵	开
辅助液压泵	开
防撞/外部灯	开/根据要求
门信号器	熄灭
空调电源开关	关

图 6.1　MD－80 的飞行前检查单

手术并发症的发生率估计在 3% ~17% 之间。鉴于在 2004 年，全世界共进行了 2.3 亿次手术，因此实际上有很多人受到了手术的伤害，而这些手术本应是帮助他们的。例如，在美国有 300000 多例手术导致了手术部位感染，超过 8000 例死亡与这些感染有关[1]。

2000 年中期，Atul Gawande 博士与世界卫生组织合作，制定了一项全球计划来减少手术造成的死亡和伤害。这项工作最后制定出了一份篇幅只有 1 页、包含了19个项目的检查单。在世界各地的8家医院对这一检查单进行了测试,结果在减少外科手术引起的并发症和死亡方面取得了令人震惊的效果。重大的并发症减少了36%,死亡人数减少了47%[1,5]!

检查单上的一些问题包括:

· 患者是否确认了他/她的身份、部位、手术,并表示同意?

· 手术部位是否已经被标记?

· 患者是否有已知的过敏情况?

· 在过去60min内,是否进行了抗生素预防?

· 是否显示了基本成像?

· 护士口头确认完成了仪器、海绵和针头的计数。

所以,即使是使用一个仅仅询问了一些相对简单问题的检查单,对于外科手术这样的复杂程序也可以获得显著的好处。在世界卫生组织的网站上可以找到完整的外科手术检查单[6]。

思维方式10:如果停止使用错误的惯例,那么很可能会发现正确的做法。

6.2.2 观察检查单

质量审核员使用的检查单属于观察检查单的类别。这些检查单可以用来观察流程,并通过跟踪某些数据或特征,从而确定流程是否处于受控状态且符合规范给出的限制范围。这些流程可能包括生产、化学过程、控制室过程等。质量管理人员可以使用评分表(一种检查单)来统计和跟踪各种类型的缺陷,以确定流程改进的需要。

审计是另一种形式的观察检查单。虽然审计通常与质量或财务相关,但是安全人员也可以使用它们来确保安全性要求得到满足、评估安全性计划的有效性、改进安全性相关的流程。

系统安全性工作审计中可能出现的一些典型问题包括但不限于以下内容:

· 是否已经制定了系统安全性工作政策?

· 系统安全性工程师是否直接向项目经理报告,或能够直接联系项目经理?

· 对于每个项目,是否都有一个系统安全性工作计划?

· 是否有用来识别和跟踪危险的流程?

6.2.3 设计检查单

虽然程序和观察检查单在安全性方面都有重要的地位,不过设计检查单在安全性设计中是最重要的。设计检查单通常作为一个唤起分析员记忆的辅助工具,可以用来支持任何数量的安全分析。设计检查单提供了一个用于在设计的早期阶段发现危险的原始资料。没有某一个设计检查单足以发现所有的危险。安全性工程师不应仅仅依赖检查单来发现危险，还应使用其他辅助手段。这些方法可能包括与系统开发其他领域的专家一起进行头脑风暴、分析类似的系统、经验教训数据库等。不过，高质量的设计检查单可以提供一个良好的起点。

使用多个检查单总是有好处的。设计检查单可以有不同的导向，从而帮助安全性工程师在开发新产品或系统时识别潜在的危险。例如，一些常见的取向包括：

· 来自合同、规范和/或标准的需求。

· 能量源。

· 一般危险。

· 来自类似、特定系统的危险。

· 与一般危险操作有关的危险。

后面的几个小节给出了每种类型检查单的例子。这些例子不是详尽的检查单，仅仅用来激发读者的想象。检查单的来源有很多，在本章的最后给出了一些推荐资料。

6.2.3.1 要求检查单

表6.1中给出了要求类型的检查单的一个示例，该示例摘自 MIL - HDBK - 454 的一些典型清单，MIL - HDBK - 454 是政府合同可能会要求的一个通用标准[7]。这种类型的检查单不仅可以检查合同、规范和/或标准是否合规，而且还有助于识别手头产品或系统中可能出现的危险。

表6.1 需求类型的检查单示例

编号	标题	需求
4.1	商用现货（COTS）设备	由美国国家认可测试实验室（NRTL），如美国保险商实验室（UL）、加拿大标准协会（CSA）或德国莱茵集团（TUV））列出或认证为符合特定商业标准的商用现货（COTS）设备
4.2	故障安全	所有军用电子设备的设计和开发都必须提供故障安全功能，在安装、操作、维护和维修或是将一个完整的设备装置或相关组件零件集成时能够保证人员的安全
4.3	危险区域的黏合	当电子设备要安装在具有爆炸或起火危险的区域时，设备的黏合应当符合航空航天系统的 MIL - STD - 464 标准、舰载系统的 MIL - STD - 1310 标准，以及针对设施的 NFPA 70 标准，或在设备规范中说明的其他标准
4.5	电气	设计应当包含保护人员不会意外接触到可能产生电击危险电压的相关方法
4.5.3	意外接触	设计应当包含保护人员在对某个完整的设备进行正常操作时不会意外接触到超过 30V RMS 或 DC 电压的相关方法

6.2.3.2 能量源检查单

能量源检查单有助于通过分析来发现在某个产品或系统中有这些能量源时产生的危险。表6.2中列出了一些在系统中常见的典型能量源。

表6.2 能量源检查单示例

编号	能量源
1	电池
2	燃料
3	爆炸物
4	压力组件
5	弹簧
6	电力
7	旋转设备

6.2.3.3 一般危险检查单

和能量源检查单一样,一般类型的危险列表也可以作为安全性工程师的识别在被开发系统中可能存在危险的起点。表6.3给出了这种类型危险源的一些例子。

表6.3 一般危险类型检查单示例

编号	一般危险
1	电力
2	辐射
3	化学反应
4	起火
5	压力释放
6	噪声
7	振动

6.2.3.4 类似系统的检查单

很多时候,正在开发的产品与之前开发的产品是类似的。在之前的系统中发现的危险可以作为一个有用的检查单,供工程师在开发新系统的时候参考。表6.4给出了之前开发的一个激光系统的例子,这可以在开发新激光系统的时候作为参考指南。

表 6.4 类似系统类型检查单示例

编号	危险	影响
1	镀镉	镉有着废弃处理方面的问题
2	从激光中泄漏出残余激光辐射	眼睛受伤
3	重量超过提升限制	背部受伤
4	意外将模式开关置于错误模式	意外发射
5	不明确的 ARM 模式	在错误的模式下意外发射
6	令人困惑的发射控制	意外发射造成眼睛受伤
7	激光辐射	激光造成眼睛损伤或灼伤
8	意外激光发射	激光造成眼睛损伤或灼伤
9	热的表面对人有危险	造成人员灼伤
10	高电压	电击危险
11	电容器放电引起的电击	高压放电可能导致电击死亡

6.2.3.5 一般危险操作检查单

对正在被开发的产品或系统考虑在使用时可能需要的操作，这是另一种鼓励积极思考的方式，有助于发现新产品中可能存在的潜在危险。表 6.5 列出了操作危险示例的简表。

表 6.5 危险操作类型的检查单示例

编号	操作危险
1	测试
2	提升
3	清洗
4	焊接
5	处理危险物质
6	操作重型设备
7	涂装

6.3 检查单的使用

从前面的讨论可以看出，对于很多不同的应用，有很多种类型的检查单。

使用这些检查单有助于保证在某个流程中采取所有适当的步骤，以保证安全。它们也可以用来对生产操作进行双重检查。设计检查单可以用来发现新设计中的危险，或建立要求，或验证要求得到了满足。

应当对检查单进行定制，以支持手头的工作。可以通过多种方式定制检查单以为分析师提供帮助。定制检查单时，应当反映正在被开发设备的类型、相关的子系统和/或反映正在使用的规范与标准。

设计检查单最常见的使用方式是在产品或系统开发阶段的早期，帮助安全性工程师来创建初步危险清单和进行初步危险分析。在使用设计检查单来发现新系统或产品中的危险时，分析师必须记住，并没有哪个检查单是包罗万象的。在识别危险的过程中，应当使用多个检查单来为工程师提供帮助指导。设计检查单并不能在识别危险的过程中包揽一切，它们只是一种可以用来激发工程师思考的工作辅助手段。

本书附录中提供了两个更加完整的检查单示例。附录 A 是包含能量源和一般危险检查单危险[8]；附录 B 是一个更加详细的设计检查单，有助于识别危险，或在项目开始时为设计工程师提供设计指南，或可以在首件产品（First Article）检查/测试期间验证设计是否安全[9]。

综上所述，检查单是一个非常有价值的工具，可以用于多种用途，但必须谨慎使用，不能作为唯一的工具。

参考文献

[1] Gawande, A. (2010) The Checklist Manifesto, Picador, New York.

[2] Schamel J. How the Pilot's Checklist Came About, http://www.atchistory.org/History/checklst.htm (Accessed on August 1, 2017).

[3] Turner, J. and Huntley, S. (1991) The Use and Design of Flightcrew Checklists and Manuals, DOT/FAA/AM-91/7, U. S. Federal Aviation Administration, Office of Aviation Medicine, Washington, DC.

[4] World Health Organization (WHO), http://www.who.int/patientsafety/safesurgery/en (Accessed on August 1, 2017).

[5] Haynes, A., et al. (2009), A Surgical Safety Checklist to Reduce Morbidity and Mortalityin a Global Population, New England Journal of Medicine, 360, 491-499.

[6] WHO, Surgical Safety Checklist, http://www.who.int/patientsafety/safesurgery/en (Accessed on August 1, 2017).

[7] MIL - HDBK - 454B, Department of Defense Handbook General Guidelines form Electronic Equipment, April 15, 2007.
[8] Goldberg, B. E., Everhart, K., Stevens, R., Babbitt III, N., Clemens, P., and Stout, L. (1994) System Engineering "Toolbox" for Design - Oriented Engineers, NASA Reference Publication, 1358, National Aeronautics and Space Administration, Marshall Space Flight Center, Huntsville, AL.
[9] U. S. Army Communications - Electronics Command(CECOM), SEL Form 1183, System Safety Design Verification Checklist, February 2001.

补充阅读建议

Raheja, D. and Allocco, M. (2006) Assurance Technologies Principles and Practices, John Wiley& Sons, Inc., Hoboken, NJ.
Raheja, D. and Gullo, L. J. (2012) Design for Reliability, John Wiley & Sons, Inc., Hoboken, NJ.

检查单的更多来源

Space and Missile System Organization, SAMSO - STD - 79 - 1 SAMSO Standard Integrated System Safety Program for the MX Weapon System.
Air Force Systems Command Design Handbook, DH 1 - 6, System Safety.
Air Force System Safety Handbook, July 2000.

第 7 章　系统安全性危险分析

Jack Dixon

7.1　危险分析简介

危险分析是安全系统开发的基础,安全性设计要求消除或减轻所有的危险。因此,消除危险的过程中,第一步也是最重要的一步就是识别所有的危险。一旦危险被识别后,就可以对它们进行评估,然后消除危险或将其控制到可以接受的水平。对危险的评估包括确定它们的原因和影响。危险分析还可以确定危险带来的风险,而这反过来又可以用来对危险进行评级。然后,分析中会使用这一信息来决定能够消除事故或降低发生事故风险的设计方案。

本章先介绍了一些术语,然后对第 4 章提到过的风险进行了更加详尽的讨论。我们将讨论一些最为常用的危险分析技术,包括:

· 初步危险清单(PHL)。
· 初步危险分析(PHA)。
· 子系统危险分析(SSHA)。
· 系统危险分析(SHA)。
· 使用与保障危险分析(O&SHA)。
· 健康危险分析(HHA)。

虽然在文献中描述的和在各种项目中使用的有上百种不同的技术,不过本书将仅关注于最常用的一些技术。后面的章节将讨论更多危险分析技术。每章最后的“补充阅读建议”可以作为参考,其中讨论了一些其他不那么常用的分析技术。

7.1.1　术语定义

对危险分析中常用的一些基本术语进行定义是非常必要的。

事故(Accident):非计划中的或意外发生的造成损坏或伤害的突然事件[1]。

不幸事故(Mishap):不幸的事故或错误[1]。因此,事故和不幸是同义词。更好、更完整的定义是:导致意外的死亡、伤害、职业病、设备或财产的损坏或损失、或环境破坏的一个事件或一系列事件[2]。

危险:可能导致死亡、伤害、职业病、设备或财产的损坏或损失、或环境破坏的意外事件或一系列事件(不幸事故)的真实或潜在状况[2]。

风险:不幸事故严重程度和不幸事故发生概率的组合[2]。

7.2 风险

我们在第 4 章以广义的概念讨论了风险。在本章中,我们将特别关注于系统安全性和危险分析中的设计风险。“系统安全性有助于在满足其他成本、进度和设计要求的情况下防止不幸事故,并降低系统风险”[3]。系统安全性要求对风险进行评估,并作出接受或拒绝风险水平的决定。“所有的风险管理都是在不确定情况下的决策。在这一过程中,风险被识别、评级、评估、记录、监视和缓解”[4]。

以下几个关于风险的小节选编自《可靠性设计》(Design for Reliability)[4],并更新了相关内容,以包含最新的标准。

7.3 设计风险

风险的类型有很多种。项目风险是一个项目的总体风险。技术风险是项目风险的一个子集,而设计风险又可以被认为是技术风险的一个子集。不过,由于本书关注的是安全产品设计,因此我们将在本节展开设计风险这一主题。

设计风险可以包括多种类型的风险,如工程风险、安全风险、未能执行预期功能的风险等。我们选择使用“设计风险”一词来涵盖所有这些术语。此外,由于设计风险通常与安全相关,因此我们将主要从安全性的角度来讨论设计风险。当然,无论我们是在谈论危险情况,还是仅仅讨论产品未能实现客户要求的功能的情况,相同的原则都是适用的。

7.3.1 设计风险管理的现状

在硬件和软件产品以及同时包含这两者的产品中,风险都是一个通用的概念。对产品故障的担心是一个长期存在的问题。目前,随着系统和产品的复杂性不断增加,对风险的担心也越来越高。由于复杂性的不断增加,风险也在增加,因此我们必须要采取比过去更加正规的方法来识别、评估和管理风险。

工程师需要作出技术决策。其中许多决策都是在信息有限或不完整的情况下作出的。不完整的信息会导致不确定性,因此风险是工程决策过程中所固有的现象。

传统的风险缓解方法是在设计和管理产品或系统的时候采用非常保守的方式。这可能会造成设计中留有非常大的安全余量,包括在设计中设置多个安全屏障、过度的质量控制以及定期经常检查等。这种保守的方式可能会导致系统的成本非常高昂,同时仍然可能无法保证安全或成功。当前的趋势是,使用更加正式的方法,通过分析来评估风险。

思维方式5:如果解决方案成本太高,那就开发一种更经济的解决方案。

7.3.2 风险的表达

风险是在危险严重性和危险概率方面对事故的可能性/影响进行的表达。从设计流程开始,设计的目标就是消除危险并最大限度地减小风险。如果某个被识别的危险无法被消除,那么必须将与之相关的风险降低到可以接受的水平。

风险是特定结果(或多个结果)的后果和其发生概率的乘积。量化风险的最常见方式是将风险作为特定结果(或多个结果)的后果及其发生概率的乘积。表达式如下:

$$R = C \times P(\text{后果严重性} \times \text{发生概率})$$

必须对不良事件或结果的后果严重性进行估计。严重性是假设潜在事件发生情况下评估对其后果影响的严重程度。

发生概率是某个特定原因或故障发生的可能性。

7.3.2.1 定性风险分析

定性风险分析是最常见的风险分析类型,主要是因为这种分析执行起来最快,也最简单。这种方法采用了高、中、低这样的术语来表达风险。这些风险水平是由发生的可能性和损失的严重性来决定的,而且是使用语言而不是数值表达的相对术语。这种形式的风险分析没有使用风险评估流程中实际的硬数据,因此是主观性的,并且非常依赖于分析师的个人经验。

7.3.2.2 定量风险分析

定量风险分析用来估计不良事件发生的概率,并以定量的方式来评估后果的程度,从而对风险进行评估。这种方法显然是更好的方法,但是它需要大量的数据(历史或测试结果)才能准确地估计发生概率和损失的大小。这种方式很复杂,需要大量的时间,而且成本高昂。而且,做出的估计也会有不确定性。如果数据有限或有问题,那么风险评估的结果可能是有争议的,风险的沟通也变得更加困难。

7.3.3 风险管理

管理风险需要对风险进行识别,评估风险,包括估计风险发生的可能性及其带来的后果、成本—收益权衡以及风险的缓解或接受。

思维方式9:不采取任何行动通常是一种不可接受的选项。

7.3.3.1 风险评估

风险评估是对可能出现的故障的量化。为了进行风险评估,我们需要知道系统中可能会出现哪些问题,故障的可能性有多大,以及发生故障的后果是什么。所有的工程设计在一开始都要考虑哪些事情是可行的,哪些事情可能会出错。有点讽刺的是,只有当设计师可以预见到系统会如何失败时,设计才可能是成功的。

风险是故障概率和故障后果的结合。风险评估中的一个要素就是不确定性,而由于设计师并不能准确地知道哪些故障会发生,也不知道故障会在何时、何地发生,因此这种组合就更具有不可预料性。前面提到的三个因素中,每一个因素都有不确定性——对什么事情会出问题的不确定性,对某个特定故障发生可能性的不确定性,以及如何定义故障发生后引起后果的不确定性。所有这些不确定性都是因为我们对风险在一定程度上的无知。可靠性设计的目标就是要减少这种无知,从而减小决策中的不确定性,并降低设计中固有的风险。

广为人知的墨菲定律称:“如果有什么事情会出问题,那么它一定会出问题”。风险评估提供了一个方法,来确定某个事情会出问题的可能性到底有多少,以及如果真的出了问题后,将会发生什么情况。风险分析为设计流程提供了一个定量的输入,帮助设计师将资源集中到最严重的问题(故障)上,从而降低我们要承担的风险。

1)风险识别

控制风险的第一步就是确定存在风险的区域。通常,设计人员会尝试找出所设计的产品或系统中可能出现的问题。这可以通过许多工具来完成,如危险故障模式、影响及危害性分析(FMECA),该方法会识别所有的失效模式,或者设计师也可以选择使用初步危险分析(PHA),这种方法用于确定产品或系统中可能存在的危险。初步危险分析在方案设计的早期阶段使用,以获得“初步”的结果。随着设计的成熟,初步危险分析被扩展到其他形式的、更加详细的危险分析中。

要实现成功的产品设计,关键是在整个设计过程中对这些故障/危险进行跟踪,以保证它们能够降低到可接受的水平。危险故障模式、影响及危害性分析和初步危险分析通常都记录在某种形式的矩阵中,当获得更多与设计相关的信息后,可以进行更新和跟踪。危险故障模式、影响及危害性分析将在第 8 章介绍,而初步危险分析则在本章后面介绍。

2)风险评估

就像前面讨论的那样,风险评估是通过将不良事件的发生概率和后果严重性衡量加以组合。这一严重性和可能性的组合就是风险评价指数(RAC)。

在设计的早期阶段,通常会使用初步风险评价指数(IRAC)来评估风险。这一评估通常在产品方案设计阶段在对设计的最基本评估基础上对最坏情况的评估。之后,可以使用“当前”风险评价指数来反映最新的风险评估。在项目研制结束时,“当前”风险评价指数就成为了最终风险评价指数(FRAC)。

3)概率

在进行初步风险估计时,一开始是使用如表 7.1 所列的定性的估计发生概率。随着设计的进行,在时间和预算允许的情况下,可以对发生概率进行细化,使其变得更加量化。这可以通过使用可靠性分析技术估计产品或系统的失效率来实现,此外还可以使用故障树分析(FTA)、事件树分析等其他专门的分析技术。

表 7.1　危险概率水平

概率水平	发生概率的定性描述	对项目的适用性
A	频繁	在项目的寿命周期中可能会经常发生
B	很可能	在项目的寿命周期中会发生几次
C	偶然	在项目的寿命周期中可能有时候会发生
D	很少	在项目的寿命周期中不大可能会发生,但是也有可能发生
E	不可能	非常不可能发生,因此可以假定可能不会遇到发生的情况
F	消除	不会发生(当潜在的危险被识别,并消除后会使用这一级别)

4)后果

评估危险后果的第一步通常是像表 7.2 显示的那样对危险的严重性进行定性分级。与估计发生概率非常类似,随着设计的进展,也可以使用危险故障模式、影响及危害性分析或故障树分析等更加定量的技术对后果严重性进行更深程度的分析。

表 7.2　危险严重性水平

严重性	类别	事故定义
灾难的	1	造成死亡、系统失败或严重的环境破坏

续表

严重性	类别	事故定义
严重的	2	造成永久性局部残疾、受伤或职业病(至少3人住院),可逆的重大环境影响
轻度的	3	造成损失一个或多个工作日的受伤或职业病,可逆的中等环境影响
轻微的	4	没有造成工作日损失的受伤或职业病,最小程度的环境影响

5)风险评估

下一步是评估风险,以确定是否需要采取进一步的行动或者风险是否可接受。

6)重要性

必须对风险进行评估,以确定它们的重要性,以及缓解这些风险的紧迫性。

风险评价指数用于确定是否须有进一步的纠正措施,用它进行如表7.3所列的判定。通过确定风险评价指数,可以将风险分为典型的5个类别,代表了它们的风险级别——高、严重、中等、低和已消除。将风险按照这些类别分级后,可以决定是否需要采取进一步的行动,以及什么层次的管理权限能够决定危险是否可接受或关闭。针对最为重要的风险可以首先采取进一步的行动。

表7.3 风险评估矩阵

发生的频率	危险严重性类别			
	1(灾难的)	2(严重的)	3(轻度的)	4(轻微的)
A(频繁)	高	高	严重	中等
B(很可能)	高	高	严重	中等
C(偶然)	高	严重	中等	低
D(很少)	严重	中等	中等	低
E(不可能)	中等	中等	中等	低
F(消除)	已消除			

7)风险的可接受性

风险评价指数被分为4个类别,代表了它们的风险优先级。通过将危险按照这些类别分级,可以决定是否需要采取进一步的行动,以及什么层次的管理权限能够决定危险是否可以被接受或关闭,风险水平见表7.4。

表7.4 风险水平

风险水平	风险评价指数	指导	决策权限
高	1A,1B,1C,2A,2B	不可接受	管理层
严重	1D,2C,3A,3B	不期望	项目经理
中等	1E,2D,2E,3C,3D,3E,4A,4B	可接受	项目经理或安全经理
低	4C,4D,4E	可接受(无需上级审核)	安全团队

8)成本

除了发生概率和后果的严重性外,还经常需要考虑降低风险的成本。项目的预算总是有限的,因此必须要考虑在降低风险的时候,应当做到什么程度,以及应当集中解决哪些风险。显然,高级别的风险需要投入更多的关注而且最好能够将它们完全消除,或是减轻它们发生时产生的后果。对于级别较低的风险,可能最后只好接受。

9)风险缓解

风险缓解是使用设计措施来降低发生故障或不良事件的可能性和/或降低发生故障或不良事件后导致的后果。

最好的解决方案始终是通过设计,从系统或产品中消除风险。

缓解风险的第一步是确定风险缓解措施。设计师必须确定潜在的风险缓解备选方案及其预期的效果。风险缓解是一个反复迭代的过程,最后要么是完全消除风险,要么是将残留的风险降低到决策机构可以接受的水平。

MIL - STD - 882[2]中提供了缓解已识别风险的优先顺序:

· 通过设计选择来消除危险。最理想的方式是通过选择能够完全消除危险的设计或材料替代方案来消除危险。

· 通过设计更改降低风险。如果消除危险的替代设计和方案是不可行的,请考虑采用能够降低危险事故的严重性和/或可能性的设计更改。

· 提供经过专门设计的功能或设备。如果通过设计更改来降低风险是不可行的,请使用经过专门设计的功能或设备来降低危险事故的严重性或可能性。通常,专门设计的功能可以主动中断事故序列和设备,从而降低事故的风险。

· 提供警告装置。如果专门设计的功能和设备不可行,或者不能充分降低危险事故的严重性或可能性,请在系统中加入检测和报警系统,以提醒人员存在危险的情况或发生了危险事件。

· 提供标志图样、程序、培训以及个人防护装备(PPE)。在设计备选方案、设计更改和专门设计的功能和设备均不可行,而且警告设备无法充分降低危险事故的严重性或可能性的情况下,请在系统中加入标志图样、程序、培训和个人防护装备。标志图样包括标牌、标签、标志和其他视觉图形。程序与培训应包含正确的警告和注意事项。程序可能会规定个人防护装备的使用。对被评为灾难性或严重的危险,应避免将标志图样、程序、培训和个人防护装备作为唯一的降低风险的方法。

图 7.1 显示了危险降低的优先顺序(译者注:原图可能有误,图中并没有设计优先顺序)。

健壮的设计始终是降低产品或系统风险的最佳方式。

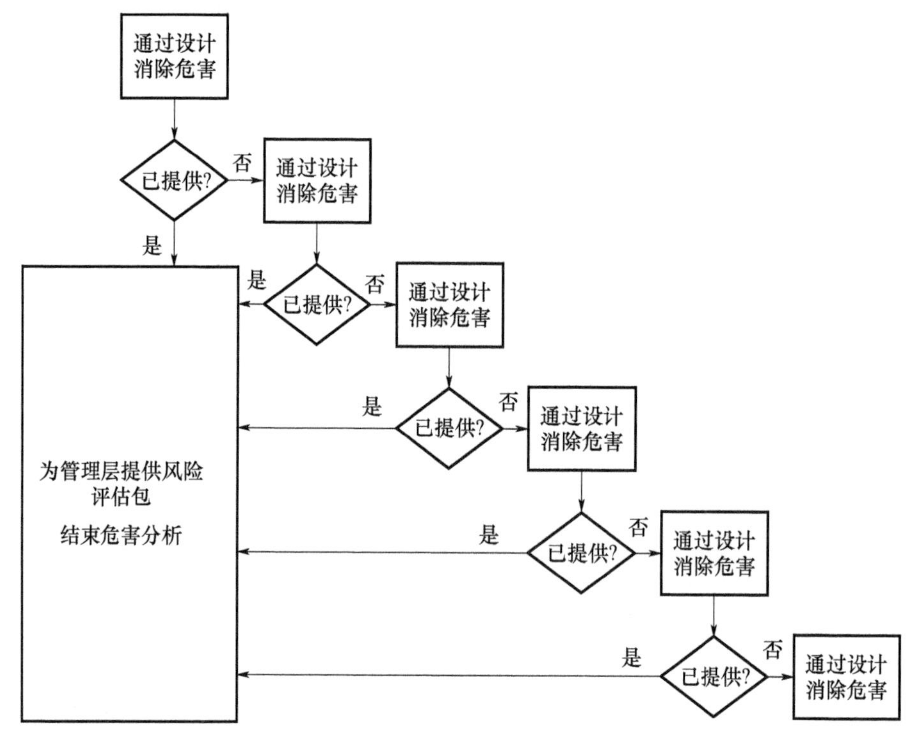

图 7.1 危险降低优先顺序[3]

7.3.3.2 风险沟通

风险沟通是利益相关方之间就风险的性质、规模、重要性、处置和控制进行的信息交流。风险沟通可以且应该在风险评估过程的所有阶段上进行。在宏观上,利益相关方可以是政府机构、公司、工会、个人、社区和媒体。虽然产品相关的风险最终也会通知这些外部的相关方,不过我们在这里更加关注的是设计过程中必须进行的内部风险沟通流程。

对于任何产品设计工作,都是由项目经理来负责沟通、接受、跟踪危险和残余风险。项目经理必须向所有相关方告知系统的已知危险和相关风险。当系统有所变更时,项目经理必须更新风险评估,并负责把预期如何处理新发现的危险告知系统设计人员。项目经理需要评估新的危险和残余风险,然后要么提出采取进一步行动以减轻危险的建议,要么正式记录接受这些危险和残余风险。项目经理必须与最终用户密切协商和协调,评估危险和相关的残余风险,以确保用户的需求、潜在的任务能力和运营环境能够得到满足。向利益相关方提供关于危险和接受风险的文件可以促进沟通。任何残余的风险和危险都必须传递给系统测试工作,以便对它们进行验证。

设计人员负责将系统危险和风险告知项目经理,包括任何异常的结果和与危险缓解相关的成本。在试图消除或缓解系统危险后,设计人员应当编写正式的文档,并通知项目经理所有超出安全设计标准阈值的危险。

风险沟通过程成功的关键是系统安全性组织与项目组织内部之间、与外部相关组织的沟通渠道,必须在系统安全性和项目的其他功能要素之间确定接口,确定负责解决已识别危险的管理权限也是风险沟通过程的一个重要方面。

在项目组织中,在风险解决和沟通中起主要作用的另一个关键职能领域就是测试组织。对于在设计中已经实施的风险缓解措施,必须要在系统测试过程中测试它们的有效性。残余风险和危险必须传递给系统测试工作,以便对它们进行验证。

与测试组织的沟通是双向的。对于在测试期间新识别的危险、安全性不符合项和发现的产品故障,测试组织必须把它们向设计工程和项目管理部门进行沟通。

7.4 设计风险的管理方法和危险分析

在过去半个世纪左右的时间里,人们已经开发出许多不同的技术,这些技术有助于对危险和风险进行分析。每种技术都有其最佳用途,分析人员在采用某个特定的分析技术之前,必须仔细考虑该技术的适用性。

针对具体情况对技术进行评估以确定最适合的技术时,应考虑的一些因素包括:

· 成本。

· 人力需求。

· 简单性。

· 数据的可用性。
· 开发阶段。
· 风险水平。
· 更新的灵活性。
· 结果的可追溯性[4]。

7.4.1 危险分析的作用

危险分析的作用是识别和确定危险条件/风险,以消除或控制它们。分析应当检查系统、子系统、组件及其相互关系,以及后勤保障、培训、维护、使用环境和系统/组件的报废处置。这种分析应当:

· 识别危险,并推荐合适的纠正措施。

· 帮助具体执行分析的人员更好地评估给定系统或元素的安全性。

· 为经理、设计师、测试计划员和其他受影响的决策者提供进行有效权衡分析所需的信息和数据。

· 证明对规定的安全相关技术规范、操作要求和设计目标的符合性[3]。

在下面的几个小节和后续的一些章节中,我们对用于识别和评估危险及其相关风险的各种技术进行了详细说明。

7.5 危险分析工具

有很多危险分析工具可供选择,它们的数量超过了 100 个。下面几个小节讨论了最常用的几个工具。针对每一种技术,我们还介绍了典型的方法。每种类型的工具都有很多变体,分析师应根据需要对它们进行修改,以满足手头特定问题的需求。

7.5.1 初步危险清单

初步危险清单(PHL)是设计检查单的上一层次,这通常是针对系统进行的第一个分析。设计检查单通常被作为初步危险清单的起点。

7.5.1.1 目的

初步危险清单的目的是在产品或系统开发的早期阶段就编制出一个潜在危险清单。这一清单有助于识别需要在安全性方面特别注意的危险,或识别需要进行深入分析的危险区域。初步危险清单还可以用来确定后续危险分析需要进行的程度。编制初步危险清单的最佳时间是在开发的方案阶段。初步危险清单通常被用来进行初步危险分析。

7.5.1.2　过程

在制定初步危险清单时，一开始通常是由安全性工程师对初步设计进行审核，包括初步图纸、方案计划、初步产品描述、类似产品和历史数据等。在确定潜在的能量源、环境、功能、所涉及的硬件/软件等之后，分析人员将生成一个系统可能出现的潜在危险列表。一些设计检查单有助于安全性工程师识别潜在的危险。与设计工程师、系统工程师、后勤人员等一起集思广益，也有助于创建最初的初步危险清单。此时的目标是尽可能多地将系统中可能出现的潜在危险包含在这一清单中。之后的一些技术可以对这些危险进行细化，并剔除那些最后被确定为不适用的危险。

7.5.1.3　工作表

和很多其他危险分析一样，记录这一清单的最佳方法是使用矩阵格式。图7.2显示了初步危险清单的一个典型格式。

初步危险清单					
系统：______ 填表人：______ 日期：______					
标识符	危险	起因	影响	IRAC	注释

图7.2　初步危险清单格式

栏目说明：

标题信息：不言自明，这里可以包括项目所需或要求的各种常规信息。

标识符：可以仅为一个数字（如将危险列为1、2、…）。在有序列号的系统中，如果某个子系统或硬件识别了多个危险，也可以是标识系统中的具体子系统或硬件的标识符（如电机1、电机2等）来标识。

危险：这是识别的具体潜在危险。

起因：对潜在危险是如何会造成事故进行简要描述。

影响：对可能引起的事故进行简短描述。潜在危险造成的影响是什么（死亡、受伤、损害、环境破坏或是其他影响）？

初步风险评价指数：对风险的初步定性评估。

注释：在这一栏目中，应当包含所有的假设、推荐的控制措施、需求、适用的标准、需要的行动等。

7.5.1.4 优点/缺点

初步危险清单的主要优点是相对快速、简单和经济。它生成了一个潜在危险的列表，随着系统开发过程的继续，需要对这些危险进行进一步的评估。它有助于让管理和工程设计工作集中关注于系统中可能存在的主要危险，并在开发阶段的早期解决这些危险。它还有助于管理层将资源分配到安全系统开发中最有效果的地方。

7.5.2 初步危险分析

初步危险分析通常是初步危险清单的扩展。虽然初步危险清单对于初步危险分析的创建并不是必需的，但是它可以给安全性工程师一个很好的起点。初步危险分析可能是最常见的危险分析技术，并强烈建议在所有的项目中加以使用。

7.5.2.1 目的

初步危险分析的主要目的是对初步危险清单进行扩展，将初步危险清单中的危险分析进行细化，并随着系统设计的进展和初步设计阶段中给出的更多设计细节来识别新的危险，这一分析也是在开发的早期阶段进行的。通过初步危险分析，可以发现与主要设计方案相关的起因、后果和风险，并提出推荐的危险控制措施。此外，初步危险分析的结果还有助于确定额外危险分析所需的工作水平。我们希望通过初步危险分析，能够在项目开发中尽早积极地影响安全性设计。

7.5.2.2 过程

随着初步设计的继续，初步危险清单得到扩展，对已经识别的各种危险增加了更多的细节，新发现的危险被加入到清单中，而针对风险缓解的控制建议也得到了更详细的说明。同样，检查单以及与对系统非常了解的相关人员进行头脑风暴对充实初步危险分析非常有帮助。在进行初步危险分析时，有助于识别危险的考虑因素包括：

- 系统组件。
- 能量源。
- 爆炸物。
- 有害物质。
- 接口和控件。
- 在网络或体系（SoS）中时，与其他系统的接口考虑因素。
- 材料兼容性。
- 意外激活。

· 软件。
· 运行环境。
· 操作、测试、维护、机内测试、诊断、紧急情况和处置的程序。
· 操作模式。
· 健康危险。
· 环境影响。
· 人为因素和人为错误。
· 生命保障要求。
· 载人系统的安全性(如碰撞安全、出口、救援、生存和救助)。
· 保障设备。

对于每一个识别的危险,都应当进行一个初步风险评估,并给出风险缓解措施建议。

7.5.2.3 工作表

图7.3显示了初步危险分析的一个典型格式。

初步危险分析											
系统:____ 填表人:____ 日期:____											
标识符	工作模式	危险	起因	影响	IRAC	风险	推荐措施	FRAC	风险	注释	状态

图7.3 初步危险分析的格式

栏目说明:

标题信息:不言自明,这里可以包括项目所需或要求的各种常规信息。

标识符:可以仅为一个数字(如将危险列为1、2、…)。在有序列号的系统中,如果某个子系统或硬件识别了多个危险,也可以是标识系统中的具体子系统或硬件的标识符(如电机1、电机2等)来标识。

工作模式:描述了发生危险时系统的模式(如运行、培训、维护等)。

危险:识别的具体潜在危险。

起因:对潜在危险是如何会造成事故的进行简要描述。

影响:对可能引起的事故进行简短描述。潜在危险造成的影响是什么(死亡、受伤、损害、环境破坏或是其他影响)?

初步风险评价指数:对风险的初步定性评估。

风险:在没有采用降低风险技术的情况下,对已识别危险的风险进行定性衡量。

推荐措施:推荐用于消除或降低已识别危险的预防性措施。减小危险的方法应当遵循本章前面给出的优先顺序。

最终风险评价指数:在针对危险已经应用了“推荐措施”中给出的降低风险的技术和安全性要求的情况下,对风险的最终定性评估。

风险:原文对最终风险评价指数右侧的风险未进行解释,我们认为这里的风险是对采取措施后仍可能存在的风险进行说明,在后续分析工具的介绍中不再强调(译者注)。

注释:在这一栏目中,应当包含所有的假设、推荐的控制措施、要求、适用的标准、需要的措施等。

状态:说明危险的当前状态(敞开、被监视、已关闭)。

7.5.2.4 优点/缺点

与初步危险清单一样,初步危险分析的主要优点是相对快速、简单和经济。它提供了对潜在危险及其风险的早期评估,并给出了推荐的缓解行动。随着系统开发过程的继续,它确定了哪些危险需要作进一步的评估。它有助于让管理和工程设计工作集中关注于系统中可能存在的主要危险,并在开发阶段的早期解决这些危险。它还有助于管理层将资源分配到安全系统开发中最有效果的地方。

7.5.3 子系统危险分析

随着设计的进展,通常下一步执行的是子系统危险分析(SSHA)。

7.5.3.1 目的

子系统危险分析的目的是随着开发的进展,提供比初步危险分析更加详细的分析。这有助于在系统设计中融入更加详细的安全性要求,从而保证安全的设计。通过子系统危险分析,还可能发现之前被忽视的新危险。子系统危险分析仅对具体子系统进行审查,以发现该子系统中的危险,并针对每个子系统提供详细的分析,以确定子系统对于子系统本身、对相关的或附近的设备,以及对人员产生的危险。

7.5.3.2 过程

子系统危险分析是在获得详细设计信息后才开展的,但是开展的时间越早越好。在子系统危险分析过程中,会针对被开发系统中的每一个子系统进行详细分析。

在进行子系统危险分析时,应当考虑以下因素:

· 故障模式。
· 器件故障模式。
· 人为错误。
· 人与系统接口。
· 单点故障。
· 共模故障。
· 子系统器件中发生故障造成的影响。
· 组成每个子系统的器件和设备之间的功能关系。
· 子系统硬件事件。
· 软件事件。
· 故障。
· 不正确的定时。
· 子系统的错误输入。

7.5.3.3 工作表

子系统危险分析可以使用与初步危险分析类似的工作表,略有不同之处在于其偏重于原因和影响,如图 7.4 所示。

子系统危险分析											
系统:______ 填表人:______ 日期:______											
标识符	工作模式	危险	原因	影响	IRAC	风险	推荐措施	FRAC	风险	注释	状态

图 7.4 子系统危险分析的格式

栏目说明:

标题信息:不言自明,这里可以包括项目所需或要求的各种常规信息。

标识符:可以仅为一个数字(如将危险列为 1、2、…)。在有序列号的系统中,如果某个子系统或硬件识别了多个危险,也可以是标识系统中的具体子系统或硬件的标识符(如电机 1、电机 2 等)来标识。

工作模式:描述了发生危险时系统的模式(如运行、培训、维护等)。

危险:这是识别的具体潜在危险。

原因:这一栏目确定了可能导致危险的条件、事件或故障,以及可能导致事故的事件。

影响:对可能引起的事故进行的简短描述。潜在危险造成的影响是什么(死亡、受伤、损害、环境破坏或是其他影响)? 这通常会是最坏情况下的结果。

初步风险评价指数:对风险的初步定性评估。

风险:在没有采用降低风险技术的情况下,对已识别危险的风险进行定性衡量。

推荐措施:推荐用于消除或降低已识别危险的预防性措施。减小危险的方法应当遵循本章前面给出的优先顺序。

最终风险评价指数:在针对危险已经应用了“推荐措施”中给出的降低风险的技术和安全性要求的情况下,对风险的最终定性评估。

注释:在这一栏目中,应当包含所有的假设、推荐的控制措施、要求、适用的标准、需要的措施等。

状态:说明危险的当前状态(敞开、被监视、已关闭)。

有时候子系统危险分析会使用其他几种类型的技术代替矩阵类型的工作表。这些包括故障模式与影响分析(FMEA)和故障树分析(FTA)。这些技术将在本书作为单独的章节进行介绍。

7.5.3.4 优点/缺点

子系统危险分析通过关注危险、原因和影响,使分析更加严谨。与初步危险清单和初步危险分析相比,这种分析需要更多的工作量,但是仍然是划算的。

7.5.4 系统危险分析

系统危险分析(SHA)是关注于系统级危险的详细分析。这种分析有助于确定整体系统风险。系统危险分析对系统集成有关的危险进行评估,并评估子系统接口方面的所有危险。系统危险分析可以被视为是子系统危险分析的扩展,因为它包括对所有子系统及其接口的分析。不过,它并不包括子系统危险分析中识别的所有子系统危险。

7.5.4.1 目的

系统危险分析的主要目的是确保系统级的安全性。它的主要关注点是内部和外部接口。

7.5.4.2 过程

在开展系统危险分析时,会使用到详细的设计信息。系统危险分析的过程包括对系统作为一个整体运行时可能产生的危险,以及子系统之间或与其他系统(包括人员)的接口可能产生的危险进行详细分析。系统危险分析应当识别集成系统设计有关的危险,包括软件和子系统接口。它还应当推荐必要的措施,以消除已识别的危险或降低其风险。

在进行系统危险分析时,应当考虑以下事项:

· 集成可能造成的危险。
· 危险程序。
· 软件接口。
· 子系统接口。
· 人机界面。
· 性能降级。
· 功能故障。
· 定时误差。
· 意外执行的功能。
· 子系统的相互关系。
· 可能独立、依赖和同时发生的危险事件。
· 系统故障。
· 安全装置故障。
· 共因故障。
· 子系统或整个系统的降级。
· 对子系统产生影响的设计变更。
· 人为错误。

7.5.4.3 工作表

系统危险分析可以使用与子系统危险分析同样的工作表,不过关注的重点在于系统级而不是单独的子系统。图 7.5 显示系统危险分析的格式。

系统危险分析											
系统:____________ 填表人:____________ 日期:____________											
标识符	工作模式	危险	原因	影响	IRAC	风险	推荐措施	FRAC	风险	注释	状态

图 7.5 系统危险分析的格式

栏目说明：

标题信息：不言自明，这里可以包括项目所需或要求的各种常规信息。

标识符：可以仅为一个数字（如将危险列为1、2、…）。在有序列号的系统中，如果某个子系统或硬件识别了多个危险，也可以是标识系统中的具体子系统或硬件的标识符（如电机1、电机2等）来标识。

工作模式：描述了发生危险时系统的模式（如运行、培训、维护等）。

危险：这是识别的具体潜在危险。

原因：这一栏目确定了可能导致危险的条件、事件或故障，以及可能导致事故的事件。

影响：对可能引起的事故进行的简短描述。潜在危险造成的影响是什么（死亡、受伤、损害、环境破坏或是其他影响）？这通常会是最坏情况下的结果。

初步风险评价指数：对风险的初步定性评估。

风险：在没有采用降低风险技术的情况下，对已识别危险的风险进行定性衡量。

推荐措施：推荐用于消除或降低已识别危险的预防性措施。减小危险的方法应当遵循本章前面给出的优先顺序。

最终风险评价指数：在针对危险已经应用了“推荐措施”中给出的降低风险的技术和安全性要求的情况下，对风险的最终定性评估。

注释：在这一栏目中，应当包含所有的假设、推荐的控制措施、要求、适用的标准、需要的措施等。

状态：说明危险的当前状态（敞开、被监视、已关闭）。

同样，系统危险分析有时候也会使用其他几种类型的技术以代替矩阵类型的工作表，或针对某个特定的危险使用更加深入的分析，来完善系统危险分析。这些包括故障模式与影响分析和故障树分析。这些技术将作为单独的章节进行介绍。

7.5.4.4 优点/缺点

系统危险分析可以识别系统接口类型的危险，并为系统总体风险的评估奠定基础。它可以识别之前分析中没有被发现的系统级危险，特别是那些因子系统接口不兼容而导致的危险。

7.5.5 使用与保障危险分析

使用与保障危险分析（O&SHA）用于识别系统各种使用模式下可能出现的危险。与其他分析方法一样，使用与保障危险分析也应当尽可能早地进行，从而及早解决问题。不过，由于系统设计需要大体上已经完成，并且使用和维护程序也已经可用后(至少是作为草案)才可能进行使用与保障危险分析,因此它通常会在设计阶段的后期或生产阶段的初期进行,比其他大多数分析要晚得多。

7.5.5.1 目的

使用与保障危险分析用于识别和评估与系统的操作、保障和维护相关的危险。它重点关注的是程序、培训、人为因素和人机界面。通过使用与保障危险分析,通常还会发现可能是必要的附加提醒和警告。

7.5.5.2 过程

在进行使用与保障危险分析时,将会使用设计和操作以及保障程序的相关信息来识别与所有操作模式相关的危险。通过对系统运行和保障期间要执行的每个详细程序进行全面分析,从而识别危险。使用与保障危险分析的输入包括设计和操作信息、用户和维护手册,以及在进行其他危险分析时所发现的危险。

进行使用与保障危险分析时,应当考虑以下因素:

· 系统的设施/安装接口。

· 使用和保障环境。

· 工具或其他设备。

· 工具加工。

· 保障/测试设备。

· 操作程序。

· 维修程序。

· 任务顺序、并发任务的影响和限制。

· 人为因素。

· 人员要求。

· 工作量。

· 人为错误。

· 测试。

· 安装。

· 修理程序。

· 培训。

· 包装。

· 存储。

· 处理。

· 运输。

· 处置。
· 应急操作。
· 个人防护设备(PPE)。
· 有害物质。
· 操作员控制下的危险的系统模式。
· 用于生产、操作和维修的化学品和材料。

7.5.5.3　工作表

使用与保障危险分析可以使用与子系统危险分析和系统危险分析类似的工作表,不过,这次的重点是涉及系统使用和保障的任务。图 7.6 显示使用与保障危险分析的格式。

使用与保障危险分析													
系统:__________ 填表人:__________ 日期:__________													
标识符	任务	工作模式	危险	原因	影响	IRAC	风险	推荐措施	FRAC	风险	注释	状态

图 7.6　使用与保障危险分析的格式

栏目说明:

标题信息:不言自明。这里可以包括项目所需或要求的各种常规信息。

标识符:可以仅为一个数字(如将危险列为 1、2、…)。在有序列号的系统中,如果某个子系统或硬件识别了多个危险,也可以是标识系统中的具体子系统或硬件的标识符(如电机 1、电机 2 等)来标识。

任务:这里栏目用于标识正在被评估的任务。

工作模式:描述了发生危险时系统的模式(如运行、培训、维护等)。

危险:这是识别的具体潜在危险。

原因:这一栏目确定了可能导致危险的条件、事件或故障,以及可能导致事故的事件。

影响:对可能引起的事故进行的简短描述。潜在危险造成的影响是什么(死亡、受伤、损害、环境破坏或是其他影响)? 这通常会是最坏情况下的结果。

初步风险评价指数:对风险的初步定性评估。

风险:在没有采用降低风险技术的情况下,对已识别危险的风险进行定性衡量。

推荐措施:推荐用于消除或降低已识别危险的预防性措施。减小危险的方法应当遵循本章前面给出的优先顺序。

最终风险评价指数:在针对危险已经应用了“推荐措施”中给出的降低风险的技术和安全性要求的情况下,对风险的最终定性评估。

注释:在这一栏目中,应当包含所有的假设、推荐的控制措施、要求、适用的标准、需要的措施等。

状态:说明危险的当前状态(敞开、被监视、已关闭)。

7.5.5.4 优点和缺点

使用与保障危险分析可以集中关注于使用与程序方面的危险。不过,如果在大型系统中有许多任务需要分析时,此分析会变得相当烦琐。

7.5.6 健康危险分析

健康危险分析(HHA)对系统进行评估,以识别对人体健康的危险。

7.5.6.1 目的

健康危险分析的目的是发现人体健康危险,并对提出的危险材料和使用危险材料的流程进行评估。健康危险分析还可以提出相应的措施来消除或控制这些危险的风险。

7.5.6.2 过程

和其他分析技术一样,健康危险分析使用设计和使用信息以及有关健康危险的知识来识别与所开发系统相关的危险。通过对系统的评估,识别人体健康相关的潜在危险源,如噪声、化学品、辐射等。然后,必须对危险源的数量和可能的暴露水平进行评估。初步危险清单、初步危险分析和使用与保障危险分析等其他分析手段也可以作为一个信息来源,指出可能出现的健康危险。与健康危险相关的检查单也有助于识别健康危险。

健康危险需要考虑的因素包括:

- 噪声。
- 化学品。
- 辐射(包括电离和非电离)。
- 有毒物质。
- 冲击。
- 热。
- 冷。
- 振动。

· 人机界面。

· 意外接触。

· 个人防护设备(PPE)。

· 环境。

· 对操作员或维护者的压力源(心理压力),包括它们的协同效应。

· 致癌物。

· 生物危险(如细菌、病毒、真菌和霉菌)。

· 人体工程学危险(如提升重物、认知要求、长时间活动等)。

· 爆炸产生的超压。

7.5.6.3 工作表

健康危险分析可以使用与保障危险分析类似的工作表。实际上这两种技术是类似的,不过使用与保障危险分析关注的是使用和维护过程中执行的任务,而健康危险分析则完全关注于人体健康危险。图 7.7 显示健康危险分析的格式。

健康危险分析											
系统:______ 填表人:______ 日期:______											
标识符	危险类型	危险	原因	影响	IRAC	风险	推荐措施	FRAC	风险	注释	状态

图 7.7 健康危险分析的格式

栏目说明:

标题信息:不言自明。这里可以包括项目所需或要求的各种常规信息。

标识符:可以仅为一个数字(如将危险列为 1、2、…)。在有序列号的系统中,如果某个子系统或硬件识别了多个危险,也可以是标识系统中的具体子系统或硬件的标识符(如电机 1、电机 2 等)来标识。

危险类型:这一栏目显示了影响健康的问题的类型(如噪声、化学品、辐射)。

危险:这是识别的具体潜在危险。

原因:这一栏目确定了可能导致危险的条件、事件或故障,以及可能导致事故的事件。

影响:对可能引起的事故进行的简短描述。潜在危险造成的影响是什么(死亡、受伤、损害、环境破坏或是其他影响)? 这通常会是最坏情况下的结果。

初步风险评价指数:对风险的初步定性评估。

风险:在没有采用降低风险技术的情况下,对已识别危险的风险进行定性衡量。

推荐措施:推荐用于消除或降低已识别危险的预防性措施。减小危险的方法应当遵循本章前面给出的优先顺序。

最终风险评价指数:在针对危险已经应用了“推荐措施”中给出的降低风险的技术和安全性要求的情况下,对风险的最终定性评估。

注释:在这一栏目中,应当包含所有的假设、推荐的控制措施、要求、适用的标准、需要的措施等。

状态:说明危险的当前状态(敞开、被监视、已关闭)。

虽然采用矩阵的方式可以进行彻底的分析来找出系统中存在的健康危险,不过针对某些特定的危险往往仍然会需要更加细致的评估。这些评估通常由医疗卫生人员进行,并生成详细的报告。

7.5.6.4 优点和缺点

健康危险分析可以快速地识别系统中固有的人体健康危险以及消除或缓解风险的方法。不过,如果是非常规的物质或危险,可能会需要经验更丰富的医疗和卫生人员介入。

7.6 危险跟踪

在产品的整个寿命周期中,都应当使用一个闭环的危险跟踪系统(HTS)对危险一直进行跟踪。危险跟踪系统中的数据元素至少应当包括以下几种。

- 系统识别信息
  - 系统。
  - 子系统(如果适用的话)。
  - 适用性(特定硬件设计或软件的版本)。
  - 要求参考。
- 危险信息
  - 危险。
  - 系统模式。
  - 起因(如硬件、软件、人、运行环境)。
  - 影响。

◦ 相关事故。
◦ 初步风险评价指数。
◦ 目标或最终风险评价指数。
◦ 缓解措施(可追溯到具体硬件设计或软件的版本)。
◦ 验证和确认方法。
◦ 危险状况。
· 杂项信息:
◦ 实施人员和组织要素。
◦ 风险接受记录。
◦ 危险管理日志(危险条目入库的记录和系统寿命周期过程中对危险记录的更改)。
◦ 危险材料(HAZMAT)。

图 7.8 显示了一个典型的闭环危险跟踪过程,在这一过程中,当某个危险被识别后,会立即对其进行分类并输入到危险跟踪系统中,然后制定危险的解决方案,方案必须得到设计团队和管理层同意,然后持续对它们进行跟踪,直到关闭为止。

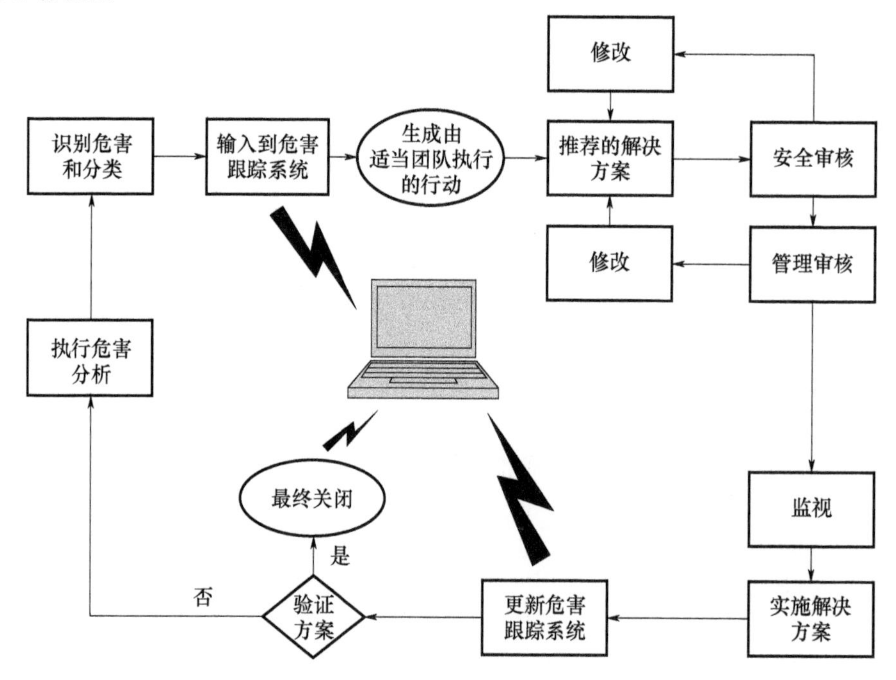

图 7.8 典型的闭环危险跟踪过程

7.7 总结

从不同分析方法中使用的矩阵可以看出,它们有很多相似性。根据项目的需要,可以对它们进行裁剪。重要的是要执行分析,并包含足够的数据来认识问题,并提供足够的文档,从而使结果能被接受。

参考文献

[1] Merriam - Webster Dictionary, Online, http://www. merriam - webster. com/dictionary(Accessed on August 1,2017).

[2] MIL - STD - 882E(2012)System Safety,U. S. Department of Defense,Washington,DC.

[3] NM 87117 - 5670(2000) Air Force System Safety Handbook,Air Force Safety Agency,Kirtland Air Force Base,Albuquerque,NM.

[4] Raheja,D. and Gullo,L. J. (2012)Design for Reliability,John Wiley & Sons,Inc. ,Hoboken,NJ.

补充阅读建议

Raheja,D. and Allocco,M. (2006)Assurance Technologies Principles and Practices,John Wiley& Sons,Inc. ,Hoboken,NJ.

Raheja,D. and Gullo,L. J. (2012)Design for Reliability,John Wiley & Sons,Inc. ,Hoboken,NJ.

Roland,H. E. and Moriarty,B. (1990)System Safety Engineering and Management,John Wiley& Sons,Inc. ,New York.

第8章　用于系统安全性的故障模式、影响及危害性分析

Louis J. Gullo

8.1　介绍

要研发一个安全的系统，可能需要采用多种类型的安全分析方法。所有安全分析的目标都是要识别与正在开发的产品或系统相关的潜在危险、评估这些危险的风险以及消除风险或将风险控制在可接受的水平。第3章总结了许多类型的系统安全性分析，本章介绍故障模式与影响分析（FMEA），以及故障模式、影响与危害性分析（FMECA）是如何用于系统安全性分析的。

FMEA和FMECA最初是在20世纪50年代被开发出来作为航空航天工业的工程分析工具。很快，FMEA就被军事和核工业用于系统安全性和可靠性工程应用中。如今，FMEA和FMECA方法已经成为可靠性分析工具箱中得到广泛认可的工具，在系统故障分析评估方面特别有效。对于任何系统安全性工程项目来说，FMEA和FMECA方法都应当被视为是一个关键的分析实践。这些方法是结构化的过程，用于评估失效机理在相关失效条件下的危险风险，并且可以通过补偿性的规定和纠正措施来改善设计，从而缓解这些失效机理造成的影响。

本章讨论了执行与系统安全性工程相关的FMEA或FMECA所需的内容。要进行有效的FMEA或FMECA，就必须与硬件、软件和系统设计工程师进行团队合作。由于存在着简单系统、复杂系统、系统之系统、系统体系等各种类型的系统，因此每种系统的系统安全性工程都有很大不同。应当留意评估新设计系统与之前系统的相似性，以确定新设计能够如何利用原有系统的知识。来自这些原有系统的历史危险和失效数据是非常宝贵的信息，可以在新设计中用于FMEA或FMECA的准备。

8.1.1　什么是故障模式与影响分析？

FMEA是一种复杂的工程分析方法，用于识别在正常或最坏情况下系统工

作过程中可能发生的潜在危险。最坏情况下的系统工作可能是在恶劣环境条件下或在高峰使用期间高电力负载时执行的系统任务。FMEA 可以识别由于经过长时间退化、疲劳累积或物理磨损机制而产生的故障现象带来的潜在危险。这些机制可能会演变为非常严重的安全危险，并且在长时间连续运行的情况下就可能发生。FMEA 还用来识别故障现象，如能够瞬间造成危险的火灾或爆炸。这些类型的危险似乎来自明显的物理损伤原因，这些原因会对个人健康和福祉产生不利影响；或者，这些危险也可能是材料或化学品的缓慢分解造成的，这需要经过较长一段时间有害影响才会表现出来。除了故障现象外，FMEA 还可以记录和研究故障模式、失效原因和失效影响。这一工程分析方法可以将影响系统任务成功与可靠性、维修性，以及硬件和软件安全性的潜在问题区域隔离出来。

8.1.2 什么是故障模式、影响及危害性分析?

FMECA 是一种与 FMEA 类似的分析方法，其中包含了定量的危害性分析（CA）。危害性分析使用方程式，根据相关的故障模式和失效原因来计算每个危险的危险性。根据危险性，分析人员可以对失效造成的潜在危险的严重性进行评估，从而客观地给出危险在后续研究中的优先级，并且有可能通过设计改进来确保消除安全风险，或降低发生安全危险的可能性。除了危险严重性外，还有很多用来评估危险性的方法。危险性评估还可能包括发生概率、检测概率、故障模式分布和失效影响分布等。危险性可以用来计算风险优先数（PRN），从而对失效和危险进行评级，以确定采取行动来缓解危险或失效风险时的优先顺序。通常，风险优先数是根据严重性（SEV）、发生概率（OCC）和检测概率（DET）来计算的。本章后面会对风险优先数进行更加详细的讨论。

8.1.3 什么是单点故障?

FMEA 和 FMECA 对于发现和解决单点故障模式非常有帮助。这些单点故障发生在系统或产品设计的离散层次上。它们与一个特定的独立故障或危险事件相关，会造成任务关键性或安全关键性的影响，可能会引起灾难性的人身伤害或设备损坏。与必须连续发生或同时发生才能造成人身伤害或设备损坏的多个危险事件不同，单点故障是自己独自发生的，与其他事件没有依赖性。在单点失效模式中，系统或产品设计的缺点或潜在的制造缺陷有着不可接受的高发生概率，或有着极其严重的失效影响，会造成人身伤害或是因为系统功能损失而带来极高的系统维修成本。分析人员在执行故障模式与影响分析时，一个主要的考虑方面就是如何消除这些单点故障。针对关键的发现，应当进行相应的设计更改,以添加更健壮的组件、添加冗余电路、降低失效影响的严重性,或将特定故障模式的发生概率最小化,或通过增加故障模式的可检测性来降低风险。在 FMEA 和 FMECA 中,最困难的工作是在设计发布之前了解潜在的故障模式和危险,并通过设计更改来防止这些故障和危险。

很多 FMEA 会对设计进行评估,以确定当发生单点故障(如某个组件故障或一个人为错误)或发生多个故障时,发生事故的可能性。根据系统安全性理论,在任何事故中,至少有两个事件发生,其中一个是系统中的潜在危险,另一个是激发事故的触发事件(如人为错误)。从第 1 章中介绍的"挑战者"号航天飞机的例子我们了解到,造成灾难性危险的故障模式是发射过程中因低温而承受了过度应力的 O 型密封圈。NASA 管理层在规格说明中已经警告不得在低于 40℉的情况下发射,而在这样的情况下,负责人还是决定让航天飞机升空(人为错误),这就构成了触发事件。如果系统中的危险(O 型密封圈弱点)能够得到重新设计,或通过改善决策管理流程来防止出现错误的决定,那么就可以防止这一灾难性事件的发生。

第 1 章中的范例 4 声称:"防止单一因素以及多种因素造成的事故。"故障树分析(FTA)是用来评估多个故障因素和危险事件(可以是顺序发生,也可以是同时发生)影响的系统安全性分析方法。本书的很多内容都对多种原因给予了大量关注。在第 9 章关于故障树分析的讨论中,对多因素的情况进行了集中的讨论。

8.1.4 定义

图 8.1 展示了失效原因、失效机理、故障模式和失效影响之间的关系。

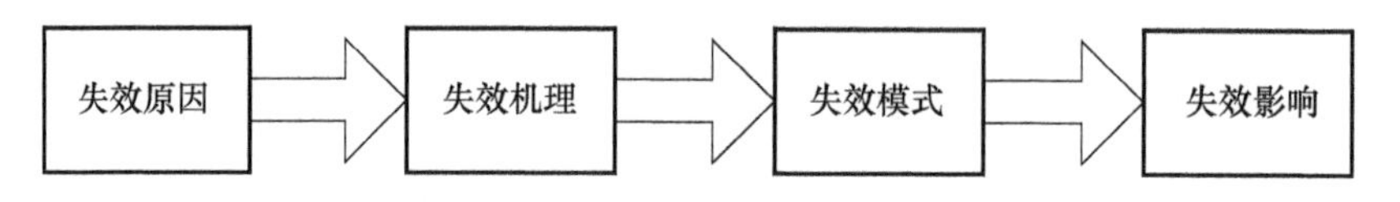

图 8.1 失效模式和影响关系图[1]

失效原因、失效机理、故障模式和失效影响的定义如下。

失效原因:某个设备、产品或系统的设计、生产或应用过程的条件或状况,这种条件或状况解释了造成失效机理的根本原因。

失效机理:导致故障模式的某个设备、产品或系统的根本原因失效的物理结果。

故障模式:某个设备、产品或系统的不期望状态或功能,这些不期望状态或功能要么是系统固有的,要么是诱发的,并导致了期望功能的不稳定,或性能的逐渐降低,从而导致失效影响。

失效影响:这是装置中一直到达接近设备、产品或系统的成品水平或集成功能的较高层次上的故障模式的结果,这些部件无法执行其功能、达到了不可接受的高失效概率,或失效概率不断增加。

8.2 设计故障模式、影响及危害性分析

FMECA 中的一种类型是设计故障模式、影响及危害性分析(D - FMECA),这是一种对系统或产品性能的分析,并考虑到出现故障时会发生什么。这种类型的 FMECA 是通过检查装配图、部件数据表、电气原理图和规格说明来执行的。在 D - FMECA 中,不包括与制造相关的故障、工艺缺陷以及与组装或组件供应商建造工艺变化相关的随机孤立事件。

D - FMECA 是产品或系统硬件和软件设计开发过程中的一个动态文件。FMECA 的价值在于,能够及早识别所有的关键性和灾难性子系统或系统故障模式,从而能够在进行生产和交付给客户之前,在开发的早期阶段就可以通过设计改进来进行消除或最小化。必须要对 D - FMECA 中包含的数据进行不断的更新,以反映来自测试和实际现场应用的实际故障模式和影响数据,从而与设计的进展保持同步,使其能够在产品或系统生命周期的整个开发和维护阶段都能够得到有效的使用。此外,D - FMECA 得出的结果对于保障分析报告(LSAR)和综合后勤保障(ISL)方案中的其他任务也非常重要。

D - FMECA 的目的是分析系统/产品的设计,以确定故障模式对系统/产品工作产生的结果或影响,并根据严重性、故障发生、检测方法和风险优先数(PRN)对每个潜在的系统故障进行分类。其中风险优先数是一个汇总了严重性、发生概率和可检测性影响的值。本章最后引用了一些参考文献,提供了用于计算故障危险性或风险优先数的若干方法。每一个被识别的故障模式都会采用一个 RPN 进行分类,在设计过程中将使用这一风险优先数来分配设计纠正行动的优先顺序。很多时候,会在一个预先定义的阈值中设定一个风险优先数限值,如 6(范围为 0 ~9)。针对每一个故障模式计算出 RPN 后,将其与 RPN 限值比较,然后基于故障模式的评分来作出设计更改决定。也就是说,如果某个故障模式的风险优先数大于 6(范围为 0 ~9),那么就必须消除这一故障,或者至少要减轻其影响。另一种方法是对所有列出的条目按照 RPN 进行排序,然后选择具有最高 RPN 的条目进行后续跟进[1]。

过去,很多资料和参考文献将 RPN 定义为一种乘积式的计算方法。这种方法会生成非常大的数字,其数值分布范围极广,可能数与数之间会差几个数量

级。对于准备进行快速分析的非正式分析人员来说,这种方法可能会显得过于复杂,难以快速地将设计人员应当关注的故障模式与那些不那么重要、可以推迟到开发阶段后期再解决的故障模式区别开来。本章提供了一种以加法模式来计算 RPN 的方法,这种方法对于主流的应用更加方便,而且也便于非正式的分析人员掌握。

RPN 可以帮助设计人员决定故障模式的优先顺序,确定哪些是需要立即解决的。人们还开发出了风险缓解技术,从而首先纠正高风险的单点故障、抵消风险、降低风险或消除风险(也被称为风险规避)。可以将设计改进措施安排在以后实施的、按照计划进行的系统/产品增强活动中,当然如果严重性足够高的话,也可以立即加以实施。

FMECA 的目标是完全消除可能会导致安全危险的与设计相关的单点故障。如果无法消除与设计相关的单点故障和危险,那么应当尽量减小单点故障或危险的影响,并尽量减少其发生的可能性。

与设计相关的失效或危险是由于以下因素造成的:

· 需求说明不正确或是含糊不清。

· 没有充分考虑人的使用情况,缺乏“防错”机制。

· 在满足需求时,对设计的实施不正确。

· 设计中有些参数没有被详细说明,而为了保证设计工作正确,应当说明这些参数。

· 设计中存在内在缺陷,而这些缺陷本来是应当通过 FMECA 或验证测试等手段在设计分析过程中被发现的。

· 过高的电或机械应力条件,超出了设计强度(超过设计降额指南和制造商给出的额定值)。

· 设计流程薄弱,缺乏稳健的审核子流程。

· 属于随机孤立事件的概率模式缺陷的发生和系统性缺陷。这些模式缺陷和系统性缺陷与设计薄弱、制造工艺不良或工艺缺陷有关。

概率模式故障和系统性故障是与设计缺陷相关的随机孤立事件,这方面的故障可能需要进一步的讨论。这些类型设计故障的例子包括间歇性发生随机故障事件,如与静态或动态硬件或软件定时相关的竞争条件(Race Condition),以及对共享数据或全局变量的不正确使用。这些与设计相关的故障包括规格和需求说明中的缺陷。竞争条件是定时故障模式的一种类型,如果需求说明中进行适当的说明(如将定时事件同步,或控制处理器中断的应用,使其异步发生),就可能防止这种故障模式。如果能够正确地说明功能的时序要求和接口要求,那么就可以消除时序和竞争条件方面的故障。

8.3 如何在设计中消除或避免单点故障?

在处理单点故障时,会评估其相应的危险性或风险优先数(PRN)、严重性(SEV)、发生概率(OCC)和检测概率(DET)。在计算了特定单点故障的RPN和危险性之后,会根据故障的相对排序来决定是否实施设计更改。如果故障的排名很高,那么就需要进行设计更改。设计更改可能有多种形式。有些情况下,根据FMECA的结果需要通过设计更改来提高可靠性,而这种设计改进又涉及对系统架构的变更。与系统架构相关的设计改进的一个例子是,增强容错运行的能力。容错能力指的是产品或系统能够克服故障的影响,即不会造成任务关键性失败。这通常是通过在系统架构中包含冗余的元素来实现的,如并行的冗余通道或是采用主动或被动数据复制的信号路径。对于容错系统架构中一个子系统中的冗余硬件元件,可能会有多个元件发生故障,而要保证系统的性能要求,必须有最少数量的元件保持正常运行。这一最小元件数量与系统中安装和配置的元件总数相比,就等于系统建模方法中的冗余比。这种类型的系统模型可以被称为"m/n"系统。"m/n"系统是容错系统的一种类型,其中"m"是确保系统功能所必须的正常运行元件数量,而"n"则是系统中元件的总数。

当冗余的元件涉及多个微处理器时,针对特定的功能,架构将包含主—主或主—从配置。主—主和主—从配置之间的区别在于针对处理器的预设功能分配。在主—主配置中,两个主处理器在关键路径上一起执行功能。在主—从配置中,主处理器执行预设的分配功能,而从处理器则被保留作为备份,并且通常不执行关键路径功能,只有当主处理器发生故障时,从处理器才会升级为主处理器。根据系统设置和功能的优先级,当涉及主—主配置或主—从配置的关键任务路径中有某个处理器发生故障时,关键路径之外的处理器就可能被重新分配,而具有低优先级功能的某个处理器也可能被晋级到主—主配置或主—从配置中。取决于关键故障的情况,处理器的晋级和降级是不断发生的,此时非关键性的功能先被关闭,关键功能得以恢复,然后发生过故障的处理器重新上线来执行非关键性的功能。对于需要某些关键功能100%时间可用的系统设计师来说,容错架构提供了灵活性。

在进行D-FMECA时,分析人员必须能够识别某个特定故障模式的所有失效原因。这里说的故障模式包括一个或多个故障现象,这些是失效的特性,可以按照物理、电气、机械、分子或原子等不同的层级定义失效。本级的故障现象是系统或产品配置中上一级的失效影响。在这一分析中,有着多个一对多的关系。对于每一个识别的失效(不符合规格或过程要求),都存在着一种或多种故障模式。对于每一种故障模式,都有一个或多个失效原因。

以下是执行 FMECA 时需要考虑的关键支持因素。为了保证进行成功的分析,从而指出关键的风险、如何减轻风险以及为什么建议,都需要考虑如下因素:

· 管理者支持。

· 跨职能团队。

· 在规划和完成所有任务方面提供支持。

由于 FMECA 是由团队执行的,因此任何 FMECA 要获得成功,管理者支持都是至关重要的。这种支持为发现问题和改善问题提供了最佳环境。管理者必须为执行此项工作提供必要的时间、资金和资源支持。对于更复杂、关键性的流程,这会花费更长的时间,但是成果也将是更有价值的。

进行 D – FMECA 时,有三种方法:功能法、硬件法和软件法。

在功能法中,每项都是按照要求的功能、工作模式或生成的输出来进行分析的。通过对系统故障模式进行分析,发现规格和需求说明不清楚的地方,以及因为缺乏容错设计架构而可能导致系统故障可能性很高的硬件或软件缺陷。分析中将创建一个功能框图来展示系统中功能实体与下一层功能实体间的操作和相互关系,这类关系在工程数据、规格说明或原理图中有定义。由于这种 FMECA 方法是高度依赖于完整、准确的产品或系统层需求的,因此功能 FMECA 也可以称为需求 FMECA。这种类型的 FMECA 也可以称为系统D – FMECA,或架构 FMECA,或顶层 FMECA。

在硬件法中,装置的所有可预测潜在故障模式都被识别和描述。每一个零件/组件层级的故障模式和失效机理都得到分析,以确定对下一个更高约定层和产品/系统级的影响。识别失效机理物理特性的实际故障分析数据可以提供经验数据,以便替换 FMECA 中失效原因、故障模式和失效影响方面的分析数据。硬件 FMECA 也可以称为电气 D – FMECA,或机械 D – FMECA。这种类型的 FMECA 是零件或组件自下而上的 FMECA。用于组件的硬件 FMECA 可以在板级或箱级上进行。

在软件法中,会对软件设计功能进行分析。软件 D – FMECA 包括对软件组件、配置项、模块和功能块进行分析(这些项目已经在代码走查和代码审查中进行了分析),以确定潜在的故障模式,如概率失效机理引起的、可能会对系统/产品造成影响的静态、动态时序问题和竞争条件。软件 FMECA 与功能 FMECA 非常类似,采用自上而下的方式。有关软件 D – FMECA 过程的更多详细信息将在本章后面介绍。

在设计阶段早期,当设计规格已完成,相应的图纸、原理图和零件列表[1]未形成时,应启动 D – FMECA。这种类型的 D – FMECA 称为功能 D – FMECA,它从顶层需求开始向下进行，以保证设计需求中包含能够处理任务关键性故障模式和减轻其影响的功能。容错设计能力和系统备份是处理任务关键性故障模式并减轻其影响的最常见的架构方法。采用冗余的概念，这是实现容错的最简单方法，但是成本也可能是最高的。冗余的成本取决于备份模式中采用了多少冗余功能。在备份模式中，冗余的能力可能只会在发生故障的情况下或在峰值工作中才会投入使用，而在正常工作模式下则不会使用。这种类型的备份概念称为冷备份。与之相比，温备份或热备份则可能在正常工作下也投入使用，此时备份能力分担负荷并平衡系统的应力，而且它们不属于正常工作过程中出现故障才启动的冗余能力的一部分。此外，成本也取决于在各种硬件和软件配置水平上所需的并行能力。在系统中实施冗余时，应当考虑是否应当用热备份、温备份或是冷备份的方式来实现冗余。在这种情况下，“备份”这一术语指的是设计中的冗余元件，它们被配置为在备份模式中加电运行的元件（热备份）、在待机模式下加电（温备份），或电源关闭、直到需要的时候才连接到电源（冷备份）。此外，还需要考虑主—主配置或主—从配置中的冗余，以及是否需要主动复制或被动复制。与冗余相关的其他成本包括重量、空间和用电量的增加。除了冗余之外，在 FMECA 期间针对设计改进的其他考虑因素还有零件质量、新设计/应用风险和设计余量。

在进行了初步的自顶向下的功能 D－FMECA 之后，下一个可能要执行的 D－FMECA就是硬件 D－FMECA，此时图纸、原理图和零件列表已经完成，但是还没有开始构建生产样品。在设计中的样机阶段，开展硬件 D－FMECA。在这一 D－FMECA 中，对所有的零件进行分析，寻找与功能和总线接口相关的零件故障模式，针对线性或功率设备的针脚上失效模式（如断开、短路和低阻抗），以及针对数字或逻辑设备的“1 位”（SA1）或“0 位”（SA0）状态。硬件 D－FMECA 采用“自下而上”的方式，先是在系统层次结构的最底层开始，如组件或零部件设备级别。硬件 D－FMECA 通常由系统工程师在装置或电路板层次上实施，并考虑到源自电路板或其连接线的所有系统故障或危险原因。

软件 D－FMECA 通常是在软件单元或模块级别上进行的。这一软件级别也可以称为计算机软件配置项（CSCI）级别或软件配置项（SCI）级别。软件 D－FMECA与功能 D－FMECA 非常类似，也使用了自上而下的方式来进行软件设计相关的故障模式或软件安全危险分析。软件 D－FMECA 沿着系统软件功能层次结构来跟踪软件设计故障模式的影响，以决定上一层的影响和对系统性能的最终影响。本章后面介绍了软件 D－FMECA，而在参考文献[1]中则有着更加详细的介绍。

在硬件设计分析应用中使用 D－FMECA（简单逐步）的例子如下：

· 从电路板或装配级别上开始，记录与组件或零部件级别（如电路板组件（CCA）上的数字集成电路）相关的所有失效模式。

· 列出所有故障模式并进行编号。

· 考虑零件类型的失效原因，重点关注集成电路的引脚，以及设备的功能。每个引脚都可能有断开或短路、高阻抗或低阻抗、低电压或高电流泄漏的情况。

· 列出每种故障模式的失效原因。每种故障模式都可能有几个原因，如因功率耗散引起的高温故障模式、焊线断开（用于电流处理的双线焊线应用中），或裸芯片基板与裸芯片焊盘的脱层。

· 列出每个失效原因的失效影响。将失效影响按照硬件的约定层次进行分离，先是从电路板组件（CCA）开始，一直向上到配置级，再到系统级，以确定最终项或最终用户的影响。

· 评估每种故障的发生概率、检测方法和影响的严重程度。

· 根据风险优先数（PRN）计算每种失效影响的危险度。

· 确定每个可能改变危险度、提高（或减小）危险度计算结果或 RPN 的补偿规定、安全问题或维护措施。

· 将所有 FMECA 数据输入到数据库中，以方便数据检索和报告。

· 按 RPN 或危险度进行排序。

在找到某个特定设计的故障模式后，应当采取措施来减轻失效影响并对失效纠正过程进行管理。首选，使用故障报告、分析和纠正措施系统（FRACAS）数据来验证 FMECA 中的故障模式和失效原因。如果测试或现场数据不可用，那么第二种选择就是工程分析、失效机理建模、耐久性分析和模型、物理失效模型。对于许多故障模式和失效原因，都存在着失效机理模型等。电子组件在其使用寿命期间可能出现的失效与疲劳、腐蚀、扩散、磨损、断裂以及许多其他类型的失效机制有关。这些可以通过工程物理建模和分析来估算。

执行 FMECA 的 4 个最重要的原因如下：

· 通过设计更改，提高设计可靠性。

· 了解设计，从而记录可能的故障发生原因，以及设计是如何检测到故障并作出反应的。

· 进行系统安全性分析。

· 执行风险评估。

单独执行 FMECA 本身并不能提高设计的可靠性。只有通过实施设计更改来避免故障模式、减小故障模式发生的可能性，以及减少故障或危险影响的严重性，可靠性才能够得到改善。通过实施设计更改来改变系统架构，从而包含容错功能（可以包括功能和电路冗余），或提高设计进行检测、隔离和恢复故障的能力和效率,也可以提高可靠性。

根据 IEEE 1413.1(IEEE 可靠性预计指南)的定义[2],故障模式与时间相关的特性有以下 4 个类别:

· 表现出恒定故障率的器件,包括电子和电气元件。

· 随着时间的推移会出现退化或“磨损”故障的器件,包括机电和机械组件以及烟火设备。

· 随时间推移的故障或“早期”故障的故障率不断降低的器件,包括被纳入到一个可靠性增长计划中的低质量零件和系统。

· 表现出前三种类型故障组合特性的器件。

固有故障模式是产品特性,无法消除或通过控制手段来避免失效发生。例如,手电筒电池失效就是这样一个例子,这是因为电池的寿命是有限的。另外,诱发故障模式是由产品的特性或外部因素造成的,这些因素可以在产品生命周期的某个点上被消除或控制,从而避免工作过程中出现失效。无论是自愿或出于无意的情况,如果没有利用消除或控制某个故障模式的机会,那么这一故障模式就被分类为过程诱发的。过程诱发的故障模式可以被识别和缓解,方法是采用设计更改、特殊检查、测试或控制等补偿规定,或通过更换、重新配置、维修、预防性维护等操作纠正措施。

故障模式数据常常以排列或直方图的形式表示,这种图按照失效在特定时间段发生概率递减或 RPN 递减的顺序来绘制故障模式。图 8.2 给出了排列图的图形示例[1]。

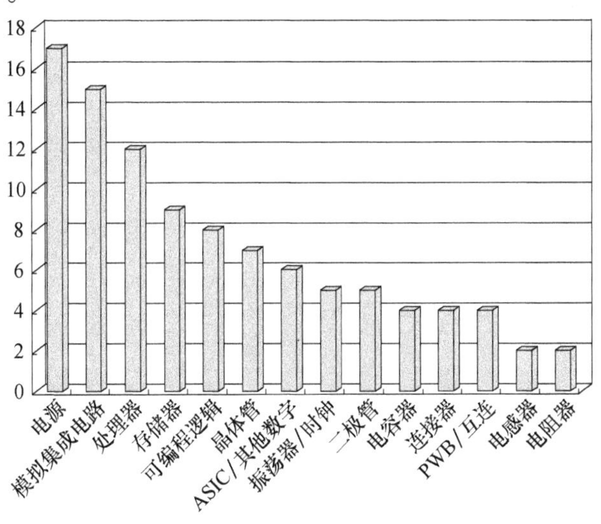

图 8.2　失效原因的排列图[1]

故障模式除了可以被分为固有的或诱发的之外,还可以被分为潜在的或实际的。潜在故障模式是产品表现出特定故障模式的能力。实际故障模式是产品表现出特定故障模式的易感性。潜在故障失效模式要成为实际故障模式,必须有一个通过失效机理起到催化剂作用的失效原因。通常,在系统的某一个级别上表现出的故障模式会成为下一个更高级别的失效原因。这种自下而上的失效流动过程一直适用,直到最高的系统级别。同样的过程流动也可以用于相反的方向,即自上而下的方式。对于每一个可以观测到的故障模式,都有一个由根本原因引发的失效引发机制或过程。针对 FMECA,可以开发出一个失效流程图,以描述在 D-FMECA 中可遵循的步骤,使用可用的诊断技术、通过自上而下的方式来分析失效。危险/失效流程图应当展示在一个功能级别上的所有故障模式,而它们又是硬件设计较低功能级别的失效影响。

图 8.3 以一个计算机监视器危险为例,显示了自上而下的系统危险/故障分析流程。

系统危险模式:计算机在正常运行过程中可能会导致不安全的状况,可能会造成设备损坏或人身伤害。
·系统失效机理:操作员在计算机显示器上看到图像间歇性闪烁。
·系统危险原因:子系统失效模式。

子系统失效模式:计算机监视器有时无法正常运行,但仍然工作。
·子系统失效机理:平板薄膜晶体管(TFT)玻璃在执行照亮屏幕指令时,超过了正常电压峰值。
·子系统失效原因:装配失效模式。

装配失效模式:薄膜晶体管控制器板工作不正常。
·装配失效机理:由于将薄膜晶体管控制器板上的放大信号路由到平板显示器的印制线路板(PWB)上的互连缺陷造成运算放大器(OP AMP)混合输出信号生成过高的功率输出。
·装配失效原因:印制线路板互连失效模式。

组件故障模式:印制线路板上的互连缺陷造成运算放大器过载,这会造成运算放大器封装被点燃和烧毁,并且有可能造成平板显示器起火。
·组件机制:运算放大器中的PNP晶体管输出信号超出了电气特性参数。
·组件失效原因:制造过程失效模式。

制造工艺故障模式:印制线路板上与运算放大器输出的焊接短路到大功率跟踪路径,该路径是为薄膜晶状管工作所需的其他组件供电的。
·制造工艺失效机理:印制线路板垫上用的焊料太多。
·制造工艺失效原因:测试不充分,焊接设备有缺陷,焊接程序错误或人为错误。

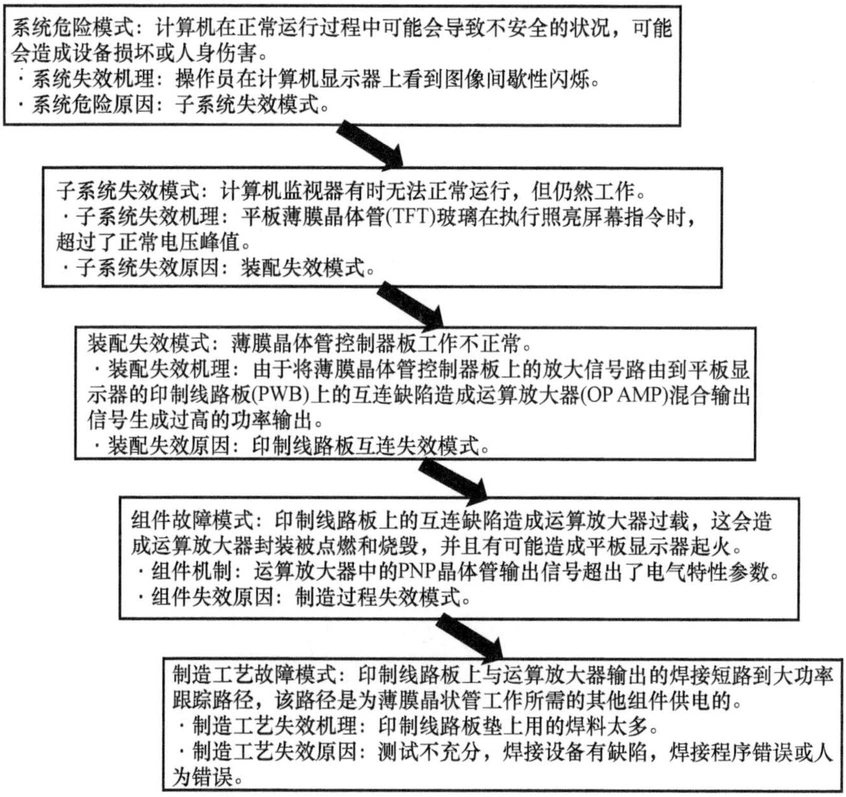

图 8.3 自上而下的系统危险/故障分析流程示例

FMECA 的输出对设计工程师和支持开发过程的其他工程学科非常有用，证明了这种方法在硬件和软件设计开发过程中的附加价值。

8.4 软件设计 FMECA

FMECA 和 FMECA 方法论不仅仅限于系统分析或硬件分析。在预测软件危险或软件故障及其根本原因方面，FMECA 也是一个有帮助的工具。在对软件设计进行 FMECA 时，有 15 个步骤需要遵循。

1）第 1 步：软件元素识别

软件 FMECA 的第 1 步重点是识别分析中需要包含哪些软件“要素”。软件“要素”必须在软件 FMECA 抽象约定层次的上下文中进行识别。在第 1 步中，先要确定业务和客户需求，以此为基础来确定适当的分析范围。软件 FMECA 的范围和动机也取决于给定的情况以及软件与整个产品的关系（假定软件是嵌入在产品中的）。因此，使用一个系统框图或环境图可能会有助于对软件 FMECA 的范围进行理解。虽然被描述为自上而下的级联故障方法，但是在软件抽象预定层次的任何级别上都可以执行独立的 FMECA。如果某个利益相关方希望能够立即得到有关软件风险的回馈，而不必等待更高约定层次的 FMECA 的执行，那么通常可能会采用这种方式。

表 8.1 给出了针对不同的软件抽象约定层次，在 FMECA 中可能需要考虑的软件元素。

表 8.1 FMECA 中可能的软件元素

软件抽象构件	可能的软件元素
需求文档	标记的需求；用例；功能和/或子功能；功能；状态转换图中的事件和状态之间的转换
架构文档	来自软件架构的四个视图的组件[3]包括： （1）逻辑视图：模块或对象 （2）物理视图：软件在硬件处理或通信节点上的分配 （3）过程视图：并发性和功能性的分布 （4）开发视图：映射到软件开发环境的文件、库、目录
高层级设计文档	软件系统调用树中的调用；从软件系统调用树派生的子树；在面向对象的开发中主要软件对象之间的主要交互作用；实时、中断驱动的嵌入式软件中执行的主要线程；对象关系图或实体关系图中的关系；消息序列图中的消息序列；时序图中的特定动作时间

续表

软件抽象构件	可能的软件元素
低层级设计文档	详细的软件组件、子程序、库中的低级调用；低层级软件组件之间的接口；低层级软件组件之间的控制和数据流
互连文档	开放系统互联（OSI）模型是一个标准概念模型，用于描述计算系统内的通信功能，以促进使用标准协议的互操作性。OSI 模型有 7 层：①物理层；②数据链路层；③网络层；④传输层；⑤会话层；⑥表示层；⑦应用层
源代码（例如编程语言）	变量；常量；指针；阵列；其他数据存储或记忆项；代码中的关键决策；代码中的关键计算；针对给定软件组件的关键输入或输出

2）步骤 2：潜在的故障模式

软件 FMECA 的第 2 步是针对上一步中得出的每一个软件元素，识别它们的故障模式[1]。

3）步骤 3：失效的潜在影响

软件 FMECA 的第 3 步是对前一步中识别的每一种故障模式的影响进行分析。因此，软件 FMECA 团队应当在假定某个软件元素行为失常以及出现失效或损坏的情况下，探索和假设会对产品/系统输出产生什么样的影响。

要完成这一假设，需要一个多视角的软件 FMECA 团队，才能对产品/系统进行全面的审查，以确定故障模式的潜在影响[1]。

4）步骤 4：严重度评级

软件 FMECA 的第 3 步是针对前一步中的每一种故障模式，说明它们的危险度/严重度。危险度/严重度的衡量通常是以 1 ~ 10 的范围来表示，值越高就表示危险度/严重度越大。从软件 FMECA 的角度来看，这与传统的硬件 FMECA 的区别不大，不过需要提醒注意的是，软件 FMECA 的范围将对失效影响和这一严重度评级产生重要影响。出于很多原因，谨慎的做法是采用与硬件和产品系统 FMECA 中保持一致的严重度方案[1]。

5）步骤 5：失效模式的潜在原因

第 5 步是确定每个之前识别的故障模式的潜在根本原因。取决于故障模式的性质和软件 FMECA 的抽象层次，潜在根本原因的性质会有很大差异[1]。

6）步骤 6：失效发生概率评级

第 6 步是针对前面识别的根本原因，确定它们的发生概率。在传统的 FMECA 中，FMECA 团队通常是通过评估历史失效数据来评估失效原因的发生概率或可能性。在软件 FMECA 中，团队通常会使用多种不同的方法来确定发生概率。首先,可以将历史测试和/或现场失效数据整合,来客观地建立评级。然而,对于大多数软件 FMECA 来说,往往没有客观事件发生数据,特别是在不同的抽象级别。在这种情况下,软件 FMECA 团队必须使用主观性的专家意见或替代物来进行发生概率评级。例如,当团队在软件 FMECA 中对抽象层中的代码层确定发生概率时,在从测试环境或客户应用环境采集到实际经验数据之前,可以使用基于能力成熟度模型集成(CMMI)评估结果的软件可靠性预计模型来作为一个非常有用的替代,以此来评估单独软件单元的失效可能。在 IEEE - Std - 1633 - 2004[4] 中对软件可靠性预计模型(如基于能力成熟度模型集成的模型)进行了描述。

软件 FMECA 团队在确定了与第 5 步中的原因相关的软件单元的发生概率后,可以将某个具有已知的现场失效经验或专家一致认可发生概率的软件单元作为基准。不过,软件 FMECA 团队在利用替代手段来确定发生率时应当小心,替代物的值是用来在开发过程的早期使用的,并且应当在开发过程之后的阶段中使用具有更高可信度的数据来更新。RPN 评级系统的值并不是评估的绝对评级,而只是评估的相对评级。RPN 的分值用来将高、中、低的风险加以区分,从而让管理者能够针对具有高风险优先数值的风险优先采取行动。因此,替代物措施应当对发生率分值进行合理区分。如果所有软件单元都有着基本上相同的发生率分值,那么替代物措施对于 RPN 的运用就没有多少价值。

7)步骤 7:检测率评级

第 7 步是针对某个给定的根本原因,评估其逃脱检测并最终影响输出(基于软件 FMECA 的范围)的可能性。很多开发和测试活动及设计和编码规范对于防止有缺陷或行为异常的软件“要素”对软件或产品系统的输出(基于软件 FMECA 的范围)造成影响是非常关键的。

在传统的 FMECA 中,FMECA 团队通常会访问与根本原因检测相关的历史数据,并将检测率评级建立在这种硬数据的基础上。不过,大多数软件 FMECA 团队可能会发现基本上找不到这种性质的软件数据。因此,适合软件 FMECA 团队的方法是,遵循结构化的方式,使用来自硬件可靠性框图中的定量方案来主观评估检测率评级。

首先,软件团队先详细描述适用的检测活动和规范的完整列表。此列表应包含适用于组织的软件开发、测试与维护生命周期活动和实践的所有抽象级别,以及与容错和故障恢复相关的规范。

其次,针对每一个单独的根本原因,软件 FMECA 团队会主观地评估每个检测活动,或规范检测,或阻止根本原因对输出造成影响(基于软件 FMECA 的范围)的独立概率。

最后,软件 FMECA 团队将适用的检测活动和规范列表作为一个并行可靠性框图进行处理,计算每个根本原因的检测率得分。通过这种方式,就可以计算出根本原因逃过完全检测的总体概率[1]。

8)步骤 8:计算风险优先数

第 8 步是计算 RPN,这是 FMECA 过程中的一个标准惯例,将三个得分(严重度、发生概率评级和检测概率评级)相乘,得到一个总体风险得分(RPN)。软件 FMECA 团队针对每个得分最常使用的是值的范围为 1 ~ 10 的标准行业惯例,这样得到的 RPN 的得分范围为 1 ~ 1000。FMECA 方法通常会要求 FMECA 团队建立一个 RPN 阈值,这样任何高于阈值的 RPN 得分都需要进行额外的处理,这在后面的预防和缓解行动中进行讨论。如果每个单独得分为 1 ~ 10,那么行业上标准的做法是将 RPN 的阈值设为 200。不过,软件 FMECA 团队也可以选择一个较低的阈值,从而在后面的 FMECA 步骤规划中确定较大范围的需要采取预防和缓解行动的项目。

9)步骤 9:与缓解相关的改进

第 9 步包括进行关键性软件 FMECA 团队的头脑风暴,以发现如何缓解每个原因和/或故障模式的影响,如降低每个影响的严重度。取决于原因和故障模式的性质,可能需要采取不同的缓解行动。一般来说,团队会发现一些方法来将软件和/或产品/系统设计得更加健壮,并且不容易受到软件原因和/或故障模式的影响。关于设计余量和冗余机制的标准思考方式也同样适用于软件领域,可以在发生根本原因的时候降低影响的严重度。

10)步骤 10:更新后的严重度评级

第 10 步假定刚刚识别的缓解行动将被成功实施,然后对严重度评级进行重新评估。更新后的严重度评级反映了缓解行动实现的风险降低。

11)步骤 11:与预防相关的改进

第 11 步包括进行关键性软件 FMECA 团队的头脑风暴,以发现如何预防根本原因的发生。预防行动可以包括与软件开发、测试、维护行动相关的流程和培训变更,还可以在原因刚出现时就立即发现并将其消除的软件设计或代码实施。预防性改善与后面马上要讨论的检测性改善之间的界限可能不那么清楚。读者可以选择将立即捕获原因归入预防方面,而将后续的活动归到检测方面。

12)步骤 12:更新后的发生概率评级

第 12 步假定刚刚识别的预防行动将被成功实施;然后对发生概率评级进行重新评估。更新后的发生概率评级反映了预防行动实现的风险降低。

13)步骤 13:与检测相关的改进

第 13 步包括进行关键性软件 FMECA 团队的头脑风暴,以发现如何检测和阻止根本原因逃过开发、测试和维护流程,并在软件的后续操作中对相关输出造成影响(基于软件 FMECA 范围)。此时,软件 FMECA 团队需要软件过程专家的帮助,以确定哪些新的或修改过的软件过程能够更早、更可靠地检测到原因。此外,软件架构师和设计师需要向软件 FMECA 团队提出建议,在软件运行期间需要哪些新的或修改过的软件架构组件和设计结构或代码来检测原因。通常,此步骤中给出的建议可以构成必要的改进计划,从而包括容错和恢复能力,以及异常类和预期的异常处理。

14)步骤 14:更新后的检测评级

第 14 步是软件 FMECA 假定刚刚识别的检测改善行动将被成功实施,然后对检测评级进行重新评估。更新后的检测评级反映了检测改善行动实现的风险降低。

15)步骤 15:更新后的 RPN 计算

第 15 步是针对每一个超过既定的 RPN 阈值,并且其额外的预防和缓解行动已经被确定的 FMECA 项目,对 RPN 值进行更新。在这一步骤中,软件 FMECA 团队会审核针对某个 FMECA 排列项的所有推荐的预防、缓解和检测行动,然后基于这三个更新后的得分来计算更新的 RPN 值。现在,更新后的 RPN 值反映了总体修改后的风险评估。在大多数组织中,初步和修改过的 RPN 值构成了风险预测剖面,使管理者能够在产品的开发和现场实施过程中方便地进行管理。管理者往往对超过可接受阈值很大的 RPN 值和存在时间进行监视,以保证适当的工程资源能够投入到预防、缓解以及检测活动和惯例中。很多组织还将初步和修改过的 RPN 值输入到更加高级的模型中,以寻求预测项目和产品的成功结果,如日程和成本效益、客户满意度,甚至是早期的产品召回。

在本书的第 16 章中提供了一个软件 FMECA 的例子,以及一个潜在软件故障模式的软件失效原因示例。我们针对导航系统的软件元素,提供了潜在的软件故障模式影响。

8.5 什么是 PFMECA?

FMECA 是一种用于解决危险或故障风险的工具。对于 D - FMECA 而言,它在审核产品的设计方面非常有用,这是从调查产品在满足其设计需求方面是否有可能的问题这一能力的方面来说的。就像 D - FMECA 关注于硬件或软件结构多个层级上的可能设计失效模式一样,过程故障模式、影响与危害性分析(PFMECA)也是一个详细的研究,关注于生产可靠产品所需的制造、测试流程和步骤。它包括对材料、零件、制造工艺、工具和设备、检查方法、人为错误和文档的审查。它对产品的生产、检查有效性和测试方面进行审查，以确定在过程的多个层次上出现工序故障的可能风险，包括在产品交付给客户后问题的严重性。

8.5.1 过程 FMECA 和设计 FMECA 之间的区别是什么？

过程 FMECA(PFMECA)是一种用来评估与制造过程或设计过程相关的故障模式和失效原因的 FMECA。设计过程故障模式、影响及危害性分析(D-FMECA)是一种用来评估与系统或产品设计相关的故障模式和失效原因的 FMECA。

PFMECA 过程被分解成子过程和较低水平的步骤。对于每个步骤，都会对可能存在的问题、发生的可能性以及在产生广泛后果之前检测的能力进行探索。在这一过程中，还会考虑对客户及后续子过程的影响。在整个过程中，都会使用一个矩阵来帮助确定工作范围、跟踪分析进度、记录每个项目的基本依据，并促进结果的量化。图 8.4 是这种分析中使用的一种表格示例。在确定可能改进建议的优先顺序时，这种量化过程和基本依据非常有用。在后续的段落中，我们将详细讨论如何将这一表格作为一种完成分析的工具。

<table>
<tr><td colspan="4">产品或产品线________
过程或子过程________</td><td colspan="4">PFMECA</td><td colspan="4">团队成员________
修订日期________</td></tr>
<tr><td>项目#</td><td>过程名称和描述</td><td>过程步骤</td><td>故障模式</td><td>失效影响</td><td>严重度</td><td>潜在原因</td><td>发生概率</td><td>验证方法</td><td>检测</td><td>风险优先数</td><td>推荐措施</td></tr>
<tr><td></td><td></td><td></td><td></td><td></td><td></td><td></td><td></td><td></td><td></td><td></td><td></td></tr>
</table>

图 8.4 PFMECA 表格示例[1]

8.5.2 为什么要开展进行 PFMECA 过程失效模式、影响及危害性分析？

通过对许多项目中的失效数据进行审查，我们发现，产品故障的许多原因都与过程有关，尤其是制造和测试过程。这些与设计功能责任直接相关，特别是与可靠性和安全性有关。应考虑以下因素：

·设计工程师比任何人都更了解系统或设备的工作原理，他们知道哪些对于操作是重要的，哪些是不重要的。通常，设计工程师在制定推动制造过程的决策方面发挥着重要作用。

·设计人员选择零件，定义布局和材料，并做出无数的决定来定义应当如何对设计进行构建和测试。例如,如果为了满足要求,需要新的材料或部件,那么这就可能会影响到用于连接部件的热剖面。通常,通过改变和改进设计能够避免或解决制造或测试工程中的问题。作出设计决策时,必须要考虑到成本、进度和性能方面的情况。

· 最好由一个过程相关方组成的团队来执行 PFMECA,这些相关方包括制造、测试工程或技术人员、系统安全性工程、维护(当这是一个关键问题时)、可靠性工程、质量工程和设计工程。这种观点的多样性,让团队能够从多个角度考虑各种问题。

PFMECA 用于安全性分析中的一个例子是考虑建筑物中发生火灾的原因。对于“这将如何影响我们?”这样一个问题,可能会出现许多不同且有趣的答案。如果问“会导致这种情况发生的原因是什么?”那么几乎无一例外,设计工程师会提出装配、安装、维护和检查方面的问题,而维护工程师和技术人员会提出可能的设计问题。

这里的要点是,通过多种视角观察问题,可以提高 FMECA 的准确性。但是,这并不是没有代价的:分析中参与的人员越多,就会引起更多的讨论,而这也会需要更多的时间。不过,如果能够得到适当的引导,那么这种讨论就是有启发性的,而且能够获得更加全面和有用的成果。例如,某个设计可能包含了一个精巧的装置来对准装配中的组件。不过,如果操作者必须通过“接触”或“目测”才能进行对准的话,那么对准的结果几乎肯定会根据操作者的经验、精神状态和身体能力而有所不同。如果在设计中添加一个夹具来保证对准结果稳定性,那么这就是一个以很小成本对过程做出的重大改进。通过完成成功的 PFMECA,可以获得以下一些好处:

· 提高可靠性。
· 提高质量,减少变化性(更高的产量,降低进度和成本风险)。
· 提高制造过程的安全性。
· 增强过程负责人之间的沟通。
· 提高参与者对过程和接口的理解。

8.5.3 按步骤执行 PFMECA

1)步骤 1:团队准备

在选择特定的团队成员时,重要的是要保证团队的参与人员能够理解要执行的特定流程和步骤、涉及的工具和夹具、过程中设备的设计,以及客户是如何使用单元和系统的。

执行 PFMECA 的第一步是列出要考虑的过程和步骤。实际上,这一任务是将定义的范围转换为要涵盖的特定区域。执行 PFMECA 时,需要一个过程流程图,以及分析的具体程序和装配图。本书的第 5 章中给出了过程流程图的一个例子,在分析时可放在身边作为参考资料。实际上,在许多情况下(如果可能的话),还应该提供要组装的或以其他方式处理的实际硬件的示例。此外,通过访问生产流水线来观看实际的活动,这对于确保参与者了解所涉及的细节也是极为有帮助的。应该首先建立起工作中要遵守的基本规则。每个团队成员对于如何进行 PFMECA 可能都有自己的观点。例如,团队成员对每种故障模式的评分和用于计算 RPN 的标准有着不同的意见。因此,确定特定因子的评级标准及其相应的描述是非常重要的。这些因子是 RPN 方程的输入项。本节的几个表格给出了 RPN 中三个因子(严重度、发生概率和检测概率)的评分示例。

2)步骤 2:定义过程和子过程

图 8.4 中显示有“过程名称和描述”和“过程步骤”两列。这是 PFMECA 工作中的第一部分,通过完成这两列,团队实际上就定义了分析的范围。也就是说,如果过程步骤都被分析,而且没有其他的添加或变更,那么这一步骤实际上就定义了细节的层级以及分析中涵盖哪些步骤。有时候,还需要包含额外的列。根据过程负责人对要研究的过程的界定情况,前述可能是必要的。此外,在 PFMECA 过程中,可能会发现其他过程也是值得分析的,或认为另一个变更也是必要的。这些变更是意料之中的,而且只要团队认为这是属于分析范围内的变更,就可以实施这一变更。

3)步骤 2a:故障模式和影响——严重度(SEV)因子

定义分析范围后,接下来就是对这些步骤进行审查,以了解它们的失效方式。在这种情况下,“失效”是指某个步骤被错过或是被错误地完成或是可能导致缺陷。这里的目的是给出意外事故可能的发生方式(故障模式)的列表,并查看过程的其余部分,以了解整个过程是如何受到影响(失效影响)的。任何失效都可能导致成本增加、质量损失、对进度产生影响,甚至对设备或人员造成伤害。失效对过程产生影响的具体方式有:

· 中断后续的过程步骤或过程。
· 出现缺陷,可能导致材料浪费、返工或安排时间进行维修。
· 交付的产品不可靠或质量差。
· 生产线或现场不安全的情况。

表 8.2 显示了严重度和优先级之间的关系。严重度代码 1 和 2 表示安全性的关键的失效和危险,与表 8.2 中的优先级代码 1 和 2 对应。此外,严重度和优先级代码 1 和 2 也与风险评估和一些 FMEA/FMECA 标准和指南中使用的类别代码 1 和 2 对应。

表 8.2 优先级因子

优先级	问题的描述
关键 (优先级 1)	安全性中关键的,会造成生命损失的灾难性后果; 造成运行或任务基本能力无法完成; 危及安全或其他指定的关键要求
重大 (优先级 2)	安全性中关键的,会造成设备损坏但不会有生命损失或人身伤害; 对运行或任务基本能力的实现有不利影响,并且没有已知的工作解决方案; 对项目的技术、成本和进度风险或系统的生命周期支持有不利影响,并且没有已知的工作解决方案
轻微 (优先级 3)	对运行或任务基本能力的实现有不利影响,但有已知的工作解决方案; 对项目的技术、成本和进度风险或系统的生命周期支持有不利影响,但是有已知的工作解决方案
困扰 (优先级 4)	给用户/操作员带来不便或烦扰,但不影响要求的运行或任务基本能力; 给开发或支持人员带来不便或烦扰,但是不会阻止他们履行职责
其他 (优先级 5)	任何其他影响,如外观和增强变更

优先级指的是某个问题带来影响的重要性。优先级意味着纠正某个问题的紧迫性级别。严重度 1 和 2 的危险或失效有着对应的优先级,应将注意力集中到这类优先级最高、需要先于其他问题加以解决的问题。这些问题影响的重要性构成了定义每个严重度(SEV)因子的基础。这也是为什么每个故障模式都有单独的一行,而且所有重大的可能影响都列于该行。根据最为严重的可能影响,从表 8.3 中选择严重度因子(1 ~ 10)。在计算 RPN 时,严重度/优先级代码 1 和 2 对应着严重度因子 9 和 10。

表 8.3 严重度(SEV)因子

严重度	严重度描述
10	安全性中关键的,会造成生命损失的灾难性后果; 系统、产品或工厂安全有风险,不合政府法规的风险; 危及安防或其他指定的关键要求
9	严重干扰后续过程步骤或严重损坏设备; 可能导致安全性关键或任务关键性失效,而且没有工作解决方案; 对按时生产安全、高质量系统或产品的能力产生严重影响

续表

严重度	严重度描述
7~8	在存储和运行的指定环境过程中,系统或产品测试失败,这可能会对运行或任务基本能力的完成造成不利影响; 系统或产品的缺陷造成过程中拒绝或是中断后续过程步骤,对安全性、质量和按时交付方面的性能有一定影响
4~6	给用户/操作员带来不便,需要执行额外的操作或步骤才能保持任务的正常进行; 客户不满意、一定程度的性能下降、利润损失或过程延误,给开发或支持人员带来不便
2~3	轻微的客户不满,轻微的性能或余量退化,少量的返工行动或在线过程延迟
1	对产品或后续步骤的影响很小或没有影响,可能包括其他步骤,如离线外观或过程增强方面的变更

表 8.4 和表 8.5 分别提供了失效或危险发生率(OCC)以及失效或危险的可检测性(DET)的代码(步骤 2b 和步骤 2c),这些代码和严重度代码一起用于 RPN 的计算。

表 8.4 发生率(OCC)因子

OCC	失效率(FR)	缺陷率	西格玛	失效或危险发生可能性的描述
10	FR > 5/h	1/2	$< +2\sigma$	失效或危险是必然发生的
9	1/h < FR < 5/h	1/8	$< +2\sigma$	失效或危险几乎是不可避免的
8	0.1/h < FR < 1/h	1/20	$< +2\sigma$	有着可能失效的趋势;过程步骤不受控,或是没有使用统计过程控制
7	0.01/h < FR < 0.1/h	1/40	$< +2\sigma$	有着非常可能失效的趋势;类似的步骤不断重复已知的问题;对新的工具或步骤基本上没有什么经验
6	1.0×10^{-3}/h < FR < 1.0×10^{-2}/h	1/80	$< +2\sigma$	可能的失效趋势;过程步骤有时候得到统计过程控制的控制,有时候不受控制(CPK < 1.00);超出控制的时间超过 50%

续表

OCC	失效率(FR)	缺陷率	西格玛	失效或危险发生可能性的描述
5	1.0×10^{-4}/h < FR < 1.0×10^{-3}/h	1/400	约 +2.5σ	可能的失效趋势;过程步骤得到控制(CPK < 1.00)的时间约为 50%;类似的步骤有着间歇性的问题
4	1.0×10^{-5}/h < FR < 1.0×10^{-4}/h	1/1000	约 +3σ	可能的失效趋势;过程步骤得到控制(CPK < 1.00);类似的步骤有着偶尔发生的问题
3	1.0×10^{-6}/h < FR < 1.0×10^{-5}/h	1/4000	约 +3.5σ	失效可能性低的趋势;过程步骤得到控制(CPK > 1.00);类似的步骤有着孤立发生的事件
2	1.0×10^{-9}/h < FR < 1.0×10^{-6}/h	1/20000	约 +4σ	失效可能性非常低;过程步骤得到控制(CPK > 1.33);类似的步骤中很少出现不同的问题
1	FR < 1.0×10^{-9}/h	1/1000000	约 +5σ	失效不太可能发生,或是在类似步骤中累积了好几个月(如 3 个月)的测试和操作小时数后也没有失效数据(CPK > 1.67)
注意:CPK 表示过程能力指数,这是对设计或制造过程能力的一个统计测量。FR 是对失效在一段时间内的可靠性测量,如每百万小时失效次数(FPMH)				

表 8.5　可检测性(DET)因子

DET	可检测性描述
10	没有可以检测的手段;没有任何过程或设备能够及时发现问题,从而对结果产生影响
9	通过控制手段可能也无法检测到问题;操作员/维护人员的干预是必要的
7 ~ 8	通过控制手段检测到问题的可能性很小;需要定期进行操作员检查和维护检查,以定期检测问题
5 ~ 6	控制手段对于某些问题的检测有着很高的测试覆盖率,而对另一些的问题覆盖率就比较低;大多数问题的检测需要操作员/维护人员进行检查和测试
3 ~ 4	控制手段很有可能检测到问题,而且有着很高的测试覆盖率;过程和测试设备能够在大多数情况下检测到问题的存在,而且停机时间能够最小化
1 ~ 2	控制手段总是或几乎总是能够检测到问题,从而避免系统或产品停机

4）步骤2b：可能原因——OCC因子

这一步骤旨在考虑故障模式可能发生的方式。有多个原因的情况并不罕见。“直接原因”通常被定义为导致问题的错误步骤。

在寻找根本原因时，我们会问“是什么造成了这种情况？”这一问题会一直问很多次，直到可行的原因被确定为止。这里的要点是，找到问题的可能原因，而且该原因是最终可以被评估和纠正的。例如，如果仅仅声明操作者没有正确地做某件事，那么这是不够的。更重要的是，需要看看操作者经受了怎样的压力，操作者的培训情况怎么样，针对预期的结果是否有足够的说明和图示，以及是否可以通过对工具/夹具或产品本身的设计改进来降低故障发生的可能性。

每一个列出的原因都被分配给一个“OCC”因子。和所有这三个因子一样，它们的值都在1～10的范围。表8.4给出了一个示例，说明这些值是如何分配给故障模式，并提供不同FMEA/FMECA之间风险评分的一致性的。

如果正在被分析的过程是用来跟踪统计过程控制（SPC）的缺陷数据的，那么这个特定的例子就特别有用。在这种情况下，“西格玛”值表示的是以可量化的方式估计过程问题的统计方法。如果此数据不可用，则必须使用其他历史信息或根据团队的判断来给出OCC的合理值。

5）步骤2c：验证方法——DET因子

最后一个要确定的因子是检测（DET）因子。这里主要的思想是，深入了解过程是如何能够检查到失效、检测到其他缺陷，以防止结果恶化的。显然，这一因子与严重度因子是相互关联的，团队在评估这些因子的时候应该采取灵活的方式。每一个原因都有自己的验证方法和DET值。

要解决的问题是：

· 考虑所罗列的原因，如何检测此故障模式？操作者或其他人是否能够理解所谓的问题，以及如何及时解决问题以避免最糟糕的结果？

· 是否有多种方法可以检测故障模式？如果是这样，则在确定DET值时应考虑所有的检测方法。

· 检测方法是否被正式作为过程的一部分？它们是自动的还是机动的？手动的？或偶尔的？

这样，DET因子就回答了“能够及时或在适当位置检测到原因，从而减轻其影响的可能性是多少？”这个问题。如果使用了多种检测手段，那么在计算DET评级值的时候应当包含所有这些方法。

6）步骤3：风险优先数（PRN）

可以通过将三个值（SEV、OCC和DET）相乘或相加来计算RPN。如果是通过将 SEV、OCC 和 DET 值相乘来计算 RPN,并且这三个因子的值可以在 1 ~ 10 之间变化,那么这三个值的乘积将在 1 ~ 1000 之间变化。如果是通过将这三个值相加来计算 RPN 的,那么结果的数值就在 3 ~ 30 之间。使用乘法,可以很容易将重要的风险与不重要的风险区别开,同时将这三个因子视为对项目的总体风险有着同样的重要性。可以将 RPN 值按照从高到低进行排序,从而洞察到最重要的可能问题。这些问题满足了具有最严重影响、最有可能发生及最不可能被检测到的标准。

8.5.4 执行 PFMECA,改进措施

8.5.4.1 确定潜在问题的优先顺序

确定优先顺序并不仅仅是从具有最高值的 RPN 中进行选择,而更要首先考虑有价值的项。必须根据业务的优先顺序来审核推荐的行动:建议是否可行?它们的成本是否高效?是否还有其他缓解因素(如人身安全)需要考虑?一些低值 RPN 的项往往有着简单的低成本解决方案。这些也应当考虑后续跟进。这些想法与通过 FMECA 得出的优先次序和记录的依据相结合,为最佳决策的制定提供了良好的基础。

8.5.4.2 首先解决根本原因

显然,要实现有效的改进,第一个要关注的地方就是如何解决问题的根源,也就是根本原因。例如,如果问题的原因在于没有工具来保证正确对准,那么通过设计一个设备,让操作者无需专门进行对准操作,那么就可以完全消除风险。如果这种方法不可行或成本太高,那么第二步就是审查过程中的对准工具,以降低出现错误的风险。在纠正性行动中,“改善培训”经常被当作一个包揽一切的办法,这并不是说培训不重要,培训确实是重要的。当然,如果培训不只是一个因素,那么就必须加以解决。不过,通过添加能够说明情况的图片或照片、简化设计或步骤,并保证手头有着正确的工具和夹具,这往往要比泛泛空谈一些标记或口号、指导或培训要有效得多。

“检查”也是发现缺陷的有用工具,但是往往作为纠正行动被过度使用了。就像质量工程师们经常说的““你无法通过检查来打造质量!”换句话说,检查对发现和纠正缺陷的影响是有限的。与增加检查步骤相比,更有效的方式是采取纠正性的行动来防止缺陷——让事情更容易做对,并且不容易出错。

当然,改善培训和检查等事项可以作为改善行动的有效附加手段。

8.5.4.3 向管理者提出建议

制定了潜在的改善建议后,下一步就是要保证它们能够得到良好的定义,从而使包括项目、生产和设计方面的管理者能够很好地理解和使用它们。就像

任何工程行动事项一样，必须对责任人、工作范围和进度进行定义，以确保这些建议能够得到恰当的处理，并报告给决策者。然后，必须按照估计的成本对这些建议进行说明，从而让决策制定者能够从风险方面评估它们是否“物有所值。

8.5.4.4 后续跟进

在后续跟进行动中，当改进措施已经被实施，或作为“假设分析”进行研究时，可以将初始结果作为出发点，然后观察在采取了措施的情况下对 RPN 重新考虑后的结果，从而进一步实现 PFMECA 更新。

8.5.5 执行 PFMECA 和报告结果

只有将结果记录到报告中后，才算完成了 PFMECA。报告的结果应当能够通过设计更改来消除危险和高严重性的故障模式，从而实现设计的改进。危险和高严重性故障模式的结果必须按照 RPN 的值进行排序，从而确定后续行动的优先顺序。实施这些行动并对它们的有效性进行评估后，针对已有因子的变化，可以对 PFMECA 进行重新审核，以衡量 RPN 的改善[1]。

矩阵的完成表示对涵盖的范围和详细程度有了很好的审核，但是这还不够的。要适当地报告结果，对 PFMECA 执行过程的基本原则、优先级和决策进行全面的评估，这才证明工作彻底完成。报告结果对于以下方面的重要性：

· 以书面形式沟通团队制定的决策、结论和建议。

· 对于可能的关注事项和制定的改进措施，起到了对基本依据进行记录的作用。

· 改进措施实施后，有助于跟踪进展。

· 随着采取行动后风险的降低，将会有新的“头号”RPN 元素。由于进行了后续行动，这种分析可以作为下一个优先事项和考虑因素的路线图。

· 未来的 PFMECA 可以从最初的 PFMECA 报告的结果和见解中受益。

8.6 结论

在系统、硬件和软件开发生命周期的不同时间点，能够以多种灵活的方式进行 FMEA 和 FMECA。FMEA 和 FMECA 方法是得到广泛认可的可靠性和安全性分析工具，尤其适用于系统故障风险评估，而且对于任何系统安全性工程项目，都应当被视为一个关键的分析实践。

致 谢

作者再次感谢 Robert Stoddard 和 Joseph Childs 为本章提供的大量素材,这些素材最早发布在《可靠性设计》(Design for Reliability,Wiley 2012)一书中[1]。

参考文献

[1] Raheja, D. and Gullo, L. , Design for Reliability, John Wiley & Sons, Inc. , Hoboken,NJ,2012.

[2] IEEE 1413.1 - 2002,IEEE Guide for Selecting and Using Reliability Predictions Based on IEEE 1413,The Institute of Electrical and Electronics Engineers,Inc. ,New York.

[3] Philippe,K. ,Architectural Blueprints:The "4 + 1" View Model of Software Architecture, November 1995, http://www.cs.ubc.ca/~gregor/teaching/papers/4+1view-architecture.pdf(Accessed on August 2,2017).

[4] IEEE - Std - 1633 - 2008,Recommended Practice on Software Reliability,The Institute of Electrical and Electronics Engineers,Inc. ,New York,2008.

补充阅读建议

Carlson,C. ,Effective FMEAs,John Wiley & Sons,Inc. ,Hoboken,NJ,2012.

Modarres,M. ,What Every Engineer Should Know about Reliability and Risk Analysis,Marcel Dekker,Inc. ,New York,1993.

O'Connor, P. D. T. , Practical Reliability Engineering, 3rd Edition, John Wiley & Sons,Ltd,Chichester,1992.

U. S. Department of Defense,Military Standard:Procedures for Performing a Failure Mode Effects and Criticality Analysis,MIL - STD - 1629A,Notice 3,August 4, 1998(Cancelled),U. S. Department of Defense,Washington,DC.

U. S. Department of Defense,Military Handbook,Electronic Reliability Design Handbook, MIL - HDBK - 338B, U. S. Department of Defense, Washington, DC, 1998.

第9章 针对系统安全性的故障树分析

Jack Dixon

9.1 背景介绍

故障树分析(FTA)是由H. A. Watson于1961年在贝尔实验室发明的[1],它已经成为一种非常流行和强大的分析技术。FTA最初由Watson用于“民兵”导弹(Minuteman)发射控制系统的研究。后来波音公司的Dave Hassl将其用途扩展到整个“民兵”导弹系统。1965年,在西雅图举行的第一届系统安全性会议上,他发表了关于FTA的历史性论文[2]。

从FTA的早期发展开始,它就已经在所有行业的众多复杂系统中得到应用。下面列出了一些FTA的典型应用,展示了这一技术的广泛用途:

- 核电[3]。
- 民用飞机。
- 空中交通管制系统。
- 铁路系统。
- 阿波罗计划。
- 航天飞机。
- 国际空间站。
- 化工厂。
- 放射性废物处理。
- 武器系统的引信和“安全与解除保险”装置[4]。
- 海藻的近海水产养殖[5]。

在核工业领域,人们创建了用于分析故障树的技术和计算机程序,为故障树的科学和数学原理做出了巨大贡献。在20世纪70年代后期,在向美国核管理委员会(NRC)的人员提供了很多故障树分析课程后,美国核管理委员会发布了第一个故障树分析手册NUREG-0492[6]。

从FTA的早期发展开始,人们就对它进行了很多改进,包括以数学方法估算故障树的算法和用来绘制、分析故障树的计算机程序。

虽然我们在这里是将 FTA 作为一个危险分析工具进行讨论的,但是实际上它是一个根原分析工具,因为它的用途是确定其他危险分析技术识别的危险或不期望事件的原因。这是一个重要并且得到大量使用的技术。FTA 可以用来评估某个已识别的危险,或分析某个事故,还可以在可靠性分析中使用。

9.2 什么是故障树?

故障树以树形的方式呈现造成某个特定不期望事件的原因(失效、故障、错误等)组合,它使用符号逻辑,以图形方式呈现了造成被分析的期望事件的失效、故障和错误的组合。FTA 的目的是识别能够造成不期待事件的失效和错误组合,通过故障树,分析人员能够将资源集中到造成顶事件的最可能和最重要的基本原因上。

范例 4:防止单因以及多因造成的事故。

FTA 是一种演绎(自上而下)分析技术,它关注于特定的不期望事件,并确定造成不期望事件发生的根本原因。这一过程先是从识别不期望事件(顶事件)开始,然后推理演绎系统,以确定造成顶事件的组件失效组合。

通过布尔代数运算,针对造成顶事件的所有基本事件组合,可以将故障树“解算”。这样可以获得故障树的一个定性分析。故障树也可以当作定量分析工具使用。在这种情况下,各个基本事件都会被分配有一个失效率或发生概率的值,然后就可以计算出顶层的不期望事件的发生概率。

9.2.1 门和事件

逻辑门和基本事件一起,用于创建故障树。图 9.1 显示了构建故障树时使用的标准符号,并对这些符号进行了描述。

这些门、事件和其他符号一起,用于构建故障树。

9.2.2 定义

要了解 FTA,需要先了解一些基本定义。

割集(Cut Set):会造成系统失效的硬件和软件组件失效的一个组合。

最小割集(Minimal Cut Set):硬件和软件组件失效的最小组合,如果它们全部发生,则会导致顶事件发生[6]。

失效(Failure):某个硬件或软件(HW/SW)组件的一个基本异常现象。失效指的是某个功能无法满足其需求规格说明。例如,根据规格说明,某个继电

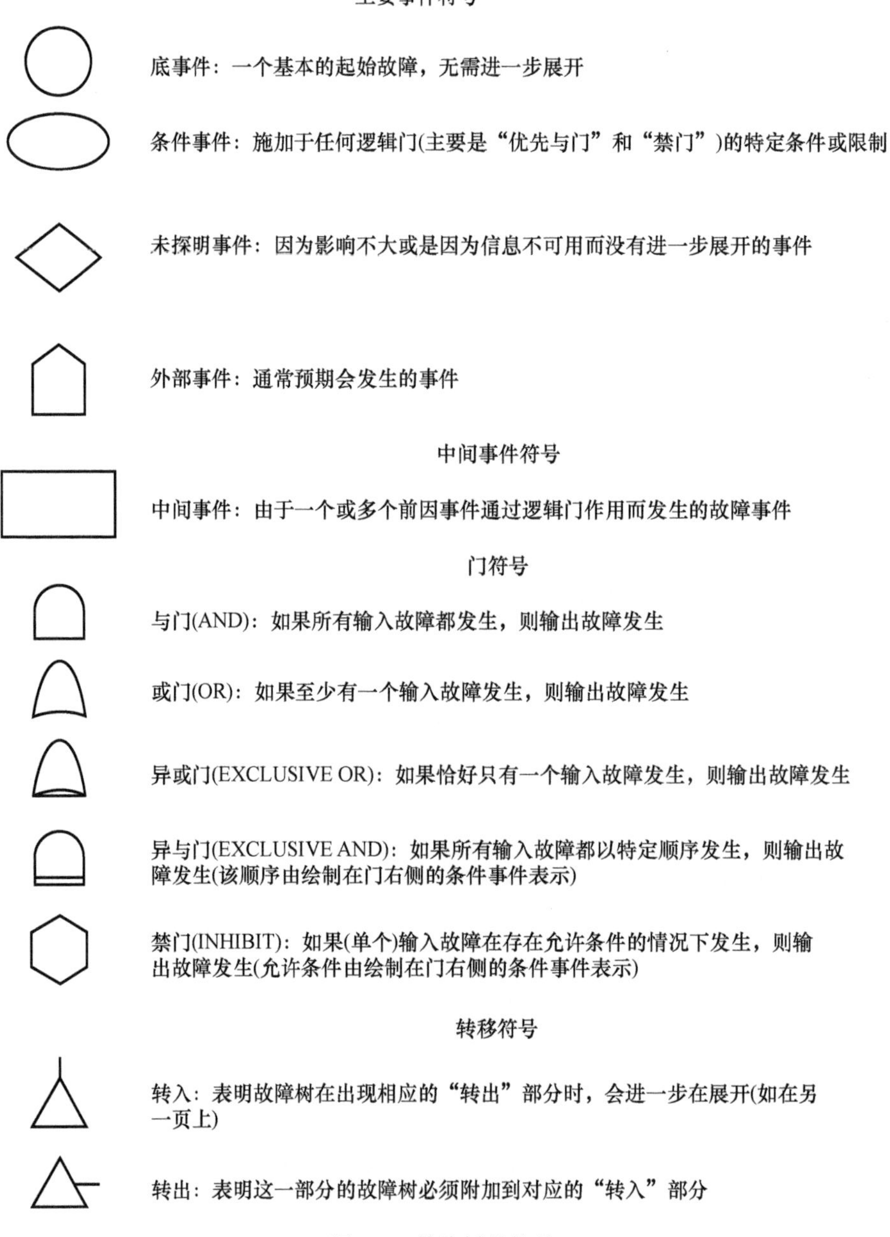
主要事件符号
底事件：一个基本的起始故障，无需进一步展开
条件事件：施加于任何逻辑门(主要是“优先与门”和“禁门”)的特定条件或限制
未探明事件：因为影响不大或是因为信息不可用而没有进一步展开的事件
外部事件：通常预期会发生的事件
中间事件符号
中间事件：由于一个或多个前因事件通过逻辑门作用而发生的故障事件
门符号
与门(AND)：如果所有输入故障都发生，则输出故障发生
或门(OR)：如果至少有一个输入故障发生，则输出故障发生
异或门(EXCLUSIVE OR)：如果恰好只有一个输入故障发生，则输出故障发生
异与门(EXCLUSIVE AND)：如果所有输入故障都以特定顺序发生，则输出故障发生(该顺序由绘制在门右侧的条件事件表示)
禁门(INHIBIT)：如果(单个)输入故障在存在允许条件的情况下发生，则输出故障发生(允许条件由绘制在门右侧的条件事件表示)
转移符号
转入：表明故障树在出现相应的“转出”部分时，会进一步在展开(如在另一页上)
转出：表明这一部分的故障树必须附加到对应的“转入”部分

图 9.1　故障树的符号

器在正常工作条件下应当是断开的,但是却因失效而闭合。

故障(Fault):某个由硬件和软件组件组成的功能在不期望的时间出现的不期望状态。例如,当某个继电器应当断开时却闭合,这并不是因为继电器失效而闭合,而是因为它在错误的时间"被命令"闭合。

主要故障(Primary Fault):某个硬件/软件组件在合乎其规格环境中发生的任何故障。例如,某个承压水箱被设计为能够耐受达到(包含)p_o 的压力,但是在 $p \leq p_o$ 的压力下却发生了破裂。

从属故障(Secondary Fault):某个硬件/软件组件在不合乎其规格的环境中发生的任何故障。换句话说,组件是在超出其设计条件的情况下失效的。例如,某个承压水箱被设计为能够耐受达到(包含)p_o 的压力,然后在 $p > p_o$ 的压力下发生了破裂[6]。

命令故障(Command Fault):某个硬件/软件组件的正常操作发生在错误的时间或错误的地点。例如,由于来自前序设备的某个过早或是错误的信号,一个弹头导火线上的解脱保险装置过早关闭了。

暴露时间(Exposure Time):系统已工作的时间,也就是系统的组件暴露到失效的时间。暴露时间越长,发生失效的概率就越高。

不期望事件(Undesirable Event):顶层事件,是故障树分析的主题,它通常是通过其他一些类型的危险分析而识别的事件。例如,对于一个武器系统,不期望事件可能就是"弹头的意外爆炸"。

9.3 方法论

安全分析师先从早期危险分析中识别的不期望事件开始,并识别事件的直接原因。然后,再对这些原因进行进一步的评估,直到识别出最基本的原因。故障树模型展示了基本原因与不期望事件之间的关系。可能有多种基本原因的组合可以导致顶事件的发生。这些组合称为割集(Cut Set)。最小割集是基本原因的最小组合,如果这一基本原因组合同时发生,则会导致顶事件的发生。

故障树图由以树状连接的门和事件组成。与门和或门是 FTA 中最常用的两个门。为了说明这些门的使用,让我们看看图 9.2 的例子。图中显示了两个简单的故障树,每个故障树包括两个输入事件,这两个输入事件可以产生一个输出,即顶事件。如果任何一个输入事件的发生都会造成输出事件的发生,那么这些输入事件就是用或门连接。如果必须两个输入事件都发生,才能造成输出事件的发生,那么它们就用与门连接。

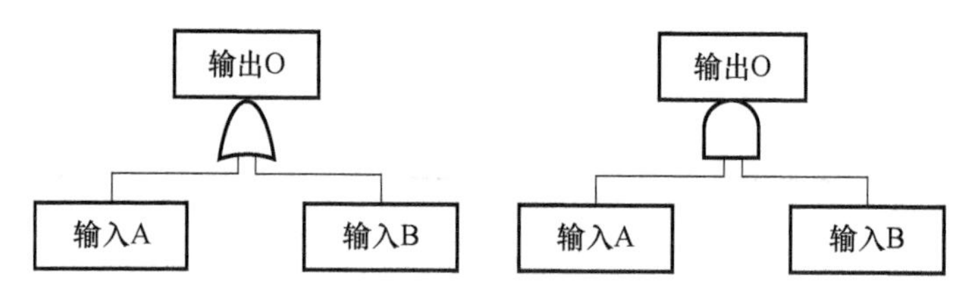

图 9.2 简单的故障树

故障树的构建和分析包括以下流程：

· 步骤 1 定义系统：在这一步骤中，需要了解被分析的系统，包括其设计和运行。

· 步骤 2 定义要分析的顶层不期望事件：此事件通常来自先前进行的危险分析，或者如果这是一个事故的情况下，就是对事故的简短描述（如化学工厂 X 发生化学品爆炸）。

· 步骤 3 定义边界：分析人员必须定义系统的边界，包括子系统、功能、环境等。

· 步骤 4 构建故障树：选择不期望事件后，可以开始使用与门、或门或其他可能适用的逻辑门来构建故障树。首先是从顶事件的下一层开始，即可以导致顶事件发生的中间事件和它们的组合。根据需要，这一过程会一直向下重复任意多层，直到识别出每个分支的根本原因，或达到不需要进一步分解的事件为止。故障树的每个分支的末端都是一个基本事件或一个未探明事件。

· 步骤 5 解算故障树：此步骤需要应用布尔代数来解算可能导致顶事件的割集，从而对故障树进行定性评估。如果希望或需要进行定量评估，则必须为每个底事件提供失效率数据，然后必须计算顶事件的概率。

· 步骤 6 评估结果：分析人员必须使用来自上一步的结果来评估每个割集的重要性，并确定需要对系统的设计采用哪些改进措施，以消除顶事件发生的可能性。如果对故障树进行了定量评估，那么分析人员必须确定结果是否在可接受的限度内，或者是否必须进行设计修改以改善发生概率。

· 步骤 7 报告结果：对 FTA 进行书面记录，以便提交给客户或供以后参考。

· 步骤 8 更新故障树：如果在树中发现任何错误，则需要更新 FTA。更常见的情况是，如果因为 FTA 本身的原因或因为其他原因而导致了系统设计变更，那么也需要对故障树分析进行更新。

· 步骤 9 报告结果：对 FTA 进行书面记录，以便提交给客户或供以后参考。

图 9.3 显示了这一过程。

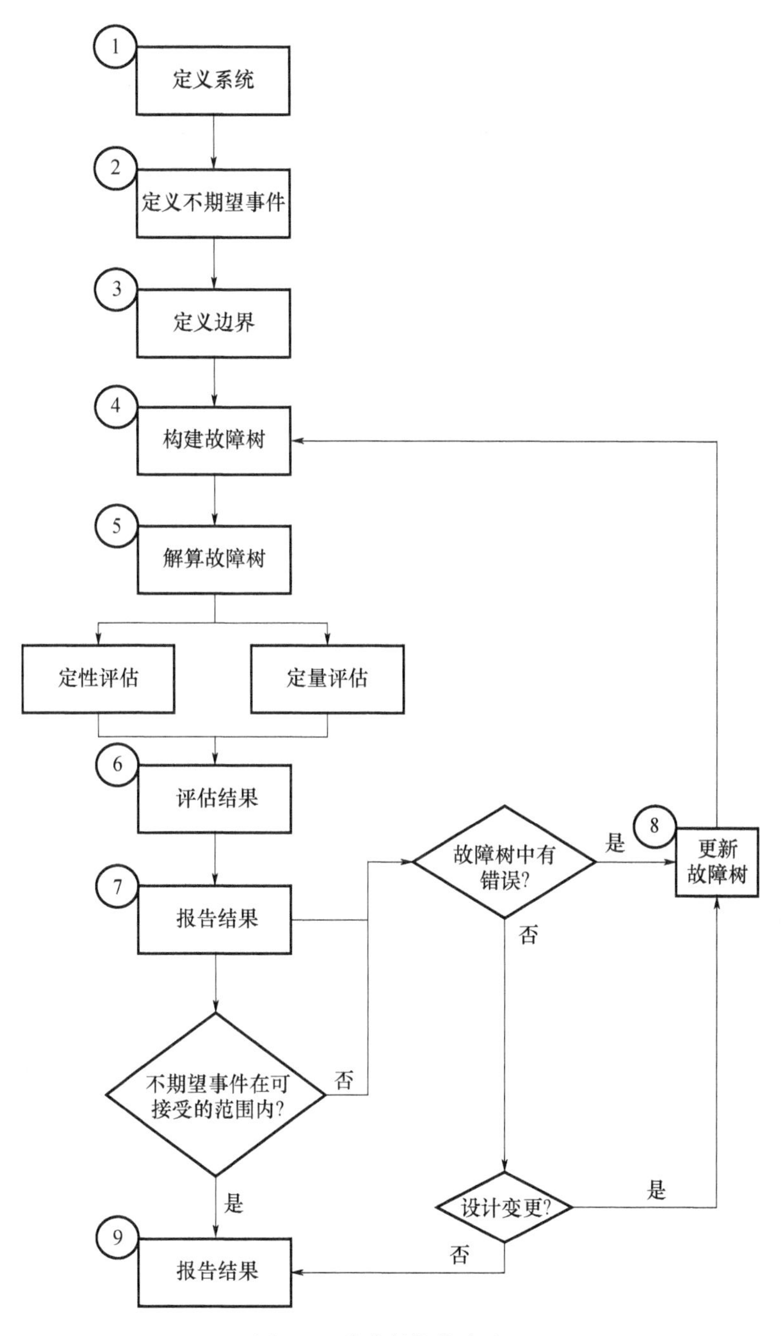

图 9.3　故障树的构建过程

要成功地绘制故障树,需要使用一套基本规则,这些规则改编自 NUREG - 0492。

· 基本规则 1:通过在作为故障的事件框中写入说明来准确地描述每个事件;准确地说明故障是什么,以及它何时会发生(如当加电时,电机不能启动)。

· 基本规则 2:对于"这个故障是否可能包含一个组件失效?"这样一个问题,如果答案为"是",那么就将该事件归类为"组件状态故障";如果答案为"否",那么就将该事件归类为"系统状态故障"。

· 基本规则 3:没有奇迹规则。如果某个组件的正常功能会传播故障序列,那么就要假定该组件是正常运行的。

· 基本规则 4:将门完成规则。在对某个特定门的某个输入进行深入分析之前,应当完成该门的所有输入。

· 基本规则 5:不存在门对门规则。门的输入应当是适当定义的故障事件,门不应当与其他门直接相连。

为了更加详细地说明故障树的实际构建方法,下面总结了创建故障树每个较低层次时的思考过程。随着故障树的创建,分析人员必须确定在每个层级上应当使用哪种逻辑门。为此,有三种方法可以使用,这些方法摘选自 NUREG - 0492[6]。

1)组件状态/系统状态方法

让我们将上面的规则 2 进行展开。分析人员先是提出"这个故障是否可能包含一个组件失效"这样一个问题。如果答案为"是",那么就将该事件归类为"组件状态故障";如果答案为"否",那么就将该事件归类为"系统状态故障"。如果故障事件被归类为"组件状态故障",那么就在事件下方添加一个或门,并注意主要、从属和命令模式。如果故障事件被归类为"系统状态故障",那么就寻找最小必要和充分的一个或多个直接原因。一个"系统状态"故障事件可能会需要一个与门、一个或门、一个禁止门,或者也许一个门也不需要。作为一般规则,如果能量源自组件外部的某个点,那么该事件就可能被归类为"系统状态"故障(例如,如果在电机的端子通电后,电机未能启动,那么这就是一个"组件状态"故障;如果电机意外启动,那这就是一个"系统状态"故障)。

2)主要、从属和命令方法

在这种方法中,故障被分为三种类别:主要、从属和命令。每个故障类别在故障树中都通过一个事件符号描述。图 9.4 中给出了这些事件符号的例子,其中显示了一个主要故障的底事件、一个命令故障的中间事件和一个从属故障的未探明事件。一个或门将这三个类别的故障连接到作为不期望输出的顶事件。

如果在被分析的层级上有两个或多个事件作为原因,那么就需要一个或门,参见图 9.4。

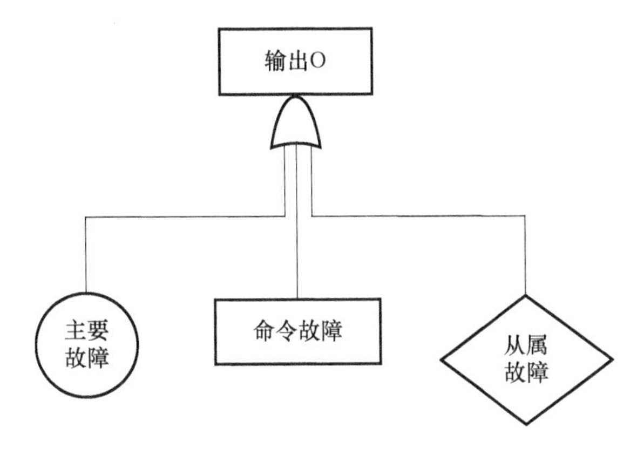

图 9.4 主要、从属和命令故障

3) *直接原因、必要原因和充分原因方法*

从顶层开始,分析师必须确定造成顶事件发生的直接原因、必要原因和充分原因。这些原因通常不是事件的基本原因,但是它们是事件的直接原因。随着分析师沿着故障树向下分析,这些直接原因、必要原因和充分原因现在被作为下一层事件进行处理。在每一层级上,直接原因、必要原因和充分原因都会与适当的逻辑门一起被确定,逻辑门定义了造成每一层事件的直接原因、必要原因和充分原因的组合。分析师对故障树的每一层都完成这一过程,直到到达无法进一步分解的"基本"失效为止(如电阻器失效开放)。

分析师从故障树的顶层开始,重复这一构建过程,经过所有的中间层,一直达到与不期望事件相关的基本原因。

9.4 割集

构建完故障树后,必须对其进行解算。故障树分析的一个主要成果就是确定割集。如前面定义的那样,割集是造成系统失效的硬件/软件组件失效组合。对于非常简单的故障树(图 9.5),通过目视就可以确定割集。

割集为

A

B,D

C,D

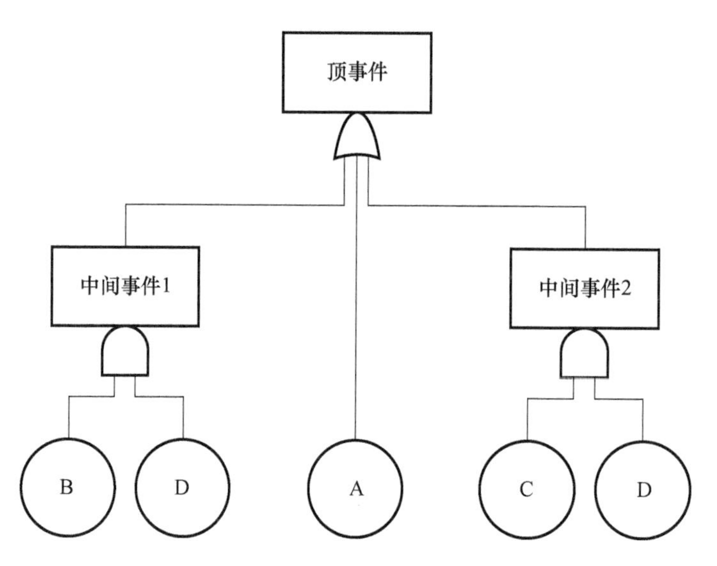

图 9.5 简单的割集确定

随着故障树愈加复杂,将树简化到割集的过程也变得更加复杂。这一过程必须使用布尔代数。在本书中,我们假定读者已经熟悉布尔代数的规则。图 9.6显示了一个简单的故障树,展示了在略微复杂一些的故障树中如何计算割集和最小割集。

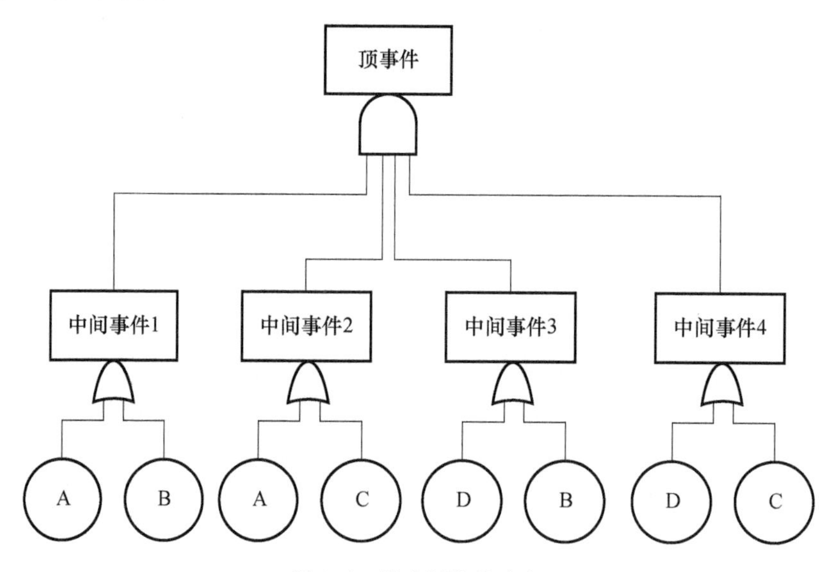

图 9.6 最小割集的确定

割集为

$$(A+B)$$
$$(A+C)$$
$$(D+B)$$
$$(D+C)$$

不过,这还不算结束。我们必须确定最小割集。让我们回顾一下前述节的定义:最小割集是硬件和软件组件失效的最小组合,如果它们全部发生,则会导致顶事件的发生[6]。

这样,我们为图9.6中的故障树写出割集的布尔表达式:

$$(A+B)\cdot(A+C)\cdot(D+B)\cdot(D+C)$$

使用布尔代数的规则,我们可以将此表达式简化为最小割集,即

$$[A+(B\cdot C)]\cdot[D+(B\cdot C)]$$
$$(B\cdot C)+(A\cdot D)$$

因此,最小割集为

$$(B\cdot C)$$
$$(A\cdot D)$$

从这个简单的例子可以看出,随着故障树变得复杂,使用布尔代数手动解算故障树的过程很快就会变得非常麻烦。因此,人们开发出了一个称为MOCUS的算法,并随后将其应用到计算机中,这样在故障树变得很大时也能轻松生成割集和最小割集[7]。

MOCUS 算法的步骤如下:

步骤1:通过字母、数字或字母数字的组合,识别(标记)所有的门和基本事件。

步骤2:将顶层的逻辑门的名称放到一个矩阵中第一行、第一列的位置。

步骤3:用门的输入来代替门的名称。如果门是一个与门,则将输入放到矩阵的行中。如果门是一个或门,则将输入放到矩阵的列中。

步骤4:沿着故障树的层次向下迭代步骤3,用门的输入来代替门。继续这个替换过程,直到只留下基本底事件为止。剩下的基本底事件就是要分析的所有割集。

步骤5:使用布尔代数规则,从列表中删除所有的非最小割集。剩下的最终列表就是最小切割集。

图9.7给出了一个简单的故障树示例展示 MOCUS 算法的应用(摘选自参考文献[7])。

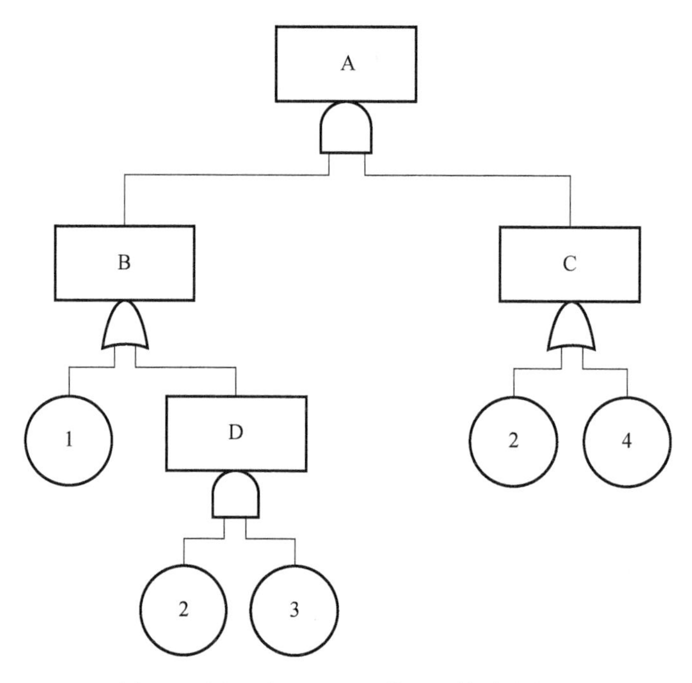

图 9.7　用于展示 MOCUS 算法的简单故障树

使用上面列出的 MOCUS 步骤,我们可以得出以下过程。

顶层事件 A 对应于一个门 A。门 A 的输出是对顶层事件的输入。将顶层事件或门 A 的名称放到一个矩阵中第一行、第一列的位置。

A		

使用 A 门的输入来代替 A 门。由于 A 是一个与门,因此我们将输入放到矩阵的行中。

B	C	

使用B门的输入来代替B门。由于B是一个或门,因此我们将输入放到矩阵的列中。注意,由于C门是与B门配对的,因此也会跟着代入这两个条目中。

1	C	
D	C	

使用C门的输入来代替C门。由于C是一个或门,因此我们将输入放到矩阵的列中。注意,由于C门的每个输入都与事件1和D是配对的,因此基本事件1和中间事件D都被复制。

1	2	
D	2	
1	4	
D	4	

使用D门的输入来代替D门。由于D是一个与门,因此我们将输入放到矩阵的行中。

1	2	
2	2	3
1	4	
2	4	3

使用布尔代数规则,从列表中删除所有的非最小割集。在这一情况中,重复的2可以从第二行中删除,而2、3和4的割集也可以被删除,因为只需输入2和3就可以导致顶事件,而2和3已经被识别为是一个割集。最终的列表包含了所有的最小割集。

1	2	
2		3
1	4	

可以用手工方式运用 MOCUS 算法将故障树简化到最小割集,不过,一旦故障树变得庞大和复杂,那么运算过程会变得非常麻烦。此时,就有必要进行自动化的分析。

9.5 故障树的定量分析

有几种方法可以用来计算不期望顶事件的发生概率。

首先,在任何情况下都必须确定基本底事件的失效率,这通常由可靠性计算和/或数据获得。硬件/软件组件的可靠性表达为

$$R = e^{-\lambda t}$$

式中:R 为可靠性;λ 为硬件/软件组件的失效率;t 为工作时间。

失效的概率为

$$P_f = 1 - R = 1 - ;e;^{-\lambda t}$$

一旦确定了所有的失效率,就可以计算出顶层事件的发生概率。有一种方法是,从故障树的底层开始,计算每个门的概率,然后沿着树形结构向上一直到顶事件。执行这一计算时,以下规则适用于通常的与门和或门。

对于与门,失效概率为

$$P_f = P_A \times P_B$$

对于或门,失效概率为

$$P_f = P_A + P_B - (P_A \times P_B)$$

不过,如果树中存在多个事件或分支的情况,那么这种方法就不适用,就必须使用割集方法来获得准确的结果。

对于概率计算的割集方法,一旦获得最小割集,那么根据需要,分析人员就可以通过评估概率来对故障树进行定量分析。进行定量评估时,最容易的方式是顺序执行,首先确定组件的失效概率,然后确定最小割集的概率,最后再使用适当的门方程来确定割集的概率,将每个最小割集的概率汇总,从而确定顶事件的概率。

与确定割集和最小割集一样,除非故障树非常小,否则这些计算会变得非常繁琐和困难,因此必须要使用自动化的计算方法。

9.6 自动化的故障树分析

多年来,人们已经开发出大量的计算机程序,帮助安全工程师创建和分析故障树。作者在这里并不准备为任何特定的产品背书,不过为了方便读者,这

里还是列出了几个市场上常见的故障树分析工具。

1)CAFTA

CAFTA(计算机辅助故障树分析)是一个用于分析复杂系统的事件树和故障树分析工具,CAFTA 由加利福尼亚州帕洛阿尔托的电力研究所(EPRI)开发。Rolls - Royce Controls 和数据服务公司(Data Services Inc.)是 CAFTA 的许可销售商。要了解更多信息,请访问 https://www.controlsdata.com/civil-aero/cafta。

2)FaultTree +

FaultTree + 是一个由 Isograph 公司创建的故障树软件包,并已经整合到该公司的 Reliability Workbench 11 产品中。Reliability Workbench 11 产品还可以进行其他类型的安全性和可靠性分析。要了解更多信息,请访问 https//www.isograph.com/software/reliability-workbench/fault-tree-analysis/。

3)ITEM Software

ITEM Software 提供带有故障树模块和图形用户界面(GUI)的 ITEM Toolkit,可以用来构建故障树。该软件可以将系统级故障分解为较低层级的事件和布尔门的组合,并对它们的交互作用进行建模。要了解更多信息,请访问 http://www.itemsoft.com/fault_tree.html。

4)Windchill FTA

PTC Windchill FTA(以前称为 Relex Fault Tree)提供了一个故障树分析工具,能够以直观的图形方式展现故障树和事件树,它还提供了一些分析工具,可以评估复杂过程和系统的风险和可靠性。要了解更多信息,请访问 http://www.crimsonquality.com/products/fault-tree/。

5)RELIASOFT BlockSim

RELIASOFT BlockSim 是一个系统可靠性和维修性分析软件工具。它具有一个图形界面,通过可靠性框图(RBD)或故障树分析或是两者的组合,对最简单或最复杂的系统和过程都能进行建模。要了解更多信息,请访问 http//www.reliasoft.com/BlockSim/index.html。

9.7 优点和缺点

FTA 是一种经过验证、使用普遍且功能强大的分析技术,多年来已经在许多不同的行业中得到应用。这种技术有着很好的灵活性,可以应用到从概念设计到详细设计的各种设计层次。它可以通过定性或定量的分析形式,针对安全问题提供有价值的见解,还可以非常清楚地展示特定的安全或事故分析。通过很多现成的商业软件,已经实现了故障树分析的自动化。

虽然 FTA 是一个非常强大的工具,但它也有一个最大的缺点,就是很容易变得庞大而难以处理、耗时,而且成本很高。

9.8 示例

通过一个示例,可以更好地帮助读者理解故障树分析过程。NUREG - 0492 中给出了一个承压水箱的示例,已经在业内使用了许多年。下面给出的示例就是以参考文献[6]中的那个例子为基础的。图 9.8 显示了一个承压水箱—水泵—电机设备以及相关的控制系统,其功能是将水箱保持灌满和加压的状态。图 9.9 显示了其工作模式。

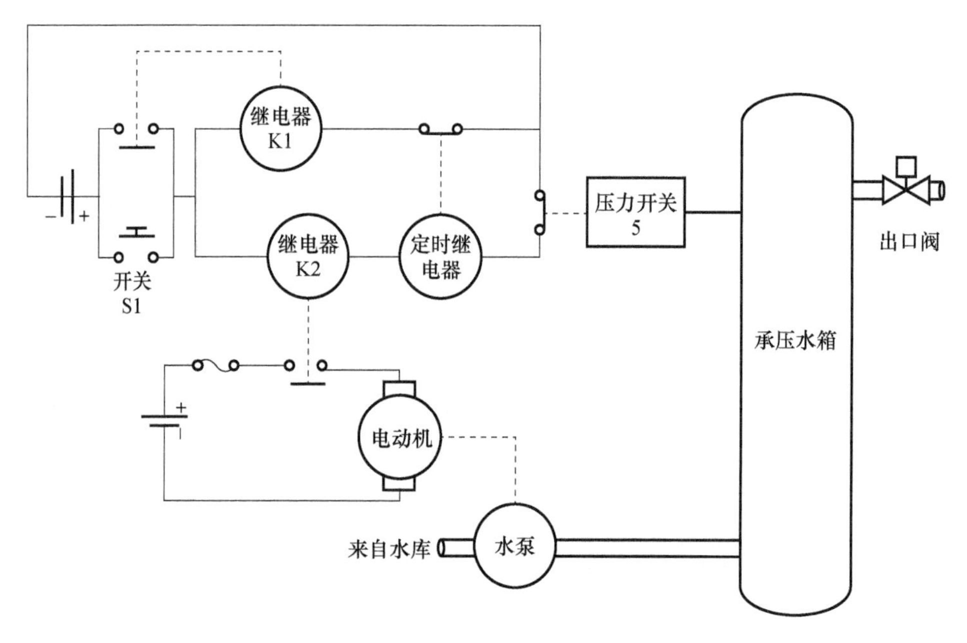

图 9.8　承压水箱系统

控制系统的功能是对水泵的工作进行调节,而水泵的作用是将液体从一个无限大的水库中泵送到水箱中。我们在这里假定需要 60s 的时间使水箱加压。压力开关的触点在水箱空着的时候是闭合的。当压力达到阈值的时候,压力开关的触点就会断开,从而继电器 K2 的线圈断电,造成继电器 K2 的触点断开,这样向水泵的供电就会停止,使水泵的电动机停止工作。水箱配有一个出口阀,能够在基本上可以忽略不计的时间内将水箱排空;不过,这个出口阀并不是一个减压阀。当水箱为空时,压力开关的触点闭合,然后开始重复这一周期。

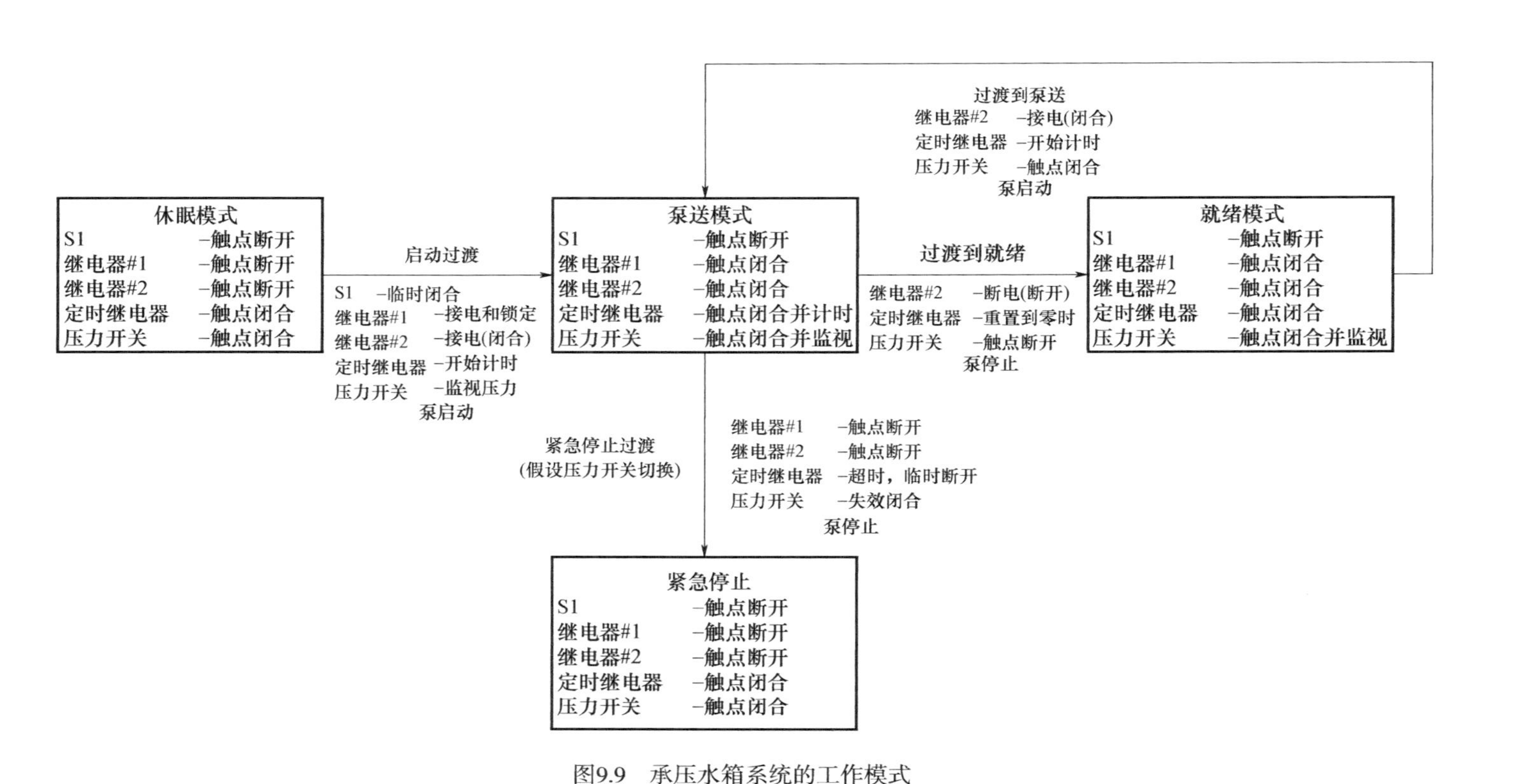

图9.9　承压水箱系统的工作模式

开始,系统处于休眠模式:开关 S1 的触点断开,继电器 K1 的触点断开,继电器 K2 的触点断开;也就是说,控制系统是断电的。在这一断电状态下,定时继电器的触点也是闭合的。此外,还假设水箱此时是空的,因此压力开关的触点也是闭合的。

按一下开关 S1,就可以启动系统的工作。这一动作会使继电器 K1 的线圈加电,从而使继电器 K1 的触点闭合。现在,继电器 K1 处于电自锁状态。继电器 K1 触点的闭合使继电器 K2 的线圈加电,而继电器 K2 触点的闭合则使水泵的电动机开始启动。

系统中提供了一个定时继电器,这样在万一压力开关失效闭合的时候能够紧急停机。一开始,定时继电器的触点是闭合的,定时继电器的线圈也是断电的。只要继电器 K1 的触点一闭合,定时器的线圈就会加电。这会启动定时器中的一个时钟。当时钟检测到定时器线圈已经连续加电 60s 时,定时继电器的触点就会断开(并锁定在该位置),导致 K1 继电器线圈(之前处于闭合锁定状态)的电路断开,从而使系统停机。在正常操作中,当压力开关的触点断开时(这会造成继电器 K2 的触点断开),定时器被重置到 0s。

在这一例子中,不期望事件为:“承压水箱在泵送开始后破裂”。

为了进行大幅度简化,我们忽略管道和接线故障,并且忽略所有的从属故障,仅仅关注于主要的问题:“承压水箱在泵送开始后破裂”。

使用上面介绍的规则和过程,得到的最终故障树,如图 9. 10 所示。

由于我们不准备进一步展开其他从属故障,因此可以将它们从图中删除。这样就进一步简化了故障树。

以“E”打头表示这是一个故障事件:

E1:承压水箱破裂(顶事件)。

E2:由于水泵运行时间超过 60s 产生的内部压力造成承压水箱破裂,这等同于 K2 继电器触点闭合时间超过 60s。

E3:K2 继电器线圈上的电动势持续时间超过 60s。

E4:当压力开关触点闭合的时间超过 60s 时,压力开关上的电动势仍然存在。

E5:当压力开关触点闭合的时间超过 60s 时,仍有通过 K1 继电器的电动势。这等同于压力开关触点闭合后,定时继电器的触点经过 60s 的时间后也没有断开。

简化后的故障树如图 9. 11 所示。

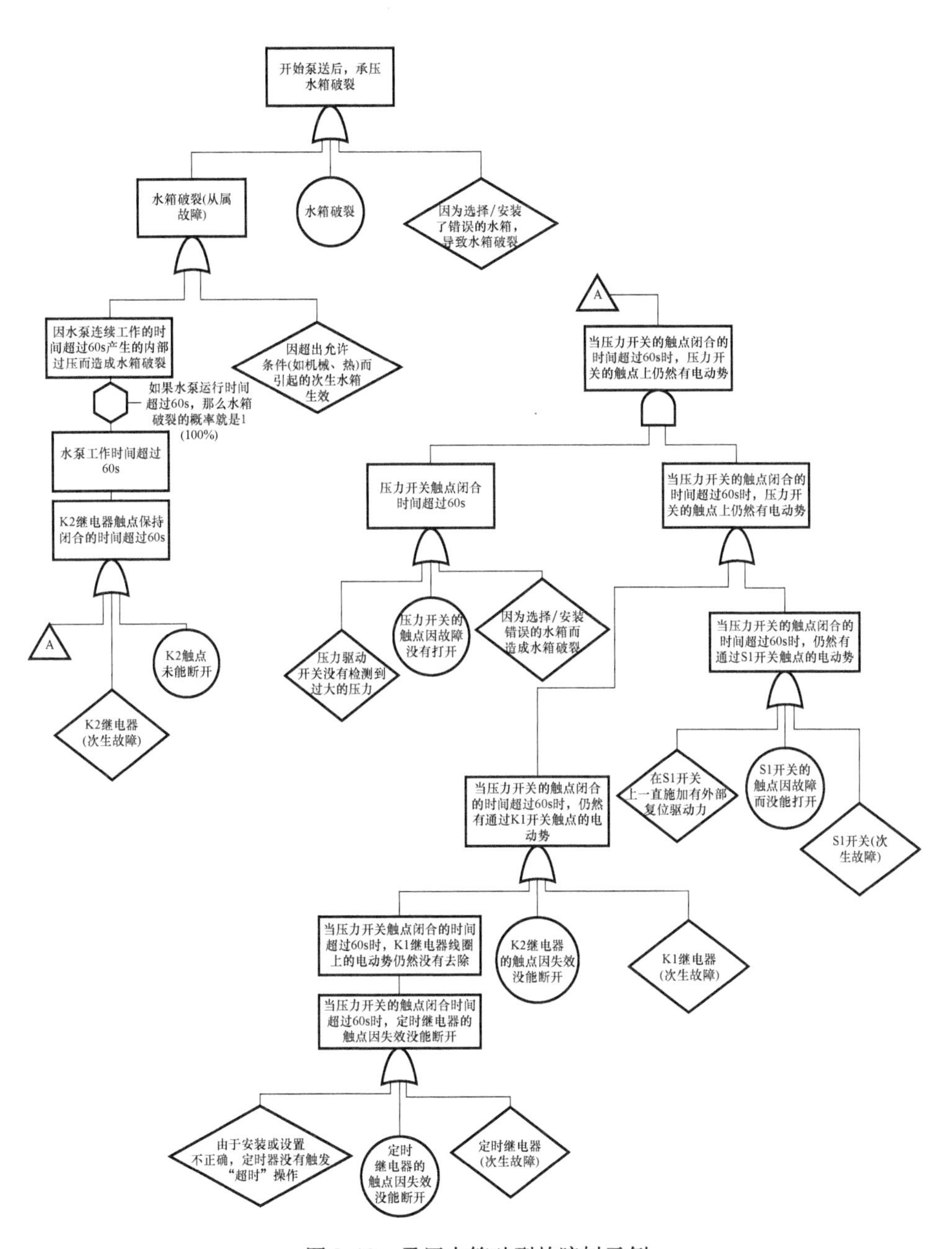

图 9.10　承压水箱破裂故障树示例

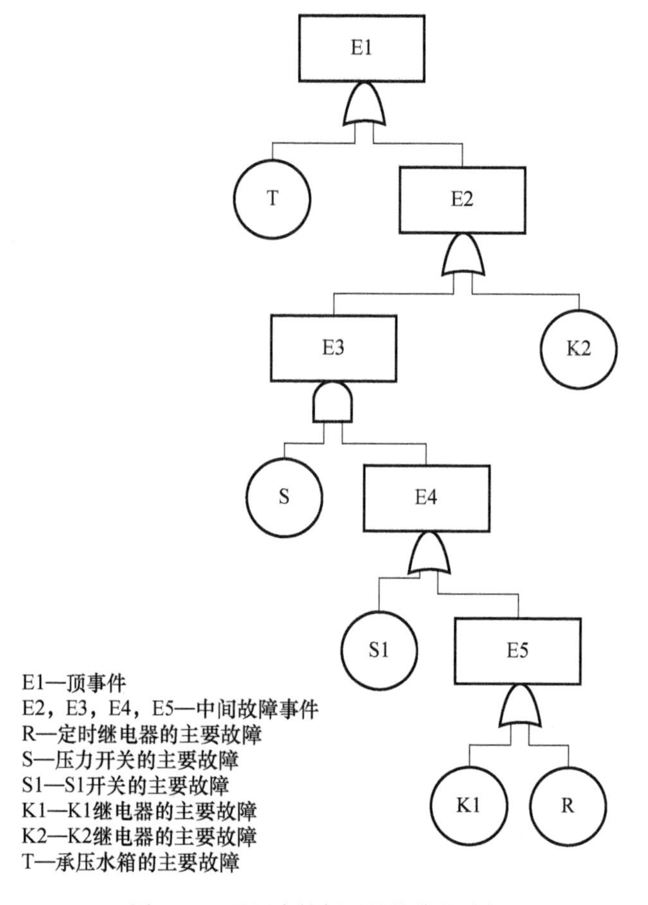

图 9.11　承压水箱例子的简化故障树

使用图 9.11 中简化的故障树，我们可以将顶事件表达为主要输入事件的布尔函数，先是从树的顶层开始，然后向下进行替换：

$$
\begin{aligned}
E1 &= T + E2 \\
&= T + (K2 + E3) \\
&= T + K2 + (S \cdot E4) \\
&= T + K2 + S \cdot (S1 + ES) \\
&= T + K2 + (S \cdot S1) + (S \cdot ES) \\
&= T + K2 + (S \cdot S1) + S \cdot (K1 + R) \\
&= T + K2 + (S \cdot S1) + (S \cdot K1) + (S \cdot R)
\end{aligned}
$$

这种通过故障树的基本输入来表达顶事件，与故障树本身在布尔代数上是等价的。这样，我们将故障树简化为 5 个最小割集：

K2

T

S · S1

S · K1

S · R

每个割集都定义了会引发故障树顶事件的一个事件或多个事件的组合。

现在,我们可以对结果进行定性分析。定性地说,造成顶事件的最大因素是单一的 K2 继电器,因为它代表了一个有效元件的主要故障。因此,如果用一对继电器来替换单一的 K2 继电器,那么系统的安全性就能够得到显著增强。不过,实际上这一系统还包含了一个极其严重的设计问题,即对控制器的监视,而非感兴趣的参数监视(此例中为压力)。其实完全应该是采用另一种方式!因此,改善系统最明显的方法就是,在水箱上安装一个减压阀并去除定时器。

接下来,可以对结果进行定量分析。这需要对各个组件的失效概率进行估算。表 9.1 给出了系统中各个组件失效概率的假定值。

表 9.1　承压水箱例子中的失效概率

组件	符号	失效概率
承压水箱	T	5×10^{-6}
继电器 K2	K2	3×10^{-5}
压力开关	S	1×10^{-4}
继电器 K1	K1	3×10^{-5}
定时继电器	R	1×10^{-4}
开关 S1	S1	3×10^{-5}

由于最小割集是事件的交集,因此 5 个最小割集的概率计算方法是将相关的组件失效概率相乘(假定各个组件的失效是独立的)。

$$P(\mathrm{T}) = 5\times10^{-6}$$

$$P(\mathrm{K2}) = 3\times10^{-5}$$

$$P(\mathrm{S}\cdot\mathrm{K1}) = (1\times10^{-4})(3\times10^{-5})$$

$$P(\mathrm{S}\cdot\mathrm{R}) = (1\times10^{-4})(1\times10^{-4})$$

$$P(\mathrm{S}\cdot\mathrm{S1}) = (1\times10^{-4})(3\times10^{-5})$$

我们要估算的是顶事件 E1 的概率。由于顶事件被表达为最小割集的并集,因此,如果这些最小割集的概率很小的话,就可以将顶事件的概率近似为各个单独的最小割集概率的和。对于概率低于0.1的基本事件,通常是一种精确近似。这种近似称为“罕见事件近似”。在本例中我们使用这种方法,只需将最小割集的概率相加,就可以得到顶事件发生的概率:

$$P(\mathrm{E1}) \approx 3.5 \times 10^{-5}$$

9.9 结论

FTA是一个非常强大的技术手段,可以对系统进行定性或定量的分析。它可以用来分析某个特定设计的概率,也可以针对不同的设计进行权衡分析。故障树分析可以应用于任何类型的系统,但有时候这种分析的成本会变得非常高,因此应当谨慎使用。

参考文献

[1] Watson, H. A. (1961) Launch Control Safety Study, Section VII Vol1, Bell Laboratories, Murray Hill, NJ.

[2] Hassl, D., Advanced Concepts in Fault Tree Analysis, Presented at the System Safety Symposium, June 8 - 9, 1965, Seattle, WA.

[3] Rasmussen, N. C., U. S. Nuclear Regulatory Commission; U. S. Atomic Energy-Commission (1975) Reactor Safety Study: An Assessment of Accident Risks in U. S. Commercial Nuclear Power Plants, WASH - 1400 (NUREG - 75/014), U. S. Nuclear Regulatory Commission, Springfield, VA.

[4] Larsen, W. (1974) Fault Tree Analysis, Picatinny Arsenal, Dover, NJ.

[5] Sulaiman, O. O., Sakinah, N., Amagee, A., Bahrain, Z., Kader, AS. S. A., Adi, M., Othman, K., and Ahmad, M. F. Risk and Reliability Analysis Study of Offshore Aquaculture Ocean Plantation System, Presented at 8th International Conference on MarineTechnology, Terengganu, Malaysia, October 20 - 22, 2012.

[6] Vesely, W. E., U. S. Nuclear Regulatory Commission, Division of Systems and Reliability Research (1981) Fault Tree Handbook, NUREG - 0492, U. S. Nuclear Regulatory Commission, Washington, DC.

[7] Fussell, J. B., Henry, E. B., and Marshall, N. H. (1974) MOCUS: A Computer Program to Obtain Minimal Sets from Fault Trees, Aerojet Nuclear Company, Idaho Falls, ID.

补充阅读建议

Ericson, C. (2011) Fault Tree Analysis Primer, Create Space, Inc., Charleston, NC.

Raheja, D. and Allocco, M. (2006) Assurance Technologies Principles and Practices, John Wiley& Sons, Inc., Hoboken, NJ.

Raheja, D. and Gullo, L. J. (2012) Design for Reliability, John Wiley & Sons, Inc., Hoboken, NJ.

Roland, H. E. and Moriarty, B. (1990) System Safety Engineering and Management, John Wiley& Sons, Inc., New York.

第10章　补充设计分析技术

Jack Dixon

10.1　背景介绍

在文献中介绍的和在各种项目中使用的危险分析技术多达百余种。在本书中,我们关注于最常用的几种技术。

在本章中,我们将介绍其他几种流行的危险分析技术,包括:

· 事件树。

· 潜在通路分析(SCA)。

· 功能危险分析(FuHA)。

· 屏障分析(BA)。

· 弯针分析(BPA)。

还简要介绍一些不常用的危险分析技术及关键点:

· Petri 网。

· 马尔柯夫分析(MA)。

· 管理监督风险树(MORT)。

· 系统理论过程分析(STPA)。

读者应参考每章末尾的"补充阅读建议",以了解关于更多不常用分析技术的论述。

10.2　关于不常用技术的论述

在众多的危险分析方法中,有很多可以作为我们在第7章中讨论的一些更常用方法的补充。与之前介绍的面面俱到的分析技术相比,本章中所选的这些分析技术能够提供不同的且往往是更加独特的关注视角。与通用化的技术相比,本章讨论的技术通常能够更加细致地调查特定类型的危险。

思维方式7:始终针对复杂系统的安全性进行结构和架构分析。

10.2.1 事件树分析

事件树分析(ETA)是一种图形技术,既可以支持设计过程中的危险分析,也可以支持对已发生的事故进行分析。它描述了可以导致或已经导致事故的事件序列。事件树分析既可以是定性分析,也可以是定量分析,与商业中使用的决策树类似。

10.2.1.1 目的

事件树分析的目的是确定在某个不期望的初因事件发生后的事件序列,并确定初因事件引起的各种后果的可能性。事件树分析不仅可以用来评估初因事件的后果,而且还可以用来评估初因事件会导致事故的可能性。这一技术可以评估已实施的包含系统和危险控制措施的有效性,以及系统安全性规程的有效性。

10.2.1.2 过程

假设我们正在进行危险分析和事故调查,那么在构建事件树分析时,要做的第一件事就是选择一个初因事件,这可以是一个系统、组件、设备失效、人为错误,或火灾、爆炸等外部事件。这一事件是不期望的,而且通常来自其他分析,如初步危险分析或健康危险分析。选择初因事件后,分析师就会构建各种可能的事故想定。为此,必须要确定中间事件,人们常常用各种名称来称呼它们——保护系统、保障措施、安全系统、屏障、缓解措施、危险控制成功或失败、关键事件。接下来,需要考虑中间事件(通常与保护系统相关)以及每个中间事件的成功或失败。每个分支都可能失败或成功。当某个特定事件,或者初因事件发生后,后续事件会发生,也就构建了事件发生的逻辑序列。事件树的每一个分支都导向一个被分析师识别的后果。这样,事件树就确定了一个初因事件可能引起的所有后果的列表,如图 10.1 所示。

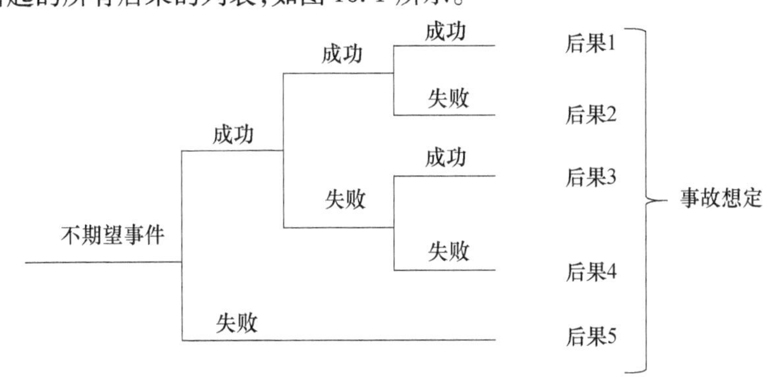

图 10.1 一般事件树

注意,按照惯例,失败总是显示在下部分支上,成功则显示在上部分支上。

初因事件	中间事件			后果
	中间事件1	中间事件2	中间事件3	

构造事件树后,必须确定每个中间事件的故障概率。此信息可来自多种数据源,包括故障树分析(FTA)、可靠性预计模型或分析,或任何可靠性故障率数据,如内部现场数据、内部测试数据、供应商数据和手册数据(如 MIL - HDBK - 217F 电子设备可靠性预计手册)[1]。由于每个中间事件都以先前中间事件的发生为条件,因此它们的概率为条件概率。它们显示在每个分支上。请注意,对于每个分支,有:

成功概率 = 1 - 故障概率

将事件树中通向某个特定后果的路径上的所有概率相乘,就得到了该后果发生的概率。图 10.2 显示了一个一般事件树,其中每个分支都分配有相应的概率,然后计算每个后果的概率。

事件树完成后,就可以用来评估与每个后果相关的风险。如果分析结果表明与任何特定路径相关的风险是不可接受的,那么可以通过设计修改、额外的保障措施,或采取额外的安全程序来降低风险。

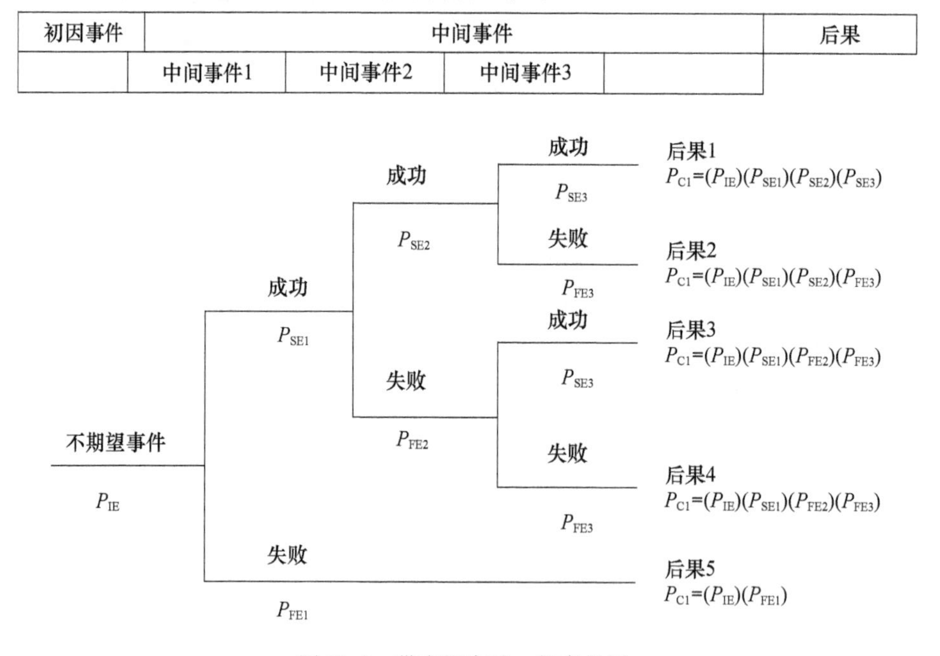

初因事件	中间事件			后果
	中间事件1	中间事件2	中间事件3	

图 10.2　带有概率的一般事件树

思维方式 4:防止单因素以及多因素造成的事故。

10.2.1.3 其他用途

进行事故调查时,事件树分析技术有助于对事故进行分析和理解。

事件树的另一个用途是可以表示在发生不期待事件时,操作员应当采取的行动/决策序列。例如,当化工厂中有危险物质从容器泄漏时,那么操作员可能需要完成某些特定的任务来防止更大灾难的发生。除了其他保护设备之外,这些行动也可以被包含到事件树中。

10.2.1.4 优点/缺点

事件树分析是一种图解模型,因此能够以可视的方式来帮助人们理解初因事件的后果和通向这些后果的路径。该过程可以包括硬件、软件和人因的影响。虽然事件树分析可以在设计的任何阶段完成,但它需要有关设计和各种组件故障概率的详细信息,因此通常是在设计过程的后期进行的。此时确定需要进行的任何变更都可能导致大量的重新设计工作和高昂的成本。

时序问题可能会导致事件树的使用出现问题。某些事件依赖于活动的时机和顺序及其他事件的结果。如果通过对某个故障进行分析,发现在某个特定事件的某个特定时间段会发生该故障,而该故障却因为应力和物理属性的影响改变了其故障时间,不会在该特定事件的过程中发生,此时就可能会出现时序问题。除非针对不同的时序想定也开展了事件树分析,否则这一时序问题就会对事件树分析产生非常不利的影响。

此外,共因失效也可能造成事件树分析中的错误。

事件树分析可能会变得非常复杂。对于发电厂等大型系统,必须构建很多事件树,以分析可能发生的所有不期待事件。

10.2.2 潜在通路分析

潜在分析(SA)源自潜在通路分析(SCA)。这一程序已经使用了将近 50 年的时间,但至今仍然像是某种“神秘艺术”。其第一个计算机辅助的主要版本是由波音公司于 1968 年为 NASA 的“阿波罗”计划开发的[2],该分析侧重于电路方面。潜在通路分析的目标是发现电路中隐藏(潜在)的路径或条件,这些路径或条件会导致不期望功能的发生,导致期望的功能在错误的时间发生,或抑制设计中期望功能的发生。即使没有组件发生故障,这些潜在路径仍然可能发生。潜在通路分析使用拓扑模式和线索来帮助分析师发现这些潜在路径。

在公共领域,有关潜在通路分析的信息非常有限,而且执行潜在通路分析的技术大部分都是专有的。因此,潜在通路分析这一技术并没有在系统安全性实践中得到广泛使用。由于线索的专有性质,通常需要专门的机构来执行分析。这种分析方法也极其耗时,因此执行起来成本也高。由于执行潜在通路分析需要很大的工作量和很高的成本,因此通常仅在非常有限的安全关键性项目中使用,如导弹或火箭的安全与解除保险设备以及子系统。出于完整性的目的,我们在这里对这一技术进行简要介绍,但仅限于总体上的概览。

尽管潜在通路分析主要是针对电路而开发的,但该技术已经扩展到其他领域,如气动、液压、工艺流程以及软件等使用相同拓扑方法的领域,并采用了更通用的术语——潜在分析。

10.2.2.1 目的

潜在通路分析的目的是找到那些会导致不期望功能发生或抑制所需功能发生的潜在路径。这些潜行路径在发生时,所有组件都是正常运行的。

10.2.2.2 过程

从概念上来说,潜在通路分析很简单。然而,实施潜在通路分析的相关公司开发出了专有的线索来辅助这一分析,而且这些公司不会共享这些资源。他们还开发出了专有的软件来进行潜在通路分析。这一过程需要将原理图转换为拓扑图,然后使用线索表来搜寻潜在路径。

在波音公司最早进行的潜在通路分析工作中,根据可能存在的不同潜在条件,将潜在电路分为4类:

· 潜在路径。潜在路径可能会导致电流或能量沿着意外的路径流动。

· 潜在时序。潜在时序可能会在非期望的时段导致电流或能量流动或功能抑制。

· 潜在指示。潜在指示可能导致系统工作状况指示不明确或错误。

· 潜在标志。潜在标志可能会导致施加错误的激励[2]。

执行潜在通路分析所需的步骤如下:

第1步:收集数据。收集适用的设计数据,包括电气原理图、互连图、功能图等。

第2步:对数据进行编码。由于大多数潜在通路分析都是使用计算机程序完成的,因此需要使用特殊的专有规则将原理图编码到计算机程序中。

第3步:创建网络树。将编码的电气原理图转换为网络树(即电路的简化版本)。这些网络树采用一定的朝向,使得电源位于顶部,而接地位于底部。

第4步:识别拓扑模式。共有5种拓扑模式,分析人员必须在网络树中加以识别。通路分析的拓扑模式如图10.3所示。

第5步:执行分析。通过将专有线索应用于每个节点来执行拓扑模式分析。这些线索有助于工程师根据网络树中发现的拓扑类型识别设计中的任何缺陷。以下是波音公司早期工作中使用的一些典型线索[2]：

·电源到电源的路径：不同电压源/电平之间可能存在并联关系，进而引发非期望路径（可通过网络树的形式进行表征）。

·地对地的路径：网络树的不同接地点之间可能处于不同电位。例如，航天器的接地回线分布式阻抗影响可能会造成不同接地点间的电位不同，从而改变了负载电压。

·反向电流：工作模式（状态）的切换可能会引起H形拓扑的交叉（横梁）分支流过反向电流。

·模糊指示：试图使用单个指示器来监视多个模式或功能，可能会影响状态显示的准确性。

·误导性标志：标志应当表示出树中每个开关、断路器和电源的所有直接受控功能。系统互连区域中的断路器和开关标志是特别容易出现标志矛盾的地方。

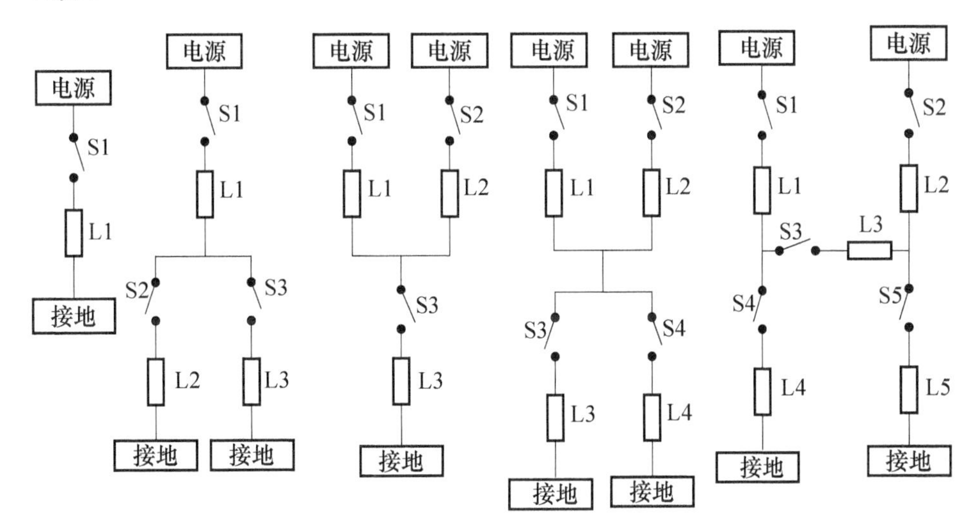

图10.3 潜在通路分析的拓扑模式

第6步：生成报告。基于分析，计算机程序通常会生成多个报告：

·绘制错误。

·设计问题。

·潜在路径。

·网络树。

·疏忽的操作模式。

·不明确的指示。

10.2.2.3 潜在通路分析的变化

设计人员不必等到所有电路都被设计好后再开始进行潜在通路分析，而是可以在设计过程的早期阶段就开始处理潜在路径，从而及早消除潜在路径而无需执行高成本的潜在通路分析，或至少可以降低潜在通路分析的工作量。这样，就能够在相对小的干扰和不太高的成本的情况下及早实施纠正性的变更措施。

下面介绍的一些潜在路径设计规则摘选自“针对普通人的潜在通路分析”[3]。读者可以阅读参考文献来了解更多详情。

问题：潜在路径涉及多个电源和/或多个接地回路。

解决方案：整理电路的结构，确保针对某个给定负载的所有电流都是从一个电源流向一个接地回路的。

问题：由于在负载接地侧的中断电流而导致的潜在路径。

解决方案：不要将会造成电流中断的元件（如开关、继电器、断路器、保险丝）放置在接地回路中。

问题：由位于负载接地侧的连接器（或其他电流中断设备）引起的潜在路径。

解决方案：当需要在负载的接地侧放置连接器时，保持电源和接地回路的对称设置。

问题：由电源和接地连接器引起的潜在路径。

解决方案：在电路的电源和接地回路中避免使用单独的连接器。

问题：在“线或”电路中，因选择其他路径而引起的潜在路径。

解决方案：只有当其他电路状态产生的效果完全相同的情况下，才能使用“线或”电路。如果某些电路状态是为了产生额外或缓和的效果，则必须提供隔离装置。

问题：由于在切换到备用电源时，不稳定的计算机存储器和其他重要负荷的瞬间断电而导致的潜在时序。

解决方案：对于小型存储器，使用“先断后合”开关和足够的电容来保持切换过程中的电压。对于大型存储器或防止主电源的短路，使用“先合后断”开关和二极管隔离。

问题：潜行标志导致拨动开关时出现了与预期相反的操作。

解决方案：除了根据要控制的对象，还应当根据要执行的操作来给开关明确标志。

10.2.2.4 优点/缺点

潜在通路分析需要耗费大量的人力，因此执行起来成本昂贵。在公共领域，有关潜在通路分析的资料非常有限，因此这一分析主要是由专门的机构来执行的。这些机构开发出了自己专有的线索和计算机程序，因此普通的安全工程师很难独立执行潜在通路分析。不过，潜在通路分析仍然是一种非常强大的技术，能够发现手工分析很难找到隐藏的潜在路径。

虽然最好是在开发过程的早期就进行潜在通路分析，以及早发现问题，但是由于潜在通路分析执行起来的成本很高，因此通常即便在获得生产图纸和信息后也仅执行一次分析。对于这一阶段找到的潜在路径，修正起来的成本也很高。

10.2.3 功能危险分析

功能的定义为“为了实现某个给定目标而需要采取的一个特定的或分离的动作（例如，系统完成其目的而必须执行的一个操作，或为了将系统恢复到工作状态而需要采取的一个维修行动）”[4]。功能危险分析（FuHA）是一种用于评估系统每一个功能其因故障引起的危险的技术，这些故障可能是功能失效，或功能没有在正确的时间运行所导致，并不是所有的功能失效都会导致危险。

功能危险分析通常是在开发阶段的早期进行的，此时系统功能是已知的，但是还没有进行详细的实施。可以针对整个系统、某个单独的子系统、系统之系统执行这一分析手段。

10.2.3.1 目的

功能危险分析的目的是对所有的系统功能进行分析，以识别因每个功能的故障而可能引起的系统级危险。功能危险分析的主要目的是找到关键性的危险。这是更详细分析的出发点。它关注功能失效的后果以及这种失效的严重性，而不关注导致失效的原因。

10.2.3.2 过程

首先，分析人员必须获得所分析的系统要执行的所有功能列表。这通常可以从项目开发早期创建的使用方案文档和功能流程图中获得。然后，分析师对每个功能进行分析，以确定每种可能的失效模式对系统的影响。针对每个被分析的功能，应考虑以下功能失效类型。

· 无法运行：获得适当的输入时，功能却没有发生/执行。

· 运行过早/过晚：功能执行时间比预期的要早或是要晚；如果过晚，那么功能可能会失序。

· 运行失序：功能在错误的功能之前或之后发生，并且没有接收到正确的输入。

· 无法停止运行：虽然根据线程应当继续执行下一个功能，但是该功能仍在继续运行。

·功能降级或故障：功能未能完成或仅部分完成；功能产生了不正确的输出[5]。

分析师应当确定每个功能失效是否会产生危险。如果会产生危险，则应评估其风险，并制定行动的建议，然后再安排进一步的安全分析。

10.2.3.3 工作表

功能危险分析通常使用与很多分析方法类似的矩阵。图 10.4 显示了功能危险分析的一个典型格式。

功能危险分析											
系统：______ 填表人：______ 日期：______											
标识符	功能	危险	影响	起因	IRAC	风险	推荐措施	FRAC	风险	注释	状态

图 10.4 功能危险分析格式

具体栏目说明如下：

标题信息：不言自明，这里可以包括项目所需或要求的各种一般信息。

标识符：可以仅仅为一个数字（如将危险列为 1、2、…）。也可以是用来标识系统中的某个特定子系统或某个硬件的标识符，并带有序列数字来标识针对该特定项目识别的多个危险（如电机 1、电机 2 等）。

功能：描述了系统中被评估的功能。功能列表应当完整地列出系统中的所有功能。

危险：这是被识别的由功能失效导致的特定潜在危险。注意，由于功能有多种失效方式，因此这里可能有多个危险。

影响：对可能造成的灾难进行的简短描述。潜在危险造成的影响是什么（死亡、受伤、损害、环境破坏或是其他影响）？

起因：这里简要描述了造成功能失效的原因以及功能失效引起的可能造成灾难的潜在危险。

IRAC：对风险的初步定性评估。

风险：在没有采用缓解技术的情况下，对已识别危险的风险进行的定性衡量。

推荐措施：推荐用于消除或缓解已识别危险的预防性措施。危险缓解方法应当遵循本书前面章节给出的首选顺序。

FRAC:在针对危险已经应用了“推荐行动”中给出的缓解技术和安全需求的情况下,对风险的最终定性评估。

注释:在这一栏目中,应当包含所有的假设、推荐的控制措施、需求、适用的标准、需要的行动等。

状态:说明危险的当前状态(开放、被监视、已关闭)。

10.2.3.4 优点/缺点

功能危险分析执行起来相对简单,而且遵循与很多其他危险分析类似的方式。如果尽早执行,就可以提供有用的数据,从而可以控制风险并防止它们出现在设计中,或给出进一步分析的建议。由于功能危险分析关注的是功能,因此通常它不会识别与系统相关的所有危险,因此还应当执行其他类型的分析。

10.2.4 屏障分析

屏障分析(BA)的概念非常简单:识别某个能量来源,识别目标,界定能量的流动,然后识别能够防止这种能量流动的屏障(图10.5)。屏障分析既可以作为一个系统安全性设计分析工具,也可以作为一个事故调查工具来使用。

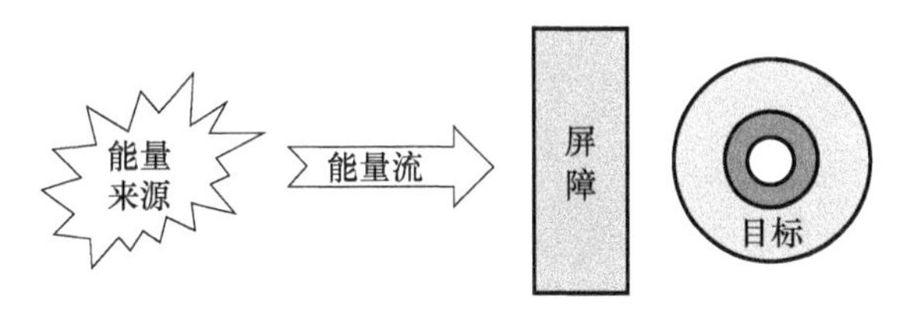

图10.5 屏障将能量来源与目标隔离

10.2.4.1 目的

屏障分析的目的是对阻止危险的能量流向目标,以防止出现事故而所设屏障进行评估。这里的目标可以是人员,也可以是设备。

10.2.4.2 过程

为了执行屏障分析,分析人员需要先确定可能对目标有害的能量来源和能量流,然后识别或插入屏障,这些屏障能够阻止能量流动到目标而造成人身伤害或设备损坏。当然,在任何系统中都可能存在许多能量来源、许多屏障和许多目标。

通过使用能量检查单来识别能量来源。这些能量来源可能包括电能、机械能、辐射能、声能等。屏障可以是“硬”屏障,如墙壁、屏蔽、绝缘设备等,也可以是“软”屏障,如程序、培训、警告等。

分析过程中,首先是识别系统中的所有能量来源;其次是识别系统内的能量流动路径;然后分析师必须确定目标,以及目标对能源的脆弱性;最后是位于或应当位于能量来源和目标之间的安全屏障。此外,在这个时候还必须对屏障是否充分进行评估。这一评估包括屏障的有效性,以及当屏障失效的时候会发生什么。最后是针对有屏障和没有屏障的情况对目标承受的风险进行评估,此时会确定屏障的充分性和风险的可接受性。如果发现屏障不足以保护目标,或风险是不可接受的,那么必须提出建议,通过改善屏障、添加更多的屏障、消除或减少能量来源、提供更多的分析来提高安全性。

10.2.4.3 工作表

通常使用工作表来记录屏障分析,图 10.6 显示了屏障分析的典型格式。

屏障分析										
系统:________ 填表人:________ 日期:________										
能量来源	危险	目标	IRAC	风险	屏障	推荐措施	FRAC	风险	注释	状态

图 10.6 屏障分析的格式

具体栏目说明如下:

标题信息:不言自明,这里可以包括项目所需或要求的各种一般信息。

能量来源:存在的能量来源的类型(如可燃气体),以及关于数量、位置等其他有用的描述信息。

危险:这是被识别的特定潜在危险(如起火、爆炸)。

目标:对一个目标或多个目标的描述,这些目标可能会受到能量来源的影响并可能造成事故(例如人身伤害、设备损坏、环境破坏等)。

IRAC:对风险的初步定性评估。

风险:在没有采用缓解技术的情况下,对已识别危险的风险进行定性衡量。

屏障:系统中已有或需要添加的所有硬件和/或软件屏障的描述。

推荐措施:推荐用于消除或缓解已识别危险的预防性措施。危险缓解方法应当遵循本书前面章节给出的首选顺序。

FRAC:在针对危险已经应用了"推荐行动"中给出的缓解技术和安全需求的情况下,对风险的最终定性评估。

注释:在这一栏目中,应当包含所有的假设、推荐的控制措施、需求、适用的标准、需要的措施等。

状态:说明危险的当前状态(开放、被监视、已关闭)。

10.2.4.4 优点和缺点

屏障分析技术是一种掌握和使用起来相对简单的方法,执行起来快速、有效,而且成本较低。

分析师是否有能力识别系统中存在的所有能量来源,这决定了屏障分析的效果。然而这种方法不能识别系统中可能存在的所有危险,而仅能识别与已确定能量来源相关的危险。

10.2.5 弯针分析

弯针分析(BPA)有时候也称为电缆故障矩阵分析(CFMA),这一技术专门用来分析因电缆连接器针脚弯曲引起的所有可能的故障组合。任何连接器都可能出现针脚弯曲的情况,这通常发生在装配或维护操作中进行断开/连接的动作时。因针脚弯曲造成的不期望连接可能会导致系统的故障、意外的操作、危险的结果。

10.2.5.1 目的

弯针分析的目的是通过系统化的方式来确定系统对连接器针脚弯曲情况的敏感性。虽然这一技术通常作为一个可靠性工具来识别所有因连接器针脚弯曲引起的故障类型,但是其真正的价值是在系统安全性方面对连接器中影响安全的关键电路所做的分析。

10.2.5.2 过程

执行 BPA 的第一步是建立一个包括所有可能弯针组合的矩阵。在确定有可能存在的可信针脚对针脚连接时,应当考虑针脚的长度和针脚之间的间距。注意,针脚的有些组合并不适用,因为某些特定的针脚弯曲不会与另一个针脚或外壳接触。因此,这些组合可以从分析中排除。图 10.7 显示了这种矩阵的一个示例。

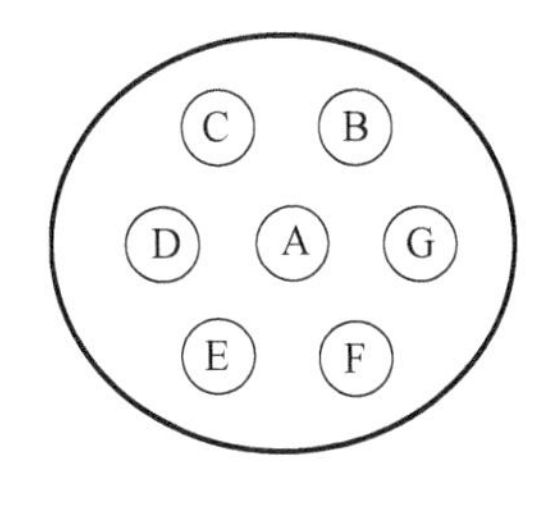

针脚	A	B	C	D	E	F	G	外壳
A		×	×	×	×	×	×	
B			×				×	×
C				×				×
D					×			×
E						×		×
F							×	×
G								×

图 10.7 连接器配置和针脚对针脚可能组合的矩阵

接下来,分析师必须使用每个针脚的相关信息(如电压、信号、目的等)来确定每种可能的针脚对针脚或针脚对外壳(接地)连接组合的结果。分析师对每一种结果进行评估,以确定这种组合是否构成危险。如果有危险,那么还要评估与该危险相关的风险。

BPA 通常仅考虑针脚对针脚的情况,而不考虑多个针脚弯曲并与第三个针脚接触的情况。多个针脚弯曲的情况相对比较少见,不过如果这种情况会造成严重后果的话,则应当在设计中加以考虑。

10.2.5.3 工作表

图 10.8 显示了 BPA 的典型工作表格式。

弯针分析													
系统:________ 填表人:________ 日期:________													
标识符	弯针组合	针脚数据	电路状态	影响	危险	IRAC	风险	推荐措施	FRAC	风险	注释	状态

图 10.8 弯针分析的格式

具体栏目说明如下:

标题信息:不言自明,这里可以包括项目所需或要求的各种一般信息。

标识符:可以仅仅为一个数字(如将危险列为 1、2、…)。也可以是用来标识系统中的某个特定子系统或某个硬件的标识符,并带有序列数字来标识针对该特定项目识别的多个危险(如电机 1、电机 2 等)。

弯针组合:这是被分析的弯针组合的标识。

针脚数据:针脚的相关信息(如数据、电压等)。

电路状态:这一列说明针脚对针脚(或外壳)的连接造成的结果,是会引起上游或下游电路的短路,还是会引起下游电路的开路。

影响:对弯针接触造成的可能影响进行简要描述。

危险:因弯针接触而引起的特定潜在危险。

IRAC:对风险的初步定性评估。

风险:在没有采用缓解技术的情况下,对已识别危险的风险进行定性衡量。

推荐措施:推荐用于消除或缓解已识别危险的预防性措施。危险缓解方法应当遵循本章前面给出的首选顺序。

FRAC:在针对危险已经应用了“推荐措施”中给出的缓解技术和安全需求的情况下,对风险的最终定性评估。

注释:在这一栏目中,应当包含所有的假设、推荐的控制措施、需求、适用的标准、需要的行动等。

状态:说明危险的当前状态(开放、被监视、已关闭)。

10.2.5.4 优点/缺点

BPA 技术并不是特别复杂或难以掌握的,但是要对系统中每个连接器的每个针脚都进行审查,这一过程可能是非常费力和乏味的。虽然这是一个非常耗时的过程,但作为彻底风险评估的一部分还是非常必要的。

10.3 其他分析技术

有很多技术用于系统安全性分析。我们在本章和前面三章中介绍了一些最流行的技术,下面简要总结一些读者可能会碰到的其他技术。这些技术不那么常用,通常仅用于非常特殊的情况。

10.3.1 Petri 网

Petri 网分析(PNA)用于在抽象层上对系统、子系统等进行建模,这是一种使用图形符号来描述被分析系统的数学技术。该技术在模型中使用状态转换来反映系统发生的变化。它最适用于软件密集型的系统,而且可以在建模中包含硬件和人员。这一技术用于分析可达性等属性。也就是说,在模型中包含了危险状态,而通过分析可以确定是否会达到这种危险状态。它还有助于帮助理解可恢复性和容错能力,以及对软件时序问题的分析。Petri 网是用数学术语定义的,因此可以实现分析的自动化。

最好是在概念设计早期时就采用 PNA,在设计过程的早期阶段就识别软件安全问题是非常好的实践方式。

PNA 是最难学习和使用的技术之一。有效地应用这一技术,要求对数学和计算机科学有着研究生水平的知识。这一技术还要求对建模的过程有着非常详细的了解。由于这种特殊分析的繁琐性,因此在大型、复杂的系统中,执行起来会非常麻烦和成本高昂。

10.3.2 马尔可夫分析

马尔可夫分析(MA)是一种统计技术,使用状态转换图来描述系统、子系统或组件的工作状态和失效状态。这一模型用来计算到达系统各种状态的概率,可以用来研究系统中的时序、失效和修复。这些被建模的过程是一些随机过程，其未来状态仅依赖于当前状态。一旦绘制了状态图的图形版本，就可以将其转换为一系列微分方程，而且可以确定概率。

在进行马尔可夫分析时，先是绘制状态图。状态由一个圆圈表示，带箭头的连接线表示两种状态之间的转换。每条线都可以有与其相关的失效率 λ 或修复率 μ。为了进行说明，图 10.9 显示了单组件可修系统的马尔可夫模型。

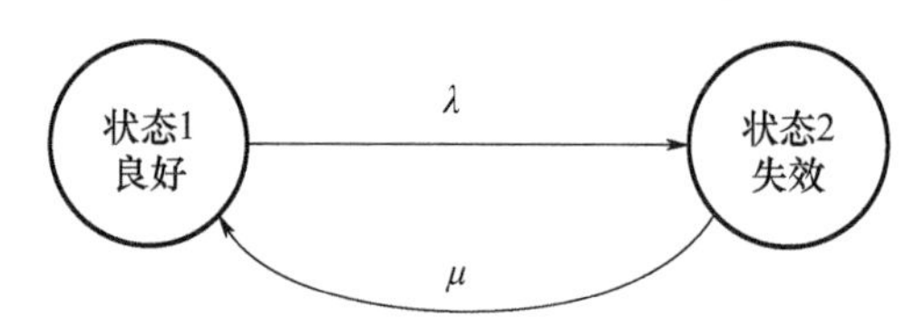

图 10.9　单组件可修系统的马尔可夫状态转换模型

随着系统运行，状态和状态转换的数量也迅速增加。例如，双组件可修系统，每一个组件失效组合都有相应的状态，以及各个状态之间的转换，因此要解决问题，就需要更多的方程。可以很容易地看出，模型很快会变得非常复杂。对于复杂的系统，为进行马尔可夫分析而开发的模型会变得庞大而难以处理。

MA 并不识别危险。它的作用是对状态转换进行建模，并提供对系统工作状况的洞察力。因此，MA 在系统安全性中的使用是有限的。不过，对需要在时序、失效和修复方面进行详细分析的概念设计或关键子系统及早评估，这总是一种良好的实践方式。

10.3.3　管理监督风险树

管理监督风险树（MORT）的概念是 20 世纪 70 年代初由美国原子能委员会（现在的核管理委员会）提出的[6]。虽然这种技术主要用于事故调查，但是也可以用于危险分析。MORT 是一个根源分析程序，用于确定事故或灾难的原因和促成因素。MORT 通常关注的是与能量有关的危险。因此，屏障分析（BA）是进行 MORT 的必要准备。

分析师先是从一个预先定义的逻辑树着手。这个逻辑树“……是一个简单的图表，以有序、逻辑化的方式将安全程序元素加以排列。它利用故障树分析的方法论，以图解的形式展示了动态、理想化（通用）的安全系统模型”[7]。此预先定义树的顶部如图 10.10 所示。

这个预先定义的逻辑树包含“……超过 1500 个‘基本事件’（成为原因的问题或与理想安全系统相关的预防措施）。这些基本事件反过来又成为在连续广泛的管理和事故预防领域中识别的将近 100 个不同的通用问题的基础”[7]。

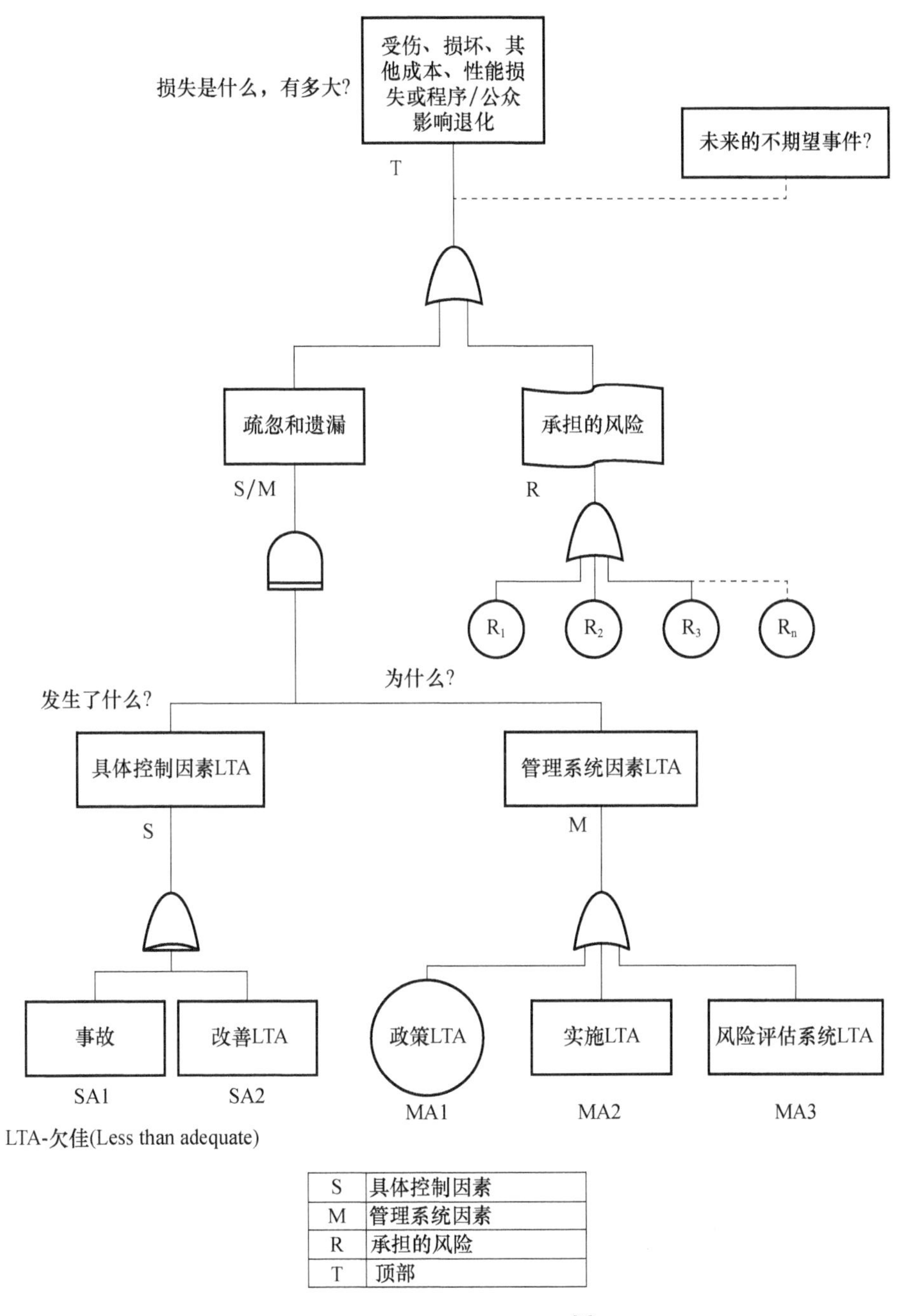

S	具体控制因素
M	管理系统因素
R	承担的风险
T	顶部

图 10.10　MORT 的顶事件[7]

在诺德韦克风险倡议基金会的“MORT - 管理监督风险树”中可以找到MORT图表的一个完整的现代版本[8]。

以预先设计的树作为指导,分析师使用故障树分析的规则来绘制事故或系统特定的新树,并使用MORT方法中特定的颜色编码。颜色编码为绿色时表示没有问题,红色表示出现问题,蓝色表示需要更多数据才能完成分析。对于不适用的项,则将其去除。这一过程会一直重复,直到所有的项目都有了完整的数据并得到完全的分析为止。对于已识别危险的地方,进行风险评估。

MORT的主要优势是用于事故/事件调查。这是因为预定义的树提供了一种系统的方法来评估可能导致事故、控制以及管理失败或疏忽的所有因素。使用MORT进行事故调查或危险分析的缺点则是非常麻烦、繁琐、耗时,因此执行起来成本也非常高。

10.3.4 系统理论过程分析

系统理论过程分析(STPA)是一种相对较新的方法,由麻省理工学院的Nancy Leveson教授提出。Nancy Leveson还是两本关于系统安全性的热门书籍的作者,这两本书为《软件:系统安全性和计算机》和《设计安全的世界》[9]。

STPA的目的是解决其他技术通常无法涵盖的更加复杂、软件密集型的社会技术系统。STPA中可以包含导致事故的一些新起因,包括软件缺陷、组件交互作用事故、认知复杂的人为决策错误,以及社会、组织和管理因素[9]。

STPA使用功能控制图和需求、系统危险、组件的安全约束和安全要求。它有两个主要的步骤[9]。

步骤1:识别可能导致危险状态的系统控制不足情况。

(1)没有提供或是没有遵循安全所需的控制措施。

(2)提供了不安全的控制措施。

(3)本来可能是安全的控制措施,但是提供的时间过早或过晚,也就是说,是在错误的时间或以错误的顺序提供的措施。

(4)安全所需的控制措施过早停止,或应用的时间过长。

步骤2:确定在步骤1中识别的每个潜在危险控制措施是如何会发生的。

(1)对于每一个不安全的控制措施,检查控制回路中的各个部分,看看这些部分是否会导致这一不安全的控制措施。如果还没有控制或减缓措施,那么就进行设计,如果已经有了这些措施,并且已经对现有的设计进行分析,那么就评估这些措施。对于同一个组件或安全约束的多个控制机制,确定它们之间是否有冲突和潜在的协调问题。

(2)对于已经设计好的控制机制,考虑它们是如何随时间而退化的,并建立起防护措施，包括：

①对变更程序进行管理，确保在计划的变更中能够保证安全约束的实施。

②执行审计，假定危险分析是运行审计和控制的先决条件，这样违反安全约束的计划外变更就可以被删除。

③通过事故和事件分析，将异常追溯到危险和系统设计。

STPA 的第一步中提供的信息可以用来识别对组件行为的必要限制，以防止已识别系统危险的发生，也就是说，这些是安全要求。在 STPA 的第二步中，确定了组件正确实施约束所需的信息，以及额外的安全限制条件和信息，这些信息可以消除或控制设计中的危险，或从一开始就实现正确的系统设计。根据第二步中识别的想定，可以得出会违反组件安全约束的危险控制措施[9]。

原因分析完成后，对于每一个不能表明在物理上是不可能的原因，都必须对它们进行检查。如果已经有了相应的设计，那么就确定设计中是否对它们进行了充分的处理；或者，如果是正在分析的支持下开发设计，那么就增加设计功能来控制它们[9]。

STPA 中的一个额外步骤是考虑设计的控制机制是如何随时间退化的，并建立相应的防护机制。为了实现这种防护，必须识别和缓解退化机制，可以使用性能审计，以及制定变更管理程序。如果进行了设计变更，那么必须更新 STPA。如果系统中发生了事故或事件，那么应当更新 STPA，以确定为什么控制是无效的。如果系统中包含人的因素，那么可以按照 STPA 的第一步中与自动化组件相同的方式对他们进行处理。不过，针对人类控制器的原因分析和详细的想定生成要复杂得多。如果系统中包含人，那么针对他们需要有一个额外的过程模型[9]。

系统动力学建模用于显示背景因素与不安全控制措施之间的关系，以及安全控制结构随时间推移逐渐失效的原因。大多数建模技术仅提供直接关系（箭头），而这不足以理解起因之间的间接关系。系统动力学提供了一种方法，可以显示这种间接和非线性的关系。为此，我们可以创建系统动力学模型，从而对每个组件行为受到的情景影响进行建模。然后，可以将这些模型组合起来，从而更好地理解整个系统的行为，以及组件之间的相互作用[9]。

STPA 技术的主要优点是可以处理其他技术通常无法涵盖的更加复杂、软件密集型的社会技术系统。不过，这是一种仍在发展之中的新技术，并且，如果要将这一技术用于分析组织、管理或社会系统，还需要系统动力学的知识[9]。

参考文献

[1] United States. Department of Defense(1991) Reliability Prediction of Electronic

Equipment, MIL – HDBK – 217F, Department of Defense, Washington, DC.
[2] Rankin, J. P. and White, C. F. (1970), Sneak Circuit Analysis Handbook, Boeing D2 – 118341 – 1, Boeing Company, Houston, TX.
[3] Miller, J. (1989) Sneak Circuit Analysis for the Common Man, Rome Air Development Center, U. S. Air Force Systems Command, Griffiss Air Force Base, NY.
[4] Blanchard, B. S. and Fabrycky, W. J. (1998) Systems Engineering and Analysis, Prentice Hall, Upper Saddle River, NJ.
[5] Adam Scharl, Kevin Stottlar, and Rani Kady (2014) NAVSEA NSWCDD – MP – 14 – 00380, Functional Hazard Analysis (FHA) Methodology Tutorial, Presented at International System Safety Training Symposium, St. Louis, MO, August 4 – 8, 2014., http://issc2014. system – safety. org/83_Functional_Hazard_Analysis_Common%20Process. pdf. (Accessed August 24, 2017).
[6] Johnson, W. G. (1973) The Management Oversight and Risk Tree: MORT, U. S. Atomic Energy Commission, Washington, DC.
[7] United States. Department of Energy, (1992) MORT User's Manual, U. S. Department of Energy, Washington, DC.
[8] The Noordwijk Risk Initiative Foundation, MORT: Management Oversight and Risk Tree, 2002, http://nri. eu. com/NRI2. pdf (Accessed August 9, 2017).
[9] Leveson, N. G. (2011) Engineering a Safer World, The MIT Press, Cambridge, MA.

补充阅读建议

Ericson, C. A. (2005) Hazard Analysis Techniques for System Safety, John Wiley & Sons, Inc., Hoboken, NJ.
Leveson, N. G. (1995) Safeware: System Safety and Computers, Addison – Wesley Publishing Company, New York, NY.
Raheja, D. and Allocco, M. (2006) Assurance Technologies Principles and Practices, John Wiley& Sons, Inc., Hoboken, NJ.
Raheja, D. and Gullo, L. J. (2012) Design for Reliability, John Wiley & Sons, Inc., Hoboken, NJ.
Stephans, R. A. (2004) System Safety for the 21st Century, John Wiley & Sons, Inc., Hoboken, NJ.

第11章　过程安全管理和分析

Jack Dixon

11.1　背景介绍

过程安全管理(PSM)的基本内容是,通过持续的努力,防止涉及危险化学品和能量的危险流程发生灾难性的事故。它采用管理原则和分析技术来降低化学品的制造、使用、处理、储存和运输过程中的过程风险。过程安全管理主要关注的是与化学生产设施中的材料和能量过程相关的危险。在处理易燃材料、高压设备、大电流负载设备和高能材料(如火箭发动机推进剂)的设施中,过程安全管理也是一个重点。

在一般行业和建筑行业的具体标准中均涉及过程安全管理。美国职业安全与健康管理局(OSHA)创建于1970年,其宗旨是制定安全和健康相关的标准并保证它们的执行,从而保障工人能够有安全和健康的工作条件。职业安全与健康管理局发布了"高度危险化学品的过程安全管理标准"(29 CFR 1910.119)[1],其中包含对使用高危化学品的流程进行危险管理的要求。职业安全与健康管理局还为行业提供培训、教育和帮助。在发生了一系列与化工厂相关的重大灾难性事件后,职业安全与健康管理局于20世纪80年代初开始介入化学过程安全。

最大的突发公共事件发生在1984年,当时联合碳化物公司(Union Carbide)在印度博帕尔的工厂发生了甲基异氰酸酯(MIC)泄漏,造成超过3800人死亡、数千人受伤的严重后果[2]。这一事件引起了全世界和职业安全与健康管理局的关注。之后,在1985年又发生了一起类似事件,联合碳化物公司在西弗吉尼亚州的工厂出现了同样的化学品事故,造成135人受伤。职业安全与健康管理局开始对美国所有生产甲基异氰酸酯的设施进行检查。通过检查,职业安全与健康管理局认识到当前的标准是不充分的,需要建立起更好的管理系统、工作实践方式和保护系统。

其他化工厂还在继续发生事故。下面列出了1988—1991年在美国不同地方发生的类似的化学事故,并给出了每个事故的死亡人数。

· 1988 年,在路易斯安那州有 7 人死亡。
· 1989 年,在德克萨斯州有 23 人死亡。
· 1990 年,在德克萨斯州有 17 人死亡。
· 1991 年,在路易斯安那州有 5 人死亡。
· 1991 年,在路易斯安那州有 8 人死亡。
· 1991 年,在南卡罗来纳州有 9 人死亡。

作为对这些事故的回应,1990 年职业安全与健康管理局提出了过程安全管理标准。同年晚些时候,美国国会通过了"清洁空气法案"(Clean Air Act),要求职业安全与健康管理局颁布一个化学品过程安全规定。最终,于 1992 年 2 月颁布了 29 CFR 1910.119《高度危险化学品的过程安全管理标准》,其中规定了防止或尽量减少有毒、反应性、易燃或爆炸性化学品灾难性释放后果的要求。这些释放可能会导致中毒、火灾或爆炸的危险[1]。

过程安全管理标准适用于涉及超过规定数量的高危化学品、易燃液体或易燃气体的工艺过程。过程安全管理标准是具有特定数量的一些危险化学品工艺过程的法定要求,也可用于任意工艺过程的安全管理。

11.2 过程安全管理要素

高危化学品过程安全管理主要目标是防止有害危险化学品释放,特别是要防止这些化学品被释放到可能对员工和其他人员造成严重危险的地方。要制定有效的过程安全管理计划,需要采用系统化的方法来评估整个过程。通过这种方式,在评估中要考虑到过程设计、过程技术、操作和维护活动和程序、非常规活动和程序、应急准备计划和程序、培训计划,以及对过程造成影响的其他因素等。过程安全管理的作用是主动识别、评估和缓解或防止由于过程、程序或设备失效而可能导致的化学品释放[3]。

职业安全与健康管理局确立了 14 个对于过程安全管理的成功至关重要的要素。

(1)员工参与。用人单位必须制定一个促成员工参与的书面计划。雇主必须就过程危险分析(PrHA)和过程安全管理的其他要素与员工进行协商,并且必须保证员工能够访问过程危险分析,以及为过程安全管理标准开发的所有其他信息。

(2)过程安全信息。要实现有效的过程安全管理计划和过程危险分析,必须提供有关工艺化学品、工艺技术和工艺设备的完整而准确的书面信息。这些信息应当包括化学品信息、中间工序、火灾和爆炸特性、反应性危险、安全和健康危险、腐蚀和侵蚀效应、物料安全数据表(MSDS)、库存水平、框图流程图、工艺流程图、管道和仪表图、适用的规范和标准、与规范和标准的偏差。图 11.1 给出了一个工艺流程图的例子[4]。

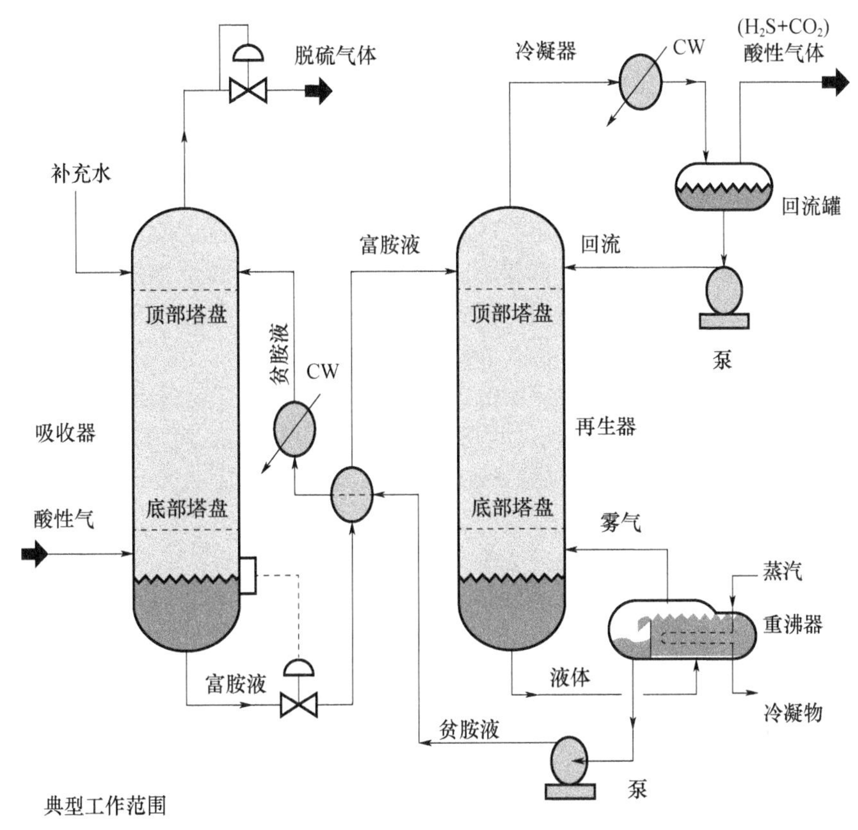

图 11.1　工艺流程图示例[4]

(3)过程危险分析(PrHA)。过程危险分析有时也称为过程危险评估,这是过程安全管理计划中最重要的元素之一。过程危险分析是一项有组织、系统化工作,旨在识别和分析与高危化学品加工或处理相关的潜在危险的严重性。过程危险分析提供的信息可以帮助雇主和员工做出改善安全的决策,并减少危险化学品被有害或意外释放而产生的后果。过程危险分析旨在分析火灾、爆炸、有毒或易燃化学品释放以及重大危险化学品泄漏的潜在原因和后果。过程危险分析专注于设备、仪器仪表、公用设施、(常规和非常规)人类活动以及可能对过程产生影响的外部因素。这些考虑因素有助于确定过程中的危险和潜在的失效点或故障模式[3]。

注意:过程危险分析这一术语常常缩写为 PHA,但是由于 PHA 这一首字母缩写常常被用于表示我们在第 7 章中讨论的初步危险分析,因此我们使用 PrHA 作为过程危险分析的缩写。

(4)操作程序。操作程序通常称为标准操作实践(SOP)。这些操作程序应当描述必须要执行的所有任务、要记录的数据、要维护的操作条件、要采集的样品,以及为维护工人安全和公共安全必须采取的安全和健康预防措施。如果对流程进行了更改,则必须对操作程序进行更新,以记录这些更改。标准操作实践应当说明完成了什么工作。如果任务发生变化,那么可以立即使用铅笔和墨水(也称为红线更改)对标准操作实践进行非正式的修订,在对正式草案更新、审核和批准后,修订正式的标准操作实践文档。

(5)培训。涉及高度危险化学品的所有员工、维护人员和承包商雇员都必须参加培训。培训必须让受训人员充分理解所涉及化学品和工艺过程的安全和健康危险。这种理解对于保护受训人员及其同事以及附近领域的公众来说至关重要。

(6)承包商。合同员工必须安全地开展工作,并且必须对这些员工进行筛选、培训和/或认证,以保证他们能够在不影响员工或公众安全和健康的情况下完成工作。

(7)启动前安全检查(PSSR)。对于新设施和改进设施,必须进行启动前安全检查。

(8)机械完整性。对于用来处理、储存或处理高危化学品的设备,需要对它们进行专门的设计、建造、安装和维护,以尽量减少此类化学品释放的风险。这要求采用一个机械完整性计划,以确保工艺设备的持续完整性。机械完整性计划的要素包括设备和仪器的识别和分类、检查和测试、测试和检查的频率、维护程序的开发、维护人员的培训、建立测试结果的可接受标准、测试和检查结果的记录,以及制造商关于设备和仪器平均故障前时间的建议的文件记录[3]。

(9)动火作业许可证。雇主必须为其负责的过程中或附近进行的任何动火作业颁发动火作业许可证(注意:动火作业是指任何涉及燃烧、焊接,以及使用能够产生火焰或火花的工具,或有易燃材料存在时会产生燃烧源的工作)。

(10)变更管理。变更指的是除“同类替换”以外,对设备、程序、原材料和加工条件进行的所有更改。在实施变更之前,必须对这些变更进行识别和审查,以妥善地管理这些变更。

(11)事故调查。事故调查的目的是识别事故的根本原因,并实施相应的步骤,以防止类似事件再次发生。事故调查旨在从过去的经验中吸取教训,以避免重复过去的错误。雇主应该调查的是那些已经导致或有理由认为它们会导致灾难性化学品释放的事件类型。有时候,人们将其中一些事件称为"未遂事故",意思是说这些事件没有产生严重后果,但是事故在当时发生的可能性是存在的,而且以后有可能发生事故[3]。

(12)应急计划和响应。雇主必须确定员工在高度危险化学品意外释放时应采取的行动。这些计划应当考虑到撤离、疏散路线、警报、应急响应组织和程序、如何处理非严重紧急情况或偶发释放、培训需求、互助协议、与外部紧急救援人员的协调和沟通。

(13)合规审计。雇主需要选择训练有素的人员或组建一个由训练有素人员组成的团队来审计过程安全管理系统和计划。审计应当包括对过程安全管理系统的设计和有效性评估,以及对安全与健康条件和实践的现场检查,以验证雇主的相关制度是否得到有效实施[3]。对于合规审计中发现的问题,必须采取适当的纠正措施加以解决。

(14)商业秘密。根据要求,必须提供证明符合过程安全管理所需的所有信息。虽然保护商业秘密很重要,但雇主必须向负责以下事项的人员提供所有相关信息:

①过程安全信息编制人员。

②协助过程危险分析开发的人员。

③操作程序开发人员。

④执行事件调查、应急计划和响应的人员。

⑤无需考虑这种信息可能的商业机密状态的合规审计人员。

可能需要签订保密协议(NDA)或专有信息协议(PIA)等机密性协议,以警告不得披露某些特定类型的信息。

11.3 过程危险分析

虽然过程安全管理的所有14个要素都很重要,但本节我们将主要关注和强调过程危险分析,因为这是与贯穿本书讨论的系统安全性工程过程直接相关的。

职业安全与健康管理局的过程安全管理标准规定:

雇主应对本标准涵盖的过程进行初步过程危险分析。过程危险分析必须与过程的复杂性相称,并必须能够识别、评估和控制过程中涉及的危险。雇主应根据基本依据确定过程危险分析的优先顺序并进行记录,这一基本依据包括过程危险程度、潜在受影响员工数量,过程经过的时间、过程操作历史等因素[1]。

职业安全与健康管理局进一步要求,过程危险分析应当由具有工程和过程操作专业知识的团队执行。

过程安全管理标准要求每个过程危险分析解决以下各项问题:

· 过程危险。
· 识别以前发生的事件。
· 工程和行政管控。
· 工程和行政控制失败的后果。
· 设施选址。
· 人为因素。
· 控制失败对员工可能造成的安全和健康影响定性评价。
· 采取措施。

职业安全与健康管理局建议使用以下一种或多种方法来确定和评估所分析过程的危险:

· 假设分析。
· 检查单。
· 假设/检查单。
· 危险与可操作性研究(HAZOP)。
· 故障模式与影响分析(FMEA)。
· 故障树分析(FTA)。
· 适当的等效方法。

思维方式1:始终以零事故为目标。

就像所有的良好系统工程实践一样,我们的目标是在系统开发过程各阶段实现零事故。这一目标不仅适用于系统设计,还适用于开发过程、制造过程,以及系统安装、操作、维护和维持所需的所有其他过程设计。安全工程师在过程危险分析中采用了“假设分析”这样一种非常有价值的系统工程方法,以保证在过程实施和执行过程中实现零事故。在假设分析中,会提出一些特定类型的问题,并针对每个问题给出答案,并将它们按类别分组。问题类别的一个例子是假设场景,其中推测了一些可能会发生的情况,以及如何对这些情况做出反应。例如,安全工程师可能会询问系统设计师,系统将如何对涉及一组输入、操作条件和需要人类介入的事件序列的给定情况做出反应。如果目标是找到可能导致事故的情况,那么在假设场景中应当探索各类场景,并考虑到所有可能的输入集、操作条件和事件序列,以确定该场景是否会造成导致有人受到伤害的事故。

11.3.1 假设分析

在假设分析中，一组专家会进行头脑风暴，以确定出现各种错误或与过程设计出现背离情况时，会发生什么。这一分析可以用于任何过程和过程生命周期任何阶段。假设问题的例子包括：

如果包含 X（X 表示某种类型的危险化学品）的化学品储罐发生破裂，会发生什么？

如果泵 Y（Y 表示某个特定水泵的独特标识符）的密封泄漏，会发生什么？

如果阀门 Z（Z 表示某个特定阀门的独特标识符）失效闭合，会发生什么？

头脑风暴的过程应当按照主题、流程或其他方式进行组织，否则"假设"问题可能就是随机和不完整的。假设分析技术另一个明显不足是其结果取决于参与者经验。图 11.2 显示了假设分析的一个典型格式。

假设分析

过程：____________________

参与人员：____________________

日期：____________________

假设	后果	安全控制	场景	注释

图 11.2　假设分析的工作表

具体栏目说明如下：

标题信息：可以包括描述过程或系统的各种一般信息，这里不再介绍。

假设：这是一个关于"如果什么事情出了差错，会发生什么？"的陈述（例如，假设……错误的化学品被送到处理罐 1，那么会发生什么？假设阀门 X 在应当被打开时却是关闭的，那么会发生什么？）

安全控制：描述为了缓解识别的问题，应当有哪些措施到位（如适当的材料处理程序、温度监视器等）。

场景：描述在出现"假设"情况后，会出现怎样的事件序列。

注释：在这一栏目中，应当包含所有的假设、推荐的控制措施、需求、适用的标准、需要采取的行动等。

11.3.2 检查单

检查单可能是最简单、最通用的方法之一，它可以应用于任何阶段流程。检查单通常用于评估对规范和标准的遵守情况。在这种情况下，可以使用检查单来帮助识别过程中的危险，为此，应当针对特定行业、过程或设施，通过剪裁定制专门的检查单并加以应用。在制定用于识别危险的检查单时，可以利用各种来源的已有检查单，并且/或者对它们进行剪裁，以适合当前研究的特定过程。

检查单有其局限性。如果是从某个手册中借用的，那么检查单就不一定适用，或是不完整的。检查单的质量和完整性也受到创建检查单的人员专业知识和经验的影响。此外，检查单或许有助于指出某些特定危险的存在，但是它们并不能说明危险可能会造成的事故场景。有关检查单的详细讨论，请参见本书的第 6 章、附录 A 和附录 B。

11.3.3 假设/检查单分析

假设/检查单分析将假设分析的头脑风暴特性与更加系统化的检查单方法相结合。团队可以通过假设分析来进行头脑风暴，确定可能发生的事故场景类型，然后再使用检查单来填补假设分析的不足。可以使用假设分析的工作表和完整的检查单来记录假设/检查单分析的结果。

11.3.4 危险与可操作性分析

危险与可操作性分析是一种用于识别、分析危险与操作性问题的分析技术。该技术最初是针对化学工业开发的，但这种技术可以并已经应用于许多不同类型的系统。危险与可操作性分析用于识别与预期设计出现偏差的情况。

危险与可操作性分析是由团队执行的。团队成员由来自不同学科的专家组成，这些学科包括工程、运营、安全性、危险与可操作性分析过程等。通过团队的力量，使分析过程得以增强，这是因为各团队成员为分析带来了不同的观点，从而激发了创造力和新想法。在危险与可操作性分析中，团队专注于一个被称为“研究节点”的过程特定点、过程区段或操作步骤。这些是系统中具有明显边界（如两个储罐之间的管道），这些边界处可能会出现设计偏差。团队使用辅助性的“引导词”来分析造成偏离设计的原因和后果。这些引导词用于研究节点，并与特定的过程参数相结合，以帮助识别任何潜在偏差。表 11.1 显示了将引导词与参数相结合来识别偏差领域的几个例子。

表 11.1　危险与可操作性分析中的引导词—参数—偏差示例

引导词	参数	偏差
没有	流动	管道 X 中没有流动
较低	温度	反应堆槽中的温度低
较高	压力	容器 A 中的压力造成破裂

危险与可操作性分析必须以系统化方式进行,以减少遗漏的可能性。在每个研究节点,团队都必须考虑每个过程参数可能发生的所有偏差。团队必须分析每个节点的所有可能偏差,然后才能继续下一个节点的分析。

危险与可操作性分析的文档通常使用与其他分析技术类似的表格形式。图 11.3 给出了一个推荐格式。

危险与可操作性分析							
系统:________ 参与人员:________ 日期:________							
标识符	项目	参数	引导词	原因	后果	建议措施	备注

图 11.3　危险与可操作性分析工作表

具体栏目说明如下:

标题信息:这里可以包括描述过程或系统的各种一般信息,这里不再介绍。

标识符:可以仅仅为一个数字(如将危险列为 1、2、…)。也可以是用来标识系统中某个特定子系统或某个硬件的标识符,并带有序列数字来标识针对该特定项目识别的多个危险(如电机 1、电机 2 等)。

参数:这是与过程相关的物理或化学属性(如温度、压力等)。

引导词:这是一些简单的词语,为团队提供线索和促进头脑风暴,以识别过程危险(如“没有”“较高”“较低”等)。

原因:对为什么会发生偏差现象的简要描述(如容器破裂,失去电力等)。

后果:简短描述偏差情况可能会造成的结果。

建议措施:推荐用于消除或缓解已识别危险的预防性措施。危险缓解方法应当遵循本书前面给出的优先顺序。

备注:在这一栏目中,应当包含所有的假设、建议的控制措施、需求、适用标准、需要采取的行动等。

通过危险与可操作性分析,可以实现非常彻底的分析,但是对于大型系统可能会非常耗时间。

11.3.5 故障模式与影响分析

故障模式与影响分析(FMEA)用于确定组件、子系统或功能的各种故障模式,可能对系统或过程产生影响。有关故障模式与影响分析的完整讨论,请参阅第8章(用于系统安全性的故障模式、影响及危害性分析)。与危险过程评估特别相关的,是讨论"过程故障模式、影响及危害性分析"的那一部分。

11.3.6 故障树分析

故障树分析(FTA)是一种演绎方法,使用布尔逻辑符号(如与门、或门)来识别导致不良事件(顶事件)的基本失效组合。基本失效可能是组件失效、设备失效或人为差错。故障树分析从顶事件开始,并确定原因以及原因与顶事件之间的逻辑关系。生成的故障树以图形方式展现了基本事件和顶部不良事件之间的关系。针对每个顶事件,必须开发出单独的故障树。有关故障树分析的完整讨论,请参阅第9章(针对系统安全性的故障树分析)。

11.3.7 等效方法

其他用来执行危险分析的一些方法可以用来代替或是补充 OSHA PSM 标准中的分析方法。本书的其他章节详细描述了其中很多技术。下面是在分析危险化学过程时可以考虑采用的其他一些方法。

(1)第7章(系统安全性危险分析)中介绍的技术如下:

· 初步危险分析(PHA)。
· 子系统危险分析(SSHA)。
· 系统危险分析(SHA)。
· 使用与保障危险分析(O&SHA)。

(2)第10章(补充设计分析技术)中介绍的技术如下:

· 事件树分析(ETA)。
· 功能危险分析(FuHA)。
· 屏障分析(BA)。

11.4 其他相关规程

本章的讨论并不涵盖所有的环境、健康和安全(ESH)规程,不过,这里介绍的一些法规与过程安全的一般性讨论有关,并且可以提供对其历史和相互关系的深入了解。本节将简要介绍这些规程,并推荐了作为延伸阅读的一些参考资料。

11.4.1 美国的立法

在20世纪70年代之前,美国就通过了好几个试图控制空气和水污染的法律。早期的与水资源相关的立法试图解决事故带来的问题,但不太成功。这些早期的立法包括:

·1899年的《河流与港口法》,旨在防止水污染。

·1924年的《石油污染法》,禁止向通航水域排放石油。

·1948年的《联邦水污染控制法》,制定了预防、控制和减少水污染的国家政策。

·1961年的《石油污染法》,对将石油排入水中的情况进行管理。

·1966年的《清洁水恢复法》,将排放污染的管辖范围从原来的仅沿海水域扩展到包括河流。

·1965年的《固体废物处置法》,开始着手解决固体废物不断增加带来的问题。

20世纪70年代,随着《清洁空气法》和《清洁水法》的通过,在健康、安全和应急响应方面取得了更为重大的进展。对危险和有毒化学品的关注,促成了1976年的《资源保护和回收法》(RCRA)和1980年的《综合环境反应、赔偿和责任法》(CERLCA)。《资源保护和回收法》要求通过回收来解决材料的保护和回收问题。该法案还要求制定应急计划,从而最大限度地减少因火灾、爆炸和危险废物意外释放对健康和环境造成的危险。《综合环境反应、赔偿和责任法》针对是危险废弃物场所的问题,这些场所称为“超级基金”(Superfund)场地。

美国职业安全与健康管理局(OSHA)和美国环境保护署(EPA)同样是在20世纪70年代初成立的。职业安全与健康管理局发布了过程安全管理(PSM)标准,这也是本章讨论的重点。此外,环境保护署根据《清洁空气法》规定制定了风险管理计划(RMP)规程,旨在降低有毒、易燃和爆炸性化学品意外释放的风险。

环境保护署发布了“40 CFR 68 化学品事故预防条例”[5]。这一规程包含了与职业安全与健康管理局的过程安全管理标准类似的要求。任何存储或使用特定数量的特定危险化学品的设施,除了要遵守职业安全与健康管理局的过程安全管理规程外,而且还要遵守与之非常类似的美国环境保护署的过程安全管理规程。环境保护署公布了一个针对氨制冷设施的示范性风险管理计划,为如何遵循职业安全与健康管理局的过程安全管理规程和环境保护署的过程安全管理规程提供了良好的指导。这一规程与过程安全管理类似,不过它还强调了对意外排放的预防,并提出了针对最坏情况分析、其他释放场景分析以及场外后果分析的要求[7-8]。

1990 年颁布了《污染防治法案》,该法案的重点是提供了一个污染预防层次结构,以减少可能导致健康、安全和事故管理问题的废物、污染物和化学品的产生。根据声明,这一层次结构:

作为美国的国家政策,应当尽可能地在源头上防止或减少污染;应当尽可能地以环境安全的方式,将无法防止的污染物加以回收;应当尽可能地以环境安全的方式,将无法防止或回收的污染物进行处理;处理或其他释放到环境中的情况应仅作为最后的手段,并应当以环境安全的方式进行[9]。

11.4.2 欧洲指令

塞维索指令(Seveso Directives)是欧盟(EU)专门针对涉及危险物质的陆上重点事故危险控制的立法。这些指令是以 1976 年在意大利塞维索发生的塞维索灾难而命名的,该事故造成了有史以来最大的二噁英中毒事件。《塞维索指令Ⅲ》于 2015 年 6 月 1 日生效,并替代了原来的《塞维索指令Ⅱ》。这些规程在英国被称为重大事故危险控制(COMAH)规程,由英国健康与安全执行局(HSE)负责执行。这一规程的目的是防止出现涉及危险物质的重大事故,并降低事故对人类和环境的影响。

11.5 固有安全设计

过程安全力求通过各种方法来降低过程的危险影响和发生事故的可能性,从而降低风险。本章前面几节详细地介绍了这一方法。不过,还有一种相关方法值得关注,即固有安全设计(ISD)。固有安全设计的主要提倡者是 Trevor Kletz,他在 1978 年发表的《没有的东西是不会泄露的》(What you don't have, can't leak)一文中给出了固有安全设计的原则[10]。固有安全与过程的固有属性有关(例如,减少化学品的使用量,使用更安全的化学品等)。固有安全设计的精髓在于避免和消除危险,而不是试图通过增加屏障、保护系统或程序来控制危险。虽然 Kletz 提出的固有安全设计方法尚未在化学加工行业中得到广泛采用,但这一方法在本质上遵循了第 7 章中提出的"优先顺序"。Hikkilä 就这一问题进行了总结[11]。

固有安全工厂的概念已经存在了多年。然而,尽管这一概念在安全、健康和环境(SHE)还有成本方面有着明显的潜在益处,但在化工厂设计中却很少得到应用。正如 Kletz[12] 所写的那样，这里有一些障碍需要克服。固有安全设计需要在方法上进行根本改变。例如，我们不应设想着如何对大量有害物质进行控制，而是必须试图将它们除去。改变观念并采取相应的行动并不是件容易的事情。

在工厂设计中，传统的态度在很大程度上依赖于附加安全系统。业内的反应可以用两个问题来表达："如何知道工艺是否按照固有安全原则设计？"和"能否衡量工艺变化对工厂固有安全性的影响？"。进行工厂设计时，往往有着紧凑的时间表，并且采用相关的标准和所谓的良好工程实践。Lutz[13] 发现对于那些相信固有安全工厂可以降低生命周期成本从而带来更多利益的公司，固有安全方案已成他们的一项要求。在尽可能早的时候就通过设计来消除危险，这是最简单的方法。然而，化学加工行业在总体上却忽视了这一点。结果，往往是在设计和资本化过程快结束的时候才开始设计控制机制。在这种情况下，要保证过程安全和控制污染，添加相应的系统就成了唯一选择。如果系统是在设计后期才添加的，那么就需要在工厂整个生命周期中不断地配备人员并进行维护，从而大大增加了生命周期成本，并且需要不断进行培训和文档维护。

思维方式 1：始终以零事故为目标。

在化学工业以及其他一般行业中，实现安全性的典型方法是降低事故发生的概率和减轻事故的后果来降低风险。虽然这种方法很重要并且通常很有效，但它侧重的是控制危险而不是消除危险。试图消除危险的化学品或是降低危险的固有安全方法危险是一种重要的方法，尤其是在当今世界，在恐怖分子可能试图攻破传统安全防护机制并释放有毒或易燃化学品的情况下，这种方法尤为重要。

固有安全设计理念是永久地消除或降低危险，从而避免或减轻事故后果。这种方法适用于包括设计、建造、运营、储存、运输和处置在内的整个生命周期。如果能够消除或减轻与化学和工厂操作相关的危险，并且这种消除或减轻是永久性的，那么任何化学过程都会从本质上更加安全；因此，这个过程也将在任何情况下都更安全。与试图控制危险相比，能够避免危险则更好。

设计固有安全过程和工厂的方法可以分为四个主要策略[14]：

(1)最少化：减少危险物质数量。

(2)替代：用危险较小的物质来替代原材料。

(3)缓和：使用危险较小的工作条件、危险较小的材料，或使用能够将有害物质或能量释放最小化的设施。

(4)简化：在对设施进行设计时，消除不必要的复杂性，减少操作失误的可能性，并且使设施具有容错能力。

"最少化"策略意味着应当尽量减少工艺过程中使用的有害化学品或能量。

要实现这一点，可以采用一些新技术，减少危险化学品使用数量，以及通过优化采购、航运和/或陆运调度来来减少作业现场的化学品库存。

“替代”策略是使用没有危险或危险性较小的材料或过程来代替危险的材料或过程。在设计阶段就实施这一策略是十分重要的，因为在后期阶段再进行替换会更加困难、成本也会更高。替代的主要方式是将化学反应过程改变为较低能量或低危险的化学反应，或通过将化学品（尤其是溶剂）改变为挥发性较低的材料。

“缓和”策略要求在危险性较低的条件下使用材料。例如，可以通过降低过程温度、降低能量输入和降低压力等方式来实现缓和效果。稀释是实施“缓和”策略的另一种方式。“稀释”策略通过降低危险物质的沸点来减小危险。如果确实发生了意外释放的话，那么通过降低化学品储存压力或通过降低大气浓度可以实现稀释效果。

“简化”策略是通过尽可能消除复杂性、从而设计更简单的过程来实现的，这可以减少设计、实施和操作中出错的可能性。复杂度较低的设计不仅更安全，而且成本也可能更低。

思维方式 5：如果解决方案成本太高，那就开发一种更经济的解决方案。

思维方式 7：始终针对复杂系统的安全性进行结构和架构分析。

固有安全设计似乎正在变得流行起来。

包括美国核管理委员会（NRC）和英国健康与安全执行局（HSE）在内的多个国家主管机构已经将固有安全视为一个理想原则。在评估重大事故危险控制（COMAH）现场时，英国健康与安全执行局表示：“应当通过采用固有安全原则来避免或减少重大事故危险。”欧盟委员会在关于《塞维索指令Ⅱ》的指导文件中指出“应当通过采用固有安全的实践方式避免或减少危险。”加利福尼亚州的康特拉科斯塔县要求化学工厂和炼油厂进行固有安全审核，并基于审核结果进行设计更改[15]。

11.6 总结

本章主要关注的是过程安全管理及相关分析。我们特别关注了高危险化学品标准的过程安全管理(29 CFR 1910.119)。对于某些受管制的危险化学品（有毒的、易燃的或爆炸性的、以及超过规定的限额数量和/或易燃气体或超过10,000 磅的液体），过程安全管理是法律上的要求，但是这一过程和分析方法可以适用于任何加工场景。同样，固有安全设计的原则不仅适用于化学工业，而且也适用于任何过程、系统或设施。

参考文献

[1] U. S. Occupational Safety and Health Administration (OSHA) (2012) Process Safety Management of Highly Hazardous Chemicals, 29 CFR 1910. 119, OSHA, Washington, DC.

[2] Long, L. (2009) History of Process Safety and loss prevention in the American Instituteof Chemical Engineers, Process Safety Progress, 28(2), 105 - 113.

[3] U. S. Occupational Safety and Health Administration (OSHA) (2012) Compliance Guidelines and Recommendations for Process Safety Management (Nonmandatory), Appendix C to 29 CFR 1910. 119, OSHA, Washington, DC.

[4] Wikipedia Definition, https://en. wikipedia. org/wiki/Process_flow_diagram (Accessedon August 9, 2017).

[5] U. S. Environmental Protection Agency(2011) Chemical Accident Prevention Provisions, 40 CFR 68, U. S. Environmental Protection Agency, Washington, DC.

[6] U. S. Environmental Protection Agency(1996) Model Risk Management Program and Planfor Ammonia Refrigeration, Science Applications International Corporation, Reston, VA.

[7] U. S. Environmental Protection Agency(2009) Risk Management Program Guidance for Offsite Consequence Analysis, U. S. Environmental Protection Agency, Washington, DC.

[8] U. S. Environmental Protection Agency (1999) References for Consequence Analysis Methods, U. S. Environmental Protection Agency, Washington, DC.

[9] U. S. Environmental Protection Agency(1990) Pollution Prevention Act of 1990, U. S. G. P. O, Washington, DC.

[10] Kletz, T. A. (1978) What You Don't Have, Can't Leak, Chemistry and Industry, May 6, 1978.

[11] Heikkilä, A. (1999) Inherent Safety in Process Plant Design an Index - Based Approach, Dissertation for the degree of Doctor of Technology, Valtion teknillinen tutkimuskeskus(VTT), Technical Research Centre of Finland.

[12] Kletz, T. A. (1996) Inherently Safer Design: The Growth of an Idea. Process Safety Progress, 15(1), 5 - 8.

[13] Lutz, W. K. (1997) Advancing Inherent Safety into Methodology. Process Safety, Progress, 16(2), 86 - 88.

[14] Center for Chemical Process Safety (2009) Inherently Safer Chemical Processes: A Life Cycle Approach, American Institute of Chemical Engineers, New York, NY.

[15] Wikipedia Definition, https://en.wikipedia.org/wiki/Inherent_safety (Accessed onAugust 9, 2017).

补充阅读建议

Center for Chemical Process Safety (2008) Guidelines for Hazard Evaluation Procedures, John Wiley & Sons, Inc., Hoboken, NJ.

Center for Chemical Process Safety (2012) Guidelines for Engineering Design for Process Safety, John Wiley & Sons, Inc., Hoboken, NJ.

Kletz, T. and Amyotte, P. (2010) Process Plants: A Handbook for Inherently Safer Design, CRC Press, London.

Raheja, D. and Gullo, L. J. (2012) Design for Reliability, John Wiley & Sons, Inc., Hoboken, NJ.

Redmill, F., Chudleigh, M., and Catmur, J. (1999) System Safety: HAZAOP and Software HAZOP, John Wiley & Sons, Ltd, West Sussex.

第12章　系统安全性测试

Louis J. Gullo

12.1　系统安全性测试的目的

通过系统安全性测试，可以对系统的安全性能、不安全条件、不良操作、风险性故障功能影响、异常行为等方面获得经验观察、实践经验和物理知识。这种经验知识是任何其他方式都无法获得的实际经验数据。要在正常条件与最坏情况下使用各种任务场景和用例进行初始系统测试及后续系统测试过程中获得第一手真实数据，系统安全性测试是无可取代的。如果能够了解系统在测试和实际任务场景中的执行情况，那么设计人员就能针对这个特定的系统给出更好的安全性设计，并且能够在系统生命周期后期发生事故、故障或安全关键性失效时改善系统安全性设计。

执行系统安全性测试的主要目的是为了验证和确认系统的安全运行、安全功能是否按预期执行，以及安全关键性的设计要求是否正确、安全实施。对于电气安全电路（例如，通过1MΩ电阻器接地的静电放电母线）、安全装置（电气、机械、电磁、机电、电光等）及与其他电路集成以保证安全操作的功能电路来说，它们应当按照预期方式进行工作，以防止事故并降低或消除系统危险的风险。

安全测试数据和结果为危险分析中的风险评估与风险降低或风险消除提供了定性和定量的衡量。

通过执行或观察系统操作特性的演示验证和测试，相关人员可以验证和确认系统性能要求、系统安全架构、系统安全性设计特性和拓扑。当通过系统安全性测试，发现这一系统在用户环境中使用可能会导致人身伤害或死亡的灾难性危险时，那么测试通常就会获得数倍的回报。这意味着执行系统安全性测试成本是合理的，测试获得了巨大投资回报（ROI）。例如，如果规划和执行安全测试成本为20万美元（包括为了纠正测试期间发现的安全关键性故障而进行的设计变更成本），而在客户的应用中因故障严重后果造成的损失和责任成本估计为100万美元，那这就意味着投资回报率达到了500%。这个估计的100万美元成本是潜在成本，通过执行测试并立即进行设计变更来纠正和预防安全性故障,就可以降低或消除这一潜在成本。如果考虑到生命价值、可能给大量人群带来的风险及长期来看与人身伤害或生命损失相关的各种责任,那么可以认为测试获得的投资回报是无价的。在大多数理性的人看来,测试获得的投资回报是显而易见的。

12.1.1 系统安全性测试类型

系统安全性测试有不同类型。在本书中,我们认为演示验证(Demonstration)也是一种测试类型,不过在一些工程文件中可能会在某些情况下和某些类型的项目中将演示验证与测试区别对待。系统安全性测试可以被分为正式和非正式测试活动。演示验证可能会作为正式的活动进行大张旗鼓的展示。这些正式的演示验证活动的目的是向高级官员、重要人物(VIP)和贵宾证明系统性能与安全性。像这样的演示验证是一种正式的测试活动,需在成功完成许多连续的正式与非正式开发、集成和操作测试(OT)之后再进行。在正式测试之前,会进行非正式测试。非正式测试可以确保正式测试能够顺利完成。在进行一次正式测试之前,会重复进行许多次非正式测试。在非正式测试中,可以了解到在按设计方式工作时、与所有子系统和组件集成时,系统运行情况如何,以及在初始系统上电测试时系统的设计情况。非正式测试验证了在标称条件和最坏情况下(包括要求的环境应力条件)系统的性能表现。通过经历故障条件(任务关键性故障和安全关键性故障),可以了解情况。通过多次执行和重复相同测试场景,可以了解系统是否存在不确定性故障。在非正式测试中遇到危险和故障是完全没有问题的,这些测试的目的就是为了能够在进行正式测试之前就发现危险和故障。因此,如果注定要发生危险和故障,那么就应当让它们在非正式测试时发生。正式测试的目的是验证系统设计是否满足要求、是否满足或超出系统规格,并确保系统按照客户要求执行。在正式测试活动中,不应发现危险或发生故障。

我们使用各类系统安全性测试来及早发现危险,从而防止事故发生。我们使用一整套测试(例如,测试制度和测试利用)来确保消除造成测试失败和危险的原因,并且保证它们永远不会再发生。由系统开发人员或产品开发人员执行的开发测试(DT)类型包括设计验证测试(DVT)或设计认证测试(DQT),这些测试用于在从设计阶段过渡到制造和生产阶段时,对系统或产品的设计需求规格进行验证。通过设计验证测试和设计认证测试,可以创建一个用于生产测试的验收测试程序(ATP)。验收测试程序用于验证产品是否组装正确,并且验收测试程序通常需要使用昂贵的外部测试设备(TE)。外部测试设备是针对要在制造测试操作中受测的产品而专门设计的,并且通常会采用商用货架(COTS)

的硬件和软件。这些商用货架硬件和软件的供应商专门为系统制造商和原始设备制造商(OEM)开发测试设备。针对特定产品应用,还有一种非常专门的测试设备,这种测试设备利用了供应商的商用货架产品,并与原始设备制造商设计的测试设备集成。这种类型的测试设备称为专用测试设备(STE)。专用测试设备成本非常高,为了避免需要使用成本高昂的专用测试设备,测试设备开发商们意识到将诊断测试功能嵌入到系统或产品中的好处。利用嵌入式测试策略对测试电路和功能进行设计的测试设备开发商使用了针对自检或机内测试(BIT)的不同方法。在行业内使用的另一个术语是内装自测试(BIST)。

参考第 1 章的思维方式 1,我们通过系统安全性测试来努力实现客户应用和任务过程零事故。

思维方式 1:始终以零事故为目标。

当对系统进行部署、启动、向公众发布并投入使用时,就应当采用这一思维方式。这一思维方式还适用于系统开发过程、生产操作和系统测试,以及正式开发测试和操作测试。在操作测试中,客户可以参加也可以不参加(正式和非正式测试活动)。这里的目标是使用各种验证方法(如电路设计分析、建模与仿真(M&S)、测试和检查),在系统和子系统开发过程早期找到事故或安全关键性故障的原因。如果在使用各种验证方法的子系统开发过程之后,设计中存在危险,那么应当在系统开发集成期间,使用各种系统验证方法(包括非正式系统测试)来尽早识别它们。我们希望在非正式系统测试之后,通过防止测试逃逸(Test Escape),从而防止客户应用过程中的事故。在正式系统测试中,是不应当发现危险的,如果在正式测试中发现危险,那么这就是系统开发验证过程中的一个测试逃逸。测试逃逸是应当在非正式测试中或在系统开发测试或集成和测试(I&T)期间捕获的危险。测试逃逸要么是在系统和子系统开发验证过程中没有被检测出来,要么是虽然被检测出来,但是却没有被修复,并且“逃逸”到系统测试下一级,如操作测试、正式系统测试或最终用户应用中。独立验证和确认(IV&V)是一种正式操作测试,通常由来自政府方代表为军方客户实施。系统安全性测试是独立验证和确认测试的一部分,一些安全审查委员会强制执行这种测试,以最终决定系统是否已经就绪,可以部署到实战或舰队编制中。

正式测试是针对客户特定目的而执行的测试,以验证和确认客户要求得到满足。这些测试可以由原始设备制造商、原始设备制造商客户、原始设备制造商供应商或由原始设备制造商或客户签约的第三方测试机构实施。有许多组织专注于不同技术和市场的系统安全性和安保,如信息技术(IT)、运输、能源、国防和医疗系统等。

有时候,作为最终用户的客户不直接参与正式测试,因此由独立机构和组织代表公众作为最终用户对测试进行观察。这些类型的正式测试可以被当作监管合规性测试或非监管合规性测试。美国国家信息安全保障合作组织(NIAP)是美国国家安全局(NSA)和美国国家标准与技术研究院(NIST)之间的一个联合机构,负责IT消费者和生产者的安全测试需求,促进针对IT产品和系统的技术可靠安全需求开发,并提供适当的措施来评估这些产品和系统。美国国家信息安全保障合作组织是美国商务部下属的非监管联邦机构,是美国的国家计量院。本章后续内容将对监管合规性测试进行更详细讨论。

12.2 测试策略和测试架构

了解测试策略和测试架构非常重要。测试策略是一个综合路线图,用于执行所有与测试相关的活动(如开发、生产和非正式的与正式操作测试),以实现项目的性能、质量、安全性、可靠性、成本和计划的里程碑。测试架构是在项目生命周期内准备对特定系统或产品执行的测试的详细设计实现。测试架构决定了如何使用外部支持设备、专用测试设备(STE),以及嵌入式系统测试能力和机内测试的组合来实施项目的系统或产品测试策略。

嵌入式测试是系统或产品执行内部测量、提供测试结果及开发有关系统或产品状态参数信息的能力。嵌入式测试可以用来确定系统或产品的通过/不通过标准,以及用于故障排除或维护的诊断,并提供大规模参数集来支持统计过程控制(SPC)分析。统计过程控制数据处理在系统或产品开发和生产测试期间,以及在客户的使用环境中可能会非常有用。在外部专用测试设备和嵌入式测试测量及测试架构中加入统计过程控制能力,可以实现成本高效的预防性维修(PM)和视情维修(CBM),利用故障预测和健康管理来最大限度地降低产品生命周期内的全生命周期成本(LCC)。

测试成本应该是测试策略开发过程中主要考虑因素。测试策略对于降低成本、提高市场竞争力非常重要。根据"十对一原则"(ten - to - one rule),在开发和生产阶段的早期进行测试非常重要。从开发阶段到生产阶段,以及从生产阶段到交付给客户使用之后,进行测试、检测缺陷和纠正缺陷的成本要增加10倍。

机内测试是嵌入式测试的子集。其类别包括加电内嵌测试、连续内嵌测试和维护内嵌测试。应当根据测试策略和测试架构编写测试设计需求和规格,包括针对不同目的应当采用哪种类别的机内测试。应当根据测试策略和测试架构,对专用测试设备和嵌入式电气测试电路、机内测试的软件和固件、测试接口电路进行详细的设计。

无论是否是在系统中针对故障预测和健康管理而设计,机内测试信号都可以分为三种类型[1]。

(1)A－BIT 或 S－BIT:自动机内测试或启动机内测试。这些机内测试在产品或系统启动的时候启动,通常包括完整的功能测试,以确保所有关键要求都得到满足。A－BIT 在测试覆盖率方面不如 I－BIT 那么彻底,但比 C－BIT 更广。对于有故障预测和健康管理的系统或是没有故障预测和健康管理功能的系统,A－BIT 的设计通常没有区别。

(2)C－BIT:连续机内测试。在正常的产品或系统操作期间,这种测试在后台运行,而且通常是一组仅需要很小处理能力的粗略测试,以确保大多数关键功能的运行。在三种类型的机内测试中,C－BIT 具有最小测试覆盖率。与没有故障预测和健康管理的系统相比,有故障预测和健康管理的系统的 C－BIT 具有更多的设计分析功能。在故障预测和健康管理系统中,C－BIT 的设计分析功能将包括统计数据分析和故障预测推理器,以检测即将发生故障的情况。

(3)I－BIT:手工启动的机内测试。由维护人员或操作员在正常系统工作期间手动启动,通过执行专门编程的诊断和预测程序来确定错误、故障或失效的原因,并帮助维护人员进行故障检测和故障隔离。I－BIT 是最彻底的机内测试,有着最高的测试覆盖率或故障覆盖率。当运行 I－BIT 时,正常的系统操作可能会暂停或减慢速度,以便为这种增强型的机内测试程序分配足够的处理能力。在 I－BIT 中,维护人员应该能够访问 C－BIT 和 A－BIT 日志中存储的错误和故障数据并且能够方便地检索,从而进一步分析产品或系统。对于有故障预测和健康管理的系统或是没有故障预测和健康管理功能的系统,I－BIT 的设计通常没有区别[1]。

在实现 A－BIT、C－BIT 和 I－BIT 的利用时,可以采用两种用于系统健康监测的传感器。用于自动应力监测的两种传感器类型是机械的和电气的[1]。

机械传感器的例子包括热传感器(如热电偶)、振动传感器(如加速度计)、应力和应变仪等[1]。

电传感器的例子包括电压传感器、电流传感器、电荷传感器、磁传感器、阻抗传感器(包括用于确定开路、短路、低电阻或高电阻的电阻传感器,以及用于确定低电容或高电容或电感参数的电抗传感器)、功率和功率密度传感器、频率传感器、噪声传感器和正时传感器等[1]。

在很多情况下,人们会进行权衡以确定最佳测试策略和测试架构。在针对测试策略和测试体系结构制定项目决策时,会考虑在开发和生产周期中原始设备制造商的可承受性以及在系统或产品生命周期中客户的可承受性。下面是确定最佳测试策略和测试架构时,可承受性和测试设计权衡研究的简短概念列表:

· 测试分配和测试利用的硬件、装配和软件层次，以及实施每一种方案的成本。

· 机内测试和外部支持专门测试设备的复杂性和成本考虑因素。

· 针对不同目的选择不同类别的机内测试。

· 将采用新的自定义架构方式和利用参考架构或通用架构的方式进行比较。

· 测试覆盖、故障覆盖、故障检测和故障隔离功能。

· 在考虑到机内测试和外部支持专门测试设备组合情况下，每个功能的测试覆盖类型。

· 容错测试设计能力。

· 系统或产品维护概念（例如，采用有组织的维护，是在失效时丢弃，还是修复到厂级维修的零件）。

· 安全设计功能的测试执行。

· 开发和生产过程中的环境筛选方法。

· 用于自动应力监测的传感器类型。

· 开发测试的多次重复（结果的可重复性）。

· 识别故障后，重新测试的标准。

· 采取修复和纠正措施后，重新测试的标准。

· 定期预防性维护（PM）期间的系统检测。

· 系统的认证和重新认证。

要实现最佳测试策略和测试架构，需要对这些标准进行优化，以避免系统成本过高而让客户无法承担，导致整个产品或系统生命周期内的投资回报率不佳。通过使用来自生命周期成本模型、可靠性模型、测试覆盖率模型的数据和设计余量分析（DMA），可以对不同的测试测量和测试架构进行权衡，以找到最佳的测试利用、系统性能和成本最低的路径。例如，让我们考虑一个对是否在电路盒级别还是在电路板卡组件（CCA）级别上进行机内测试的权衡研究。嵌入式测试架构可以实现直接的组件输入/输出（I/O）激励、更快的测试数据可达性，以及为外部支持测试设备的选择性数据提取以支持整个产品生命周期，与使用专门测试设备相比，可实现更加经济高效的测试。与故障覆盖率要求为90%的电路盒级测机内测试相比，电路板卡级的机内测试（电路盒中每个电路板卡组件的故障率要求都为90%）的成本要高得多。如果维护概念是在电路盒级测试的故障检测中丢弃电路板卡级组件，那么就不如针对电路板卡级组件进行广泛的机内测试经济有效。在这种情况下，为了降低测试设计成本，应当执行电路盒级的机内测试来证明90%覆盖率的要求。这并不是意味着在电路板卡级上就不会实施机内测试。机内测试将是比较粗略的诊断,仅检测某些特定的关键故障,如配电错误。在电路板卡级上执行的机内测试将不会针对电气设备零件或组件级别执行详细的故障隔离诊断,而是会提供一个电路盒级的摘要监控检查,以确定电路盒中的哪个电路板卡出现了错误,并且应当将该电路板卡拆下,并使用电路板卡备用库存中的另一个电路板卡将其替换。

思维方式 8:制定全面的安全培训计划,包括操作员和维护人员对系统的操作。

作为测试策略的一部分,还会开发一个系统安全性培训计划,用于在系统操作员和系统维护人员在现场应用中使用系统之前对其进行认证。要进行安全培训,需要了解系统组件,不仅要了解组件和子系统,还要对整个系统非常了解,这样才能意识到使用和维护系统中任何危险与故障风险的可能性。针对操作或维护系统人员进行的安全认证不应仅限于某些组件或子系统的使用和维护,而应包括系统的所有特性、功能和维修活动(预防措施和纠正措施)。操作员和维护人员必须认识到可能包括潜在危险在内的与整个系统相关的风险。必须开发出相应场景,让讲师和学员能够对整个系统有着真实的了解,并知道应当如何保护和预防系统危险。

例如,如第 1 章所述,如果系统只有单一电源,那么可能会对任务性能产生负面影响,并使系统操作员和维护人员工作量增加。对于安全关键性工作,添加第二个电源是一个积极的步骤,可以降低危险风险,并减少停电后恢复系统所需的工作量。不过,如果所有电源都失效(主电源、二次电源和应急电源),由于共模故障,在进行修复之前,整个系统都将无法工作。这种共模事件要求所有在现场的操作员和维护人员都要努力工作,从而使系统恢复到运行状态。这些人员应当接受针对整个互连系统的操作和维护方面的培训,从而使他们有能力应对潜在的最坏情况,包括整个系统的电力丢失及与此相关的危险。系统维护培训应当利用系统开发和集成测试期间使用的已建立的系统安全性测试方法,以此作为复杂系统大范围(电力)丢失的情况下进行风险缓解的方法。必须将系统操作员、维护人员的全面和定期维护与系统测试培训内容纳入到系统操作和维护程序中,以确保所有关键系统人员有信心在任何时候、在任何可能场景下都能够正确地操作和维护系统。

12.3 制定系统安全性测试计划

实施系统安全性测试至关重要,只有通过高效的规划,才能实现这一测试。很多时候,系统安全性测试并不是作为一个单独测试来计划和实施。为了实现安全性目标,安全测试计划还会利用其他类型测试。系统安全性测试是作为其他测试一部分进行的,这些测试用来验证和确认系统性能要求,此时安全工程师会观察测试性能并采集相关数据,用于系统安全性要求方面的验证和确认。系统安全性测试中使用的各种方法都应当记录在系统安全性测试计划(SSTP)中。这一计划应当集成在子系统和系统开发测试计划中,并应当作为更大的系统测试计划的一部分,针对那些专门用来验证系统安全性要求的测试和那些作为各种子系统与系统开发测试活动一部分进行的测试。所有特定的系统安全性测试和那些用于系统安全性的子系统与系统开发测试活动,都必须与系统程序计划同步。

MIL - STD - 882E[2]是一个军用标准文件,这一标准不要求系统安全性测试计划,但其中有一个与测试和评估(T&E)参与相关的 303 号任务。303 号任务的内容是参与到测试和评估过程中,以评估系统、验证和确认风险缓解措施,并管理测试事件的风险。承包商应当参与测试和评估的规划、支持测试活动安全发布的准备、执行测试活动后的行动,并维护一个报告库。其目标是降低系统和测试活动中的危险,或在危险无法消除的情况下降低与之相关的风险。

根据 MIL - STD - 882E[2]的 303 号任务,测试和验证规划应包括以下内容:

(1)参与测试和评估策略(TES)和测试和评估主计划(TEMP)的制定和更新,以便在其中包括危险考虑因素,并确定应当何时完成危险分析、风险评估和风险接受,以支持测试和评估进度。

(2)参与测试计划和程序的制定,以包括危险考虑因素来支持以下事项:

· 使用建议的评估标准确定在特定测试事件中要验证和确认的缓解措施。

· 识别给定测试事件中存在的已知系统危险、推荐的测试专用缓解措施、测试事件的风险。

· 准备安全发布。

· 分析与测试设备和程序相关的危险。

· 根据国防部服务特定的国家环境政策法(NEPA)和 12114 号行政命令(EO)的要求,政府在测试和评估规划时间表中完成相应的环境分析和文件。

· 过程文件,告知参加测试事件的操作员、维护人员和测试人员已知的危险、相关的风险、测试独特的缓解措施、风险接受状态。

MIL - STD - 882E[2]的 303 号任务保证以下测试事件后的行动得到执行,以便:

(1)分析测试结果,以评估测试的缓解措施的有效性。

(2)分析测试结果,以识别和评估新的系统危险,并对已知危险的风险评估进行可能的更新。

(3)分析测试事件期间产生的事件、差异和事故报告，以获取有关危险和缓解措施的信息，并确保能够视情况将缓解措施纳入到未来测试的计划中。

(4)根据情况，在危险跟踪系统(HTS)中记录新的或更新后的系统相关危险信息。

MIL-STD-882E[2]的303号任务进一步指出，必须维护一个测试和评估结果的数据库。政府代表应当能够有权限访问安全测试数据库，并且在合同结束时，将完整的安全数据库提供给政府。数据库应包括以下内容：

(1)测试活动中识别的危险。

(2)缓解措施的验证和确认。

(3)在测试事件期间生成的事件、差异和事故报告，以及相关的纠正措施信息。

MIL-STD-882E[2]的401号任务"系统安全性标准"针对国防承包组织规定了以下安全验证要求：

(1)定义并执行测试和演示验证，或针对对于安全性关键硬件、软件和程序使用其他验证方法来验证其是否符合安全要求。

(2)定义和执行分析、测试和演示验证，开发模型，并针对安全性关键硬件、软件和程序，验证系统是否符合这些安全要求(例如，迭代软件构建、原型系统、子系统和组件的安全验证)。

(3)应考虑采用诱发故障或模拟故障的方式来证明设备和软件的安全性能是可接受的。

(4)当分析或检查无法确定风险缓解措施的充分性时，应明确并实施相关测试项，以评估缓解措施的整体有效性。

(5)应将特定安全测试集成到适当的系统测试和评估计划中，包括验证和确认计划。

(6)如果安全测试不可行，承包商应当给出相应的建议，使用工程分析、类比、实验室测试、功能模型或建模与仿真来验证合规性。

(7)审查计划、程序、以及测试和检查的结果，以验证是否符合安全要求。

(8)必须记录安全验证结果，并提交包含以下内容的报告：

·为验证或证明符合安全性关键硬件、软件和程序的安全要求而进行的测试程序。

·所用的工程分析、类比、实验室测试、功能模型或建模与仿真的结果。

·包含安全评估结果的测试和评估报告，并附上这些结果的摘要。

在很多行业中，仅是摆证据而非以系统安全性为目的测试是不足以发现危险风险的。除了那些用于验证与确认系统操作和性能特性的测试外，还必须执行专门针对安全性的测试。合规测试是这些安全性测试中的一种类别,有各种类型。有些监管机构要求必须进行相应的合规测试,然后才能允许产品在特定应用中(该监管机构负责的、为保护消费者而决定产品是否可以使用的领域)得到使用。

12.4 监管合规测试

广义来说,合规指的是遵守或试图遵循规则、规范、要求、正常、标准和法律[3]。政策是有意编写的一套原则和意图声明,用于指导决策和产生预期的结果与结论。原则的例子是基本法律、学说、规范性规则、行为准则,以及基于许多人见证的可观察证据的自然状态。政策是通过书面计划、程序和协议来实施的。政策由组织、集团或实体内的管理机构制定和实施。它们帮助组织的高级管理层进行主观决策,在这方面,他们必须考虑到一些因素和标准的相对优点,然后才能做出决策并制定行动方针路线。监管合规描述了某个组织、集团或实体希望达成的目标,就是他们保证认识到并采取行动来满足任何相关的法律、规则、政策和规程。

由于规程的数量越来越多,以及对操作透明度的要求,各组织越来越多地采用整合和协调的合规控制措施。这种方法用于确保所有必要的管理要求都得到满足,而不必划拨资源来进行不必要的重复工作和活动[3]。

如果系统安全性测试不充分,客户就会在他们的系统和产品中发现安全危险,而这些危险本来是系统和产品开发商和制造商应该发现的。人们已经建立起相应的机制和程序,让消费者能够向负责收集数据和跟踪结果的政府组织报告他们发现的安全问题和潜在危险。美国消费品安全委员会(CPSC)[4]负责保护公众,使他们在使用该机构管辖范围内数千种消费品时,不会受到与这些产品相关的不合理的伤亡风险。每年,消费品事故导致的死亡、受伤和财产损失的成本都要超过1万亿美元。美国消费品安全委员会致力于保护消费者和家庭免受产品引起的火灾、电气、化学或机械危险。美国消费品安全委员致力于确保消费产品(如玩具、婴儿床、电动工具、打火机和家用化学品)的安全,成果则是过去40多年来与消费品相关的死亡和受伤率下降[4,5]。

联邦法律要求制造商和进口商对许多消费品进行测试,以验证它们符合消费品安全要求。根据通过测试结果,制造商或进口商必须以书面或电子证书的方式认证消费品符合消费品安全要求。证书必须随证书所涵盖的适用产品或产品一起提供,必须向零售商、经销商提供一个副本,并且在有相关要求的情况下也提供给政府一份副本[3]。

有很多组织建造和运营测试设施来进行监管合规测试和产品安全测试。其中,两个广为人知的合规测试组织是美国保险商实验室(UL)[5]和天祥(Intertek)公司下属的爱迪生测试实验室(ETL)[6]。两者都是提供专业工程服务的独立测试和咨询公司。他们成立了由质量保证和产品安全专家组成的团队,这些专家非常了解影响消费品性能和安全性的法规。这些测试设施组织(例如美国保险商实验室)帮助系统和产品开发公司开发测试程序,并为他们实施针对各种国际规程的测试。这些测试设施组织提供全球监管测试能力,帮助系统和产品开发公司满足其客户和产品所在的各个国家/地区的合规要求。

美国保险商实验室提供以下 4 个该实验室支持的国家和国际法规示例[7]:

·《化学品注册、评估、许可和限制》(REACH)。这一欧盟(EU)法规主要涉及化学物质的生产和使用及其对人类健康和环境的潜在影响。

·《美国消费品安全改进法》(CPSIA)。美国保险商实验室已在美国消费品安全委员会注册为美国消费品安全改进法认可的第三方测试实验室。

·《危险性物质限制指令》(RoHS)。该指令对制造各种类型的电气设备时使用的 6 种有害物质进行限制(有例外)。它与《报废电子电气设备指令》(WEEE)密切相关,该指令设定了电气设备的收集、回收和废物利用的目标,并且是解决全球有毒电子废弃物问题的立法举措的一部分。

· 中国的《国家纺织产品基本安全技术规范》(GB 18401)。

这些测试组织中(如美国保险商实验室和电气测试实验室),很多都是得到官方认可的。实验室认可是对有能力的实验室的正式承认,以帮助客户来识别和选择可靠的测试服务。

作为实验室认可的例子,美国保险商实验室[8]得到以下跨国组织的认可[7]:

· 美国国家认可委员会(ACLASS)。

· 英国皇家认可委员会(UKAS)。

· 中国合格评定国家认可委员会(CNAS)。

· 加州医疗协会(CMA)。

· 香港实验室认可计划(HOKLAS)。

· 日本厚生劳动省。

由于得到认可,这些测试设施公司在经过他们测试和认证的产品上采用专门的产品标签标记(如 UL、CSA、ETL 和 CE)或其他形式的合规标记。例如,美国保险商实验室提供的公开信息声称:

美国保险商实验室是一家全球性的独立安全科学公司,我们提供三大战略业务部门的专业知识:商业和工业、消费者和 UL Ventures。我们认识的广度,所确立的目标和光辉的历史意味着我们是信任的象征,使我们能够帮助所有人获得安心。UL 标志是美国最受认可的认证标志,每年出现在 220 亿件产品上。

美国保险商实验室积极参与国际产品安全标准的制定和修订。这是一个公认的业内专业机构,能够在生产周期的早期识别危险,从而降低产品开发成本并加快产品上市速度。美国保险商实验室还确保其客户能够满足当前监管要求,了解新出台的各种规章[7-8]。

一些公司(如 DSL)[7]是经过认证的 UL 机构,获得了相应的许可来执行产品安全测试并可以给产品加上 UL 标记以证明该产品是符合 UL 认证的 UL 产品投诉。“根据 UL 第三方测试数据交换计划(TPTDP),D. L. S. 合规评估获得了完全的许可来执行 UL 和 cUL 测试。这一计划允许使用 D. L. S. 增值测试计划来获得完全的美国保险商实验室(UL)认可和列名,包括 UL 工厂评估和后续服务”[9]。

除了 UL 标志外,还有加拿大标准协会(CSA)标志。cUL 是加拿大的 UL 认可标志。很多产品需要获得 CSA/UL 标志才能在美国和加拿大销售。ETL 列名标志[8]是另一个常见的产品合规标准标志。

ETL 标志证明产品符合北美安全标准。在整个美国和加拿大,有管辖权的部门(AHJ)和标准制定机构(Ode Officials)将 ETL 列名标志视为产品符合已公布行业标准的证明。零售采购者在采购时也认可这一产品上的标志。每天,越来越多的消费者将产品上的这一标志视为是安全的象征[6]。

CE 标志中的字母“CE”是法语“Conformité Européene”的缩写,其字面意思是“符合欧洲要求”。最初使用的术语是“EC 标志”,而在 1993 年的 93/68/EEC 指令中被正式改名为“CE 标志”[9]。“CE 标志”现在用于所有欧盟官方文件中。“CE 标志”是一个适用于各种产品的过程,位于欧盟的制造商或将货物进口到欧盟的进口商必须完成这一过程。如果某个产品属于 CE 标志指令中至少一个指令的管辖范围,而且没有明确排除在外,那么它就必须要有 CE 标志。当确定了适用的指令后,产品必须进行相应的设计并进行测试,以证明满足指令要求。当某个公司证明他们已经满足了指令基本要求后,就会编制一个技术文件,并生成一份合规声明[10]。

其他类型的监管标志如下:

· 医疗器械指令。

· 职业安全与健康。

· 无线充电测试认证(Qi 认证)。

· 欧盟 EN/IEC 测试。

· CB 全球测试计划。

· 中国的3C认证标志。

· 美国联邦航空管理局(FAA)在美国针对飞行安全系统测试的标志。

· 美国食品和药物管理局(FDA)针对医疗,药品和食品安全的标志。

· 美国联邦通信委员会(FCC)在美国针对射频(RF)发射器的标志。

· 联合航空局(JAA),这是大多数欧洲(欧盟和非欧盟)民航监管机构合作组织。

· 欧洲航空安全局(EASA),由欧洲委员会(EC)于2002年创建,并接管了联合航空局在欧盟国家的职能。

· 国际民用航空组织(ICAO),这是联合国(UN)的一个专门机构。

· 民航局,这是一个在许多国家都使用的缩写词,特别需要注意的是在英国和中国(在中国,CAA指的是民航局)。

· 欧盟委员会在欧盟内部建立的无线电和电信终端设备(R&TTE)指令测试。

· 汽车安全气囊检查和测试。

· 消防和生命安全系统测试(或消防和生命安全系统合规测试)。

除了针对消费者和工业级系统和产品的监管合规测试外,还有用于测试军用与航天级系统和产品的军事防御标准与北大西洋公约组织(NATO)标准。本书并不准备讨论关于安全性能和测试要求的所有军事标准。本章前面已经讨论了与系统安全性测试计划(SSTP)相关的MIL-STD-882E标准,这是针对军事和空间应用的系统和产品安全相关要求的一个重要文件。此外,还有很多其他的与测试和安全相关的军事文件,这些文件适用于美国国防部(DoD)的主要导弹与武器系统开发商和制造商。

对于导弹与武器系统的开发商和制造商以及他们的母国来说,如果要向盟国销售其防御系统,那么这些组织就必须要了解针对存储、运输、安全和一般测试和评估方法的非机密国际标准与协议,这样才能让他们的系统适用于其他国家。在导弹和武器系统的国际市场中存在着大量的规范和标准文件,在这些标准和协议中,应用最广泛的是北约标准化协议(STANAG)。这些协议定义了北约联盟成员国之间适用于通用的军事或技术程序或设备的过程、程序、条款和条件。

北约标准化协议的主要目的是提供共同的操作和管理程序及后勤体系,这样一个成员国的军队就能够与另一个北约成员国的军队共享其存储的系统和库存的硬件(如导弹、弹药和武器)。在北约和盟国使用其他北约成员国开发的各种测试、评估、论证和分析方法时,北约标准化协议是实现技术互操作性的基础。北约成员国的盟国也将在自己的政府和军事采购组织内传播北约标准化协议。

取决于具体的北约标准化协议,有时候需要全部 28 个北约国家中的大多数同意后才能批准该协议,有时候需要北约标准化委员会特别定义的 28 个国家中的一个国家子集中的大多数国家同意后才能批准该协议。如果标准化委员会定义了 28 个北约国家的一个有限数量的国家子集,那么某个特定北约标准化协议就需要该子集的一定百分比数量的国家同意后才能通过。如果一个国家批准了某个北约标准化协议,那么该国就同意在其军队中实施该北约标准化协议中关于采购、物流、运输及测试和评估方面的要求。

这里值得特别一提的一个北约标准化协议文件是 STANAG 4404[11],它定义了安全关键性计算系统功能保护要求和指南、软件分析和测试要求、接口设计要求等。STANAG 4404[11]是北约关于安全性设计的文件,其中列出了与弹药安全相关的要求和指南。该标准还包括以下安全性设计要求:

· 系统设计要求和指南。

· 系统加电初始化要求。

· 计算系统硬件要求和指南。

· 自检设计要求和指南。

· 安全关键性计算系统功能保护要求和指南。

· 接口设计要求。

· 用户界面。

· 软件设计和编码要求和指南。

· 软件维护要求和指南。

· 软件分析和测试。

· 关键时序和中断功能。

适用于一般系统设计的 STANAG 4404[11]系统设计要求和指南包括:

· 设计安全状态。

· 独立计算机。

· 易于维护。

· 安全状态返回。

· 互锁的恢复。

· I/O 寄存器。

· 外部硬件故障。

· 安全内核故障。

· 绕过不安全的情况(如功能降低和恢复、模拟器、正反馈机制、峰值负载条件和系统错误日志)。

STANAG 4404[11]提供设计合规检查单,以帮助安全从业人员确定所评估系统的安全关键性设计的状态,并发现设计中的安全要求缺陷。设计安全评估完成后,应制定相应的计划,以验证设计要求是否得到良好的实施,并确定应当如何弥补 STANAG 4404 检查单中记录的缺陷。

从安全关键性系统的角度来看,一个国家的军事组织及其导弹和武器系统制造商参与北约标准化协议的开发也是非常有价值的。对于与故障预测和健康管理政策、设计和质量标准、测试程序、故障预测和健康管理程序认证、故障预测和健康管理设备的通信标准和协议、故障预测和健康管理生产级别的“电磁辐射对军械的危险”(HERO)安全测试和认证,以及为保证平台电子通信不干扰和不削弱平台或其他位置电磁辐射发射静默条件的非通信程序相关的未来北约标准化协议来说,这一价值尤为可观。标准化委员会可能会指派两个主要的北约行动委员会来负责开发相应的北约标准化协议,以实现故障预测和健康管理概念、程序、标准和测试的编译与标准化。这两个主要的北约行动委员会前面已经提到,分别是 AC/326 弹药安全组和 AC/327 生命周期管理组(包括“电磁辐射对军械的危险”)[12]。

故障预测和健康管理的价值及其辅助效益及最终获得的投资回报率取决于实施故障预测和健康管理的成本、故障预测和健康管理的型、系统的全性和可靠性、评估可靠性和安全性的生命周期时段、通过故障预测和健康管理能力消除的责任成本风险,以及通过实施故障预测和健康管理可以避免的生命周期内维护成本。我们参考第 1 章思维方式 6,故障预测和健康管理是一个不断发展的系统安全性测试能力,这一能力被应用于系统全生命周期,以便在任何时间段都能了解系统健康状态,通过预测即将发生的危险来尽量减小突发灾难的影响,并争取在客户应用和任务中实现零事故目标。

12.5 故障预测和健康管理对于系统安全性测试的价值

思维方式 6:针对故障预测和健康管理(PHM)进行设计,以尽量减少意外灾难事件或可预防事故的数量。

故障预测和健康管理可以提高系统安全性能力的效率与效果。故障预测和健康管理是实现系统可靠性与安全性的基本要素。只要有可能,就必须在安全关键系统中部署故障预测和健康管理。在当今复杂系统中,大多数系统故障都是因设计强度不足以承受所处应力环境这种基本限制因素而引起的。机械退化会随时间慢慢发展和传播,导致物理磨损。设计强度必须能够承受最恶劣的客户使用条件和环境应力条件。但是,当设计强度在重复施加的应力条件下而无法承受累积疲劳时,会发生什么情况?需要采用创新解决方案来发现隐藏问题和检测潜在缺陷,这些问题和缺陷最初表现为非确定性异常和故障。通过使用嵌入式传感器进行自动应力和健康监测、具有机器学习能力的失效物理(PoF)建模及具有预测推理机和剩余使用寿命(RUL)算法的嵌入式处理器,就可以在线执行故障预测和健康管理解决方案,从而有可能确定如何在正确的时间执行各种形式的维护工作,如修复性维修、视情维修(CBM)、预防性维修、预防性维修检查和保养(PMCS)和计划性维修。

12.5.1 故障预测和健康管理的投资回报

对于投入大量资金、准备对当今复杂系统中可能出现的事件和故障的数百万种组合进行近乎100%的测试覆盖的做法,很难证明这种方法会有合理的投资回报。这些故障的发生可以是由于不完全的测试覆盖或故障覆盖,而这种不完全的覆盖又是因为时间和资金的限制而无法通过机内测试和/或外部支持测试设备提供100%的故障检测能力。众所周知,100%的测试覆盖是不经济的,而且对于由成百上千个电子集成电路设备(每个设备又有着数百万甚至数十亿的纳米级元件)组成的大型复杂系统,也无法获得合理的投资回报。总会存在有一定比例的缺陷组件会成为所谓"未知的未知"的潜在故障。它们代表未知的故障机制,具有有待检测的未知发生概率。已知的未知故障是一个已经被发现的故障,可能发生过一次或几次,但其失效机制的根本原因、发生的性质和发生的概率尚不完全清楚。任何复杂系统都会有未知数量的故障或危险(未知的未知或已知的未知),这些故障或危险将保持隐藏、潜伏和未知状态,直到它们发生并被检测到(可以是初次发生,也可以是重复发生到足以确定其模式)为止。在使用正确的传感器和仪器在正确的时间采集正确的数据、捕获关键的设计参数测量值,并将故障机制定性与加速机制的应力条件关联后,未知故障就有可能变为已知故障。很多时候,发生的异常被检测为未知故障,这往往是在实际客户任务场景中发生,此时某个对于任务非常关键功能被禁用,而这是之前从未见过的,这些故障称为不可预测故障。

为了应对这种不可预测故障或危险风险,需要通过健康监测和失效物理(PoF)模型实现早期预警指示,通过嵌入式传感器来防止发生重大事故。在设计过程中,应当包括这些包含所有可能事故的早期预警机制,并设计信息获取机构来检测系统异常行为。信息获取包括测量重要特性,并根据它们的影响做出决策。例如,根据传感器设计时序要求,某个传感器输入应当在20ms后获得,但是有时候这个传感器输入是在30ms后发生的。这是否是一个表明传感器很快就要发生故障的早期预警?如果该传感器失效,是否会导致灾难发生?

如果这两个问题答案都为“是”，那么就应当在故障进入临界状态之前就更换该传感器。

对于系统用户、生产商、后勤人员、维护人员和设计人员来说，故障预测和健康管理的潜在价值在于成本节约，可以让他们知道是怎样的环境应力因素（如温度、湿度、振动和压力），多大的环境应力、以及持续时间多长的环境应力会造成单独子系统和系统组件安全性、可靠性或性能退化。对承受这些应力因素的整个系统群组和全部备件群组有着这方面的知识是非常重要的，这样才可以针对这些群组作出关于视情维护（CBM）、升级，以及最终退役或寿命终止或服务终止的决定。这一信息也会对未来系统设计改善产生影响。随着现场使用数据采集和对这些应力因素的了解，可以提高系统或产品开发人员能力，使他们能够更改设计，从而减少或消除与这些应力因素相关的故障或危险原因及影响[12]。

系统中所有组件都会受到环境应力。例如，让我们考虑对电路板卡组件焊点可靠性产生影响的热应力和振动应力源。通过现有的失效物理模型，人们知道焊接接头随着时间推移会因温度循环、机械冲击和振动力而被削弱。对于系统承受实际环境条件的了解与计划成本驱动因素和计划或定期重新认证操作的需求有着直接关系，这涉及是否应当在单个系统上执行维护（这对客户来说成本很高），或应当让系统退役和终止服务。这些成本驱动因素包括对需要定期重新认证的系统库存进行必要的定量增加，从而允许单个系统被送往专门的设施进行重新认证和维护时，仍然能够保证大系统（SoS）的运行。其他成本考虑因素包括将单个系统从客户的大系统平台位置与重新认证的位置之间进行交换和运出、运入的物流成本，以及重新认证本身的成本[12]。

为了展示故障预测和健康管理对于系统安全性测试的价值，让我们看一下一个导弹系统的战术火箭发动机的例子。如今，高度先进的战术火箭发动机需要不断改进设计，提高可靠性和技术进步，以展示导弹系统能力的不断提升。如果有一个令人信服的商业案例分析，向客户证明在整个系统生命周期中获得的成本效益，那么这些增强设计、可靠性改进和技术进步就能够被应用到战术导弹系统设计中的新固体火箭发动机的工程开发和生产中。针对战略导弹系统中的全尺寸火箭发动机、商用航空电子设备、电信网络及各种军事和非军事系统应用中的系统，已经有成熟的故障预测和健康管理技术。这些故障预测和健康管理技术中的大多数技术都促进了嵌入式传感器创新发展，这些能够确定剩余使用寿命（RUL）和退化磨损失效机制的失效物理模型来评估应力条件并预测未来的失效事件。用于对电机剩余使用寿命进行建模的相同 PHM 传感器也可用于监测电机上的电流应力，并确定是否即将发生故障。除了这些增值效益外，故障预测和健康管理还提供其他功能，如资产跟踪、物流管理、过程检测及不敏感弹药(IM)[12]。

故障预测和健康管理至少可以提高新系统的增值效益,或对现有系统进行增强,使系统具有可以提高安全评估准确性的嵌入式传感器、能够从大量系统中准确找到可疑的个别系统的物理数据、危险和失效预测,以及服务寿命延长计划。这里的目标是从库存中找到并去除某个可疑的导弹系统或系统组件(例如火箭发动机),而不必让整个导弹批次停止服务,从而提高了故障预测和健康管理的投资回报、系统可靠性与安全性。如果导弹发生任务关键故障或由于安全关键故障而引起责任赔偿事故,那么就会打击客户的信心,而通过故障预测和健康管理就有可能减轻这些危险,防止客户失去对我们信任,从而体现出故障预测和健康管理的价值[12]。

12.5.2 不敏感弹药

在导弹系统安全性方面,始终存在的一个挑战就是防止出现安全关键故障的不敏感弹药(IM)要求,这一要求需要证明“对不敏感弹药的刺激因素没有反应”或“不敏感弹药刺激因素没有造成影响”。视情维修和故障预测和健康管理在当今武器系统中得到双重使用。视情维修、故障预测和健康管理能够保证可以成功地实施表现出对不敏感弹药刺激因素“没有反应”的设计,并且可以在武器系统全生命周期内降低维护武器系统所需的人员配备和成本。在潜在不安全事件中,了解每个系统实际应力条件是非常有用的,这些信息有助于确定是否检测到某个危险,以及某个资产是否应当被销毁,或是否能够以安全的方式修复某个系统并延长其寿命。在潜在不敏感弹药事件发生之前和发生过程中,应当使用带有嵌入式传感器的故障预测和健康管理技术来检查资产。然后,可以再使用这些传感器来触发相应的响应,包括从通过无线网络发出简单警告到促动一个主动缓解设备(如用于启动热通风系统的电子无源设备)。就像用于PHM设备的热不敏感弹药刺激传感器很有可能提供一种经济高效解决方案那样,其他用于不敏感弹药预防的合理方法可以包括机械震动和振动传感器,从而对每个类别的不敏感弹药刺激因素所固有的不同时间尺度诱发的事件做出反应[12]。

对于导弹系统中的金属、陶瓷、聚合物和复合材料经受的因环境或平台引起的应力进行测量,并预测这些材料的质量特性变化,这种能力是非常重要的,其重要性不仅是对于含能材料中传统老化限制安全参数(不敏感弹药刺激因素的灾难性影响起源于此),而且对于理解和预测可能对作为整个子系统含能设备的化学和机械不敏感弹药属性可能产生负面影响的材料变化也是非常重要的。根据定义,不敏感弹药涉及大系统方法(一级、二级、三级含能材料、分离结构或组件及安全壳),因此,必须要了解系统各个方面的变化,这样才能识别、理解和预测应力因素对总体系统产生的影响[12]。

12.5.3 故障预测和健康管理

故障预测和健康管理是一种方法,可以保护设备的完整性,并避免意外操作问题造成任务性能缺陷、降级,或对任务安全产生负面影响。为此,研究人员开发出了各种方式、方法和工具,但是由于这些工具缺乏可见性、应用的统一性、结果的一致性,因此这些工具在现实世界场景中的应用受到了阻碍。需要以公文形式出现的有良好效用的指南来鼓励从业人员投入必要的资源将这些技术应用到实践中。虽然特定的应用领域往往需要对故障预测和健康管理应用进行定制,不过一些核心原则是适用于所有领域。IEEE P1856 是一个新的 IEEE 标准草案文件,它描述了这些核心原则,并举例说明了它们在电子领域的应用,该标准计划于 2017 年发布[13]。

IEEE P1856 的目标是为故障预测和健康管理在电子系统中的应用提供相关信息。制造商和终端用户可以使用这一标准为系统生命周期运行的相关操作和系统实施规划适当的故障预测和健康管理方法。该标准旨在为从业者提供信息,帮助他们为故障预测和健康管理的实施制定业务案例,并选择适当的策略与绩效指标来评估故障预测和健康管理的结果。标准的总体目标是提供针对故障预测和健康管理的广泛概览,同时提供重要的细节来帮助从业者做出适当的决策[13]。

在系统健康管理领域,人们对"Prognostics"(预测)这一术语有几种不同的解释,如预测分析(Predictive Analysis)、可靠性预计、累积损伤预测、基于条件的预测。不过,这一标准涵盖了电子系统中故障预测和健康管理的所有方面,包括定义、方法、算法、传感器和传感器选择、数据收集、存储和分析、异常检测、诊断、决策和响应有效性、指标、实施的生命周期成本(LCC)、投资回报(ROI)及文档记录等。这一标准描述了一个规范的框架,用于对故障预测和健康管理能力进行分类,以及对电子系统或产品的故障预测和健康管理开发进行规划。这一标准提供了相关的信息,以帮助从业者选择故障预测和健康管理的策略和方法,以满足他们的需求[13],但并不是整个行业都要求使用该标准。

IEEE P1856 的目的是对电子系统的故障预测和健康管理中涉及的概念进行分类和定义,并提供一个标准框架,帮助从业人员开发业务案例和选择方式、方法、算法、状态监测设备、程序及实施电子系统故障预测和健康管理的策略[13]。

故障预测和健康管理系统包含以下功能[13]:

· 通过健康状态监测传感器获取目标系统数据。

· 数据管理。

· 用于诊断、健康状态估计、故障预测和健康管理的数据处理算法和/或过程。

对故障预测和健康管理系统性能的衡量是基于它对实现或改进目标系统目标所做出的贡献。故障预测和健康管理系统性能是根据从以下类别中选择的指标来衡量的[13]。

(1)准确性。

衡量通过测量、观察或基础事实的推断来衡量对当前目标系统状态预测或诊断的输出偏差。通过将预测或诊断的输出基础事实进行比较可以衡量准确性,采用的度量包括但不限于检测准确性、隔离准确性、预测系统的准确性。在前面的规范化定义部分定义了这些术语。

(2)及时性。

衡量故障预测和健康管理系统功能相对于它们正在缓解的失效影响的输出速度。总体的及时性包括故障预测和健康管理控制回路的状态估计和控制的总时间。它可以被细分为多个功能,不过在所有情况下,必须将从预测或检测到响应的总故障预测和健康管理“控制回路”的及时性相加,与失效缓解所需的时间进行比较。如果需要,可以通过将相关子功能分组来分别进行预测功能和健康管理功能的比较。总故障预测和健康管理回路中与及时性相关的总故障预测和健康管理子功能包括检测时间、诊断时间、预测时间、决策时间和响应时间。在前面的规范化定义部分定义了这些术语。

(3)置信度。

衡量故障预测和健康管理系统输出的可信程度的度量(或相反,对不确定性的衡量)。对于检测和诊断功能,这是通过(但不限于)稳健性、灵敏度和不确定性度量来计算的。对于预测来说,除了灵敏度和稳健性的衡量之外,还包括对预测中的不确定性的估计以及随时间推移的预测稳定性。

(4)有效性。

衡量故障预测和健康管理系统保持或实现相关系统目标的能力。一般而言,有效的度量与故障预测和健康管理要保持或实现的目标相关。典型的有效性目标包括系统可靠性、安全性、性能、成本或进度。针对具体的故障预测和健康管理机制和整个故障预测和健康管理,必须将准确性、及时性和置信度的子度量全部组合起来,这样才能针对分配给故障预测和健康管理的相关系统目标来获得故障预测和健康管理有效性。

(5)故障预测和健康管理或目标系统规格说明中定义的所有其他指标[13]。

12.6 利用可靠性测试方法进行安全测试

系统安全性测试计划(SSTP)应当利用系统工程测试计划(SETP)中执行的所有可用测试,这一点非常重要。很多情况下,系统工程测试计划都包括可靠性测试计划(RTP)。从这些测试中,可以收集到有价值的数据,这对于可靠性和系统安全性工程都是有益的。可靠性测试可以分为时间终止的测试或故障终止的测试。时间终止的测试结果可能是一个通过的决定,也就是说以要求的时间长度完成测试后,没有出现失效的情况。故障终止的测试要优于时间终止的测试,因为通过故障终止的测试,可以获得有着更高置信度的可靠性测试结果和更高可靠性数据(例如,随时间发生的故障(Failures Over Time)或故障间隔时间(TTF)数据点)准确性。在故障终止的可靠性测试中,所有被测单元(UUT)都被持续测试,一直到失效为止,并收集故障间隔时间数据。被测单元是可修复的单元,包含多个电路板卡组件,而每个电路板卡组件也是由多个部件和组件组成的。可靠性测试中发生的所有故障都会得到分析,以确定根本原因失效机制,并确定失效未被纠正的情况下对系统的影响。这些失效产生的影响可能会导致安全关键性的影响或任务关键性的影响。这需要进行专门评估,以确定这些影响的严重性和发生的概率,从而验证为了确保消除失效原因,并且不会发生任何相关危险而执行的设计变更的成本合理性。

正如2013年9月发表于Millbank Quarterly的一篇题为“要实现高度的可靠性,医院还有很长的路要走”的论文所述的那样,Elizabeth Zhani[14]指出,联合委员会(The Joint Commission)[15]提请人们注意传统的可靠性方法,以检测严重的安全性相关失效。这篇论文的价值在于让人们意识到可靠性测试在医疗保健和医疗领域的必要性。有太多的医疗保健提供者经历了严重的安全故障,这似乎已经在日常工作中成为了习以为常和不可避免的一部分。这些故障造成的危险每年对数百万患者产生影响,为了防止这种情况,文章规定了一个框架,以帮助医院逐步实现长期的高可靠性和安全性,能够与商业航空旅行、游乐园游乐设施和核工业相媲美。

在该报告中描述了高可靠性框架的14个要素,其中一个要素就是需要医院的领导层致力于实现高可靠性和零患者伤害这一终极目标。框架的医院领导层部分定义了董事会、首席执行官和所有高级管理人(包括护士长)的具体角色、医生的参与、医院的质量战略、医院对质量测量数据的使用,以及使用信息技术来支持质量和安全方面的改进。Chassin博士说:“虽然还没有医院能够实现高可靠性,但可以通过一些非常实际的改变来提高安全性和质量。为了改变现状，实现我们所期望的目标，现在是时候开始采取必要的行动了。”[14]

联合委员会成立于1951年，旨在与其他利益相关方合作，不断改善公众的医疗保健水平。联合委员会对医疗保健组织进行评估，并鼓励他们以最高的质量和价值提供安全、有效的健康护理。联合委员会对美国2万多家医疗保健组织和计划进行评估和认证，包括10300多家医院和家庭护理组织，以及超过6500家的其他健康护理组织，这些组织提供护理和康复中心护理、行为健康保健、实验室和流动门诊服务。目前，联合委员会对2千多个特定疾病护理计划进行了认证，主要是关注于慢性疾病患者的护理，如中风、关节置换、中风康复、心力衰竭等。它还为750多个员工办公室提供医疗保健人员配备服务认证。联合委员会是一个独立的非营利组织，是美国历史最悠久、规模最大的医疗保健标准制定和认可机构[14-15]。

12.7 安全测试数据收集

必须在安全测试规划过程的早期就计划好安全测试数据的收集。测试的有效性取决于收集的数据。参与规划和执行测试的每个人在测试开始之前都必须非常清楚要收集哪些数据。数据收集过程应当在系统或产品开发过程中尽可能早地开始。向变更管理委员会提出工程变更请求而累积设计变更记录的过程中就可以发生数据收集。用于计算可靠性的数据收集通常发生在可靠性测试事件开始的时候，其中测试中每个单元的故障间隔时间（TTF）数据得到注释。在用户应用中，在现场条件或机队条件下也可以进行数据收集，此时由用户或客户收集故障间隔时间数据。

数据收集的方法首先是从测试规划和测试样本的选择开始。测试方案包括测试要求、要选择的被测单元数量、测试开始和结束的时间表、故障报告、分析和纠正措施系统（FRACAS）、测试的环境条件，以及对使用机内测试或外部测试设备来检测失效的操作测试（OT）的描述。机内测试（BIT）是系统或产品设计中的嵌入式测试能力。机内测试或外部测试设备应当对被测单元进行连续的监测，从而使失效检测记录时间能够与实际发生失效的时间非常接近。样品的选择可以随机进行，也可以是来自生产线的第一批物品。在测试方案中确定样本的数量。选择的样本越多，就可以收集到更多的故障间隔时间数据点，因此测试的准确性就越高，不过，这样测试的成本也就越高。在开始任何测试之前，都会记录被测单元的序列号或唯一标识号。所有的故障间隔时间数据都与这些序列号对应。在故障终止的测试中，测试会一直进行，直到所有被测单元都有了故障间隔时间记录为止。

图 12.1 提供了一个例子，展示了在每个被测单元的可靠性测试过程中是如何跟踪和收集故障间隔时间数据的。图 12.1 是用于测试数据收集的产品或系统被测单元时间线直方图。

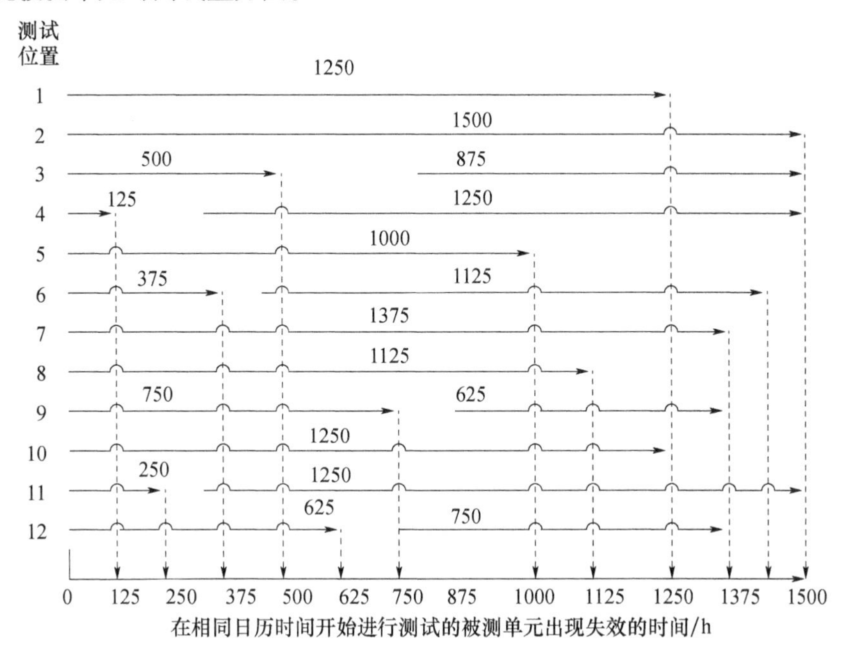

图 12.1　按照测试位置的测试失效数据

图 12.2 显示了一种将 TTF 数据组合来执行最佳拟合分析的方法。“×”代表 12 个被测单元中每一个失效的单元。所有 12 个被测单元都至少失效一次。这一测试是“故障终止”型的测试，因此将至少有 12 个数据点，每个数据点对应于一个失效的单元。在测试过程中，总共有 18 次失效。这意味着有多个单元失效了不止一次。在测试早期阶段失效单元都会被修复，然后再重新投入到测

									×		
									×		
				×	×			×	×		
×	×	×	×	×	×	×	×	×	×	×	×
125	250	375	500	625	750	875	1000	1125	1250	1375	1500

图 12.2　按照故障间隔时间的测试故障数据

试中。测试会一直进行，直到所有的被测单元都至少失效一次为止。一些单元是在测试快结束的时候失效的，修复后没有再重新投入到测试中。“×”下面的数字代表数据组合在时间单元(h)中的分配。例如，在375那一列中的“×”表示被测单元是在251~375h之间失效的，而1125那一列中有2个“×”，意味着在1001~1125h期间有2个被测单元发生了失效。

在收集了每个序列号的故障间隔时间数据之后，就会将数据输入到一个工具中，以计算可靠性度量并绘制数据点的图表。

使用最佳拟合方法，将历史分布与数据拟合。这种将分布与实际故障间隔时间数据的曲线拟合有助于预测未来的失效概率。这些历史分布即可以是概率密度函数(PDF)，也可以是累积分布函数(CDF)。概率密度函数或累积分布函数与经验故障间隔时间数据的拟合越好，可靠性预计或估算的准确性就越好。此外，还会确定置信区间和相关因子，以了解分布与数据的拟合效果如何。图12.3显示了累积分布函数图的一个例子，图12.4显示了概率密度函数曲线的一个例子。第14章对概率密度函数进行了更详细的讨论。

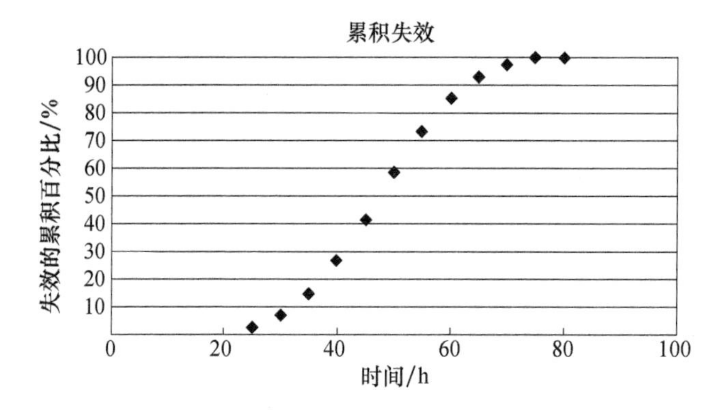

图12.3　累积分布函数的例子

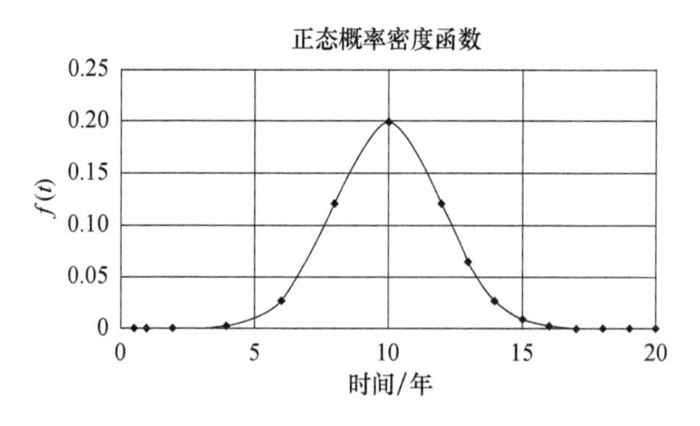

图12.4　概率密度函数的例子

故障间隔时间数据有可能无法与任何一种分布很好地拟合。如果是这种情况,那么通常意味着一个非齐次泊松过程(NHPP),其中失效强度并不是恒定的,而且随着失效被检测并隔离到一条特定的根本原因后,设计发生了变化。

除了收集故障间隔时间数据外,还有其他的方法也能实现同样的目的。如果被评估的产品是一个执行器或开关,那么可能收集的就是故障间隔周期数(CTF)而不是故障间隔时间。如果被评估的系统是汽车或飞机,那么可能收集的就是故障前里程(MTF)。

12.8 测试结果及如何处理这些结果

测试最重要的一个方面是对安全和健康危险的消除或控制进行验证。安全人员需要对测试结果进行彻底的检查。

12.8.1 如何处理测试结果?

测试完成后,安全工程师应该对测试结果进行一定的处理。首先,安全工程师需要读取这些数据。很多时候,测试已经完成,但是却从未向安全工程师提供测试结果。如果没人送来数据,那么安全工程师应当自己寻找它们。然后,应当对危险跟踪系统(HTS)进行更新,如果缓解效果得到了验证,那么就将危险关系来反映这一状况,如果在测试过程中发现了任何新的危险,那么就将它们添加到危险跟踪系统。最后,应当将测试结果纳入到适当的安全文件中,如安全评估报告(SAR)、安全发布或安全认证文件。

12.8.2 如果测试失败会发生什么?

测试必须考虑到与设备和人相关的失败:

· 失败是否与机械、电气或化学故障有关?

· 失败是否由于人/物品不兼容、程序指导不充分,或者人员的培训、选择或定位不适当或不充分造成的?

测试组织(政府或承包商)应当编写和提供测试事件报告(TIP),以提供测试期间发生的任何事件的结果。应当对这些结果进行审查,以确定安全影响,如果发现任何新的危险,则应将它们添加到危险跟踪系统(HTS)中,并应当开始进行相应的工作来消除或缓解新的危险。

12.9 可测试性设计

可测试性设计(DFT)是一种将可测试性功能与硬件产品设计相结合的设计技术。通过可测试性功能,可以更加方便地针对所设计的硬件和软件来开发和实施开发测试、制造测试和客户测试。开发测试的目的是验证产品设计是否能够满足规格要求,以及是否所有的设计缺陷都已被消除。制造测试的目的是验证产品硬件不包含会对客户使用产品时的操作产生不良影响的制造组装和工艺缺陷。

可测试性是一种设计特性,可以允许某个项目(Item)的状态(可操作、不可操作或降级)被确定,并且能够及时地执行项目内的故障隔离[16]。可测试性分析是用来评估某个设计的可测试性的过程,用于对设计的故障检测和故障隔离能力进行定量的衡量,并优化给定测试策略的可测试性。

典型的要求可能是:对于所有外场可更换单元(LRU)或现场可修复单元(FRU)的所有故障模式,故障检测概率(P_{fd})为95%;对于所有外场可更换单元或现场可修复单元的所有故障模式的3个的模糊组,故障隔离概率(P_{fi})为95%。3个的模糊组(Ambiguity Group of 3)的意思是,有三个外场可更换单元被识别为失效的潜在原因。对于预测,可能会编写一个要求,要求所有的外场可更换单元或现场可修复单元在检测到任何故障模式95%概率之前的100h报告高应力情况。原来用来检测和隔离故障的机内测试设计能力也可以用来检查和隔离即将发生的故障,从而提供预测能力,其方法是持续地监视原位关键信号的条件,以包含设计参数应力测量和来自传感器的数据[1]。

12.10 测试建模

测试建模是一个在产品开发期间执行的设计实践,用来识别电路的故障覆盖和功能覆盖。DSI eXpress[17]是一个用于测试建模的工具。此工具可以用于:

· 针对每个功能进行测试开发。
· 通过分析设计能力进行机内测试分配。
· 在功能块级别对互连和功能进行建模。
· 按测试类型评估覆盖率。
· 发现功能测试的不足。

在产品开发过程中,应当尽早进行测试建模。在设计过程中,应对电路板卡组件(CCA)的框图进行建模,以验证测试覆盖率、故障检测、故障隔离和良好的可测试性设计(DFT)。

12.11 总结

系统安全性测试计划(SSTP)对于确保所有与发现安全危险风险相关的测试事件都能够完成,并且数据都得到收集和分析是至关重要的。如果系统计划没有执行针对安全性的测试来验证系统是安全的,那么监管部门和合规机构可能就会介入。有时候,这些部门和机构的介入是在系统需求中说明的,而且必须在系统安全性测试计划中进行规划;而另一些时候,并没有对他们的介入进行规划,那么客户或外部机构会介入,以保证系统是安全的,或发现的不安全风险已经被纠正,并且不会再次发生。

参考文献

[1] Raheja, D. and Gullo, L. , Design for Reliability, John Wiley & Sons, Inc. , Hoboken, NJ, 2012.

[2] MIL – STD – 882E, System Safety Standard Practice, U. S. Department of Defense, Washington, DC, 2012.

[3] Regulatory Compliance, https://en. wikipedia. org/wiki/Regulatory_compliance (Accessed on August 10, 2017).

[4] U. S. Consumer Product Safety Commission, MixBin Electronics Recalls 270k iPhone Cases, http://www. cpsc. gov/en/ (Accessed on August 10, 2017).

[5] U. S. Consumer Product Safety Commission, CPSC Testing – Certification, http://www. cpsc. gov/en/Business – – Manufacturing/Testing – Certification/ (Accessed on August 10, 2017).

[6] Intertek, Edison Test Labs, http://www. intertek. com/marks/etl/ (Accessed on August 10, 2017).

[7] UL, Regulatory Testing, http://services. ul. com/service/regulatory – testing/ (Accessed on August 10, 2017).

[8] Underwriters Laboratories, UL 2016 Annual Report, http://www. ul. com/ (Accessed on August 10, 2017).

[9] DLS Electronic Systems, Inc. , EMC, Wireless, Environmental, Product Safety Testing and Consulting, https://www. dlsemc. com/safety/ul/ul. htm (Accessed on August 10, 2017).

[10] CE, CE Definition, https://en.wikipedia.org/wiki/CE_marking (Accessed on August 10, 2017).

[11] STANAG 4404, NATO Standard on Safety Requirements and Guidelines for Munition Related Safety Critical Computing Systems, North Atlantic Treaty Organization, Brussels, 1997.

[12] Gullo, L., Villarreal, J., and Swanson, R., Value Added Benefits of Embedded Sensorsin Tactical Rocket Motors: The Key to Successful PHM Implementation, Joint Army - Navy - NASA - Air Force (JANNAF) Propulsion Meeting, June 2015, Nashville, TN.

[13] IEEE P1856, Standard Framework for Prognosis and Health Management of Electronic Systems, The Institute of Electrical and Electronics Engineers, Inc., New York.

[14] Elizabeth, Z., Hospitals Still Far from Being Highly Reliable, Millbank Quarterly, September 17, 2013.

[15] The Joint Commission, https://www.jointcommission.org/ (Accessed on August 10, 2017).

[16] MIL - HDBK - 2165, Testability Program for Electronic Systems and Equipments, U.S. Department of Defense, Washington, DC, 2014.

[17] DSI, eXpress: System Modeling for Diagnostic Design and Analysis, http://www.dsiintl.com/weblogic/Products.aspx (Accessed on August 10, 2017).

第13章　安全性与其他功能性学科整合

Louis J. Gullo

13.1　介绍

本章关注于如何让安全工程师与其他领域的工程师相互配合,从而在系统或产品开发过程中推动安全工程设计原则和技术的实施。本章强调了系统工程师与其他功能性学科建立起密切关联的必要性,并讨论了安全工程师应当如何与项目、产品、系统过程和开发团队建立起紧密联系。功能性学科指的是那些参与到系统过程和项目管理不同方面的人。与各种功能性学科的接口可以被分为三种类型:①与开发组织中的雇员间内部接口;②与客户组织接口;③与供应商组织接口。本章大部分内容都适用于这三种功能性学科接口。

系统安全性工程师必须与系统工程师、硬件和软件开发工程师以及其他多学科工程领域的工程人员和内部开发组织非工程人员进行协同合作。要让组织取得成功,所有工程师和业务专员必须通力合作。工程人员必须在多样化的开发团队环境中高效地履行相关职能,形成紧密、有凝聚力的合作伙伴关系,编写良好的工程开发计划和进度、生成需求说明、执行分析和测试、记录分析数据和测试结果,以及创建分析和测试报告,并在安全、成本、进度和性能之间达到适当的平衡,从而使系统按照客户的意愿运行,避免系统安全隐患。

13.1.1　系统安全性工程的关键接口

系统安全性工程与多个专业工程学科团队和非工程专业人员存在接口。系统工程是系统安全性工程师的主要接口。在许多组织中,项目首席系统工程师是集成产品开发团队负责人(IPTL)。系统安全性工程师、可靠性工程师、维修性工程师和保障性工程师等其他专业工程师会向集成产品开发团队负责人报告。系统安全性工程师会定期(通常每周一次)与集成产品开发团队(IPT)中的工程师进行交流。系统安全性工程师与许多其他技术和以人为中心的学科团队存在接口。除了系统工程外,系统安全性工程的关键接口包括但不限于以下学科:

· 特定项目或产品线的总工程师。

· 电气工程，包括模拟、数字、射频、电源和组件设备的电路设计人员。

· 机械工程。

· 软件工程。

· 系统安全性工程（SSE），包括信息保证（IA）、运营安全（OPSEC）、通信安全（COMSEC）和防篡改工程。

· 软件保证。

· 网络安全工程。

· 可靠性、维修性和可用性（RMA）工程。

· 产品工程。

· 测试工程。

· 接口设计工程。

· 控制工程。

· 人因工程，包括人系统整合（HIS）。

· 监管和合规工程。

· 物流、维持和保障性工程。

· 制造和生产工程。

· 运筹学。

· 绩效工程。

· 计划和项目管理，包括计划、进度和提议管理。

· 质量工程，包括设计保证、六西格玛工程设计、任务保证、系统保证、供应商质量和产品保证。

· 业务开发，包括客户工程、应用工程和营销。

· 合同和分包合同专业人员。

· 法律顾问和法律专业人士。

· 技术状态管理。

· 风险管理。

· 环境健康与安全工程（EHSE）。

· 工业工程。

· 材料工程。

· 供应链工程。

· 外场服务工程。

在系统开发阶段，系统安全性工程师在执行各种系统工程过程时与这些学科进行接口。系统安全性工程师工作通常涉及可靠性、维修性、质量、物流、人因、软件工程和测试工程等学科。这些学科应应用到危险分析、危险控制、危险追踪和风险消除工作中。图 13.1 给出了安全和其他功能性学科之间的各种接口关系以及来回传递的数据流情况。该图不仅给出了一个系统开发团队中应当建立的一些常用相关接口,还给出了系统安全性工程师与其他学科之间的数据流类型和数据流向。

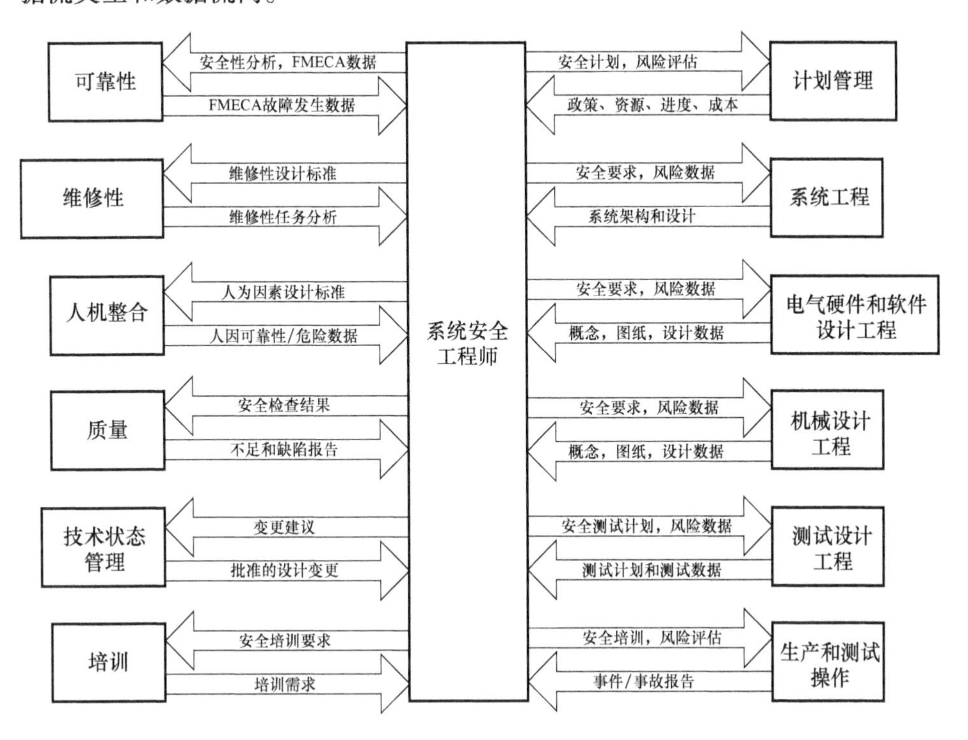

图 13.1　安全工程师与其他功能性学科的接口

13.1.2　跨功能团队

如第 5 章所述,通常会组建一个跨功能团队,通过系统需求分析(SRA)来识别规格说明中缺失的功能。执行系统需求分析团队至少有一名来自以下各工程学科的成员,包括研发、设计、质量、可靠性、安全、制造、可支持性或外场服务。为了尽早发现系统设计需求缺陷,跨功能团队必须从不同角度来查看系统文档和模型。跨功能系统团队必须能够从多个角度审查系统需求,以确保系统需求说明中涵盖了所有应考虑功能。

与其他工程师协作时,你需要时常展现个人价值并证明个人能力。整合的团队一起合作来发现与系统运行性能风险相关的所有未知因素。必须认识到,需要开发一个异常探测器来发现系统中可能会影响系统运行性能的未知状况,并确定与状况相关的风险。应当开发出异常探测器来检测两种类型的异常。第一种类型是“未知的未知”异常,第二种类型是“已知的未知”。“未知的未知”异常是指那些我们完全不知道它们是怎样的甚至不知道它们是否存在的情况。“已知的未知”异常是那些我们知道它们但不知道它们是如何产生的那些异常。第二类异常是我们已经看到并感受到它们影响的那些情况,但是我们还没有确定如何能够防止其发生的方法。我们需要更多的数据开展修复工作,这种数据采集需要有着广泛背景的工程师们提出正确的问题,并开发出确定问题的方法,然后再开发出纠正问题的解决方案。

13.1.3 保持沟通

与各种工程和非工程学科接口时,保持沟通是最好的方式。这也是为什么敏捷开发方法在系统和软件开发领域变得越来越流行的原因。敏捷开发要求团队内部进行日常沟通,这种方式称为“Scrum”。Scrum 让团队每个成员每天都有机会与团队其他成员分享成就和近期计划。除了状况报告外,Scrum 还鼓励成员分享现有或潜在的障碍,这样团队就能提前知道这些障碍,并快速进行调整,以防止或尽量减小这些障碍对成本、进度和性能造成的影响。很多团队成员将在 Scrum 中展开坦诚的沟通。一些成员可能会选择在私下与 Scrum 主管和同事进行一对一的沟通。Scrum 的很多成员会选择通过“战争故事”(War Stories)的沟通方式,向团队展示他们对团队正在进行的工作的理解,这样其他成员就可以从他们分享的经验中得到学习,而所有成员都将以新的思路、跳出条条框框的思考方式来为团队提供支持,并采用新的方式进行工作和应对那些可能需要新解决方案的挑战。

13.1.4 数字化的世界

我们生活在一个数字化的世界中。科技生活已成为许多人的日常生活方式。我们使用的数字移动设备与数字通信网络互连。我们所处的数字世界遵循特定的逻辑体系来进行数据处理和信息流动。这一数字逻辑体系遵循布尔代数的原则进行数字数据处理,通过确定的输入量和组合逻辑方程,基于真值表计算得到输出量。真值表是用来分析数字电路的实用逻辑辅助工具,通过真值表可以完全理解逻辑电路的性能。数字集成电路等电子设备使用布尔代数来处理逻辑表达式和条件,从而确定结果。数字输入、输出可以被认为是有正值和非正值的。所有的数字数据都被编码为由“1”和“0”组成的机器语言。无论是在最新电子技术还是在社交媒体和人际关系活动中,这两个值在我们的数字世界中到处可见。

让我们比较一下技术工作方式与人类处理数据方式。决定应产生一个“是”或“否”的结果，就像是要么通过变革来继续前进，要么留在原地保持现状那样。向自己提出的问题最终可以被归结为你是要采取行动还是不采取行动。换句话说，当你收集到足够数据后，无论考虑什么类型行动，你都会决定要做些什么或不做什么。让我们考虑一下你与生命中重要伴侣的关系，你们需要一起决定你们是否希望让你们的关系被法律承认并成为合法夫妻，或继续在一起，但不结婚，而只是生活在一起。这个世界上没有“部分结婚“这回事。你们要么是已婚，要么是未婚。让我们进一步推广这一决策过程，考虑一下我们一直都在进行的各种更多类型的数字数据处理。这里有正确与错误、黑与白、光明与黑暗、开和关、打开和关闭、进和出、支持和不支持、一起工作和分开工作、支持和反对、同意和不同意，如“on Board”（赞同）团队的决定，或不赞同团队的决定。当你“赞同”团队的决定时，那么无论想法是谁提出的，那么这一决定背后就是整个团队的支持，而每个团队成员都会为这一决定代言，就像这是他们自己的决定那样。

你是否听说过“只有马蹄铁和手榴弹才是接近的”这句话？在数字世界中，任何事情都没有“接近”一说。在法律世界中，要么有证据表明有违法行为，要么没有证据表明有违法行为。这一确定有助于立案，并决定是否将案子提交法庭。

在工程领域也是如此。工程领域中人们必须收集数据，并使用这些数据做出决策，如根据危险或故障模式的证据进行设计更改。工程团队经常要求做出艰难的决定，有时候团队会做出决策，但是并不是团队全体都能达成共识，这是团队效率低下的表现。团队必须努力达成共识。这种共识是通过谈判实现的。团队中每个人都应该感觉到他们在决策中得到了自己想要的。不应当有任何一个团队成员觉得他们在某个决策中得到了自己想要的一切。这必须是解决问题的统一方法，意味着不是一个人在推动解决方案，而必须是一个集体决定，并且在最终结论中，每个人都同意该决定，全力支持该决定，并努力使其成为现实。

这里没有中间道路，也不需要有所节制。你必须向团队做出承诺并且“全力以赴”，这样的团队才能获得成功。

13.1.5 朋友或敌人

在决定你与同事的关系时，想想他们是朋友还是敌人。如果你的同事是你的朋友，那么你就能够与这个人合得来，你会尊重这个人的意见，而你们也会作为整个团队的一部分在一起合作。如果你的同事是你的敌人，那么你们可能不会在所有事情上有相同的意见，但是你们会互相尊重，并理解对方针对某个主题的立场。你积极地向不同的思想敞开胸怀。你知道你们是为了共同目标一起奋斗。如果你们要想在一个团队中有效地做出贡献，要么你必须转变这种关系，让你的同事成为你的朋友，要么你们双方必须对态度进行调整。

确定谁是你的朋友，谁是你的敌人。接近你的朋友，但是更要接近你的敌人。不要让你的敌人不断地利用你。和那些支持你的人一起对付你的敌人。朋友的人数越多，力量就越大。

当你第一次与某人见面时，就已经开始做出是敌是友的决定了。你是否听说过“以貌取人”这个词？你应该认识到这一点，因为不管我们承认不承认，我们每个人都会这样做。当你见到刚加入你们团队的新工程师时，你会观察这个人的衣着和谈吐。你第一次见到某人时，就会决定这个人是你的朋友还是你的敌人。无论你是决定可以和这个人合作，还是认为会受到这个人的威胁，从一开始的那一刻我们就做出了决定。

在两个人从刚开始见面到多次打交道，是敌是友的决定会一直持续进行，直到每个人意识到对方是朋友还是敌人为止。有时候你会听到某个在工作方面和你有矛盾的人说：“这只是公事公办，不要觉得这是针对个人的”。这绝对是大错特错。这永远是个人问题。如果你在一个团队中工作，那么这就永远是个人问题。决定是否参加一个团队，这就是一个个人问题。如果是你的老板将你指派给这个团队的，那么如果你出现了人际关系问题，这并不意味着你不能离开这个团队。如果你觉得自己的价值被贬低，就不要留在这个团队。这些团队成员是你的敌人，而你需要做些什么。没有人应当在团队中承受压力却觉得自己的价值无法体现，并得不到其他团队成员尊重。如果你觉得压力过大，并且没有体现出自己的价值和得到尊重，那么就离开这个团队，离开这个位置，离开这家公司，改变职业，尽一切努力来让自己获得自尊并避免工作压力，因为这决定了你是否能够生活快乐和健康长寿。而这意味着工作业务完全是个人问题。你生命中的大多数时间都是在工作环境中度过的，因此你需要让这一环境变得舒适和友善，并尽可能地减少压力。

如果团队没有公开接受你的贡献，或在接受你的想法之后，却在一个封闭的小圈子偷偷地贬损你，背后捅你一刀，那么这就是一个无效团队合作，并且会削弱团队能力，并最终毁了这个团队。从刚被介绍到团队开始，所有团队新成员都应当能够感受到自己是加入到一个集体中，而且其他团队成员应当全心全意地帮助新团队成员快速学习成长，并使他们成为有价值的贡献者。团队整合速度越快，所有团队成员能够越快地感觉到自己是团队的宝贵一员，那么团队就能越快地开展高效率、有成效的工作。

当新团队成员彼此打交道时,他们应当已经了解自己所处工作环境、所有团队成员角色及团队沟通方式。当新团队成员彼此打交道时,他们应当在一开始就能够将对方视为朋友和合作伙伴。不过,如果有两个团队成员过去有过不愉快,彼此之间就是合不来,那该怎么办呢? 如果这种情绪很强烈,但是这种情绪又是可以被抑制的,从而让他们能够合作,那又会怎样? 作为类比,让我们考虑防御系统的一个例子。防御系统需要能够识别接近的军机是敌是友。如果一个友方飞机通过传感器向接近的飞机进行询问,并确定有友方飞机信标存在,那么飞行员就不会向另一架飞机开火。这一系统称为敌我识别系统(IFF)。敌我识别系统是一个安全关键系统,需要多学科的工程设计才能保证其正确。如果在军事领域中使用的敌我识别系统出现了故障,那么两个友方的飞机可能就会自相残杀并试图相互击落对方,从而有可能造成灾难性的后果和生命损失。

另一个类似的飞机系统是在商业飞机而不是军用飞机中使用的,称为空中防撞系统(TCAS)。这一系统使用了用于系统安全性功能的安全关键系统。空中防撞系统可以帮助飞行中的飞机避免与其他飞机相撞和发生冲突。如果人与人之间也能有这样一个系统,可以快速增强相互合作和友善度来一起工作,并促进沟通和避免冲突,那不是非常好吗?

下面,让我们看看一家公司是如何讲述自己的行为准则和核心价值观的。雷声公司(Raytheon)建立了一套行为准则,推动该公司以很高的道德业务标准向前发展。

13.2 雷声公司的行为准则

雷声公司的行为准则及其全公司范围推行的道德和商业操守计划阐明了雷声公司对公司的领导、员工、供应商、代理商、顾问和代表的期望,希望他们的行为能够与雷声公司的指导性商业价值、相关法律法规及公司的政策和程序保持一致。雷声公司作为国防、公民政府和网络安全市场的技术和创新领导者,在全世界赢得了声誉。这种声誉来自于公司坚定不移地致力于推行最高标准的道德商业行为。雷声公司的诚信声誉使该公司的员工、客户、供应商、股东和其他人都从中受益。图 13.2 显示了雷声公司的价值观。请注意,在这些价值标准中,有 4 个都强调了合作重要性。这些价值是信任、尊重、协作和责任。

员工应当以尊重、得体的方式与同事、客户和业务合作伙伴打交道。我们重视全体职工的包容性,因为这可以促进多样化的思维方式,并帮助我们一起协作来实现能够满足客户需求的创新解决方案。我们在招聘过程中致力于公平原则。我们在招聘员工时,不会受到种族、肤色、信仰、宗教、原籍、性别、性取向、性别身份和性别表现、年龄、残疾或退伍军人身份的影响。雷声公司的各级领导都有特定的义务来鼓励开放的工作环境和道德文化,在这样的环境和文化氛围中,员工能够得到尊重,并且当他们在指出问题时而不必担心遭到报复[1]。

员工应当得到经理的尊重和重视。他们相互之间也应当尊重和重视彼此,从而能够作为一个团队一起合作,而每个人的职能和对团队的贡献也能得到尊重和认可。每个人都需要具有良好的团队精神,从而赢得团队的尊重和重视。

我们的价值观

信任

⇨ 我们为自己的道德文化感到自豪，我们诚实，坚持做正确的事。

尊重

⇨ 我们具有包容性，善于接纳不同观点，重视我们所有人在共同的愿景中所发挥的作用。

协作

⇨ 我们激发更加强有力的想法、更深层次的关系和更大的机会来一起实现共同的目标。

革新

⇨ 我们挑战现状，以快速和敏捷的方式行动，推动全球增长。

责任

⇨ 我们信守承诺，预测客户需求，为领域服务，并相互支持。

图 13.2 雷声公司的价值观

现在,有一个巨大的问题摆在面前“如果你没有得到重视和尊重,并且没有体现出作为团队贡献者的价值,那么你该怎么做?”首先,你应当学习高效能人士的 7 个习惯,并每天不断地练习这些习惯。让这些习惯成为你的范式,作为系统安全性工程师或是其他工程师,你在每天履行自己职责时都要练习这一范式,为团队作出重要的工作。作为系统安全性工程师,最重要的工作就是成功地实施能够让团队接受的安全性设计方法。

13.3 有效地使用思维方式进行安全设计

让我们思考一下第 1 章中讨论的 10 个思维方式。安全工程师要进行安全性设计,就必须要遵循这些思维方式。这些安全性设计思维方式中,适合与其他功能性学科相结合的例子如下：

· 始终以零事故为目标。

· 有勇气“说不”。

· 不采取任何行动通常是一种不可接受的选项。

· 如果停止使用错误的实践方式，那么很可能会发现正确的实践方式。

本章介绍了如何在使用这些思维方式时实现高效能。

“高效能人士的 7 个习惯”体现了人类效能的很多基本原则。这些原则代表了实现持久幸福和成功的正确原则的内在化。不过，在我们能够真正理解这 7 个习惯之前，需要了解我们自身的“范式”，以及如何进行“范式转换”(Paradigm Shift)。性格伦理和人格伦理都是社会范式的例子。

性格伦理代表了有效生活的基本原则，如勇敢、谦逊、节制、忠诚、谦虚和正直等。这是人类存在的核心。人格伦理指的是公众可以看到的态度和行为、技能和特征，它们可以促进人与人之间的融合和交往。这是一种无需很多工作就可以快速、轻松获得结果的手段。人格伦理是没有实质的象征，而品格伦理就是实质。“思维方式”(Paradigm)一词源于希腊语。它最初是作为一个科学术语，但现在则通常用于表示一种模型、理论、假设或参照体系。

从更一般的意义上说，这是我们“看”世界的方式。这里指的不是视觉上的观感，而是感知、理解和解释。在我们的讨论中，可以采用一种简单的方法来理解思维方式，就是将它们视为地图。我们都知道，“地图不是领土”(the Map is Not the Territory)。地图只是对领土某些方面的解释。这正是思维方式的本质。它是关于其他东西的理论、解释或模型[2]。

思维方式是非常强大的，因为它构成了我们观察这个世界的镜头。思维方式转换的力量就相当于量子变化的力量，无论这种转变是瞬间还是缓慢而深思熟虑的过程[2]。

习惯是我们生活中一个非常强大的因素。它们是持续且往往是无意识的模式，每天不断地展示我们的个性，并让我们变得更有效率……或者，变得没有效率。在我们的讨论中，将习惯定义为知识、技能和愿望的交集。知识是理论范式，告诉我们“要做什么”和“为什么”。技能是“如何去做”。而愿望则是动机，是“想要去做”。要让什么东西在我们的生活中成为一种习惯，那么就必须拥有所有这三种因素。

高效能人士的 7 个习惯是人类实现高效能的基本原则，这些习惯如下[2]：

· 习惯 1：积极主动。

· 习惯 2：以终为始。

· 习惯 3：要事第一。

· 习惯 4:双赢思维。
· 习惯 5:知彼知己。
· 习惯 6:统合综效。
· 习惯 7:不断更新。

习惯 1 ~3 针对的是个人成功;习惯 4 ~6 针对的是公共成功;习惯 7 是对这些习惯的更新和改善。从习惯 1 转向习惯 6,是一个人从依赖到相互依赖的发展。

1)双赢思维(《高效能人士的 7 个习惯》中的习惯 4)

双赢是一种思想和心灵的框架,在人类的所有交往中不断寻求互利互惠。双赢意味着达成的协议或解决方案对双方都是有益的,让双方都感到满意。在双赢的解决方案中,各方都对决议感到满意,并积极投入到行动计划中。双赢思维将生活看成是一个合作的、非竞争性的舞台。双赢基于这样一种范式,就是获得的好处足够每个人享用,一个人的成功并不意味着牺牲他人的利益和成功。双赢是对"第三种选择"的信念。这不是以你为主的方式,也不是以我为主的方式,这是一种更好的方式,更高层次的方式[2]。

请将这 7 个习惯付诸实践,尤其是习惯 5 和习惯 6,这两种习惯对于工程团队成员实现真正的高效能至关重要。在团队中,每个人都要相互依赖,共同完成工作并做出决定。请定期(如每年一次)将习惯 7 付诸实践,从而不断回忆和增强对其他 6 个习惯的理解。如果你没有经常地应用这 6 个习惯,而且它们也还没有能够成为你的范式,那么就一定要将习惯 7 付诸实践。

2)同理心沟通原则

首先试图理解别人,或在开处方之前先进行诊断,虽然这样做有一定的风险而且很难,但这是生活中很多领域中的一条正确原则。所有真正的专业人士都会这么做。这对于医生来说也是至关重要的。你首先要对医生的诊断有信心,否则就不可能对医生的处方有信心。

如果你真诚地尝试理解他人,没有虚伪、不耍手腕,那么有时候你会被另一个人向你展示出的真知灼见和理解而震撼。要引起同理心,有时候甚至都不需要说话。事实上,有时候言语反而会成为一种阻碍。这也是仅靠技术无法实现目标的一个重要原因。这种理解超越了技术。孤立的技术手段只会造成妨碍[2]。

在同理心沟通时,"先试图理解别人"是一个有效相互依赖的强有力习惯。

同理心的聆听需要时间,但是相比之下,如果你已经沿着错误的道路走出去很远,再回过头来修正误会、重新来过,然后面对未表述和未解决的问题,承受没有给别人心理关怀带来的后果,那么最后要付出的时间反而要多得多。一个敏锐的同理心倾听者能够快速解读出正在发生的深层次东西,并表达出理解和同情,让对方能够感觉到安全,从而一层一层地打开自己的内心,展开柔软的内核,发现问题的真正所在。人们期望着能够被理解。无论为此投入了多少时间,如果你能真正地理解问题所在,并通过情感银行账户(EBA)的投资让对方感到深深被理解,那么最后你将获得极大的时间回报。在问题出现之前,在试图进行评估和给出建议之前,在你试图提出自己的想法之前,请先试着理解。当我们真正的、深深地相互理解后,就打开了通向创造性解决方案和第三种选择的大门。我们的分歧将不再是沟通和进步的绊脚石,相反,它们将成为通往协作的垫脚石[2]。

3)创造性合作的原则

什么是协同作用?简单来说,就是整体大于其各部分的总和。这意味着,各个部分之间的关系本身也是整体的一部分。它不仅仅是一个部分,而且还是最具催化性、最强大、最具统一性、最令人兴奋的部分。创作过程也是一个让人最感到害怕的部分,因为你不能确切地知道将要发生什么,或将导致什么后果。你不知道会发现什么新的危险和挑战。首先要有大量的内部安全机制,然后才能具有冒险精神、发现精神和开创精神。毫无疑问,你必须离开大本营所在的舒适区,去面对一个全新、未知的蛮荒之地。你将成为一个开拓者和探路者。你将发现新的可能性、新领地、新大陆,让后人可以跟随[2]。

协同作用在自然界也是无处不在的。如果你将两棵植物紧挨着种在一起,它们的根就会纠缠到一起,并改善土壤的质量,这样两棵植物会比它们分别种植时都要长得更好。我们面临的挑战是,如何将我们从自然界中学到的创造性合作原则应用到我们的社交中。协同合作是令人兴奋的,创造性也是令人兴奋的。这是开放性和沟通可以带来的成果。这种获得巨大收益、巨大改善的可能性是如此真实,因此承受开放性带来的风险是完全值得的[2]。

现在,你已经认识到与专业人士、你的项目与产品开发团队成员进行协作和坦诚沟通的必要性,然后你应当学习如何在社会交往中获得成功,特别是在与你的系统开发团队中的同事打交道的时候。如果你学习了戴尔·卡耐基(Dale Carnegie)在其所著《如何赢得友谊与影响他人》(How to Win Friends and Influence People,又名《人性的弱点》)[3]中的真知灼见,那么你的所有社会交往一定会得到极大的改善。戴尔·卡耐基的智慧能够将你的人际交往能力扩展到7个习惯之外更广的天地。7个习惯只是起点,而不是终点。接下来,你需要学习如何影响他人,从而实现你在进行安全性设计时的系统安全性目标,并让团队的成员与你一起合作,为实现提高系统安全性的共同目标而努力。

13.4 如何影响他人

我们需要一些切实可行的方法在日常工作中结交新朋友,并影响他人,让他们接受你的想法。从戴尔·卡耐基80多年前的著作中,你将学习到实际的例子和方法。我们将讨论这些用于与同事和同行建立起紧密关系的方法,这些永恒、经过验证的方法放在今天依然行之有效。事实上,对于与你定期或不定期交往的专业人士,无论他们是你所在组织的员工,还是客户或者是你的供应商和业务合作伙伴,这些方法都是有效的。通过学习戴尔·卡耐基的基本知识,所有这些社会交往都能获益。

让我们看一下,一条狗是如何全心全意爱着主人的。

当我5岁的时候,父亲花了50美分买了一条黄毛小狗,取名叫Tippy。它是我童年的光明和欢乐。每天下午大约四点半的时候,它就会端坐在前院,用它那双美丽的大眼睛盯着前面的小路,而只要它一听到我的声音,或是看到我拎着饭盒穿过灌木丛时,它就会像离弦的箭一样一口气跑上山丘来迎接我,围着我跳着叫着,高兴得忘乎所以。在5年的时光里,Tippy都是我忠实的伴侣。然后在一个悲惨的夜晚(我永远也忘不了那个夜晚),Tippy在距不到我10英尺的地方被闪电击中,就这样死了。这是我童年的悲剧[3]。

戴尔接着解释了他从自己童年最好的伙伴那里学到的宝贵经验。Tippy根据某种本能知道,与其花上2年试图让别人对你感兴趣,你可以通过真诚对其他人感兴趣而在2个月内结交更多的朋友。一般来说,人们不会对你,也不会对我有兴趣;相反,他们大多数时间(早上、中午、还有晚上)最感兴趣的是他们自己。谈论自己是每个人最感兴趣的话题。“如果我们只是试图给人们留下深刻的印象来让别人对我们感兴趣,那么我们永远不会拥有很多真诚的朋友。朋友,特别是真正的朋友,不是以这种方式结交的”[3]。

戴尔·卡耐基说,有6种让人喜欢上你的方法[3]:

(1)真诚的对别人发生兴趣。

(2)微笑。

(3)记住你所接触中每一个人的姓名。

(4)做一个善于聆听的人,鼓励别人多谈谈他们自己。

(5)就别人的兴趣谈论。

(6)使别人感觉到他的重要 – 必须真诚的这样做。

戴尔·卡耐基说,有12种赢得别人赞同的方法[3]:

原则1:避免争辩。

原则2:尊重他人的意见,切勿说:“你错了”。

原则3:如果你认识到自己错了,要立即承认自己错了。

原则4:以友善而非对抗性的的方法开始讨论。

原则5:快速让对方给出“是,是”的回应。

原则6:尽量让他人多说话。

原则7:让对方觉得你的创意也是他的创意。

原则8:从他人的角度和观点看待事物。

原则9:考虑和同情对方的想法和愿望。

原则10:诉求于更高尚的动机。

原则11:让你的创意戏剧化来展示你的激情。

原则12:提出一个具有挑战性的目标来一起合作。

如果你遵循这6种让人们喜欢你的方法和12种赢得别人认同你思路的方法,那么你肯定会在所有的社会交往中获得成功,特别是在开发团队中作为一名有价值、受尊敬的系统安全性工程师的时候。这种社交成功包括说服人们进行涉及安全工程和进行系统或产品设计变更的困难的系统工程设计决定,以防止安全关键性故障的危险。

如果你已经从高效能人士的7个习惯中获益,并且知道如何通过不断地练习系统安全性技巧和知识在开发团队中赢得朋友和影响他人,但是却还没有完全实现自身职业进步的好处和工作满意度,那该怎么办?这也正是为什么你需要探索情商(EQ)技巧的原因。情商可以让你更加了解自己和所处的社会环境,从而实现你所有的目标。

13.5 情商练习

每天如何有效应对情绪的挑战对人来说非常重要,因为我们的大脑结构很容易让情绪占了上风。下面我们描述一下大脑工作原理:你看到、闻到、听到、尝到和接触到的每一样东西都会以电信号的形式穿过你的身体。这些信号从细胞传向细胞,直到到达自己最终的目的地——大脑为止。它们在大脑底部靠近脊髓的地方进入大脑,但是必须先穿过你的额叶(前额后面一点的位置),然后才能到达理性、逻辑思维发生的地方。麻烦的是,它们沿途会通过你的脑边缘系统,而这里是感情产生的地方。这种旅程保证你一定会先在情感上感受到事物,然后才会发挥理性的作用。大脑理性区域(大脑前方)无法阻止你的脑边缘系统“感受”到的情绪,但是这两个区域确实会相互影响并保持不断的通信。

情绪“大脑”和理性“大脑”之间的沟通是情商的物质基础[4]。

当人们首次发现情商时，是将其作为一个特殊发现中的缺失的一环：人们发现，有着最高智商(IQ)的人群仅仅在20%的时间里会表现得比平均智商的人群好，而具有平均智商的人群在70%的时间里要比那些高智商的人群表现要好。这一异常打破了很多人总是假定成功之源在于智商的错觉。科学家认识到，肯定有其他变量用来解释一个人超出其智商的成功，而经过多年的探索和无数次的研究，结果指出情商才是关键的因素[4]。

基本上，情商由4种技能组成：自我意识、自我管理、社会意识和关系管理。执行自我意识和自我管理技能的能力决定了你的个人能力。执行社会意识和关系管理技能的能力决定了你的社交能力。“个人能力是指你能够意识到自己的情绪并管理自己的行为和倾向的能力。社交能力是指你能够理解其他人的情绪、行为和动机，从而提高你的人际关系质量的能力”[4]。

现在，让我们深入探讨这4种技能的策略。

1) 自我意识的策略[4]

· 停止给你的情绪贴上好或坏的标签。
· 观察你的情绪产生的涟漪效应。
· 探索你的不舒服。
· 在身体中感受你的情绪。
· 知道谁或什么触碰了你。
· 像鹰一般观察自己。
· 记情绪日记。
· 不要被坏情绪捉弄。
· 也不要被好情绪捉弄。
· 停下来问自己为什么要做正在做的那些事情。
· 探寻你的价值观。
· 审视自己。
· 在书籍，电影和音乐中发现自己的情绪。
· 寻找反馈。
· 了解自己在压力下的表现。

2) 自我管理的策略[4]

· 自如的呼吸。
· 创建一个情感与理由对比的列表。
· 将你的目标公之于众。
· 数到10。

· 将问题暂时搁置一边。
· 与一个熟练的自我管理者交谈。
· 经常微笑和大笑。
· 每天留出一些时间来解决问题。
· 控制自我对话。
· 想象自己的成功。
· 调整睡眠健康。
· 将注意力放在你自由的方面,而不是受限的方面。
· 保持同步。
· 与没有在你的问题中投入感情的人交谈。
· 从遇到的每一个人那里学到宝贵的经验。
· 在你的日程中安排精神充电的时间。
· 接受变革即将到来的事实。

3)社会意识的策略[4]

· 跟人打招呼时称呼他们的名字。
· 注意身体语言。
· 每一件事都做好时间安排。
· 准备一个随时可以提出的问题。
· 不要在会议上做笔记。
· 提前计划好社交聚会。
· 清除杂乱。
· 活在当下。
· 参加 15min 的游览。
· 观看电影中的情商。
· 练习聆听艺术。
· 去观察人。
· 了解文化游戏的规则。
· 测试准确性。
· 设身处地,换位思考。
· 把握大局。
· 了解所处环境的当前状况。

我们对这些策略和技巧很多都是赞同的,其中很多都是社会交往的常识。我们认识到,这些策略和技巧很多都与“7 个习惯”和“如何影响”中的原则重复,不过当把它们全部放在一起时,可以填补我们社交能力的空白,并彻底完善我们的人际关系发展能力。

应当指出的是,我们不一定对所有这些技巧都是赞同的。例如,对于社会意识的第5条策略"不要在会议上记笔记",我们可能就无法赞同。我们发现,很多时候,如果我们不在会议上记笔记,有时候我们会忘掉说过什么,或我们采取并需要对某人做出回应的行动项。有时候,团队会议中的人会对同事听到重要的事情后开始记笔记的行为表示赞赏,这提醒他们跟上这一信息并获得更多的数据。我们理解为什么这一条会在策略清单中,因为从会议参与者那里读取身体语言和采集所有数据(如非语言的交流行为)是很难的。如果你低着头记笔记,那么就很难意识到房间中正在传递着怎样想法。这方面的利弊权衡取决于每个人的记忆力。如果有人能够专门充当会议的记录员,那么这就可以减轻每个会议参与者自己记笔记的需求,从而让他们能够专心解读会议中每个人的化学反应。

4)关系管理的策略[4]

· 保持开放和好奇心。
· 增强自然沟通风格。
· 避免发出混淆的信号。
· 记住那些能够带来很大冲击的小事情。
· 好好处理反馈意见。
· 建立起信任。
· 制定一个"门户开放"的政策。
· 只是在有目的的时候才刻意生气。
· 不要试图回避不可避免的事情。
· 承认对方的感受。
· 补充人的情绪或情况。
· 如果你关心,就表现出来。
· 解释你的决定,不要只是做出决定。
· 使你的反馈更加直接和有建设性。
· 使你的意图与造成的影响保持一致。
· 在交谈破裂时提供一个"修复"声明。
· 应对棘手的对话。

关系管理的第三个策略确实引起了我们的共鸣。"混淆的信号"指的是某个人说的是一件事,做的却是另一件事,或者某个人说了一件事,但是没过多久就说了完全相反的事情。当一个团队正在寻找方向来制定未来计划或试图从多种方案和行动路线中进行选择时,混淆的信号就会造成团队的混乱,而且有时候还不止造成团队的混乱，甚至会使团队对团队领导人能力的信心和信任受到削弱。当团队领导人在为团队成员指定特定的角色时，却没有对那个团队成员表现出信心和信任，那么团队领导人可能就会发出混淆的信号。例如，如果团队领导人将完成工程分析任务分配给了某个特定的团队成员，然后这个团队领导人却又背着这个人将同样的任务分配给了团队领导人比较信任的另一个人，那么这就会破坏团队对团队领导人的信任。团队领导人必须在自己的团队中建立起信任，并遵循关系管理的6个策略。

如果你坚信必须要通过某个设计变更才能消除产品失效或危险带来的灾难性后果风险，从而在用户使用的时候挽救生命，那么你就应当尽一切努力让这一设计变更变为现实，并完成你作为无名英雄的使命。你应当应用本章讨论的这些技巧来与组织内的所有职能部门打交道和相互整合。请采用史蒂芬·柯维博士的7个习惯和戴尔·卡耐基的12种赢得他人赞同你的方法，并运用你的情商来实现你所寻求的目标。如果你遵循了戴尔·卡耐基的12种赢得别人赞同你的方法，并完美地运用了情商关系管理策略，但是仍然无法成功地实施设计变更，那么请不断尝试并坚持不懈地致力于你所追求的目标。如果你一而再再而三地努力使用这些技巧来实现设计变更，但是却不断地失败，那么我劝你考虑另一种方式，也就是影响他人的终极方式。这种方式称为“正向偏差”(Positive Deviance)。你要利用自己个人和职业的激情来对重要的行为造成影响。

13.6 运用正向偏差来影响人们

为了了解如何发展这一极其重要的影响力方法，我们来到佐治亚州的亚特兰大，并拜访了卡特中心的唐纳德·霍普金斯博士(Dr. Donald Hopkins)及其同事。他们在亚洲和非洲的工作教会了我们如何识别那些能改变数百万人习惯的少数关键行为。在这一案例中，霍普金斯博士和他的同事们改变了数百万偏远村庄居民的危险饮水习惯。霍普金斯在工作中运用了“正向偏差”原则，使我们了解到，必须具备哪些素质才能发现少数关键行为，从而激励我们为改变付出更多的努力[5]。

自1986年以来，霍普金斯博士及其在亚特兰大卡特中心的团队一直致力于消除几内亚线虫病(Guinea Worm Disease)。几内亚线虫是最大的人体寄生虫之一(能长到1m)，给数百万人带来了无法估量的痛苦。当生活在西亚和撒哈拉以南非洲的村民们饮用未过滤的污水时，他们同时也将几内亚线虫的幼虫饮入体内，这些幼虫会穿透肠壁，逐渐长大。最终，这些几内亚线虫会分泌一种酸性物质，在人体中灼出一条通路，帮助自己穿出宿主身体。一旦几内亚线虫接近皮肤表面，这种酸性分泌物就会引发灼烧的水泡。为了缓解这种剧烈的疼痛，患者往往会冲到附近的水域，将感染的下肢扎进水中，以减少灼热疼痛之感。而这正是几内亚线虫所希望的——接近水源并产下几十万只幼虫，从而开始悲剧的又一次循环[5]。

感染者数周不能干农活。当父母感染后，孩子们便可能辍学，以便帮助打理家务琐事。庄稼无人耕作，收成尽失，饥荒随之而来。文盲和贫困的恶性循环继续侵蚀着下一代。3500 多年来，几内亚线虫病一直是许多国家经济发展和社会进步的主要障碍。霍普金斯对这一特殊疾病非常感兴趣，因为他知道，如果这 2.3 万个村庄中的 1.2 亿人能够在一年的时间内改变一些关键行为，那么以后便再也不会出现这种疾病。但试想一下，要影响这么多国家如此分散的人群，需要多大的勇气，而这些国家往往面临着腐败问题，医疗卫生体系缺乏或者政治动荡。然而，霍普金斯的团队就是这么做的。很快，霍普金斯和他的同事们就将宣布达成了人类历史上从未实现过壮举。他们在没有找到治愈良方的情况下，就将消除一场全球性的疾病。虽然面临着巨大的不利条件，但是霍普金斯和他为数不多的勇敢的变革推动者们就打败了这一疾病，而他们运用的手段仅仅是影响他人思想和行动的能力。霍普金斯的工作对个人、企业和领域都有着巨大的影响和意义[5]。

正向偏离对于发现那些能够解决当前问题的少数关键行为非常有帮助。也就是说，你首先要深入到你想要改变的真正的领域、家庭或组织中。其次，发现和研究那些目标问题应当存在但是却没有存在的地方。再次，确定那些成功群体的独特行为。当卡特中心的团队成员们开始向几内亚线虫病宣战时，他们使用的就是这种方法。他们飞往撒哈拉沙漠以南的非洲地区，并探索了那些应当患上几内亚线虫病但是实际上却没有的那些村子。他们特别对那些紧邻着几内亚线虫病泛滥地区的村子感兴趣。最终，团队发现了偏离常态的村子。虽然这个村子的村民喝的是与几内亚线虫病泛滥的临村人同样的水，但是这里的人们却很少受到这种可怕疾病的困扰。不久，团队就发现了关键的行为。团队成员知道，取水和处理水的行为是非常关键的，因此他们将注意力集中到这些行为上。在没有线虫病的村子，这里的妇女取水的方式与临村是一样的，但是当她们回家后却做了不一样的事情。她们会取出第二个水罐，用裙子盖住它，然后再把水通过裙子倒入水罐中，从而有效地过滤掉造成疾病的幼虫。这就是关键的行为。这些成功的村民们发明了极其实用的解决方案[5]。

在几内亚线虫病项目中，发挥作用的 6 种影响源如下[5]：

(1)个人动机——让不想做的事情变成想做的事情。

(2)个人能力——超越你的极限。

(3)社会动机——利用同伴的压力。

(4)社交能力——通过人数上的优势获得力量。

(5)组织动机——设计奖励和需求责任。

(6)组织能力——改变环境。

所有这6种影响源都可以应用于系统安全性工程角色,从而认识到需要解决的重大问题,并采取强有力的措施来对你的团队、公司和客户的利益产生重大影响。你可以在自己的日常开发活动中找到"几内亚线虫",而要防止危险和潜在的灾难,就必须根除它们。

假设你已经意识到所有这些策略和技术的好处,并想知道还有什么更多要做的,那么你应当转过身去,找到你的知识会对他们有帮助的那些人,帮助他们少走弯路,实现更快发展,从而"让爱心传递下去"(Pay it Forward,字面意思是"提前支付",源于几年前流行的爱心传递活动)。

13.7 "爱心传递"的实践

真正的领导力在于帮助他人(团队成员、员工和同事)成为比他们的领导更有能力、更有信心和更有成就的人。Farber是一位具有前瞻性和非常成功的首席执行官,他通过自己的行动展示了实现他称为"超越自己"(GTY)的关键因素:扩展自己、奉献自己和复制自己[6]。

你的任务是扩展自己,并将自己交付给他人,目的则是为了让那个人超越你自己。——Charles Roland[6]

誓言不是一个轻易许诺的事情。而在"超越自己"中,不会只有说教而没有实践;没有只说不练这回事。下面的框架可以帮助你实现自己所做的"超越自己"誓言的承诺[6]。

1)扩展自己

"自我开拓是一项永恒的事业。由于这是你为他人所做一切事情的基础,因此开拓自己是最不自私的事情。你开拓自己,是为了将自己交付给他人。"——Plumeria Maple[6]

通过以下方法,我可以创建一个关于我自己的深邃宽广的感觉(这样我最终可以将其全部交付出去):[6]

(1)改变自我观感。

· 隔离≫连接。

· 独自≫相互依赖。

· 我≫我们。

(2)盘点自我目录。

· 我做好的事情。

· 我经历过的有意义的事情。

· 我从生活中学到的经验教训。

· 我认识的人。

· 我令人钦佩的品质。

· 我的个人价值。

(3)询问我自己。

· 我正在做的事情是否有助于:

· 扩展个人能力库中已经有的项目?

· 添加到我的能力库?

· 深化我的能力和智慧?

· 我还能做些什么来提高我的经验和知识的质量和深度?

(4)明智地选择我的"超越自己"项目。

· 专注于那些:

· 我信任的人。

· 我相信的人。

· 通过我的给予,能够从中收益并改进的人。

· 有着动力、能量、雄心和渴望来充分利用我对他们的给予的人。

· 与我自己的价值观相一致的人。

· 拥有我所羡慕的品质和能力的人。

· 我热爱和关心的人。

2)奉献自己[6]

· 贡献你的一小部分时间。

· 通过促进他们的福祉、财富、成功和实现成就的能力来发挥作用。

· 在"超越自己"关系中投资。

· 奉献全部。奉献你能力库中所有东西,包括你的知识、关系、经验、洞察力、忠告与建议、生活经验、信心、鼓励和真诚的反馈。

3)复制自己[6]

· 与"超越自己"的接收者建立一个条件:你不指望获得回报,但是希望他们也能进行自己的"超越自己"项目,而他们的"超越自己"反过来也将会拥有自己的"超越自己"能力。

· 挑战你认识的每一个人,让他们也做同样的事情。

想象一下，如果在你快退休时，你多年来通过实践积累的丰富的系统安全性工程技能和安全性设计知识能够传递给好几个后辈，那么你的团队和你的公司将能够获得多大好处。这些是你选择的处于职业生涯早期或中期的员工，你花了数月或几年的时间来教导他们，而他们在你的教导、指导和指引下，将取得比你更大的成就。这为你的公司和开发团队带来的好处是非常巨大的，而对你也是如此，这种传递经验带来的内在满足感是很难用语言完全形容的。获得好处的不一定仅限于你的员工和团队成员，还可以包括你的客户和供应商。

13.8 与客户的接口

与客户组织接口的主要目的是与客户协同工作（这些客户已经表达了对安全设计的需求目标），并建立起一种业务和技术上的友好关系，从而在客户对口人员和你自己之间建立起信任和信心。这种信任和信心可以从安排定期协调会议、创建工作组、举办培训会议和提供定期状态报告开始。你需要聆听客户的意见，并特别注意他们在安全方面的考虑。你应该使用“客户的声音”来影响系统或产品设计人员，从而通过增强设计来改善安全功能并解决安全问题。

对于军方客户给予国防承包商的项目，将会有相应的系统安全性工程任务来满足合同工作说明书（SOW）中规定的要求。系统安全性工程将是与军方客户系统安全性对口单位的联系点（POC）。项目系统安全性工程师责任是在与客户的系统安全性工程师代表进行的会议中代表系统集成产品开发团队（IPT）。在商业项目中，将没有代表客户的系统安全性工程师。在商业系统或产品的开发中，政府监管机构可能会参与进来，以保证潜在客户的安全。政府监管机构的例子包括美国联邦航空管理局（FAA）、美国联邦通信委员会（FCC）、美国核管理委员会（NRC）和美国食品和药物管理局（FDA）。

13.9 与供应商的接口

安全工程部门应当熟悉那些对于开发和生产操作的顺利与持续运行非常关键的供应商。有着基本组件、材料、产品和服务的战略供应商需要很强的业务关系，以保证项目成功的交付能够始终满足性能要求的系统或产品，降低危险的风险，并实现价格和成本目标。与关键供应商组织接口的主要目的是建立起技术和业务上良好关系，在供应商对口人员和你自己之间建立信任和信心，评估整个供应链风险，纵向和横向整合供应链，对供应商进行一直到原材料和化学品采购级别评估，并发现潜在的危险和减少危险风险的可能。通过不断的沟通，日程进度审查，定期召开协调会议，在供应链的各个层级建立工作组，举办培训会议和提供定期状况报告等方式来建立起信任和信心。

13.10 多学科工程师的五顶帽子（前进之路）

我们已经分享了作为系统安全性工程团队的成员，人际交往行动、习惯影响和情商是如何为你的成功提供帮助。不过，如果你能够为团队承担起多种工程或功能角色，也就是“戴多顶帽子”，那会有什么效果？你对团队的价值将大大增加，作为一个多学科的工程专家，在没有增添人手的情况下，团队能从这里获取更多的知识，从而最终降低开发成本，并对企业的利润产生影响。你不需要与团队中的可靠性工程师打交道，相反，你自己就是一个可靠性工程师。你还可以为团队承担起其他角色，无论是工程方面的还是非工程方面的。

试想一下，如果你能在开发团队中承担起多种学科角色，那么你将会变得多么有价值。你是否奇怪过为什么有些人总能得到晋升？这就是让你与其他人区别开来的方法。

在一篇公众可以在互联网上浏览的名为“可靠性工程师的5顶帽子”[7]的文章中，作者称，在他参加的一次会议中，新的工程师们正在准备进入自己的新角色，他们问起对他们角色的期待。作者描述了他们应当经常佩戴的5顶帽子。这5顶帽子是：

（1）技术的帽子。

（2）培训师的帽子。

（3）教练的帽子。

（4）销售和营销的帽子。

（5）会议的帽子。

在关注佩戴这5顶帽子的基本概念时，主要的概念是同时考虑多个工程学科，让它们变得有效和可承受。这与美国政府在20世纪90年代创造的流行语“更少的资源做更多的事情”（Doing more with less）不谋而合。虽然我们认为前面提到的这5顶帽子是非常重要的，但是这要求对不同的角色或“帽子”有着多维度的观察。5顶帽子是跳出单一维度角色进行思考的初始方式。当佩戴技术帽子时，仅仅考虑系统安全性等工程学科是不够的，而是要同时关注于多种学科。在多功能工程任务中获得额外的培训。在技术会议中获得承担多种角色的任命。一旦你在角色中得到培训，并且这一个或多个工作中有了执行这些功能的多年的经验，成为了一名培训师来坚持5顶帽子的思想体系，并以瞩目的成就展示了工作中的价值。概括来说，这就是一条前进之路，超越5顶帽子，成为对你的开发组织更有价值的人。

· 从不同的角度（安全工程、保密工程和可靠性工程）完成相同的工程任务（如故障模式与影响分析、故障树分析），并通过你的结论和建议产生影响力。

· 至少参加一次涉及安保、安全、可靠性、质量和设计等各方面工程专家的任务，并与他们一起对任务的结果进行同行审核。

· 培训和培养工程师，让他们执行一项代表多个职能部门关心的任务，并使其中一些工程师成为你的“超越自己”项目。

· 成为一名多学科工程师，能够同时执行开发团队分配给的多项职能。

首先要成为一名非常优秀的系统安全性工程师，然后再努力了解其他功能性学科来成为一名非常优秀的多学科工程师，至少拥有团队需要的 4 个额外领域的专业知识或承担起专业角色。想象一下，在一份工作中扮演 5 个角色，戴着包括系统安全性工程师在内的 5 顶帽子，而在你承担起这些角色之前，这 5 个角色是由 5 个人来完成的。从为公司提供增值效益的角度来看，这一想法是令人惊叹的。

13.11 结论

本章介绍了将安全性与其他工程和功能性学科相结合的几种方法，展示了系统安全性工程的许多关键接口，并定义了跨职能团队。我们谈到了数字世界中的现代决策，以及了解谁是你的朋友和谁是你的敌人。我们将团队内部不断沟通的重要性与空中防撞系统和敌我识别系统等安全关键性的系统进行了对比，展示了机器交互与人的交互之间的相关性。我们谈到了雷声公司的行为准则和价值观。我们介绍了高效能人士的 7 种习惯的思维方式、如何赢得朋友和影响他人、情商、影响力，改变任何事物的能力、超越自己及可靠性工程师的 5 顶帽子。我们希望你能在自己的职业生涯中不断实践这些思维方式，以便提升自己的职业成功，帮助受训者变得比你自己更优秀，并帮助你的公司提高利润率、现金流和财务资产负债表的账本底线。

参考文献

[1] Raytheon's Code of Conduct, Company Policy 74 – RP, Doc No. RP – OGC – ETH – 001.

[2] Covey, S. R., The 7 Habits of Highly Effective People, 1989, Fireside, Simon and Schuster, Inc., New York.

[3] Carnegie, D. , How to Win Friends and Influence People, 1936, Pocket Books, Simon and Schuster, Inc. , New York.

[4] Bradberry, T. and Greaves, J. , Emotional Intelligence 2. 0, 2009, TalentSmart, Inc. , SanDiego, CA.

[5] Patterson, K. , Influencer: The Power to Change Anything, 2008, McGraw – Hill, New York.

[6] Farber, S. , Greater Than Yourself, 2009, Doubleday, New York.

[7] Isenhour, S. , Five Hats for Reliability Engineers, 2012, http://www. ReliabilityNow. Net (Accessed on August 4, 2017).

第14章　可靠性设计与系统安全性的集成

Louis J. Gullo

14.1　介绍

在第13章中我们讨论了系统安全性工程师与其他类型的工程师和功能性学科进行集成和接口的方式。在这些工程学科接口中,有一个学科的接口对于系统安全性工程师的成功是非常关键的,这就是可靠性。通过与可靠性工程建立起良好稳固的接口,可以为系统安全性带来极大好处。要有效和高效地实施系统安全性工程,与所有功能性学科的集成都是非常重要的,但是在这些功能性学科接口中,最重要的就是与可靠性工程的接口。系统安全性工程师应该利用第13章中给出的知识来进行这一章的学习,从而与可靠性工程学科建立起关键接口。

系统安全性工程的大部分工作都有利于可靠性工程,而系统安全性工程也可以从可靠性工程中收获很多。这两个学科应该共同合作,以实现共同利益。在任何系统开发团队中,系统安全性和可靠性都必须紧密合作。这对于提高工程生产力和任务成就的效率是非常必要的。这两个学科都应该将分析工作进行划分,实现每一方需要的数据输入和输出,或在两个学科之间提供数据输入和输出。在开发规划的早期阶段就应该达成共识,决定好由谁来完成哪些任务,以及这些任务的输入和输出是什么。只有这样,才能在这两个学科的工程接口中实现平稳的数据传递和交换。如果将这两个角色分配给同一个工程师,那么就可能更好地确保两个学科之间的完美接口。我们在第13章的最后讨论了系统工程师成为"戴多顶帽子"的多学科工程师的可能性。任何项目经理或系统工程经理都会希望能够指派一名工程师来同时执行系统安全性和可靠性工作,从而降低开发成本。但是,这样的工程师很难找到或培养。在本章的讨论中,我们假设这两个角色是由两个不同的工程师执行的。

第1章中介绍的某些思维方式是可靠性和系统安全性工程之间共有的。这里列出了4种这样的思维方式:

思维方式1:始终以零事故为目标。

思维方式3:在系统需求分析中投入大量精力。

思维方式4:防止单一因素以及多种因素造成的事故。

思维方式6:针对故障预测和健康管理进行设计,以尽量减少意外灾难事件或可预防事故的数量。

尽管可靠性和系统安全性工程方法存在着重叠和共性,但是两种角色之间采用的方法存在差异。因此,本章的大部分内容将讨论系统安全性与可靠性学科的整合,在这种情况中,团队中不同的人员被指派给不同角色,但是他们之间的领域有共同的地方,因此可以使用类似的方法来执行他们的任务,从而避免工作重复。为了进行这种整合,系统安全性工程师应当接触那些对于可靠性工程学科来说非常重要的标准和技术材料,但是只需要粗略了解这些内容即可,而无需过深地探究可靠性工程这一课题。这里介绍的大部分可靠性工程内容包括可靠性工程中使用的定义和方法论,系统安全性工程师要想与可靠性工程学科建立起强有力的接口并获得可靠的技术数据交换,就必须要了解这些内容。

14.2 什么是可靠性?

根据IEEE 1413标准的定义,可靠性是某个项目在规定的时间、规定的条件下执行规定功能的能力。IEEE 1413标准为硬件可靠性数据的收集、分析、评估和预测提供了一个标准框架。该标准为发布预测报告中可靠性分析方法和所有必要信息提供了一个框架:“这一标准可供预测的开发者来进行规划(如收集输入信息)和执行预测,也可供预测的用户来评估预测值。可靠性预计的有用性取决于用作预测输入的信息的准确性和完整性,以及用于创建预测的分析方法”[1]。

IEEE 1413标准是针对硬件可靠性分析而编写的一个标准框架。对于软件可靠性,则有相应的IEEE 1633标准。IEEE 1633标准是软件可靠性方面的推荐实践方式。

这一推荐实践方式的范围涉及软件可靠性(SR)方法论和工具,不涉及系统可靠性、软件安全性和软件保密,并提供了一个用于讨论的共同基准,描述了用于评估和预测软件可靠性的方法。这一推荐的实践方式旨在为软件设计、开发和测试提供支持,并为从业人员和开发人员提供了一个基础来构建评估软件可靠性的一致性方法。它包含了对于某个项目应用软件可靠性衡量的必要信息,包括整个软件生命周期(SLC)内的软件可靠性活动。首先通过识别应用来生成需求,然后说明需求和分析需求,并一直持续到实施阶段。它还可作为软件可靠性相关课题研究的参考[2]。

IEEE 1332 标准为电子产品的开发和生产的可靠性计划提供了一个 IEEE 标准。

这一文件提供了一套标准的可靠性计划目标,供客户和生产者之间使用或产品开发团队内部使用,用于在电子产品和系统的早期开发阶段表达可靠性计划需求。这一文件的目标是建立一套标准,为整个工艺链内可靠电子产品和系统的设计、制造和利用所需的生命周期活动提供一个有效的框架。可靠性计划的目标适用于产品、系统或大系统,在这一标准中,这些都被称为“项目”。电子系统包括硬件和软件。可靠性计划被集成到工程设计的生命周期中,而可靠性计划的目标则被包含到项目的整个工程生命周期的整体工程目标中。可靠性计划有三个目标,这三个目标为促进客户和供应商之间必要和充分的互动提供了灵活的结构。“供应商”是设计或生产电子产品的实体。在这一标准中,供应商代表特定项目的开发者和生产者领域。“客户”可以是从供应商处购买电子项目的实体,也可以是同一组织内部接收电子项目的实体。客户代表的是将会实际使用该项目的用户领域。对于商用货架(COTS)项目来说,其需求说明的沟通并不是直接从客户传达给供应商的,在这一标准中,只要提到客户的可靠性需求,那么指的就是供应商针对该项目给出的可靠性规格说明。这些需求中的任何一个都可以用于定义项目的可靠性需求[3]。

可靠性设计过程是一个综合的、多学科的工作。供应商应当针对可靠性过程确立、记录并执行相应的设计,这些设计主要基于所施加负载的形状、大小、持续时间来确定项目退化的程度和速率的特性。可靠性设计的过程应当记录相应的权衡研究,这些研究评估项目的性能、使用、环境和物理特性,并与项目的安全性、可靠性和质量保证特性进行权衡分析,以定义一个考虑到项目稳健性与项目成本的对比的最佳设计。例如,在运输和安装过程中,因振动和冲击引发的损坏是造成早期失效的主要原因,而某些电路板卡设计特性能够减轻这种损坏;热循环引起的损坏可能会在多年后导致焊接点疲劳,而另一些电路板卡设计特性则是用于减轻这种热循环损坏的;此时,就应当对这两种电路板卡设计进行平衡,从而定义一种能够在可靠寿命和单元成本之间实现最佳效果的设计。可靠性设计过程应当考虑到早期失效和收货时已经失效、随机失效及磨损等情况,因为每一种情况都会对项目总体可靠性造成影响[3]。

供应商建立了能够满足客户性能和可靠性需求的供应链。在下采购订单或签订合同之前,应当对供应链的能力进行评估。选择供应商时,通常会基于一些并不是与可靠性直接相关的因素,如技术能力、生产能力、地理位置、支持设施、财务和合同因素等。在选择过程中,需要考虑到供应商在制造、测试和保障过程中满足可靠性目标的能力，从而提高最终的项目在其整个生命周期内的可靠性，并带来宝贵的竞争优势。可靠性能力评估量化了供应商组织内可靠性活动的有效性。可靠性能力表明某个组织内部的关键可靠性实践是否得到了监督和改善。执行供应商的自我评估是一种可以保证组织内的供应链能够展现出可靠性能力的方式。供应商组织上的可靠性能力评估得分应当是供应链管理组织执行的任何供应商评估的一项输出，特别是当在系统生命周期内要求系统有着高可靠性的时候[3]。

正如 Brian Moriarty 在《可靠性设计》的第 17 章中所说的[4]，“安全性设计是一个极其重要的工作，其目的是保证对于所设计的产品，已考虑所有已知危险，并且这些危险已经被减轻到系统运行可接受水平。为了获得用来检查危险的全部产品库，可靠性是一个关键特性。”

安全设计利用了系统设计分析过程中产品设计所有领域从系统级别到子系统级别再到零件级别采集到的可靠性信息，从而利用可靠性数据，并获得每个被识别危险的风险评估编码(RAC)。Brian Moriarty 强调了系统安全性工程师了解系统、子系统、电路盒、装配、电路板卡、沿着系统层次结构一直到零件级别的所有组件、商用货架产品及系统设计中所有材料的可靠性重要程度。安全性设计(DfS)活动和可靠性设计(DfR)活动应当是不可分割的：“设计项目团队必须一起合作，对信息进行直接兼容的使用，从而得出结论，就是在针对系统而定义的是“可接受危险风险”存在的情况下，设计能够可靠地使用”[4]。

系统安全性的目标是在系统最初的一般设计到最终设计过程中对系统有着全面的认识，对产品存在的危险进行审查，包括会导致不安全后果的人为差错。记录针对安全性的每一个设计分析的重要性水平对于构建设计的历史是一个重要的因素，这包含在对安全性进行分析的构建流程的每一步记录中。在使用来自修改过的产品的之前“分级系统”时，先是要检查之前产品和该系统的安全状态。之前的系统已完成了从采购到最终现场应用的各个阶段，因此对于该分级系统版本升级的增强系统来说，能够作为一个知识库提供极大的帮助[4]。

与那些在现场操作环境中使用类似系统的人员进行交流，可以获得宝贵经验和知识来了解系统是如何可靠安全运行，或者是如何变得不可靠和不安全。这些人员包括用户、操作员或按照操作和维护程序进行维护的人员。你应当找到这些人员，此外还有可靠性工程师，从他们那里来收集宝贵的数据，改善针对新开发系统的安全性设计和可靠性设计能力，从而最终在客户应用的现场环境中将原来的系统换掉。一个非常重要的因素是与环境有关的，这会造成系统设计中的组件和材料退化，如环境的高温或低温极端值超过了规格，或有着一定的机械冲击和振动曲线，这种冲击和振动会对关键功能造成负面影响，引起退化，并且可以造成设计的某些部分磨损和老化，从而导致加速的失效机制和危险。这些环境和接口是系统开发中安全评估的关键部分。

现在，让我们审视一下可靠性工程为系统安全性工程师提供的数据类型，这些数据可以减少系统安全性工程师的工作量，并且已被证明在成功实现多种类型的系统安全性分析方面非常有价值。

14.3 使用可靠性数据进行系统安全性设计

为了给我们的产品和系统确定一个安全的世界，我们依赖于可靠性数据、预测分析、故障预测和健康管理（PHM）、机器学习（ML）能力。可靠性数据可以是来自各种测试和客户应用源的原始数据输入，也可以是使用带有预测推理机和机器学习技术的 PHM 传感器在线精炼和处理的数据，或者是使用用来评估预防性维修活动的人在回路（human - in - the - loop）预测分析离线获得的数据。这是安全工程师在进行危险分析开发时获得的主要输入。这一数据与经过一段时间测量的产品性能有关（带有预测算法和可靠性模型来预测未来的失效或危险发生），对于计算风险水平和推荐产品设计功能的增强来实现安全操作是非常有用的，必须用已知和已定义的危险或失效的发生概率的方式来评估危险或失效的可能性。失效或危险的发生概率是可靠性工程师提供给系统安全性过程的主要数字输入，这一过程用于执行风险评估和定义危险的风险水平。某个安全危险严重危险原因的可能性或与某个任务关键性可靠性失效原因一一对应。安全性评估需要确定这一可能性。如果安全性评估得到结论，安全关键危险原因与某个任务关键故障原因关联，那么危险原因就将有一个带有可靠性数据的相应故障模型。这一可靠性数据证实了危险原因发生概率，并提供证据来支持将危险风险水平分配给每一个被跟踪的危险[4]。

系统和产品开发人员建立起一个闭环根本原因分析流程来收集失效项目的数据。这一数据的来源可能包括测试中的开发单元、原型机测试、预生产单元测试、认证单元测试、运行生产单元测试，以及在客户应用现场进行操作和测试的单元（这些单元在客户应用中出现故障或需要维修而被客户退回，因此需要评估）。这一闭环根本原因分析流程可以让系统或产品开发人员能够不断地评估和改善可靠性。这一流程可以是客户 - 系统/产品开发人员的联合责任，以维护系统或产品，并确定可能会对项目性能、保障性、可靠性和可用性造成影响的故障模式的根本原因。这种闭环根本原因分析流程的最终工作成果是确定能够将失效风险降低到可接受或指定水平所需的纠正措施。闭环根本原因失效分析流程的一个输出是在项目生命周期各阶段提供给系统或产品开发人员的设计和制造功能的数据反馈。从制造、维护、操作和现场返回获得的失效数据应当用于提高未来项目的可靠性设计,并以更具成本效益的方式在现场维持项目。正式的故障报告、分析和纠正措施系统(FRACAS)提供了一个框架,用于控制闭环根本原因分析和纠正措施流程[3]。

可靠性工程师收集、分析、开发和保留各种类型的可靠性数据,这些数据可以使系统安全性工程师从中受益。图 14.1 说明了系统安全性和可靠性工程之间的一些数据交换,以完成故障模式与影响分析(FMEA)等工程分析。存在各种类型的可靠性数据,包括定性的和定量的数据、确定性和非确定性的概率数据,以及故障报告、分析和纠正措施系统(FRACAS)数据:

· 失效或危险发生概率数据。

· 可靠性或“成功概率”。

· 故障时间(TTF)数据。

· 平均故障间隔时间(MTBF)和修复前平均时间(MTTF)。

· 任务关键型故障数据,包括故障率、危险率和强度函数。

· 来自故障报告、分析和纠正措施系统报告的根原因分析和失败影响结果。

· 运行任务时间和测试运行时间。

第 12 章中给出了一个针对系统安全性测试的可靠性数据收集方法和样本数据示例。除了测试数据外,系统安全性工程师还可以利用可靠性数据,如上述清单和图 14.1 所示内容。这些类型的可靠性数据是从多个来源收集的。其中一些来源包括:

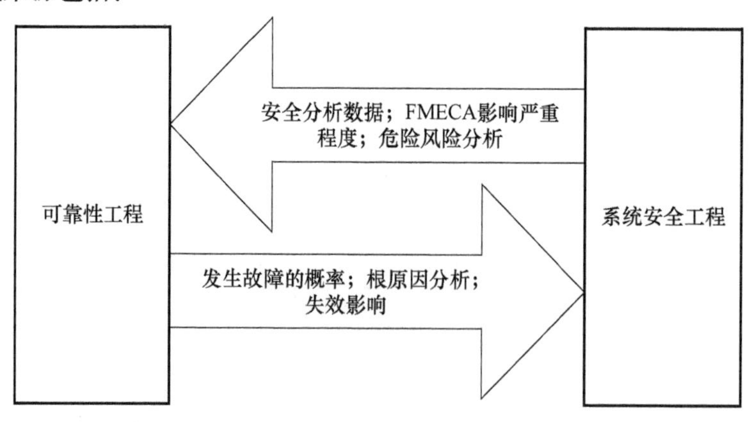

图 14.1 可靠性和系统安全性数据接口

· 现场数据记录。
· 客户使用的应用。
· 开发、生产和运行测试活动。
· 系统鉴定测试。
· 开发建模与仿真(例如损坏、压力、累积疲劳模型和仿真)。
· 有限元分析(FEA)。
· 供应商测试和经验数据。
· 历史数据来源:
· 公司专有数据。
· 失效物理(PoF)模型(专有模型或公共模型)。
· 行业联盟的专有数据。
· 公开的商业和军事手册中的方法。

系统安全性工程师应了解到,可靠性工程有着不同的方式来收集和生成故障发生概率,并用于评估正在开发产品中的危险。可靠性工程应该能够提供支持其故障发生概率数据的可靠性度量。有时候,可靠性概率数据不可用,因此提供的将是定性数据而不是定量数据。危险分析中被识别并记录的每一个危险都必须分配给表 14.1 中定义的一个危险概率水平。概率水平 A(经常概率)是一个定性的定义,等同于与特定个别项目的危险或失效概率相关的一个定量的指标。表 14.2 中给出了与定性定义相关的定量指标。

表 14.1　危险概率水平(摘自表 7.1)

概率水平	发生概率的定性描述	对项目的适用性
A	经常	在项目的生命周期中可能会经常发生
B	可能	在项目的生命周期中会发生几次
C	偶尔	在项目的生命周期中可能有时候会发生
D	少见	在项目的生命周期中不太会发生,但是也有可能发生
E	不太可能	非常不太可能发生,因此可以假定可能不会遇到发生的情况
F	消除	不会发生。当潜在的危险被识别,并在之后被消除后会使用这一级别

表 14.2　定量的发生概率范围

概率水平	定量的发生概率
A	$P>0.10$
B	$0.100>P>0.010$

续表

概率水平	定量的发生概率
C	0.0100 > P > 0.0010
D	0.0010000 > P > 0.0000010
E	P < 0.0000010
F	0

危险或失效的发生概率与严重性水平相结合，就得到了风险评估编码(RAC)，这一编码代表了与被审查危险相关的风险水平。风险评估编码的详细列表如表14.3所列(引用表7.3)。

每一个概率水平都等同于表14.2中列出的一个数值概率或概率范围。例如，概率水平A相当于某个特定单独项目的危险或失效发生概率大于0.10。概率水平F相当于某个特定单独项目的危险或失效发生概率为零。

表14.3 风险评估矩阵

发生的频率	危险严重性类别			
	1 灾难性	2 关键	3 边际	4 可忽略
A(经常)	高	高	严重	中等
B(可能)	高	高	严重	中等
C(偶尔)	高	严重	中等	低
D(少见)	严重	中等	中等	低
E(不太可能)	中等	中等	中等	低
F(已消除)	已消除			

14.4 可靠性数据如何转化为发生概率？

系统安全性工程师和其他类型的工程师应该知道，可靠性工程师的目标是使用程序、工具来检测和发现设计缺陷。可靠性工程收集的部分数据称为根原因失效分析数据。根据这些数据，工程师可以确定某个项目失效的原因，并建议设计更改纠正措施，以防止或消除未来故障的发生。这一失效分析数据通常被输入到FRACAS数据库中，以方便将来检索。通过进行失效分析来确定根原因失效机制，并结合设计变更来防止失效机制的再次发生，可靠性设计得以改善，从而达到以下目的：

· 在预期寿命期间最小化或减少造成任务终止的故障。

· 最小化或减少计划外停机时间。

· 投资回报必须高于可靠性设计的投入，才能实现零净成本。

当你从一段时间的足够样本中收集了足够的统计数据后，就可以使用标准数学方程或分布函数来计算可靠性。指数分布是常用的可靠性函数。当失效率 λ 为常数时，指数分布表示了失效概率密度函数 $f(t)$ 和可靠性函数 $R(t)$。任务时间 t 和故障率是可靠性函数 $R(t)$ 和概率密度函数 $f(t)$ 的输入，即

$$f(t) = \lambda e^{-\lambda t}$$

$$R(t) = e^{-\lambda t}$$

一般而言，密度是指每个单位度量的某个东西的数量。密度是指单位面积、长度、体积或时间段内出现的次数。它可以用作紧凑度的度量，如每单位体积的质量。在概率论中，概率密度函数（PDF）或某个连续随机变量的密度是一个函数，在样本空间的任意给定点上，这个函数的值提供了一个随机变量值与该样本相等的相对可能性。样本空间指的是由随机变量定义和使用的可能值集合。概率密度函数用于说明随机变量落入某个特定值范围的概率，而不是任何单一的值。这一概率是由该变量的概率密度函数在该范围上的积分计算得出的。概率是密度函数曲线下面在水平轴上方以及曲线整个范围的最低值和最高值之间的面积。概率密度函数总是非负的，在曲线上任何点的值都介于 0 和 1 之间，而概率密度函数在整个曲线范围内的积分等于 1。概率分布函数和概率函数可能被用来表示概率密度函数。需要知道的是，将这些术语作为同义词使用在数学概率和统计学专业中是不标准的。当概率分布被定义为对一般值集的函数时，可以使用 PDF 来表示概率分布函数，或者它也可以表示累积分布函数（CDF）。在第 12 章“系统安全性测试”和数据收集方法中，对 PDF 和 CDF 进行了更多的讨论。

图 14.2 中的图表显示了指数分布的可靠性函数。该曲线显示了硬件的可靠性是如何在寿命开始的时候将近 100%，而由于累积的疲劳和应力导致磨损时间限制失效机制而逐渐降低的。

很多时候，指数分布与所收集的可靠性数据并不吻合。可靠性工程可以采用指数分布来评估项目的可靠性，因为虽然其他类型的概率分布可能比指数分布与可靠性数据拟合得更好，但是使用指数分布来计算失效率和 MTBF 等可靠性度量会更简单一些。表 14.4 显示了一些其他类型的概率分布，其中一些分布适用于特定类型的特定用途。例如，如果收集的可靠性数据是测试通过的或失败的数据，那么就适合使用二项分布。二项分布使用测试或试验的总数和成功测试或试验的数量来计算可靠性。这种概率计算方法可以用于评估炮弹或导弹等一次性发射装置的可靠性。

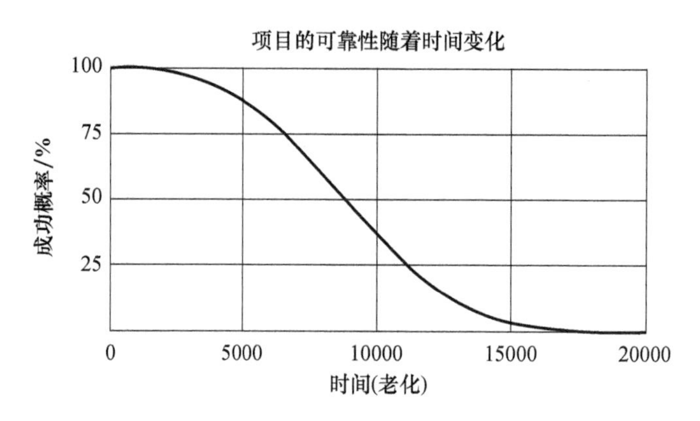

图 14.2　可靠性随时间变化图

表 14.4　可靠性中使用的分布类型例子

分布名称	密度函数	使用场景
指数分布	$\lambda\exp(-\lambda t)$，其中 λ 是常数故障率，并且是平均寿命或 MTBF 的倒数	最常见的可靠性分布；适用于“浴缸”曲线的中间段
韦布尔分布	$\alpha\beta t^{\beta-1}\exp(-\alpha t^{\beta})$，其中 α 是比例参数，β 是形状参数	婴儿死亡率（形状参数 <1）；磨损（形状参数 >1）；恒定故障率（形状参数 =1）
伽玛分布	$(1/\alpha!\ \beta^{\alpha+1})t^{\alpha}\exp(-t/\beta)$，其中 α 是比例参数，β 是形状参数	冗余设备出现多次失效的时间，其中 α 是产品失效前的失效次数
正态分布或高斯分布	$(2\pi\sigma^2)^{-1/2}\exp(-(t-\mu)^2/2\sigma^2)$，其中 μ 是平均偏差，σ 是标准偏差	磨损
对数正态分布	$(2\pi t^2\sigma^2)^{-1/2}\exp(-\ln(t-\mu)/2\sigma)^2$，其中 μ 是平均偏差，σ 是标准偏差	疲劳寿命和可维护性（维修时间）
二项分布	$\mathrm{Comb}\{n;x\}p^{x}q^{n-x}$，其中 n 是试验次数，x 的范围为 0 到 n，p 是成功的概率，而 $q=1-p$	“一次性发射”设备的可靠性
泊松分布	$(\lambda t)^{x}\exp(-\lambda t)/x!$，其中 x 是失效次数，λ 是恒定失效率	一段时间内的失效次数

1）可靠度的概念

为了更好地理解可靠性工程用于计算失效和危险发生概率的数据，我们首先应当理解一些相关的概念和方程。

假设$f(t)$是一个连续函数,其定义为

$$f(t) \geqslant 0$$

$$\int_{-\infty}^{\infty} f(t)\,\mathrm{d}t = 1$$

$$P(a < t < b) = \int_{a}^{b} f(t)\,\mathrm{d}t$$

那么,$f(t)$就是连续随机变量t的概率密度函数。可靠性函数也称为成功概率。

图14.3显示了一个成功概率示例。成功概率有4个输入参数,每个参数的概率数值介于0和1之间。这4个参数是资金、资源、时间和技能。这4个参数被分配给相应的数值,成为与门的输入。与门的输出是一个称为“成功”的参数。如果所有4个输入的概率都为“1”,那么输出的概率为“1”。

图14.3　成功概率示例

2)可靠性分布函数的表达

概率密度函数:

$$f(t) = \frac{\mathrm{d}F(t)}{\mathrm{d}t}$$

累积失效分布函数:

$$F(t) = \int_{0}^{\infty} f(t)\,\mathrm{d}t$$

可靠性函数:

$$R(t) = 1 - F(t)$$

失效率(FR=失效/时间)

$$\lambda = \frac{f(t)}{R(t)}$$

这些用于各种类型的安全分析(如故障树分析(FTA)和故障模式与影响分析(FMEA))的可靠性函数产品的可靠性指标如下:

· 对于不可修复的系统,失效率是危险率函数。

· 对于可修复系统,失效率是复发率函数,也称为失效发生率(ROCOF)。

正如前面讨论的那样,系统安全性工程师和其他类型的工程师应该知道,可靠性工程师的目标是检测和发现设计薄弱环节。可靠性工程收集的那部分数据是根原因分析数据,包括失效机理和用于可靠性预计和评估的失效物理数据和模型。这些数据通常会输入到 FRACAS 数据库中,以便日后检索。这些数据也可用于故障模式与影响分析、故障树分析。

安全工程师为可靠性工程师提供失效影响严重性数据,用于故障模式与影响分析。可测试性工程师为可靠性工程师提供故障检测概率和故障隔离概率数据,用于故障模式与影响分析。

系统安全性工程师应当与可靠性工程师一起合作来开发故障模式与影响分析和故障树分析,并为设计改进提供理由,以提高设计安全性和设计可靠性。

如第 13 章所述,系统安全性和可靠性的工作可以由“戴着多顶帽子”的同一名多学科工程师执行。

危险严重程度的定义如表 14.5 所列。安全设计人员在对产品进行审查时,必须对危险结果进行评估。

表 14.5 危险严重性水平(来自表 7.2)

严重性	类别	事故定义
灾难性	1	造成死亡、系统丢失或严重的环境破坏
关键	2	造成永久性局部残疾、受伤或职业病(至少 3 人住院),可逆的重大环境影响
边际	3	造成一个或多个工作日损失的受伤或职业病,可逆的中等环境影响
可忽略	4	没有造成工作日损失的受伤或职业病,最小程度的环境影响

针对项目的具体目的,可以按照表 14.6 那样对这些定义进行修改。

表 14.6 严重性定义

描述	类别	环境、安全和健康结果标准
灾难性	1	可能导致死亡、永久完全残疾、损失超过 100 万美元、或违反法律或法规的不可逆严重环境破坏
关键	2	可能导致至少 3 名人员住院的永久性部分残疾、伤害或职业病,损失超过 20 万美元但低于 100 万美元,或导致违反法律或法规的可逆环境损害

续表

描述	类别	环境、安全和健康结果标准
边际	3	可能导致一个或多个工作日损失的受伤或职业病，损失超过2万美元但低于20万美元，或没有违反法律或法规的缓和环境损害（可以恢复）
可忽略	4	可能导致伤害或疾病，但不会导致工作日丢失，损失超过2000美元但低于1万美元，或者没有违反法律或法规的最小环境损害

14.5 验证包括可靠性结果的安全性设计

如第12章“系统安全性测试”所述，安全性设计是通过演示验证、测试进行验证和确认的。

验证（Verification）的目的是验证设计满足了项目的可靠性要求。确认（Validation）是确认该项目能够实现其预期用途。这些实践通过将设计阶段做出的可靠性声明与测试、使用期间跟踪和观察到的可靠性进行比较，从而确保这种可靠性声明。应当将项目现场可靠性数据（如果可用）与可靠性估计、可靠性测试条件和保修返回估计进行比较。验证和确认活动包括将识别的潜在问题与现场遇到的问题进行比较。这些活动包括比较预期的、现场的故障模式和机制，以及比较某个项目的可靠性预计模型与现场失效分布[3]。

在系统开发进度中，需要安排系统示范和测试活动，以证明系统安全性控制要求得到了适当的满足。测试计划需要有一个测试方案、测试程序和一个用来记录测试所有结果的测试报告。当安全控制要求被定义到来自功能规格文件中的较低子系统层次时，必须要组装这一列表，以保证执行了完整的测试。在进行安全性要求验证的测试时，必须有系统安全性工程师的参与（执行测试或观察测试），并且当测试完成后，系统安全性工程师必须对测试数据和结果进行审查。对于没有通过测试的安全需求，可能会编写相应的问题报告（PR）。在执行问题报告的根本原因分析时，以及建议解决问题报告的纠正行动时，将会涉及可靠性。用于解决问题报告的纠正行动必须由安全工程师和其他相关工程师执行，以针对所需的变更达成结论。在纳入变更后，需要进行重新测试或回归测试。对于用来确认系统控制需求的测试，当做出“通过”的决定时，测试才算完成[4]。

执行的测试必须能够证明产品设计中发现的危险风险评估编码（RAC）的

完整性。如果产品的测试结果没有满足其风险评估编码中给定的危险风险等级，那么必须要对风险评估编码进行重新审查。如果风险评估编码的风险水平比之前分析中发现的风险水平低，那么测试结果可能就是可以接受的。不过，如果风险评估编码的改变导致了更高级别的危险定义，那么就必须采取行动对产品进行重新审查，并采取变更行动将产品的危险水平降低到可接受的程度。在对产品进行变更和进行重新测试之前，安全工程师有责任确保已经采取了相应的措施并达成了更改决议[4]。

14.6 带有可靠性数据的安全性设计实例

系统安全性工程师可能会获得不同类型的可靠性数据[4]。其中一些包括来自根原因故障分析的故障原因数据，以及来自测试和客户应用故障率源的发生概率数据。下面的三个例子使用了 FMEA 工作表，针对三个使用不同形式可靠性数据的具体产品类型，展示了一种危险分析方法。

(1)危险编号。

(2)危险描述。

(3)危险或失效原因。

(4)系统状态。

(5)可能的危险或失效影响。

(6)严重性/依据。

(7)现有的控制措施或要求。

(8)可能性/依据。

(9)当前或初始风险。

(10)推荐的安全控制措施或要求。

(11)预测的残余风险。

以下是使用 FMEA 工作表的危险分析方法的 3 个例子：

(1)新婴儿床的使用，没有以往产品设计的历史数据。

(2)具有大量接口和失效原因的制冷产品的开发。

(3)使用过去的历史可靠性数据进行的电源设计开发。

新婴儿床的使用，没有以往产品设计的历史数据。

产品：婴儿床(从出生到 1 岁。)

产品用途：提供一个区域，让婴儿能够处于平卧姿势(醒着或睡觉)

基本功能要求：婴儿床具有以下几种功能：①长方形婴儿床设计，带两个可调节木栏和两个实木屏障;②木栏中有锁定的门,在婴儿床两侧有竖杆,并且在婴儿床的头部和脚部的位置有固定位置的栏杆;③父母使用脚踏开关可以让门垂直上下移动;④婴儿床中床垫的位置较低,可以让婴儿舒适地躺在上面。

(1)	(2)	(3)	(4)	(5)	(6)	(7)	(8)	(9)	(10)	(11)
危险编号	危险描述	危险或失效原因	系统状态	可能的危险或失效影响	严重性/依据	现有的控制措施或要求	可能性/依据	当前或初始风险	推荐的安全控制措施或要求	预测的残余风险
婴儿床	婴儿将床垫拉到他的头上	由于没有能够将床垫系紧在婴儿床上的机制,因此婴儿能够拉动床垫 (来自FRACAS数据库的客户应用可靠性数据)	全天24h的任何时间都可能使用婴儿床	婴儿任何时候都可能将床垫拉到自己的头上,这对婴儿的呼吸可能会造成不可接受的潜在影响 (来自FRACAS数据库的客户应用可靠性数据)	灾难性的因婴儿窒息造成死亡 (来自FRACAS数据库的客户应用可靠性数据)	床垫没有系紧到婴儿床上的机制; 没有其他方法来防止床垫改变位置	非常不可能; 婴儿很难将床垫拉到头上	高水平的危险 不可接受	给床垫装上系紧用的绳子,然后将这些绳子系到婴儿床上; 在婴儿床的手册中制定一个步骤,警示婴儿床的所有者将床垫系紧; 添加一个警报系统,如果床垫的绳子松开会发出警报	3B 低水平的危险 可接受

具有大量接口和失效原因的制冷产品的开发。

产品:冰箱。

产品用途:在可控制温度的冰箱中保存食物。

基本功能要求:冰箱在封闭框架内为封闭在里面的食品提供可控的低温。产品具有多个电气和流体接口。房间电源为电冰箱供电,使其能够用氟利昂管控制温度来调节温度。通过水管给冰箱提供冷水。断路器盒中有用于电冰箱的专门插座。

(1)	(2)	(3)	(4)	(5)	(6)	(7)	(8)	(9)	(10)	(11)
危险编号	危险描述	危险或失效原因	系统状态	可能的危险或失效影响	严重性/依据	现有的控制措施或要求	可能性/依据	当前或初始风险	推荐的安全控制措施或要求	预测的残余风险
冰箱	冰箱无法工作	房屋的电源出现故障； 温度控制开关无法操作； 氟利昂管道失效，压力泄漏； 电源故障 水管破裂并造成短路，使断路器跳闸	电冰箱无法将食物保持在指定的温度	温度没有调节，造成食物污染	3 中等（失效不会造成设备损坏或人身伤害）	提供额外单独的家庭电源插座，将电冰箱重新连接到其他正常的电源插座 如果因短路造成电源断开，重新连接断路器	C 低（工厂测试和客户应用可靠性数据表明发生的概率低）	3C 中等水平的危险	为冰箱添加一个备用电源； 在操作手册中添加额外的指导，让用户知道有关冰箱危险的更多信息； 添加额外的传感器，用于诊断和隔离故障原因，从而方便保修维修	4E 低水平的危险； 可接受

使用过去的历史可靠性数据进行的电源设计开发。

产品：用于核电站电子设备中的电路板卡组件的不间断电源(UPS)。

产品用途：提供一个额外的电源，在主电源丢失的情况下可以作为备用电源。

基本功能要求：不间断电源采用双侧开关并联连接，在主电源发生故障时可以提供电源。

(1)	(2)	(3)	(4)	(5)	(6)	(7)	(8)	(9)	(10)	(11)
危险编号	危险描述	危险或失效原因	系统状态	可能的危险或失效影响	严重性/依据	现有的控制措施或要求	可能性/依据	当前或初始风险	推荐的安全控制措施或要求	预测的残余风险
UPS	在需要工作的时候，不间断电源无法工作	当主电源故障时，开关无法提供电源； 电源开关无法改变位置，被卡在了断开的位置； 由于接线错误，不间断电源无法工作； 不间断电源启动器失效	使用不间断电源无法为电路板卡组件功能提供电力	核电站中的电路板卡组件失效，造成控制水温的电力丢失；水温升高，造成过热的条件，这可能会导致核电站设施损坏和生命损失	1 灾难性的	对不间断电源的电源开关进行日常检查； 开关连接到电路板卡组件	D 非常不可能发生； 根据客户应用数据和工厂测试的可靠性数据，发生的概率为0.000001	1D 不可接受的风险； 高水平的危险	为不间断电源添加一个备用的信号生成器，以防止不间断电源无法接管基本电路的情况； 添加一个健康监测传感器，以探测信号退化的情况，并且在可能很快要发生失效的时候向操作员发出警报； 为不间断电源开关的可操作性增加持续的检查措施； 增加对核电站员工的培训	1E 中等风险； 可能被认为是可以接受的

14.7 结论

与可靠性工程建立起良好的接口是系统安全性工程师成功的关键。系统安全性工程大多数工作都对可靠性工程有帮助,反之亦然。系统安全性和可靠性这两个方面必须在系统开发团队中密切合作。如果这两个角色是由一个工程师担任的,那就更好。不过,这种类型的工程师并不容易找到和培养。虽然方法论有所重叠,但是这两个角色的实施方法上也有一些特定差异。因此,本章在讨论系统安全性和可靠性学科整合时,主要考虑这两个学科在团队中是由不同人员担任的情况。为了实现这两个学科整合,系统安全性工程师必须对可靠性工程学科有大致了解。本章大部分内容是向读者介绍可靠性工程中使用的定义和方法论。系统安全性工程与可靠性工程建立起接口是非常重要的,这样才能利用可靠性分析工作成果,避免重复工作,从而降低开发成本。

安全设计师必须考虑所负责产品的可靠性。概率信息是产品危险分析的关键。必须运用与产品相关的危险知识,以便正确评估危险的风险。人们认识到,产品中总会存在危险。电子设备有电,必须根据操作员/维护人员/用户的使用对其进行评估。安全性设计的工作是要识别出包括人为差错在内的所有危险,对危险进行适当评估,并确保这种危险是可接受的危险[4]。

安全性和可靠性是不可分割的。标准风险评估编码(RAC)将严重性和可靠性的组合定义为一个风险评估编码号,将评估分为低、中或高危险水平。根据这一评估,最后一步是确定是否需要额外的要求来将危险降低到可接受危险水平,才能使用该产品。如果没有可靠性数据,就无法完成对危险的总体评估。安全设计人员对产品进行评估时,必须要对因危险发生而造成失效的相关危险水平进行定义[4]。

本章提供了几个例子,说明了编制危险工作表的方法,该工作表中将记录产品和产品危险评估所需的数据。列出危险数据的详细信息是这一评估中的主要因素。对危险数据的同行审核通常是独立进行的,以保证数据是正确的,并且正确地显示了危险风险水平。因危险造成的最坏可信事件的定义必须与相关的数据一起显示,以提供安全性设计中的准确危险水平信息[4]。

致谢

作者在此感谢 Brian Moriarty 所著《可靠性设计》(John Wiley & Sons,2012)的第 17 章对本章内容的贡献。

参考文献

[1] IEEE Std 1413(2010) IEEE Standard Framework for Reliability Prediction of Hardware, IEEE, New York.

[2] IEEE Std 1633(2008) IEEE Recommended Practice on Software Reliability, IEEE, New York.

[3] IEEE Std 1332(2012) IEEE Standard Reliability Program for the Development and Productionof Electronic Products, IEEE, New York.

[4] Raheja, D. and Gullo, L. J. (2012) Design for Reliability, John Wiley & Sons, Inc., Hoboken, NJ.

第15章　人因设计与系统安全性的整合

Jack Dixon，Louis J. Gullo

15.1　介绍

首先，让我们先回顾一下前两章的内容。在前两章中，我们讨论了系统安全性工程师应该与其他类型工程师和功能性学科进行整合和接口。与其中一个工程学科接口是系统安全性工程师成功的关键，这就是可靠性。系统安全性工程的另一个重要工程接口是人因工程（HFE）。与和可靠性工程的接口一样，与人因工程建立起良好和增强的接口也会给系统安全性带来极大好处。要高效、有效地进行系统安全性工程，与所有工程和功能性学科的整合都是非常重要的。系统安全性工程师在开始本章学习时，应当利用第13章和第14章所学知识，从而与人因工程建立起关键的接口。在本章讨论中，就像14章中所说的，我们假定人因工程和系统安全性这两个角色是由两个不同的工程师来执行的。对于任何安全工程师来说，学习人因工程师的角色都是非常明智的，这样可以“戴多顶帽子”，作为一名多学科工程师，要有多重身份，做出更大的贡献，从而在系统/产品的开发团队中体现出更大的价值。就像针对系统安全性和可靠性都有认证程序那样，也有针对人因工程师的认证。持有这些来自可信组织的多个认证，是一种从团队中脱颖而出的绝佳方式。

设计团队必须认识到人在所设计的产品或系统中发挥的作用。人因工程师、安全工程师，设计师和系统工程师必须共同努力来开发出人与系统接口与用户兼容的设计。人因工程必须尽早被纳入到设计过程中，并且必须包含在系统开发的所有阶段，包括需求规格说明、设计和试验。就像所有良好的系统工程实践一样，需求开发阶段是成功的关键。需求规格开发过程中的人因工程活动包括评估继承性系统和操作员任务、分析用户需求、分析和分配人与机器之间的功能、分析任务和相关工作负载。在设计阶段，人因工程的活动包括参与备选设计的评估、通过执行可用性测试来评估软件、完善任务和工作载荷分析、使用人体模型等建模工具来评估工作站和工作场所的设计及操作员程序。在测试阶段，人因工程的活动包括确认设计符合人因工程规范要求、衡量操作员任务性能、识别任何不期望的功能特性。这种对人与系统整合强调可以让设计对人为差错不那么敏感,从而有利于防止人为差错引发的事故。对于使用、操作产品或系统的人,这也有助于降低他们所面临的风险。

所有产品或系统都是一些组件的集合,这些组件相互作用和与外部环境交互,从而实现共同目标。因此,设计人员必须要关注于所有系统/产品组件以及它们的交互作用。其中一些组件就包括人类。人可能是系统的一部分,是系统的一个用户,或是系统的控制者。产品或系统的事故往往归咎于人为差错。很多时候,人为差错是产品或系统设计出现问题的一个症状。这可能表明在产品的设计阶段对人的方面缺乏考虑。理想情况下,我们希望设计师能够在设计中消除所有人为差错的可能性。通过以人为中心的设计实践,就可以实现这一目标。

如果产品或系统的设计考虑到人的因素,产品和系统的可靠性、安全性和可用性就将大大提高。产品和系统的安全和有效的运行取决于对人与机器之间的交互进行适当的工程设计。下面,让我们首先了解人因工程的作用。

15.2 人因工程

“人因工程是一门专业的工程学科,关注于以用户为中心来进行产品和系统的设计”[1]。人因工程的目标是最大限度地提高个人或团队正确操作和维护产品或系统的能力,消除因设计原因而引起的障碍和错误,并提高系统的安全性和可靠性。任何设计师都必须要认识到系统/产品的用户的能力和偏好,以及用户所须知的系统/产品的限制。从这些角度来设计系统/产品,将可以确保客户的满意度,减少操作和维护方面的培训,并减少人为差错和系统/产品故障,使用起来更加安全[1]。

MIL-STD-1908[2]将人因工程定义如下:将有关人类对系统或设备的设计和开发的能力或限制的相关知识加以应用,从而以最低的成本和人力、技能和培训要求来实现高效、有效和安全的系统性能。人类工程学保证了系统或设备设计、所需的人工任务,以及工作环境与将要操作、维护、控制和支持它的人员的感官、感知、精神和身体属性是相容的。

我们今天所知的人因工程源于第二次世界大战时军方对安全地设计和操作飞机的需求。在此之前,往往是针对某个工作或设备来筛选相应的人员,而不是在设计设备时考虑人的因素。虽然人因工程最初是从国防和航空航天工业中发展起来的,但现在它已经扩展到所有的行业,包括核工业、航天工业、医疗保健、运输,甚至家具设计[1]。

系统安全性和人因工程紧密联系,共同创造安全和可用的产品设计。

15.3 以人为本的设计

以人为本的设计涵盖了各种因素。顾名思义,以人为本的设计将人置于设计的中心位置,而不是让人来遵守设计。设计必须要适应人的身体特征(如力量、视力和身体极限)和心理过程(如感知和认知)。它还必须考虑到人员在进行操作时所处的环境,以及设备、产品或系统的特性。此外,用户是在组织的框架下进行操作的,这一点也必须要考虑在内。其他会影响人类行为的因素也需要在设计过程中加以考虑,包括使用的技术、现有的管理系统,以及用户操作时需要遵循的程序和流程。

15.4 人为因素在设计中的作用

产品的设计应当能够尽量减少人为差错并最大限度地提高人员的表现。设计考虑因素必须包括人的能力、人的限制、人的表现、可用性、人为差错、压力和操作环境。表 15.1 列出了设计过程中应考虑的一些因素。这一表格的内容并不是包罗万象的,而是突出了一些重要的主题,并激发读者对设计中应考虑的内容进行思考。

表 15.1 以人为本的设计中需要考虑的因素

主题	考虑事项
显示	是否可以被预期的用户看到和理解 是否以用户看起来有意义的直观方式进行分组 是否与控件正确集成 信息的质量、相关性和数量是否恰当 音频警报是否与其预期的作用相符 是否为异常事件提供警告
控制	是否可以由预期的用户操作 是否进行了分组以便于操作 标签是否易于理解 是否与显示正确集成 是否能够防止意外激活的情况 紧急控制是否被明确确认

续表

主题	考虑事项
工作空间设计	在工作空间的人是否会感觉舒适 相关人员是否能够在提供的工作空间内执行分配的操作 是否提供了足够的空间 温度、湿度和通风是否得到了充分的控制 照明水平是否适合要执行的功能 视角是否正确 工作站的眼睛高度是否处于适当的水平 工作空间是否是可调节的
工作空间环境	人在环境中是否安全和舒适 照明是否充分 温度和湿度是否得到了适当的控制 背景声音的音量是否适合正在执行的功能 声级是否安全(低于损害听力的阈值) 通风是否充分
维护	产品或系统在设计时是否考虑了维护人员 产品是否是模块化的 是否已提供适当的访问权限 是否提供了测试点 诊断是否容易执行 人员是否得到针对危险电压的防护

随着产品和系统变得越来越复杂,组织必须致力于以人为本的设计。产品开发工作必须将系统工程与所有类型的专业工程完全集成,这自然也包括人因工程;必须开发系统需求,包括用户需求;必须和真正的用户一起对开发的产品进行测试,评估可用性,并修复发现的任何缺陷;必须使用有助于这种综合设计方法的工具和技术。

15.4.1 硬件

设计人员在设计过程中,必须考虑到与硬件相关的人。典型的硬件相关考虑因素包括重量、布局、访问、人体测量学和人体工程学。在日常产品中,我们很容易就能找到许多不良硬件设计的例子:

·你是否还记得有一款福特平托汽车？该汽车需要把发动机拆下才能更换火花塞。

·你有没有这样的经历：租了一辆汽车，开进加油站加油，却不知道汽油盖在哪里？它可能位于右侧，可能位于左侧，还可能位于车牌下方。每当你停下车时，总是发现汽油盖在最近的加油枪相反的那一面！为什么不把它们总是安排在同一侧呢？为什么不把汽油盖总是放在司机那一侧呢？要知道司机是最有可能的给车加油的。

·你有没有过这样的经历：看着眼前的炉子，想搞清楚是哪个旋钮控制哪个炉盘？困惑不已？要是打开了错误炉盘，可能会导致火灾或有人被烧伤。

如果设计人员能够想到，基本上所有的产品和系统都会有用户，并且在设计时应当考虑到这些用户，那么所有这些设计缺陷都可以被消除。

15.4.2 软件

类似的，软件设计也应当考虑到用户。很多时候，当你新安装了一个计算机程序，然后打开这个程序，结果却发现你不知道该拿它做些什么——程序中的图标完全不可理解，里面的工作事项顺序毫无头绪，颜色方案让字体几乎无法辨认，而且程序完全没有提供有用的指导。如果这种计算机程序是用来控制一些危险作业的，那会发生什么？如果程序中有这些问题，还能安全操作吗？

微软视窗操作系统的非直观设计又如何呢？为什么会有人把系统设计成这样：要想关机，必须要单击“开始”按钮呢？在最新的版本中，设计似乎变得更糟糕了。当 Windous8 发布时，里面完全没有了“开始”按钮；而既然只有你在按了开始按钮后才能关机，因此现在完全没有办法来关闭计算机。足智多谋的用户只好找到第三方的补丁来安装一个脚本，然后桌面上才有了能够关闭机器的“图标”按钮。在更新的 Windous8 系统中，提供了一个补丁，又把“开始”按钮加回来了。为什么不正确地修复这一问题并添加一个关机按钮呢？之后，微软又推出了 Windous10 操作系统，而设计一如既往地变得更糟。现在，用户必须按下“开始”按钮（而这个按钮已经不再叫做“开始”按钮了），然后再按下“电源”图标，再选择关键选项，这样才能关闭计算机。让我们想一想，如果还是让这帮人来设计一个控制危险流程的软件，是否能够保证安全？在发生紧急情况时，操作员在承受紧急情况压力的情况下，还必须要按下三个按钮才能关闭流程，这实在不是一个好的设计。

传统上，人们在设计过程中对人为因素的考虑一直集中在产品或系统的硬件方面。在过去的几十年中，越来越多的产品变得软件密集化。产品中，软件对硬件的比例一直在稳步增长。这种趋势使得开发和变更变得更加迅速，软件的大量使用给运行和维护带来了更大风险。软件需要不同的技能;软件可以引入新危险从而给系统增加风险;软件让诊断变得更有挑战性,并让设计人员在设计过程中必须要考虑很多新问题。

可用性是一个用于描述产品或系统的使用容易程度的术语。ISO 9241[3]将可用性定义为“某个产品能够被指定的用户在规定使用环境中有效、高效和令人满意地实现规定目标的程度”。虽然这一术语对硬件和软件方面都适用,但是最常见的还是与软件相关。随着复杂的计算机系统进入我们的日常生活,近年来,可用性变得越来越流行,并得到了更广泛的应用。设计师已经看到以面向用户的方式开发产品的好处。通过了解用户和产品之间的交互,设计师可以设计出更好、更安全、更能够被广泛接受的产品。通过考虑人的因素,可能会发现期望功能或设计缺陷,而这些期望功能或设计缺陷如果不考虑人的因素可能就不那么容易被发现。实施这种以人为本的设计思维方式时,会随时考虑到产品的预期用户。也许,到那时候用户将不必找到“启动”按钮来停止机器!

思维方式3:在系统需求分析中投入大量精力。

就像所有良好的系统工程一样,过程中最重要的部分是一开始就对需求进行定义。在开发早期就完整地识别用户界面需求是非常关键的。针对用户界面有很多指南和范式指导。指南的一个例子就是 ISO 9241,这是针对计算机——用户界面各个方面的一系列指南之一[3]。它们为生成用户界面需求提供了一个出发点,但是必须针对应用进行定制和修改。

要成功地实施用户界面,设计评估也非常重要。通过建立用户界面的模型或样机,并让实际的用户进行测试,就可以实现这一点。然后,就可以在设计过程中对需求和实现方式进行调整,而此时设计变更的成本还是比较低的。随着设计的进展,不断进行用户评估,这将可以保证最终产品的最佳可用性。

人因工程专家所做的不仅仅是设计友好的图标。他们为系统开发带来了两种重要知识:①人的能力和局限性;②用于收集和解释与人相关数据的经验方法。他们以可衡量的方式定义了易用性、易学性和用户接受度的标准。新的技术要求充分考虑该工具的作用。在存在很多不良设计的情况下,许多人对计算机化表现出痛苦和厌恶,这是完全可以理解的。我们有太多的系统让操作员感到困惑了。

人的能力的一个例子是时间感知,这可能会对软件设计的功能需求产生影响。表15.2显示了各种任务和介质的感知时间。处理时的交互不应让用户感觉到有等待的时间,而且所有交易的标准偏差都应当小于平均值的50%。

表 15.2 跨介质的感知

人类的感知	处理时间	应用	首选物理架构
“瞬间”	不到 1/3s	软件开发	个人电脑或工作站
“快速”	1/3 ~ 1s	简单的查询	客户端/服务器
“暂停”	1 ~ 5s 之间	复杂的查询和应用程序的启动	瘦客户端
“等待”	大于 5s	动作请求	后台批处理

15.4.3 人机界面

人机界面非常重要。对于产品中出现必须有人与设备交互的任何部分,设计人员都必须加以关注。这一界面被定义为人与机器之间的交互面。信息和/或能量通过这一交互面流动。信息通过显示设备穿过这一界面,从机器传递给人,而通过控制机构将信息从人传递给机器。因此,显示设备和控制机构在产品或系统的设计中都是极其重要的。有效的显示有助于确定正确的行动。无效的显示和控制会造成错误,并可能导致事故。

设计人员还必须关注于如何在人与机器或是用户和设备之间适当地进行功能分配。机器的表现是始终如一的,而人则具有灵活性。机器更适合执行那些重复性、有体力要求的功能;人则更适合执行那些需要思考推理的功能。在将功能分配给机器或人的时候,这是要考虑的主要因素。在进行分配时,必须要考虑他们/它们最擅长的是什么,他们/它们的能力是什么,以及他们/它们的局限性是什么。必须在速度、记忆、安全、复杂的活动、推理、过载等方面对人与机器进行权衡。下文将更详细地介绍其中一些考虑因素。

15.4.4 人力需求

进行设计时,必须要考虑到操作和维护系统所需的人员。系统或产品运行和维护需要多少人和哪类人?是否有合格的人员?是否需要培训?如果是的话,需要多少资金?这些人员将来是否一直可用,从而为系统全生命周期提供支持?通常,在设计过程中可以进行权衡,从而减少所需的人数或必要的培训量。例如,如果图形用户界面直观易用,就可以大大减少操作员学习使用系统的时间。

15.4.5 工作负荷

系统或产品对用户产生的工作负荷是一个需要考虑的问题。必须清楚地说明某个人必须要执行的任务。必须对完成某个任务所需的工作量(包括体力上的和智力上的)进行评估。必须保证用户的能力和手头的任务是匹配的;否则,用户很快就会对产品产生不满,而更糟糕的情况是,用户会因为任务的超负荷而产生错误,这可能会导致包括事故在内的很多不良后果。

15.4.6 人员选拔和培训

系统设计过程中,另一个要考虑的重要因素是需要谁来操作和维护系统。必须选择具有足够技能和知识的人员来操作和/或维护系统。选择合适的人员后,作为系统设计过程的一部分,必须针对所分配的任务功能对他们进行培训。同样的,良好的产品设计有助于减少对操作员或维护人员的这些需求。这一角色反映了第1章中的思维方式8。

思维方式8:制定全面的安全培训计划,包括操作员和维护人员对系统的操作。

15.5 人因分析过程

几乎所有用于系统分析的技术都适用于解决人因问题。不过,还有很多人因特定的分析技术供设计人员选择。本书中讨论的很多系统安全性分析技术都包含人的因素。同样,很多人因分析技术也会考虑安全性。

15.5.1 人因分析目的

人因分析的首要目的是在系统安全性分析中考虑人的因素(如人在回路、人机一体化),从而开发出可靠、可用和安全的产品或系统。在开发过程各阶段,会出于不同原因进行各种人因分析。对人的因素的分析有助于开发需求,而这是设计过程中的关键步骤。随着产品或系统的研发,会执行不同的分析来定义人在系统中的角色,以保证人的需求和限制得到考虑,确定产品的可用性,并确认系统的最终安全性。还可以执行其他分析,以保证客户对产品或系统的接受。

虽然人因工程师可能会牵头开展人因分析,但是这应当是一个团队工作。根据开发的阶段或被执行的具体分析,这一团队可能会有所不同,但是如果这是一个跨职能团队的话,效果肯定会更好。参加人因分析的人员中肯定要有设计师。团队可以包含其他专业的工程师,如系统安全性、可靠性、软件和制造工程师等。很多时候,参与团队工作的人员还包括管理层、营销、销售和服务人员。应当对团队进行定制,以加强正在执行的分析工作。

15.5.2 人因分析的方法

在过去的设计方式中,要么是完全忽视了人的考虑因素,要么是根据直觉作出“有依据的推测”来决定如何最好地与人相容。如今随着产品和系统变得越来越复杂,原来的方式已经不能满足需要,必须要采用系统化的分析技术,让人与机器有着更好的匹配。虽然对所有人因分析进行深入探讨超出了本书的范围,但表15.3给出了一些供设计团队使用的分析例子。读者可以在Raheja和Allocco[5]以及Booher[6]的书中找到这方面和许多其他技术的更多详细介绍。

表15.3 人因分析工具

技术	目的	描述	成本/难度	优点	缺点
原型设计	解决设计和布局问题	用户版本的模拟	如果及早进行,成本很低;随着设计的进展,成本会越来越高	在投入时间和资金进入详细的开发之前,可以快速地展示可能的设计	对于复杂的系统,或是每次产品或系统变更时都要对原型进行更新的话,那么成本可能会很高
改进的性能研究集成工具(IMPRINT)[4]	改进的性能研究集成工具适合用作系统设计和采集工具以及研究工具; 改进的性能研究集成工具有助于设定现实的系统要求,识别用户驱动的系统设计约束,并评估可用的人力和人员在环境压力下有效操作和维护系统的能力。它包含任务分析、工作负载建模、绩效成形和降级功能和压力源,人员投入模型和嵌入式人员特征数据	改进的性能研究集成工具(IMPRINT)由美国陆军研究实验室人类研究和工程局(ARL HRED)开发的一种随机网络建模工具,目的是协助对从概念和设计到现场测试和系统升级在内的整个系统生命周期过程中对士兵与系统性能的交互进行评估。改进的性能研究集成工具是由九个单独工具组成的“硬件与人力Ⅲ”(HARDMAN Ⅲ)套件的集成Windows后续版本	消耗时间中等。 需要培训。输入的成本可能较高	生成人力估算,并且可以用来估算生命周期成本。生成多种类型的报告	耗时,而且需要很多数据

续表

技术	目的	描述	成本/难度	优点	缺点
任务分析	对完成工作所必须的任务和任务流进行分析	工作/任务被分解成执行该工作/任务所需的越来越详细的行动。时间、序列、技能等其他数据也被包含在内。这一分析与其他人因工程分析技术一起使用，如功能分配、工作负载分析、培训需求分析等	中等，但是对于大型、复杂的系统可能会变得昂贵	学习和执行起来相对容易	任务分析首先是针对工厂的装配流水线作业开发的，这种作业相对简单、重复性和物理性，易于定义和量化。对于复杂或是高度依赖决策的任务，这种方法就会变得非常困难
人因可靠性分析(HRA)	用于获取对产品或系统可靠性的准确评估，包括人为失误造成的影响	考虑对人类执行各种功能产生影响的因素。这可能包括操作员、维护人员等。这一分析是使用一个任务分析框架来执行的。首先，必须要识别需要执行的相关任务。然后，将每个任务分解为子任务，并识别与产品或系统的交互，然后识别每一个任务、子任务或操作的错误概率。对所识别人类行动造成的影响进行评估。下一步是使用历史数据进行量化分析，从而评估各个行动的成功概率或失败概率。此外，还要考虑所有的绩效形成因子，如培训、压力、环境等。这些因子可能会对人类的错误率产生影响，这种影响可以是正面的或是负面的，但是通常是负面的。这些可能包括热、噪声、压力、注意力干扰、振动、动机、疲劳、厌倦等	对于大型的系统，成本高而且耗时	能够对人为差错和人机交互进行彻底的分析	需要大量的培训工作，而且要求在多个学科领域的经验

续表

技术	目的	描述	成本/难度	优点	缺点
工作安全分析	用于对某个任务的各种可能执行方式进行评估,从而有可能选出最有效、最安全的方式来执行这一任务	一个要素接着一个要素地对每一个工作或流程进行分析,以识别与每一个要素相关的危险。这通常是由一个包括工人、监管和安全工程师的团队来进行的。预期的危险被识别出来,然后创建一个矩阵来分析应对每一个危险的控制措施	对于简单的工作很容易;对于复杂的工作比较困难	对于结构化的工作很好	如果工作有很多变化,就会很难
人因失误率预测技术(THERP)	用于对过程中人类操作员的错误进行定量的衡量	人因失误率预测技术最早是在20世纪60年代开发的,用于核工业的概率风险评估。这是一种对因程序错误而造成的事故的概率进行定量估算的方法。这一方法包括对任务进行定义,将它们分解为步骤、识别错误,估算每个步骤的成功/失败概率,然后计算每个任务的概率	对于有着大量任务的过程,可能会变得非常昂贵	可以非常彻底	获得良好的概率数据
链路分析	用于分析人和/或机器之间的信息传输。这种分析关注于效率,用于优化工作空间布局和人机界面	对系统中任何两个元素之间的链路进行识别,确定每个链路的使用频率,以及每个链路的重要性。基于频率、时间和重要性来计算每个链路的价值。然后对系统元素进行排列,使具有最高价值的链路具有最短的长度	中等	操作和培训可以得到增强。可以识别安全关键性的领域	对于大型的系统,会变得非常繁琐

续表

技术	目的	描述	成本/难度	优点	缺点
危险分析	在产品/系统开发的各个阶段，识别危险和它们的缓解方法	有很多种类型的危险分析方法，每一种方法都有自己的关注点，并且每一种方法都是在设计工作的特定时间执行的。初步危险分析是在概念阶段的早期进行的，提供的信息有助于执行权衡分析和/或需求开发。之后，随着产品开发的进展，将会执行更加详细的分析——子系统危险分析(SSHA)、系统危险分析和使用与保障危险分析(O&SHA)。所有这些分析技术在很多时候都会使用一个矩阵格式。这一矩阵(有时候是单独危险跟踪表)通常包含以下信息：危险描述、影响、操作阶段、推荐的控制、以及风险评估(包括实施控制之前和实施控制之后)。在第7章中对这些危险分析技术进行了详细的描述	取决于被分析系统的规模，中等水平	提供一个系统化的方法来确定危险、评估风险、并提出进行缓解或控制的建议	有效性和有用性取决于执行分析的团队(对系统和危险)的知识

续表

技术	目的	描述	成本/难度	优点	缺点
故障树分析	评估某个不良事件的可能性,并识别造成该事件的可能事件组合	故障树分析是一种演绎(自上而下)分析技术。它关注于特定的不良事件(顶事件),并确定造成不良事件发生的原因(故障/条件/人为差错)。通过一个带有布尔逻辑门的树形结构,将这些原因与不良事件相互连接。树形结构一直向下延伸,直到到达最底层的基本事件(不能进一步展开的事件)为止。可以计算出会造成顶层不良事件发生的底层基本事件的组合。这些组合叫做割集。如果知道了失效率数据,那么就可以确定不良事件的发生概率。第9章对故障树分析进行了详细的描述	对于大型的系统,会变得非常昂贵和耗时	故障树分析提供了一种图形化的展示,可以帮助理解复杂的操作以及子系统和组件之间的相互关系。可以进行定性或定量的分析	需要大量的培训和丰富的经验

15.6 人的因素和风险

风险是所有系统所固有的,而人的因素又为风险问题增加了额外的维度。设计人员必须既要意识到人的因素造成的风险,也要意识到危险给人造成的风险。

15.6.1 基于风险的人与系统整合

与所有良好的系统安全性实践一样,所有良好的系统工程设计目标也是在整个开发周期中降低风险,这一目标是通过运用所有相关的学科来实现的。而在过去,人与系统整合相关的风险往往被忽略。在开发过程的各个时间段,由于实施过程中出现问题或成本超支,人们才注意到工程风险。

然而,往往是当产品或系统交付给客户之后,人们才发现人与系统整合相关的风险。这种终端状态的问题会导致客户对产品不满意或是拒绝产品,原因是产品难以使用或没有效率,而更糟糕的是,这可能会导致人员在使用产品时出现错误,有可能引发具有灾难性后果的事故。

这些操作风险可以归结为在设计早期没有适当地考虑人的需求、能力和限制。就像所有风险降低工作一样,人与系统整合领域的风险降低工作也应当及早开始,并贯穿产品和系统开发过程。这可以保证设计中能够包含与人的因素相关的需求。这样才能有高度的信心,保证产品或系统是可接受的、可用的,并且对于客户是安全的。

思维方式3:在系统需求分析中投入大量精力。

正如本书前面所强调的那样,设计成功的关键在于需求开发。涉及人为因素的需求也不例外。在产品或系统开发的最早期就应当执行彻底、完整的工作来说明人因需求,这样才能获得可用、安全的产品或系统,从而获得巨大的回报。在开发过程中,还有其他用于降低人系统整合领域风险的方法,包括使用任务分析来完善需求并进行权衡研究、原型设计、仿真和用户评估。

15.6.2 人为差错

人们很容易将事故和故障的原因归结为人为差错,但是我们应当将人为差错视为系统中有问题的征兆。一般来说,人会试图尽量把工作做好。出现事故或故障时,人所做的只是他们在那种环境下认为合理的事情。因此,要理解人为差错,必须了解人们认为什么是合理的。根据人们面临的复杂情况、困境、权衡和不确定性,他们正在做的和准备要做的“合理”的事情是什么?设计人员必须让用户觉得产品或系统是合理的,否则他们就会对其产生不满,就会发生故障,或者在使用的时候出现事故。

设计人员通常认为添加更多技术可以解决所有的人为差错问题。但是很多时候,添加更多技术并不能消除人为差错的可能性。它会改变它,但是可能会导致其他问题。在你添加技术时,你应当知道你是在真正地解决人为差错问题,还是正在产生其他问题。让我们以添加警示灯来作为一个简单的例子。这个灯是干什么用的？用户应当对其做出怎样的反应？用户如何让警示灯消失？如果之前警示灯曾经亮过但是没有发生任何问题，那么为什么用户现在要对它做出反应？如果需要警示灯亮起的时候它却没亮，会发生什么？或者，让我们考虑另一个例子，看看如今在汽车上添加的各种新技术——蓝牙、有着多个菜单和多个功能的显示屏、GPS 显示等。这些技术是在帮助汽车变得更加安全，还是让司机开车时分心的问题变得更糟糕了？

导致故障或事故的许多错误产生条件可能会被无意地添加到产品或系统中。设计人员必须认识到可能导致人为差错的许多因素，包括环境因素，如热、噪声和照明；令人困惑的控制机构、标识不充分、培训不力；难以理解的手册或程序、疲劳、厌倦、压力。我们的目标是消除那些可能导致人为差错的事情。

15.6.3 人为差错的类型

人为差错会对系统/产品的可靠性和安全性造成影响。人们犯错误的方式多种多样。人在计算时可能犯错，可能会选择错误的数据，可能生产出做工不良的产品，可能使用错误的材料，可能作出不好的判断，而且还可能出现沟通错误，而这些仅仅是少数几个例子。借用 Dhillon[7] 的说法，我们从设计生命周期的角度对人为差错进行分类：

· 设计错误：这些类型的人为差错是由于不充分的设计和设计过程引起的。其原因可能是由于人与机器之间的功能分配错误，没有识别人的需求和限制，或者设计不良的人机界面。

· 操作员错误：这些错误是由操作员或设备设计的用户的错误以及导致错误的条件造成的。操作员错误可能是由于不适当的程序、任务过于复杂、人员不合格、用户培训不充分、对细节缺乏关注、非理想的工作条件和环境造成的。

· 装配错误：这些错误是人在装配过程中造成的。这些类型的错误可能是由于工作布局设计不当、分散注意力的环境（不适当的照明条件、噪声水平、通风不足、和其他压力诱发因素）、不佳的文档或程序、沟通不佳造成的。

· 检查错误：这些错误是由于检查准确率低于 100% 引起的。原因可能包括不佳的检查程序、检查员培训不足、设计本身难以检查。

· 维护错误：这些是在产品投入使用后，维护人员或所有者造成的错误。这些错误可能是由于校准不正确、润滑不足、调整不当、维护程序不充分、设计让维护变得很难或不可能而造成的。

· 安装错误：由于不佳的指令或文档、未遵循制造商的指导、安装人员培训不足，就可能会发生这些错误。

· 处理错误：这些错误发生在存储、处理或运输过程中。它们可能是由于材料处理设备不充分、储存条件不当、运输方式不当、制造商没有充分地说明适当的处理、储存和运输要求而造成的。

当大多数人谈到人为差错时，自然而然就会想到操作员或用户的错误。不过，从前面的分类可以看出，设计师必须要考虑的一个主要人为差错原因是设计错误。人们必须认识到，在设计过程中，可能会引入可能造成安全问题和事故的设计缺陷。在制造过程中，可能出现装配错误。在质量检查过程中，可以因人为差错而没有发现产品的缺陷。在后续的维护和用户操作过程中，也可能发生错误。因此，设计人员必须意识到所有这些类型的缺陷，并保证这些缺陷能够得到考虑，并且最好是能够在设计过程中消除这些缺陷，以保证实现安全的设计。

15.6.4 缓解人为差错

在设计过程的早期就应当开始缓解人为因素的风险。虽然能够完全消除会导致人为差错的条件是最为理想的，但是人为差错的发生几乎是不可避免的。因此，在设计中应当考虑错误隔离措施。随着技术的发展，互连的程度越来越高，由于这种复杂性和相互依赖性的提高，因此故障的后果（无论是人为因素还是别的原因造成的）可能会变得极其严重。

例如，在 2003 年 8 月 14 日，美国东北部和中西部地区以及加拿大的安大略省发生了大面积停电事故，故障首先是俄亥俄州的一个 35kV 电线与树接触后引发的。这一故障发生后，由于多次人为差错和系统故障，发生了一系列连锁反应事件。故障的传播达到有史以来最广的程度，影响到加拿大的 1000 万人口和美国 8 个州的 4500 万人口。停电造成发电、供水、交通（包括铁路、航空和货运）、炼油厂、工业和通信设施的关闭。这一停电事故还被认为是至少 11 起死亡的元凶。

随着产品和系统变得越来越复杂，并且与我们的文化相互交织，因此设计人员不仅必须要保证人机界面是可理解而且是可用的，还必须考虑到故障可能带来的深远影响，并采取合理的方式来设计产品和系统，从而尽量减轻这种后果。

15.6.5 容错设计

容错系统和接口是值得考虑的设计特性。容错系统可以最大限度地减少人为差错的影响。在系统中添加容错功能，可以提高系统可靠性，从而提高安全性。人们往往将事故的原因归咎于人为差错，尤其是那些后果严重的事故。听到将 60% ~90% 的事故归咎于人为差错的说法并不罕见。我们应该消除人为差错发生的机会，但我们也必须要设计出能够容错的产品。设计师需要考虑其设计的产品或系统出现故障的后果。错误会导致不良的后果，应当尽量减少或消除这种后果，这就是容错设计的精髓。容错设计可以避免不良的后果。通过向用户提供当前和未来后果的反馈、弥补错误、并提供一个智能错误监视系统，那么这样的设计就可以更加具有容错性。应当注意的是，这里强调的是“智能”监视和反馈。系统不应当仅仅提供难以理解的错误消息，如“ERROR # 404”。普通的计算机用户现在经常能看到这样的错误消息，但是却对问题是什么，应当如何修复问题一头雾水。系统应当提供更加有用的消息来描述问题，并向用户提供有关错误的有用信息，以及应当采取什么行动来解决问题。

15.7 检查单

对于系统/产品设计人员或系统/产品用户来说，检查单是一个非常有效的工具，有助于考虑某些特定的标准。这些检查单可以提醒他们思考或检查某些重要的方面。有些检查单是为用户创建的，以保证产品或系统的正确操作、遵循了所有的程序，并避免操作中的不确定性。检查单的一个众所周知的例子是飞行员在起飞前所用的飞行前检查单。

如第6章所述，有三种主要类型的检查单——程序检查单、观察检查单和设计检查单。适合人因领域的两个检查单是设计检查单和程序检查单。设计检查单为设计人员提供了一个在对产品或系统进行设计或测试时可以遵循的检查单。程序检查单为用户提供了一个在使用产品或系统时可以遵循的检查单，以保证没有疏漏。

人因设计检查单通常是一个由设计参数组成的很长的清单，其中列出的都是产品设计过程中需要考虑的设计参数。这些清单可以基于以往的经验、获得的经验教训和/或一些发布的设计指南。例如，设计师可以利用一个来自MIL-STD-1472[8]的检查单，以保证设计是可用的，能够满足预期的用途。下面列出了摘自MIL-STD-1472的一个人因工程一般需求汇总清单和人因工程详细设计要求和设计标准的简略清单：

1）一般要求

· 标准化。

· 功能分配。

· 人体工程设计。

· 故障安全设计。

· 设计简单化。

· 互动。
· 安全。
· 坚固耐用。
· 针对核武器、生物武器和化学武器(NBC)的生存能力设计。
· 针对电磁脉冲(EMP)的强化设计。
· 自动化。
· 颜色的功能性使用。
· 机组系统的设计。

2)详细要求和标准的类别示例

· 控制显示集成的一般标准。
· 位置关系。
· 运动关系。
· 控制显示移动比。
· 信号优先级。
· 视觉显示的一般标准。
· 标志灯。
· 简单的指示灯。
· 透照面板组件。
· 刻度指示。
· 音频显示。
· 音频警告。
· 音频警告设备的控制。
· 语音传输和接收设备。
· 操作员的舒适性和便利性。
· 语音显示。
· 语音识别。
· 控制的一般标准。
· 不连续和连续调节旋转和线性控制。
· 触摸屏控制。
· 工作区设计。

MIL - HBDK - 759 手册[9]是人因工程检查单的另一个很好来源,并且是MIL - STD - 1472 的一个补充指南。它是 MIL - STD - 1472 的配套文件。对于数据、首选设计和设计指南(包括针对各种基本硬件配置变型的设计指南),应当参考这一手册。许多人因工程标准和要求是这两个标准共有的。MIL - HD-

BK－759 中有一些要求和标准未包含在 MIL－STD－1472 中。下面列出了摘自 MIL－HBDK－759 而没有包含在 MIL－STD－1742 中的人因工程一般需求汇总清单和人因工程详细设计要求和设计标准的简略清单：

(1)人体测量学数据和图形，以显示：

· 站姿身体的尺寸。

· 坐姿身体的尺寸。

· 深度和宽度尺寸。

· 圆周和曲面的尺寸。

· 手脚之间的尺寸。

· 头部和面部之间的尺寸。

· 人体运动范围。

· 观察距离图。

(2)显示灯的直接眩光。

(3)便携性和携带负荷标准，如步兵在温热环境中携带的典型物资重量。

应当认识到，检查单也有局限性。检查单无法涵盖所有的变量及所有设计的各种条件组合。虽然有这样的缺点，但是检查单能够为设计人员提供指南，让他们在开发过程的不同阶段能够留意需要考虑的重要事项。这些检查单还可以作为工具，帮助测试工程师验证产品或系统在设计和生产时是否考虑到了用户。本书后面的附录 A 和附录 B 提供了两个检查单。虽然这些检查单并不是专门针对人因工程的，但是他们包含了与人为因素相关的部分。

15.8　通过测试来验证设计中的人为因素

人因验证和充分开发产品或系统规格的需求同样重要。必须要针对每一个人因需求对产品或系统进行测试，并验证需求得到了充分的满足。人员绩效需求应当在系统测试方案中进行验证，并通过可用性测试进行示范，最后将结果记录在测试报告中。应当由用户代表对产品或系统进行测试，以确认其功能符合预期，并且能够被预期的使用者适当、安全地操作。

致　谢

本章关于人因方面的大部分内容都摘自或改编自《可靠性设计》[1]。

参考文献

[1] Raheja, D. and Gullo, L. J. (2012) Design for Reliability, John Wiley & Sons, Inc., Hoboken, NJ.

[2] U. S. Department of Defense(1999) Definitions of Human Factors Terms, MIL - STD - 1908, U. S. Department of Defense, Washington, DC.

[3] Ergonomics of Human System Interaction, ISO 9241, International Organization for Standardization, Geneva.

[4] U. S. Army(2000) MANPRINT in Acquisition: A Handbook, U. S. Department of Defense, Washington, DC.

[5] Raheja, D. G. and Allocco, M. (2006) Assurance Technologies Principles and Practices: A Product, Process, and System Safety Perspective, 2nd ed., John Wiley & Sons, Inc., Hoboken, NJ.

[6] Booher, H. R. (2003) Handbook of Human Systems Integration, John Wiley & Sons, Inc., Hoboken, NJ.

[7] Dhillon, B. S. (1999) Design Reliability: Fundamentals and Applications, CRC Press, BocaRaton, FL.

[8] U. S. Department of Defense(2012) Human Engineering Design Criteria, MIL - STD - 1472G, U. S. Department of Defense, Washington, DC.

[9] U. S. Department of Defense (1995) Handbook for Human Engineering Design Guidelines, MIL - HDBK - 759C, U. S. Department of Defense, Washington, DC.

补充阅读建议

Booher, H. R. (1990) MANPRINT: An Approach to Systems Integration, Van Nostrand Reinhold, New York.

Raheja, D. and Allocco, M. (2006) Assurance Technologies Principles and Practices, John Wiley& Sons, Inc., Hoboken, NJ.

Sanders, M. S. and Mc Cormick, E. J. (1993) Human Factors in Engineering and Design, McGraw - Hill, New York.

第16章　软件安全和安防

Louis J. Gullo

16.1　介绍

随着时代进步，软件在电子和机械系统中变得越来越普遍。原来那些传统上仅使用硬件设计的系统，现在正在被重新设计，软件功能取代了许多硬件功能，从而使系统转变为软件密集型的系统。软件密集型系统指的是软件会对整个系统的设计、构造、部署和更新产生重要影响的系统[1]。当系统所需功能的50%以上都是由软件设计或硬件和软件设计的组合来执行时，那么就可将该系统视为软件密集型系统。系统可以被设计为仅有硬件功能或仅有软件功能，或者是硬件和软件的组合，从而实现特定系统所需的功能。在软件密集型系统中，软件安全和安防功能要比过去那些系统更为关键，因为在过去的系统中，纯软件的功能或通过硬件和软件组合执行的功能仅占总体系统功能的一小部分。

降低成本、提供功能设计变更灵活性以及建立起对系统的信任——这些需求是推动从传统的硬件系统向由软件功能组成的系统进行转换的主要动力。众所周知，如果使用软件功能来替代硬件功能，那么就可以降低系统的设计成本。人们普遍认为，与硬件功能相比，软件功能更加灵活，也更加容易更改。不过，仅仅是采用软件功能，并不意味着就自然而然地建立起了对系统的信任。信任感要求在需要系统工作的时候，用户相信系统的工作几乎不会带来任何风险。如果你建立起了系统信任，那么系统的用户就会培养出信心，相信在需要系统的时候，系统将会按照预期的方式工作。信任唤起了对系统的安全、安防、可依赖性、可用性和可用性的信心。将原来使用硬件实现的系统功能重新设计为使用软件来实现，这可以增加对系统的信任。如果我们对系统能够按照预期方式运行有着100%的信心，而且无需担心有伤害或故障的情况，那么我们在使用系统的时候就没有风险。没有风险，就意味着系统造成人身伤害或设备损坏的可能性为零，而且系统停止运行，造成安全关键性或任务关键性事件的可能性也为零。从本质上来说，如果某个软件经过测试表明没有危险或故障，那么无论再经过多少测试或使用，也无论软件被复制了多少次，在同样的条件下都不会发生危险或故障。

对于如今新型的软件密集型系统,我们有必要对软件进行彻底的分析、测试和理解,以确保系统安全性可靠,并建立起系统信任,相信系统将始终按照预期的方式工作,而不必担心出现中断或不良后果。在对软件密集型系统的软件进行分析、测试和理解时,首先要决定该系统软件是否具有安全和安防关键功能,如果存在,就需要进行更加严格的分析和测试。这种额外的严格性包括验证系统是否能够按照系统规格说明中要求的方式工作,以及系统不会以某种特定方式运行。与验证系统会按照要求的方式运行相比,要验证软件不会以某种特定方式运行,成本可能要高得多。例如,与验证软件数据缓冲区会出现溢出的情况相比,通过分析和测试来确认软件数据缓冲区能够正常工作的成本要低得多。

硬件是物理性质的,软件则是非物理性质的。硬件可能会遇到磨损的情况。对于硬件来说,它可能会在某个测试中满足性能要求,但是由于时间和应力退化机制,在下一次进行同样的测试时却没有通过。软件不会遇到磨损的情况,但会遇到不确定性故障模式。软件可能在某次测试中通过性能要求,但是下一次进行同样的测试时却没有通过,不过这是出于与硬件不同的原因。硬件可能在测试活动中被确定为可以完美地工作而没有故障,但是如果硬件长时间处于休眠状态并因暴露在环境压力下而造成物理材料的疲劳和损坏累积,那么下一次再对硬件进行运行测试时,系统就可能失效,并经受灾难性危险。对于软件密集型系统中的软件功能,这种概率性物理磨损情况是不可能发生的。但是,软件可能会遇到与软件运行时间相关的概率机制,并且需要进行恢复。这种软件老化的情况是一种时间退化机制,可能与系统重启或关机后经历的时间有关。当系统长时间连续运行时,内存和数据缓冲区会被填满,数据可能会丢失或被截断,从而导致系统出现功能性的问题。软件恢复(software rejuvenation)指的是通过软件系统重新启动来清除内存或数据缓冲区。上电复位是系统硬重启的一种形式,可以使系统软件恢复到初始状态。此外,还有软重启,这是一种不像硬重启那样强烈的系统重启,但是可以实现相同的目标。软重启是无需中断系统电源的重启。Windows 操作系统(OS)、个人计算机(PC)用户都知道重新启动计算机的软重启命令,即同时按下键盘上的 CONTROL(CTRL)、ALT 和 DELETE 键。

Nancy Leveson 在其所著的“Safeware”一书(参考文献[2],第 63 页)中写到,随着引进计算机来控制复杂系统,人们出现了一种新的自满形式,就是相信软件不会出故障,而且所有的软件编码错误都可以通过测试消除。没有经过软件工程学科培训的专业人员似乎很容易相信这一神话并加以传播。这种神话带来了自满情绪和对软件功能的过度依赖，导致对软件相关风险的低估。毫无疑问，将系统的设计从使用硬件来实现大多数功能改为使用软件来实现大多数功能可以从本质上降低系统的成本，并提高灵活性，但是对于包括系统安全性和系统安防在内的对系统信任的改善则并不那么明显。

对于高度复杂、有着大量处理能力和影响安全关键功能接口的软件密集型系统，需要在软件开发过程(SDP)中进行大量的规划和分析工作。对于复杂的软件密集型系统中的安全关键功能也是如此。这些复杂的软件密集型系统需要特殊的分析工具、多种用例和环境下的各种测试、准确的预测模型和方法以及成熟的技术来确保软件设计的安全可靠。

在世界上的一些地方，安全过程和安防过程之间的界限并不清楚。在一些欧洲标准中，安全与安防是相同的。例如，让我们考虑一个欧洲运输标准，该文件的目标是确保旅行乘客的安全和安防。安全和保障在这里都是指防止危险和风险的保护状态。当一个人向运输公司支付了从 A 点到 B 点的旅费，并在车辆上受伤时，如果受伤是因为磨损或故意破坏造成的事故引起的，那么该旅客就不用那么担心。对于支付了无伤害旅行费用的旅客，那么无论伤害是何种原因造成的，都可以让运输公司负责。

虽然很多文件将安全和安防这两个词作为同义词来使用，但是还有其他一些文件提及了这两个词之间的细微差异。它们的差异在于危险(或风险)的发展或发生方式。对于安全性风险来说，风险是偶然的、无意的而且是产品的设计中固有的。这意味着，根据产品的设计方式，以及在预期应用中正常条件下或最坏应力环境下的使用，风险是有发生概率的。对于安防风险来说，风险不是偶然的，而是有意或故意的。发生概率取决于正常工作条件或最坏应力环境下工作时的威胁状况。这种发生概率的计算通常是由可靠性工程人员在使用可靠性度量(如平均故障间隔时间(MTBF)或故障率)进行系统可靠性预计开发时执行的。系统安全性工程师关注危险和事故带来的安全风险，而可靠性工程师则关注与系统故障模式和原因相关的可靠性风险。软件安全、系统安防、网络安全和软件可靠性之间的接口非常重要。本章将更详细地讨论这一接口。本书的另一章和本书的姊妹篇《可靠性设计》[3]中也对系统安全性和系统可靠性之间的接口进行了讨论。

安全性和可靠性工程是不可分割的。标准风险评估编码(RAC)定义了某个风险评估编码号的严重性和可能性的组合，将该风险评估编码指定为低、中、严重或高的危险等级。与会导致危险发生的故障相关的危险等级必须由安全工程师确定，不过，安全工程师在进行危险分析时，也会咨询可靠性工程师，以获得有价值的数据。这些有价值的数据是可能导致危险的故障模式的发生概率。工程师会根据危险等级分配来确定是否需要额外的设计要求来将危险发生的可能性降低到可接受的危险等级,从而保证系统或产品能够得到安全的使用。如果没有可靠性数据来确定危险风险发生概率,就无法完成危险的风险缓解评估[3]。

正如 Nancy Leveson 指出的那样(参考文献[2],第 182 页),已经有人提出了一些论点,认为安全性是可靠性的一个子集,或者是安全防护的一个子集,或者是人因工程的一个子集。虽然它们在过程和方法上肯定存在一些相似之处,但安全性有其特定的过程和方法,这些过程和方法是其他工程学科所没有的。安全和安防工程在许多过程和方法中都有着密切的关系。与其他工程学科(如可靠性和人系统整合)相比,软件安全工程与安防工程有着更多相同的流程和方法。软件安全和网络安全工程任务在许多方面尤为相似。这些相似之处将在本章后面讨论。由于软件安全和网络安全之间的相似性,因此一个领域的流程和方法可以在另一个领域中使用,从而使两个领域都获益。通过利用那些可以同时应用于两个领域的有效方法和工具,这两个领域都可以实现这种优势。这种方法上的通用性可以带来人力、生产力和高技能人员(这些人员关注于软件的设计以及软件的安全性和安防)方面的好处。

安全和安防都关注威胁。安全性关注的是对生命和财产的威胁,而安防则关注的是对隐私、关键信息、系统性能和国家机密的威胁。软件安防、网络安全和软件保证(SwA)都关注于系统保护关键程序或产品信息的能力,并识别和纠正设计上的薄弱环节,即那些可能会被黑客、恶意软件开发者和敌方利用的系统漏洞。

正如 Nancy Leveson 所述(参考文献[2],第 183 页),“一些技术两者都适用。例如,两者都可以从屏障的使用中获益”。安全和安防都能从屏障的使用中受益,可以防止生命损失和关键信息的损失,以免有人利用这一点来有意伤害系统用户或操作员。“对于安防来说,屏障可以防止恶意的入侵而不是偶然攻击,不过使用的技术都是一样的。”这些屏障被加入到系统设计中,可以用来防止意外事故或人为差错,也可以防止有意的系统破坏或恶意的系统入侵,防止未经授权的数据采集或损坏系统和造成系统故障的情况。这些类型的系统故障可以被划分为任务关键故障或安全关键故障,或两者都有的故障。安全工程师或安防工程师用来保护设计功能所需的技术(如屏障)在本质上是一样的。

安全和安防这两个学科之间也有一些差异。一些适用于安防的技术并不适用于安全。例如,“使用陷阱来鼓励针对隐藏防御的进攻,或将有限的防御资源随机化来降低有计划攻击的预期成功可能性”[2]这影响了预期计划攻击的成功概率。如果系统操作的事故或损失包括未经授权的系统访问、系统修改,或阻止对系统经过授权的访问，那么安防和安全就有着相似的目标，并应当采取将两者综合的方式来理解和解决问题，同时还应当意识到，安全强调的是理解非故意行为造成的事故原因，而安防则关注于有意行为造成的事故原因。

安防关注的是恶意的行动，而安全关注的则是无恶意的行动。传统上，安防主要强调的是防止对机密信息的未经授权的访问，而不是防止更一般性的恶意活动。不过，应当注意的是，如果事故或损失事件的定义包括了对数据未经授权的披露、修改和保留，那么安防就成为了安全的一个子集[2]。

在 16.2 节中，我们将试图向读者展示软件安全学科和网络安全及软件保证学科之间的联系。由于这些定义完全依赖于使用的具体文件，因此要说明这种联系可能比较有难度。在下一节，我们将尽量研究对这些学科进行定义的不同文件，使读者能够熟悉这些定义的来源，以及如何比较它们。通过了解这一新的知识，读者可能会决定学习有关这些工程学科的更多知识，从而让读者在自己的开发组织中变得更有价值，并且能够接受开发团队的额外角色。

16.2 网络安全和软件保证的定义

在某个熟悉系统软件安全的人员能够接受系统软件安防的责任之前，必须先要定义和理解软件安防、网络安全和软件保证的定义。网络安全和软件保证的定义目前尚未被广泛接受，而且在当前的文献中有多种定义。我们在这里探讨了这些定义的异同，以便读者能够建立起对这些定义的理解，并知道应当在什么时候、什么情况下在正确的上下文中使用这些定义。只有做到这一点，读者才能考虑在某个项目中接受涉及网络安全的软件安全任务。

软件安防和网络安全是同义词。网络安全也称为信息保证（IA）。DODI 8500.01 的 CNSS 术语表（2015 年 4 月）将网络安全定义为“对计算机、电子通信系统、电子通信服务、有线通信和电子通信（包括其中包含的信息）的损坏进行预防、保护和恢复，以确保其可用性、完整性、身份验证、机密性和不可否认性”[4]。在国家网络安全职业和研究计划（NICCS）的网络安全 101 课程中，在国土安全部（DHS）的官方网站（NICCS/US－CERT 网站）上，网络安全被定义为“信息和通信系统及其包含的信息得到保护和/或防御，以免受到损坏、未经授权的使用或修改、恶意利用的处理活动、能力或状态”[5]。此外，NICCS/US－CERT 还为网络安全提供了一个扩展定义：“关于网络空间安全和运营的策略、政策和标准，包括全面的威胁降低、漏洞减少、威慑、国际参与、事件响应、弹性，以及恢复政策和活动，包括与全球信息和通信基础设施的安全性和稳定性相关的计算机网络运营、信息保证、法律实施、外交、军事和情报任务”[5]。国家安全系统委员会(CNSS)在 CNSSI - 4009 中将网络安全定义为“保护或防御网络空间免受网络攻击的能力,其中网络空间被定义为信息环境中的一个全球域,由相互依赖的信息系统基础设施的网络组成,包括互联网、电信网络、计算机系统、嵌入式处理器和控制器”[6]。

美国国家标准与技术研究院(NIST)《特别出版物 800 - 160》[7]是系统软件安防定义的一个重要参考。

美国国家标准与技术研究院的《特别出版物 800 - 160》提出了一个两年的跨部门全面主动计划,旨在定义与成熟的国际标准系统和软件工程流程紧密相连并完全集成的系统安防工程过程。这一项目支持“正确建造,持续监视”的联邦网络安全战略,并采用 4 个阶段的开发方法,最后将于 2014 年底发布最终的系统安全性工程指南。

· 第 1 阶段:基于 ISO/IEC/IEEE 15288[8]中定义的技术系统和软件工程过程,开发系统安防工程的技术流程。

· 第 2 阶段:开发其余的支持性附录(即信息安全风险管理(包括将风险管理框架[RMF]、安防控制、其他与安防和风险相关的概念集成到系统安防工程流程中)、用例场景、角色和职责,系统弹性、安防和可信度、采购注意事项、国防部系统工程过程(2014 年夏)。

· 第 3 阶段:基于 ISO/IEC/IEEE 15288[8]中定义的非技术系统和软件工程过程(协议、组织项目支持以及项目),开发系统安防工程的非技术过程。

· 第 4 阶段:根据 ISO/IEC/IEEE 15288[8]中定义的更新的系统和软件工程过程,对技术和非技术过程进行调整。

美国国家标准与技术研究院的《特别出版物 800 - 160》涉及开发更具防御性和可生存性的信息技术(IT)基础架构所需的工程驱动行动,包括构成基础架构的组件产品、系统和服务。它始于并建立在国际标准化组织(ISO)、国际电工委员会(IEC)和电气和电子工程师协会(IEEE)出版的一套完善的系统和软件工程国际标准之上,并将系统安全性工程技术、方法和实践贯穿到这些系统和软件工程过程中。其最终目标是从利益相关方的要求和保护需求的角度来解决安防问题,并使用既定的组织流程来确保在系统早期和整个生命周期中能够解决此类要求和需求[7]。

由于系统工程和系统安防工程过程中涉及很多利益相关方,而且这些过程相对复杂,因此《特别出版物 800 - 160》采用了分阶段的开发方法,这样在开发和向公众发布进行审核的过程中,允许审核人专注于工程过程的关键方面,并向他们提供关于出版物这些部分的反馈[7]。

系统安防工程学科与系统和软件工程学科的完全集成涉及对组织内部开展业务的传统方式进行根本性的变革——打破那些长期以来将安防活动与主流的组织管理和技术过程(如系统开发生命周期、收购/采购以及企业架构)隔离开来的制度障碍。这些跨学科活动的整合需要高层领导和管理人员的大力支持,并且需要提高对正在开发或增强的系统有着利益关系或受其影响的所有利益相关方之间的沟通水平[7]。

为了理解网络安全、软件安全和软件保证之间的区别,让我们来审视一下几个已有的软件保证定义。根据美国国家标准与技术研究院(NIST)的软件保证度量和工具评估(SAMATE)项目[9],软件保证是一套规划好的、系统性的活动,这些活动可以确保软件流程和产品符合要求、标准和程序,以帮助实现:

· 可信赖性——不存在可利用的漏洞,无论是恶意的还是无意造成的漏洞。

· 可预测的执行——证明软件在执行时能够按预期的方式运行。

根据 NASA 的定义[10],软件保证是一套"规划好的、系统性的活动,这些活动可以确保软件流程和产品符合要求、标准与程序。它包括质量保证、质量工程、验证和确认、不合格报告和纠正措施、安全保障和安防保障等学科,以及它们在软件生命周期中的应用"。NASA 软件保证标准还规定:"这些学科在软件开发生命周期中的应用称为软件保证。"

根据卓越代码软件保证论坛(SAFECode)的定义[11],软件保证是"对软件、硬件和服务没有有意或无意的漏洞,而且软件能够如预期方式运行的信心"。引用"软件保证:当前行业最佳实践概览",卓越代码软件保证论坛公开发布了一份白皮书,概述了卓越代码软件保证论坛的成员应当如何进行软件保证的方式,以及采用软件开发最佳实践是如何有助于为商业应用提供更强的控制和完整性的。

为了建立和保证跨学科活动与强有力领导支持的结合,必须要识别并去除那些影响沟通有效性的障碍。造成这种沟通障碍的原因包括没有建立起通用的词典、分类法和定义。常见软件工程学科在软件开发过程中使用的一个特定术语就是软件保证,这一术语对于不同的群体意味着不同的事物。软件保证的一个流行的定义来自国防部(DoD)。根据国防部的定义,软件保证指的是"对软件能够按预期方式运行,并且没有漏洞(无论是有意或无意设计的,或是作为软件一部分插入的)的信心水平"。国防部的这一定义初看起来似乎非常直接,但是如果与其他来源的一些软件保证定义比较的话,会造成一些混淆。

国土安全部对软件保证的定义要全面得多。国土安全部声称,软件保证涉及可信赖性、可预测的执行、一致性。

根据国土安全部的说法，可信赖性意味着不存在恶意或无意插入的可利用漏洞。可预测的执行意味着对软件在执行时能够按预期方式运行有着合理的信心。一致性指的是一套有计划、系统化的多学科活动，这些活动可以确保软件过程和产品符合要求、标准和程序。

卡内基梅隆大学(CMU)软件工程研究所(SEI)能力成熟度模型集成(CMMI)将软件保证定义为"通过采用技术和过程来实现要求的可信度水平，即软件系统和服务功能能够按照预期的方式运行，没有意外或故意的漏洞，提供与威胁环境相应的安防能力，并且能够从入侵和故障中恢复。"

软件工程研究所是一个由美国国防部资助的联邦资助研发中心(FFRDC)[12]。该研究所由卡内基梅隆大学运营。软件工程研究所和卡内基梅隆大学参与了针对软件的能力成熟度模型(CMM)和后来的针对系统的能力成熟度模型集成的开发。软件工程研究所在多个重要的领域开展工作，包括软件工程、软件保证、网络安全和采购，以及对国防部至关重要的组件能力。能力成熟度模型集成包括模型、评估方法和培训课程，以提高软件开发过程的性能。2006 年发布的能力成熟度模型集成产品套件 1.2 版中，包括了适用于开发的能力成熟度集成模型(CMMI - DEV)，这是 CMMI 1.2 版中定义的三个星座(Constellation)中的第一个。另外两个星座包括适用于采购的能力成熟度集成模型(CMMI for Acquisition)和适用于服务的能力成熟度集成模型(CMMI for Services)。适用于服务的能力成熟度集成模型于 2009 年 2 月发布。软件工程研究所开发的另一个管理实践是计算机紧急情况响应组弹性管理模式(CERT - RMM)。计算机紧急情况响应组弹性管理模式是运营弹性管理的一个能力模型。弹性管理模式的 1.0 版于 2010 年 5 月发布。

CNSS Instruction 4009[6]将软件保证定义为"对软件没有漏洞(无论是有意设计到软件中的还是在生命周期的任意时间无意插入的)，并且能够按预期方式运行的信心水平。"

IT 软件质量联盟(CISQ)撰写了一篇文章，题为"如何根据 IT 软件质量联盟的建议提供弹性、安全高效和易于变更的 IT 系统"[13]。IT 软件质量联盟是软件质量的全球标准。对象管理组织(OMG)引用了这篇文章作为参考，解释了提供安全、高效、可靠和易于变更的复杂 IT 系统所需步骤，并且如何使编码和架构符合 IT 软件质量联盟的建议和新兴标准。IT 软件质量联盟对软件工程和商业信息技术有着 20 年的研究，针对可靠性、性能效率、安防和可维护性的要求是 IT 软件质量联盟标准和建议的核心。IT 软件质量联盟在文章中强调了在单位级别的良好编码实践和企业价值之间相关性的缺乏。这篇文章从技术的角度阐述了为什么一个由很多高质量构件组成的软件应用程序会变成一个脆弱、不可靠、危险的系统，并且有可能破坏重要的系统或业务流程。文章给出了一些技术要点，这些要点有助于对源代码和应用程序的内部结构进行系统级的架构分析，从而交付高质量的业务应用。最后，IT 软件质量联盟介绍了市场上可用的软件测量和分析解决方案。

MITRE 公司的 Robert Martin 在 IT 软件质量联盟的软件工程先进研究（ARiSE）作了题为“衡量和预防软件安防弱点进展”的演讲，描述了应当如何预防或消除软件设计弱点。如果存在着被证明是不可能预防或消除的软件设计弱点，那么就应该开发出相应的方法来预测和衡量其发生的概率，从而最大限度地降低安防漏洞的风险和引起的软件安全危险。通过采用相应的方法来检测和评估软件设计弱点，从而防止或预测系统漏洞，以保证系统不会被恶意利用、攻击，或暴露给安全关键危险。这样，用户对软件系统的性能就会有更强的信心。

IT 软件质量联盟对软件保证的定义进行了比较，并公布了他们的结果供公众审查[14]。图 16.1 显示了摘自软件工程先进研究（ARiSE）的 IT 软件质量联盟对软件保证定义的比较。

CISQ Definitions of Software Assurance...

"Level of confidence that software is free from vulnerabilities, either intentionally designed into the software or accidentally inserted at anytime during its lifecycle and that the software functions in the intended manner."
- CNSS Instruction 4009

"...level of confidence that software is free from vulnerabilities, either intentionally designed into the software or inserted at anytime during its lifecycle, and that the software functions in the intended manner."
- Webopedia

"...confidence that software, hardware and services are free from intentional and unintentional vulnerabilities and that the software functions as intended."
- SAFECode, Software Assurance: An Overview of Current Industry Best Practices

"the planned and systematic set of activities that ensures that software processes and products conform to requirements, standards, and procedures to help achieve:
- Trustworthiness - No exploitable vulnerabilities exist, either of malicious or unintentional origin, and
- Predictable Execution - Justifiable confidence that software, when executed, functions as intended."

- NIST Software Assurance Metrics and Tool Evaluation (SAMATE) project

图 16.1　摘自软件工程先进研究的 IT 软件质量联盟对软件保证定义的比较

从 IT 软件质量联盟所做的比较中可以看出，各个参考文件中的软件保证定义是不一致的。这些定义是类似的，但是也有区别。其中一个差异就是软件保证学科是严格应用于网络安全的，不会对软件可靠性和可依赖性产生影响。这意味着仅有那些受到网络威胁影响的功能才是总体软件设计中要考虑的。作者认为，这是对软件保证意义“烟道式”的观点和不良解释，软件保证应当适用于系统中的所有软件功能，无论是否有可能会被网络威胁利用的设计弱点漏洞存在。作者倾向于认为软件保证应该是一个保证所有软件按预期方式工作的工程学科，而无论内在的设计弱点是可以被外部手段利用的网络安全问题，还是正常操作员或系统使用可能造成的普通故障模式。

在一些文献中，使用了与软件保证类似的一个术语，称为“完整性”（Integrity）或完整性水平。完整性可以按照与软件保证类似的方式定义。因此，工程师们可能愿意将软件保证和软件完整性作为同义词，或在上下文中将这两个术语以非常类似的方式交换使用。为了澄清对这两个术语差异的一些混淆，我们下面给出了来自 IEEE/IEC 15026[15]的完整性水平定义。

“完整性水平”[15]——完整性水平可以满足或主张的是，系统或元素满足：

· 某个属性的特定目标，如风险、可靠性或危险故障的发生。

· 在规定的不确定性限制范围内。

· 处于规定的条件下。

这一完整性水平的定义似乎更类似于电气和电子工程师协会（IEEE）对“可靠性”的定义，然后是比较类似于软件保证的定义。如果我们回顾一下 DODI 8500.01 的 CNSS 术语表[4]中对网络安全的定义，就会发现完整性是网络安全的一部分，此外还有可用性、身份验证、机密性和不可否认性。完整性并非是软件保证或网络安全所独有的，它与当今工程领域中可能和可行的任何形式的风险评估都有关系。

对象管理组织（OMG）是一个开放会员、非营利性的联盟，致力于制定和维护用于可互操作企业应用的规范。对象管理组织的会员名录包括计算机行业中很多最为成功、最具创新的公司，以及那些采用最新技术来获取业务竞争优势的公司。所有这些公司都致力于积极地改变企业、互联网、实时和嵌入式系统的未来[16]。

根据对象管理组织的定义，软件保证是“在满足既定业务和安防目标方面有着合理的可信度”。对象管理组织的软件保证特别兴趣小组（SIG）[16]与平台和域任务组（Platform and Domain Task Forces）和其他软件行业实体以及对象管理组织之外的小组合作，来协调创建一个与软件可信度相关的信息分析和交换的通用框架，其实现方法是开发一个软件保证框架的规范，从而：

·建立一个软件属性的通用框架(可用于表示任何/所有类别的软件),以便软件供应商和需方可基于相应的证据,采用自动化工具(来解决规模)以提出他们的主张和论据。

·在采购产品之前,验证产品是否已充分满足这些特性,从而使系统工程师/集成人员可以使用这些产品来构建(组成)更大的、有保证的系统。

·使行业能够在软件开发过程中提高对软件保证当前状态的可见性。

·使行业能够开发支持通用框架的自动化工具。

对象管理组织为创建国土安全部的软件保证共同知识体系(SwA CBK)做出了贡献[17]。虽然“软件保证”原来可能指的是软件任何属性或功能的保障,但是目前的重点包括安全和安防,以及来自多学科的综合实践,同时认识到软件也必须满足其他方面,如可用性和任务支持。

接下来,让我们来看看 OMG DHS Reference 3.5 中的安全和安防工程。近年来,在生产高可信软件方面,软件安全领域比软件安防领域有着更多的成功经验。安全领域的经验为软件安防从业人员提供了经验教训,但是安全问题的工程设计与安防问题有一个关键的不同——它假定是没有恶意攻击的。如今,由于软件已经成为组织运作的中心环节,而且很多软件会直接或间接地受到互联网或内部攻击的威胁,并且可能在开发、部署和更新过程中被破坏,因此安防现在是大多数系统都关注的问题。虽然以安全为导向的系统现在必须面临安防问题,不过本小节指的是传统的安全工程,不涉及恶意攻击[17]。

在 OMG DHS Reference 3.5.2[17]中,对象管理组织讨论了安全和安防工程的组合。

当安全和安防都需要时,有一些安全性和安防部分组合考虑的备选领域,包括:

(1)目标。

(2)解决方案。

(3)活动。

(4)保障案例:

·目标/声明

·保障论证

·证据

(5)评估。

针对软件密集型系统的软件保证将以可接受安防的形式验证系统的操作。软件保证应当提供由过程、程序和分析支持的确定证据,证明系统及其软件在其整个生命周期内(包括终止)都具有可接受的安防。软件保证应当证明,在软件运行的整个环境中,因软件本身未能按要求运行所造成的任何问题都已经被识别和评估,并且已经进行了任何必要的改进。签订合同后,随着开发的进展和对系统及其软件了解的增加,承包商应当对案例进行相应的修改。所有涉及软件安防或受其影响的生命周期活动、资源和产品,也需要被涵盖在内[17]。

现在,让我们来专注于弥合“什么是软件安全、软件保证和安防工程”与“我们如何在设计中更好地实现软件安全、软件保证和安防”之间的差距。网络安全和软件保证的设计有两种方法——网络强化(Cyber Hardening)和网络弹性(Cyber Resilience)。从最简单的意义上讲,网络强化是通过减少攻击面、使用入侵检测和加密等方法来加强接口、要求严格的密码保护和用户身份验证协议、在系统的设计系统的生产制造与测试中采用良好的安防意识和保障措施来保护系统免受外部实体网络攻击的手段。通过网络强化,用户可以预测系统削弱、抵御网络攻击、提供攻击对抗措施,以及在网络竞争的环境中实现任务的成功。

网络弹性是通过 MITRE 公司的网络弹性工程框架(CREF)[18]中的一个共同参考定义的:“网络弹性工程是任务保障工程的一部分,并且获取各种学科的信息,包括信息系统安防工程、弹性工程、可生存性、可依赖性、容错性、业务连续性和应急计划。[18]”它还包含系统和软件可靠性的特征[3]。可靠性指的是设计在一段时间内能够承受内部系统电气和机械应力条件,以及外部环境应力条件并持续工作的能力。弹性指的是设计能够在一段时间内能够抵抗故意攻击、入侵、中断和人的压力,并持续工作的能力。可靠性和弹性之间的区别在于,可靠性关注的是系统软件的设计中,系统软件故障的所有固有原因,或客户无意中引起的过应力条件;而弹性关注的则是外部渗透和恶意企图获取系统访问权限并干扰系统性能引起的系统软件故障的原因。

美国国防部对于开发具有网络弹性的新系统非常重视。工程弹性系统(ERS)是一个由美国国防部资助的项目。在关于工程弹性系统先进建模和分析在采购支持中的力量的演讲中[19],Jeff Holland 提出他关于工程弹性建模如何降低国防部系统采购风险的想法。工程弹性系统定义了架构和工作流产品。工程弹性系统的工作流程包括需求和系统建模、权衡空间创建和分析以及备选分析。工程弹性系统的产品包括 SysML 建模工具、ERSTAT、CREATE、概念模型构建器、环境模拟器(EnvSim)、机器辅助设计、决策仪表板、FACT - X、统计分析工具、大数据分析和可视化、备选方案分析(AoA)和任务上下文分析[19]。通过使用工程弹性系统的功能,可以检测、预测和防止固有设计故障模式及安全漏洞的原因,从而消除或在很大程度上减少多种类型的设计弱点。

许多设计弱点会同样地影响软件可靠性、软件安全性、软件保证和网络安全。数据缓冲区溢出等设计弱点可能会影响系统的可靠性和安全性,并引入可能被意图不良者利用的漏洞,从而导致网络安全和软件保证问题。MITRE 公司做了一项非常好的工作,他们准备了一份常见的软件设计弱点列表,这些弱点可能是网络安全漏洞,也可能是不安全系统和系统可靠性不佳的故障原因。这一列表称为通用弱点枚举(CWE)[20]。

通用弱点枚举是一个领域开发的软件弱点类型词典。通用弱点枚举是一个软件保证战略主动计划,它提供了一套统一的、可衡量的软件弱点,可以实现对软件安防工具和服务(这些工具和服务可以在源代码和操作系统中找到这些弱点)更加有效的讨论、描述、选择和使用,并且可以更好地了解与架构和设计相关的软件弱点管理。通用弱点枚举中编目与描述了数百个软件设计弱点和漏洞。另一项与通用弱点枚举相关的工作是常见攻击模式枚举与分类(CAPEC)[21]。CAPEC™是一个针对已知攻击的综合词典和类别分类,可以供分析人员、开发人员、测试人员和教育工作者使用,从而推动领域对这些攻击的理解并增强防御。在 MITRE 公司的网站上可以访问常见攻击模式枚举与分类的工件[20]。

16.3 软件安全和网络安全开发任务

软件开发过程包括由软件开发工程师执行的适用于软件安全过程的各种任务。例如,在软件开发过程中执行软件配置控制是非常重要的,这可以使整个软件设计受益,也能使软件安全过程受益。软件安全工程师可能还会执行其他一些通常不包括在软件开发过程中的任务。这种差异意味着软件安全工程师必须将这些软件安全任务集成到现有的软件开发过程中,而不会对软件开发过程造成干扰。将安全任务集成到软件开发过程中同时不会干扰软件开发人员的最佳方法是利用现有的软件开发过程并加以改进,从而使软件开发人员和安全工程师都从中受益。正如 Nancy Leveson 在她所著“Safeware”一书(参考文献[2],第 251 页)中所建议的那样,有一些适用于软件开发过程的通用安全过程:

适用于软件开发的通用安全过程与适用于其他组件(特别是控制组件)的安全过程类似。基本的软件系统安全性任务包括[2]:

·跟踪针对软件—硬件接口的已识别系统危险。将已识别的与软件相关的危险转换为对软件行为的要求和约束。

·表明软件系统安全性约束与软件需求规范的一致性。证明软件要求对于系统安全性属性的完整性。

· 根据已识别的软件系统安全性约束,制定系统特定的软件设计标准和要求、测试要求,以及人机界面要求。

· 跟踪对代码的安全要求和约束。

· 识别控制安全关键性操作的那些软件部分,并将安全分析与测试工作集中到那些会导致这些软件部分执行的功能和安全关键路径上。

· 为代码开发人员识别安全关键性的组件和变量,包括关键的输入和输出(接口)。

· 在软件和系统配置控制结构中开发一个跟踪系统,通过文档记录来确保安全要求及其流动的可追溯性。

· 制定与安全相关的软件测试计划、测试描述、测试程序、测试用例要求和额外的分析要求。

· 执行所有的特殊安全分析,如人机界面分析、软件故障树分析,或关键和非关键软件组件之间的接口分析。

· 审查安全问题的测试结果。将识别的安全相关软件问题追溯到系统级。

· 建立安全相关的信息(如小心和警告说明),将它们包含到设计文档、用户手册和其他文档中。

有各种软件安全开发任务可以用于网络安全工程。软件安全任务的一个输出是就是安全关键组件列表。从任务关键组件列表中,可以获得安全关键组件。任务关键组件的任何可能导致安全危险、影响为严重级别 1 或严重级别 2 的故障都将被输入到一个安全关键部件清单中。任务关键组件列表通常由可靠性工程部门给出。严重性的定义是由危险或故障引起的系统影响。严重性决定了问题要解决的优先级。这一优先级指的是在软件功能方面进行设计更改的必要性。这些优先级列举如下:①关键性;②重大;③轻微;④烦扰;⑤其他。表 16.1 给出了 5 个优先级的定义。

表 16.1　优先级分类

优先级	问题的描述
关键性(优先级 1)	· 安全性至关重要,导致灾难性后果及生命损失 · 造成运行或任务基本能力无法完成 · 危险安全或其他指定的关键要求
重大(优先级 2)	· 安全性至关重要,对于造成设备损坏但不会有生命损失或人身伤害 · 对运行或任务基本能力的实现有负面影响,并且没有已知的变通解决方案 · 对项目的技术、成本和进度风险或系统的生命周期支持有负面影响,并且没有已知的变通解决方案

续表

优先级	问题的描述
轻微(优先级3)	·对运行或任务基本能力的实现有负面影响,但是有已知的变通解决方案 ·对项目的技术、成本和进度风险或系统的生命周期支持有负面影响,但是有已知的变通解决方案
烦扰(优先级4)	·给用户/操作员带来不便或烦扰,但是不影响要求的运行或任务基本能力 ·给开发或支持人员带来不便或烦扰,但是不会阻止他们履行职责
其他(优先级5)	任何其他影响,如外观和增强变更

关键组件可以是硬件组件或软件组件。软件组件是可以独立部署的任何代码。软件组件可以被称为计算机软件配置项(CSCI)、软件配置项(SCI)、软件组件(SC),或单元,或(软件)包,或模块,或进程,或功能,或例程,或方法,或程式。通常,软件组件由多个函数或进程组成。不过,如果进程或函数非常复杂,并且包含许多接口和千行代码(KLOC)或千行源代码(KSLOC),那么单个软件组件可能仅包含这一个进程或函数。如果某个软件组件(如软件功能)的故障模式会导致安全关键性的系统故障或危险,那么该软件组件就可能被认为与那些故障模式也会造成安全关键性系统危险或失效影响的硬件组件(如微处理器)具有同样的关键性。

从文献[2]引用的所有11个软件安全开发任务都可以适用于网络安全工程。任何经过培训、可以在软件安全分析中使用这些任务的人,也可以在网络安全工程分析中执行这些任务。在将这11个任务从软件安全分析中改为用于网络安全分析时,需要关注于网络安全漏洞。这一转换方式如下:

(1)跟踪已识别的系统设计弱点,这些弱点是潜在的网络安全漏洞,可能被某个针对软件—硬件接口的网络威胁所利用。将已识别的潜在网络安全漏洞转换为网络安全设计增强和保护机制,并将它们写入硬件和软件要求和对软件行为的约束中。

(2)表明网络安全设计约束与软件需求规范的一致性。证明软件要求对于网络安全设计属性的完整性。

(3)根据已识别的网络安全设计约束,制定系统特定的软件设计标准和要求、测试要求,以及人机界面要求。

(4)跟踪对代码的网络安全设计要求和约束。

(5)识别控制安全关键性功能和操作,或任务关键性功能,或可能会为未经授权的访问打开后门进行入侵的软件功能的那些软件部分。将网络安全设计分析和测试工作集中到那些会导致系统执行不良、会被外部网络威胁利用、入侵或破坏的功能和安全关键路径以及信息流上。

(6)为代码开发人员识别网络安全关键性的功能、组件和变量,包括关键的输入和输出(接口)。

(7)在软件和系统配置控制结构中开发一个跟踪系统,通过文档记录来确保网络安全要求及其流动的可追溯性。

(8)制定与网络安全相关的软件测试计划、测试描述、测试程序、测试用例要求和额外的分析要求。

(9)执行所有的特殊网络安全分析,如人机界面分析、软件故障树分析,或关键和非关键软件组件之间的接口分析,以确定是否存在高风险的网络安全设计弱点。

(10)审查网络安全问题的测试结果。将识别的网络安全相关软件问题追溯到系统级。

(11)建立网络安全相关的信息(如小心告和警告说明),将它们包含到设计文档、用户手册和其他文档中。

1990年,美国电子工业协会G-48系统安全性委员会发布了标题为"软件开发中的系统安全性工程"的第6B号安全工程公告和软件系统安全性手册[22]。G-48系统安全性委员创建将系统安全性工程应用到系统、子系统和设备的程序、方法和标准。该文件的目的是"……对于包括计算机控制的或监视的功能的系统,提供如何进行系统安全性分析和评估程序的指南。它涉及的是与此类程序相关的问题和要考虑、遵循的流程,必须执行的任务,以及可用于有效执行这些任务的一些方法"[22]。

这一软件系统安全性手册参考了IEEE 1228标准[23]。IEEE出版的IEEE STD 1228-1994"IEEE软件安全计划标准"用于描述软件安全计划内容的最低可接受要求。本标准包含4个条款。第1条讨论了该标准的应用。第2条列出了对其他标准的引用。第3条提供了标准中使用的定义和首字母缩略词。第4条包含软件安全计划的必要内容。标准中包含了一个资料性的附录,并讨论了软件安全性分析。IEEE STD 1228—1994旨在"完全自愿",是为负责定义、规划、实施或支持软件安全计划的人员编写的。该标准严格遵循MIL-STD-882B变更通知1中给出的方法。本书在付梓出版时,882军用标准的当前版本是MIL-STD-882E。从中可以看出,IEEE STD 1228之前有多少个旧版本。我们可以讽刺地得出结论,这一军用标准经过了20年的时间才将软件安全实践纳入其中,并首次发布在IEEE STD 1228中。

如G-48引用的参考文献[22]软件系统安全性手册所述:

系统安全性关键功能中的软件设计缺陷或运行时错误会引发可能导致死

亡、人身伤害、系统丢失或环境损害的危险情况。附录F提供了许多软件造成的事故和故障示例摘要。附录F中的事件示例包括：

· F.1——Therac放射治疗机造成的死亡事故。

· F.2——导弹发射定时错误导致发射延迟。

· F.3——重用的软件导致飞行控制被关闭。

· F.4——飞行控制在超音速过渡时失效。

· F.5——无效的设置序列导致不正确的导弹发射。

· F.6——操作员发出投掷武器的指令被软件控制超驰。

为了避免或消除此类事件的风险，特定程序的软件安全工程师应该学习各种类型的软件危险分析工具，这些工具可以用来防止问题，从而使程序和客户均能从中受益。

表16.2包含了一个软件危险分析工具的列表。各种专家在执行软件系统安全性手册中记录的系统软件分析任务时会使用这些工具。从表中可以看出，工具和技术的数量似乎是相似的，而且看起来是多余的或模棱两可的。一些工具似乎非常莫名其妙，可能不应当被加入到这一列表中，如右栏底部的最后一个条目。这一表格表明，目前还缺乏完成软件安全危险分析任务的标准化方法。明智的工程师了解这些工具和技术的相似性和差异性，并会使用正确的工具来完成正确的任务。“不要使用螺丝刀来将钉子敲入木板”。

表16.2 摘自G-48引用的软件系统安全性手册

软件危险分析工具			
数量	工具/技术	数量	工具/技术
8	故障树分析	1	层次结构工具
4	软件初步危险分析	1	比较和认证工具
3	可追溯性分析	1	系统交叉检查矩阵
3	故障模式与影响分析	1	自上而下的代码审查
2	需求建模/分析	1	软件矩阵
2	源代码分析	1	线程分析
2	测试覆盖率分析	1	佩特里网分析
2	交叉参考工具	1	软件危险列表
2	代码/模块走查	1	BIT/FIT计划
2	潜行电路分析	1	核安全交叉检查分析
2	仿真	1	数学证明
2	子系统危险分析	1	软件故障危险分析

续表

软件危险分析工具			
数量	工具/技术	数量	工具/技术
1	故障模式分析	1	MIL－STD 8S2B 300 系列任务
1	原型设计	1	拓扑网络树
1	设计和代码检查	1	关键功能流
1	常见软件错误清单	1	黑魔法
1	数据流技术		
注：数量表示对 1988 年调查作出响应的累计总数。			

16.4 软件故障模式、影响及危害性分析

上面的列表中，包含了一些有用工具和技术，其中一个（列表中的第四个）就是故障模式和影响分析（FMEA）。故障模式和影响分析的一个衍生与增强的方法是故障模式、影响及危害性分析（FMECA）。软件故障模式、影响及危害性分析在软件设计中执行，用于分析可能导致危险的软件危险或故障模式的影响。这些危险可以通过先前软件开发程序的历史数据、软件测试或软件模拟的经验性实例、实际软件导致的事故、客户应用中出现的故障、任何各种类型的软件设计分析来识别。在设计过程中，必须有经验丰富的软件工程师加入到软件故障模式、影响及危害性分析团队中。如果软件元素遇到错误、异常、故障、计时问题、进程挂起或数据损坏，那么团队就要探索并假设这些问题会对产品/系统输出产生什么样的影响。要对软件危险或故障模式的潜在影响进行全面的软件设计审查，需要这种全方位的软件故障模式、影响及危害性分析团队。软件故障模式、影响及危害性分析团队的组成必须保证有着足够的多视角，以了解完整的产品或系统操作。软件故障模式、影响及危害性分析团队中必须包括了解软件操作及软件在整个产品或系统操作中的角色的成员。软件故障模式、影响及危害性分析的范围显著影响着危险或失效的影响，并使潜在的设计变更具体化，在设计变更被纳入到软件设计的之前与之后减轻影响和随后对每种影响的严重性评级。

表 16.3 是《可靠性设计》第 7 章表 3 中软件效模式与影响分析实例[3]的一个修改过的版本。针对一个概念性飞行器的软件密集型导航系统，该表格列出了一些软件故障模式潜在影响的例子。

表 16.3 导航系统软件元素的潜在软件故障模式影响

软件故障模式示例	相应软件故障模式的影响示例
用例 导航传感器的用户无法更新飞行器在空中的位置坐标	传感器报告错误的位置，导致飞行器向错误的方向行进
软件架构物理视图组件 处理所有传感器数据和计算的处理器出现了故障，使飞行器的导航处理器无法获得实时传感器数据更新	如果没有实时传感器数据更新，导航处理器软件就可能会进行不正确的航线调整，从而可能导致危险的空气动力学机动操作，如突然爬升时形成陡峭的失速角度而造成发动机的失速，从而有可能导致飞行器坠毁
软件系统调用树 由于任务规划子系统优先级中断和针对异常处理的响应时间，造成对任务规划子系统的系统调用出现响应时间延迟	任务计划子系统不能进行传感器数据更新来对快速变化的环境作出反应，这可能导致飞行器的灾难
麦凯布子树 软件调用树中独有的逻辑麦凯布子树的执行暂时冻结，抛出一个异常，并且不以指定的时间间隔更新传感器读数，从而导致下一个传感器读数的延迟	飞行器的传感器读数被延迟，但是仅在需要突然进行航线调整和矫正的突发环境条件下才会影响飞行器操作。如果环境条件稳定的话，则对导航性能没有影响
两个软件对象之间的交互 在导航子系统中存在两个作为依赖函数的对象：①事件处理器；②传感器通信器。如果传感器通信器通过功能接口向事件处理器发送了一个中等优先级的消息，而事件处理器一直忽略这一消息，直到它处理完一个正在进行的冗长、低优先级的任务为止。这一消息可能需要依赖于时间的操作，而随着时间的推移，这对于飞行器的系统安全性变得越来越重要	事件处理器消息处理延迟的影响可能是严重的或是次要的，这取决于软件系统的实时约束。在避免碰撞等紧急情况下，消息处理延迟的影响可能是灾难性的
指针 指针被错误地指向不正确的内存地址，导致提供给导航的数据值是错误的	错误的值可能会导致飞行器偏离航向和错过目标，或通向目的地的路线会造成灾难性的后果

软件故障模式、影响及危害性分析用于识别每个已识别故障模式的潜在根本原因。根据故障模式的性质和软件故障模式、影响及危害性分析的抽象程度，潜在根本原因的性质有很大差异。参见表 16.4（潜在根本原因一栏根据《可靠性设计》第 7 章中表 3 中修改，而故障模式一栏则从表 16.3 中复制）。表 16.4 描述了表 16.3 中所示的每个软件故障模式的软件根本原因的一些示例。

表 16.4　潜在故障模式的原因示例

故障模式	潜在根本原因
用例 导航传感器的用户无法更新飞行器在空中的位置坐标	关于用户何时能够改变位置坐标，存在着模棱两可的需求定义
软件架构物理视图组件 处理所有传感器数据和计算的处理器出现了故障，使飞行器的导航处理器无法获得实时传感器数据更新	由于硬件电子设备中的电源浪涌，导致传感器处理器出现间歇性故障
软件系统调用树 由于任务规划子系统优先级中断和针对异常处理的响应时间，造成对任务规划子系统的系统调用出现响应时间延迟	任务规划子系统无法响应系统调用，因为它被编程为以分钟级而不是以秒钟级做出反应的，如在系统中采用了两种不同的时间单位和优先级
麦凯布子树 软件调用树中独有的逻辑麦凯布子树的执行暂时冻结，抛出一个异常，并且不以指定的时间间隔更新传感器读数，从而导致下一个传感器读数的延迟	定时余量不准确，麦凯布子树内出现竞争条件，导致传感器读数向主存储器的更新出现延迟，并且在下一个读取周期才被发送到主导航处理器
两个软件对象之间的交互 在导航子系统中存在两个作为依赖函数的对象：①事件处理器；②传感器通信器。如果传感器通信器通过功能接口向事件处理器发送了一个中等优先级的消息，而事件处理器一直忽略这一消息，直到它处理完一个正在进行的冗长、低优先级的任务为止。这一消息可能需要依赖于时间的操作，而随着时间的推移，这对于飞行器的系统安全性变得越来越重要	事件处理器中的编程逻辑错误地为来自传感器通信器的消息分配了一个非常低的优先级
指针 指针被错误地指向不正确的内存地址，导致提供给导航的数据值是错误的	包含指针的代码具有错误的条件逻辑，将指针重置为指向一个无效的内存区

如表 16.4 中所列，有时候可以通过编写良好的软件要求来解决或消除软件故障模式与影响分析中定义的软件安全危险和失效原因。下面的小节提供了一些软件安全要求的示例，用于解决软件故障模式与影响分析报告中发现的失效原因的分析。

16.5 软件安全需求示例

如果识别出来的软件危险和关键故障模式能够被消除或减轻其发生风险，那么就可以实现软件安全。代码的编写和执行如果能够遵循这些软件设计需求，那么就可以保证这种对危险的消除或风险缓解。下面给出了一些可以设计到系统中以防止未来系统危险或安全关键故障的软件需求示例：

· 要求软件设计为软件代码中的每一个操作、功能或进程都定义安全状态，并要求使用嵌入到代码中的软件注释，其中指定了安全状态并对安全关键功能进行处理。

· 要求系统软件采用预先定义的上电序列来启动系统初始化功能，启动序列的最后应当是进入预定的安全状态，此时安全关键性的功能已经启用，并指示“系统就绪”状态。

· 要求所有的安全设计功能都有时序约束和限制。例如，某个具有时序约束的安全要求为“在安全联锁开关被驱动后，安全联锁电路应在10s(+/ -1s)内起作用。”

· 要求软件设计能够在安全状态和不安全状态之间或安全和不安全模式之间即将发生转换时通知操作员。

· 当某个安全关键性的功能由操作员手动终止或由系统自动终止时，安全关键性软件应当恢复到安全状态。

· 安全关键软件的设计应当使操作员通过单一的操作就能取消当前的处理进程，而且系统应当恢复到预先指定的安全状态。

· 软件应当能够检测出外部安全关键性硬件输入/输出硬件设备和接口的故障，并在发生故障时恢复到安全状态。

· 在特定压力或条件下，在特定时间段内，当执行某个特定功能的过程中，软件的故障不得造成系统损坏或人身伤害。

· 在特定压力或条件下，在特定时间段内，当执行某个特定功能的过程中，软件的正常运行不得造成系统损坏或人身伤害。

· 安全关键性软件进程(例如，软件配置项(SCI)、组件、单元)的流入和流出数据的准确性应由容错架构内的采用主—主或主—从配置的其他软件进程进行检查。

· 软件组件(SCI)之间应定期发送状态消息(至少每10条消息一次)，并且报文通信量在允许的错误率范围内，以验证网络通信的完整性。

· 整数值应当被指定为浮点或固定小数点的格式。指定为固定小数点的整数很可能会导致错误,而如果指定为浮点则可以避免这种错误。下面的段落描述了这种情况的一个详细例子。

16.6 数值精度示例,何处会发生2+2=5

一个简单算术计算中的数学误差(例如,2+2=5)在什么情况下实际上是正确的?如果某个软件进程在程序中错过了一个将数字进行加工(例如,截断小数,或向上舍入或向下舍入到整数,或使用无效数字进行的计算)来作为等式输入的步骤。如果2是一个整数,并且2被设置为输入变量A和输入变量B的值,则$A+B=4$,其中2被加到2上。但是,如果A的输入值是从测量中获取的,而这个值允许有两个小数位,那么会发生什么?如果传输到A和B的输入值为2.42,那么2.42+2.42=4.84。如果舍入是执行计算并生成结果的过程中的一个单独处理步骤,则结果为5。同样的,这也适用于4+4=9的情况。但是,还有另一个计算步骤,可能会导致4+4=10。处理A和B输入的步骤可能会截断小数点右边的任何值,导致强制性的向下舍入结果。如果传输到A和B的输入值为4.8,那么4.8+4.8=9.6?如果对输入和输出结果执行的是向上舍入,则答案为10。

16.7 结论

通过本章中引用的许多概念和参考文献,有很多机会可以利用标准、框架和方法来协调软件安全和软件安防的工程学科。希望读者能够认识到多学科工程功能协同作用的好处,从而降低系统和产品开发的成本,同时确保消除或最小化与软件相关的危险和网络安全漏洞的风险。

致 谢

作者在此感谢 Robert Stoddard 为本章提供的大量关于软件故障模式、影响及危害性分析的原始资料,这些资料最初发表在我们《可靠性设计》(Wiley,2012)一书[3]中。

参考文献

[1] Institute of Electrical and Electronics Engineers, IEEE Recommended Practice

for Architectural Description of Software - Intensive Systems, IEEE - Std - 1471 - 2000, IEEE, New York, 2000.

[2] Leveson, N. G., Safeware: System Safety and Computers. A Guide to Preventing Accidents and Losses Caused by Technology, Pearson (Addison - Wesley), Reading, MA, 1995.

[3] Raheja, D. and Gullo, L., Design for Reliability, John Wiley & Sons, Inc., Hoboken, NJ, 2012.

[4] Committee on National Security Systems (CNSS) Glossary, CNSSI No. 4009, National Security Agency, Ft Meade, MD, April 6, 2015.

[5] National Initiative for Cybersecurity Careers and Studies (NICCS), Cybersecurity 101Course, on the Official Website of the Department of Homeland Security, https://niccs. us - cert. gov/awareness/cybersecurity - 101; http://www. standardscoordination. org/sccinitiativeskeyconcepts/cybersecurity (Accessed August 10, 2017).

[6] National Information Assurance (IA) Glossary, CNSS Instruction No. 4009, Committeefor National Security Systems, National Security Agency, Ft Meade, MD, April 26, 2010.

[7] Ross, R., Oren, J. C., and McEvilley, M., Systems Security Engineering: An Integrated Approach to Building Trustworthy Resilient Systems, NIST Special Publication 800 - 160, National Institute of Standard and Technology, Gaithersburg, MD, 2014.

[8] ISO/IEC/IEEE 15288 (2015) Systems and Software Engineering—System Life Cycle Processes, Institute of Electrical and Electronic Engineers (IEEE), New York.

[9] NIST, Software Assurance Metrics and Tool Evaluation (SAMATE) project; Main-Page: SAMATE project, Retrieved May 8, 2013 from https://Samate. nist. gov (Accessed on August 10, 2017).

[10] United States National Aeronautics and Space Administration, Software AssuranceStandard, NASA - STD - 2201 - 93, NASA, Washington, DC, 1992.

[11] SAFECode, Software Assurance: An Overview of Current Industry Best Practices, February 2008, Retrieved May 8, 2013 from, http://www. safecode. org/publication/SAFECode _ BestPractices0208. pdf (Accessed on August 10, 2017).

[12] CMU SEI CMMI, http://www. sei. cmu. edu/ (Accessed on August 10, 2017).

[13] OMG,Reference:How to Deliver Resilient,Secure,Efficient,and Easily Changed ITSystems in Line with CISQ Recommendations,http://www. omg. org/CISQ_compliant_IT_Systemsv. 4 -3. pdf(Accessed on August 10,2017).
[14] Martin,R. A. ,CISQ ARiSE Presentation,Advances in Measuring and Preventing Software Security Weaknesses, MITRE Corp, SEI, CMU, OMG, http://www. omg. or g/news/meetings/tc/tx - 14/special - events/cisq - pr esentations/CISQ - Seminar - 2014 - 6 - 17 - ROBERT - MARTIN - Advances - in - Measuring - and - Preventing - Software - Security - Weaknesses%20. pdf(Accessed on August 10,2017).
[15] IEEE - Std - 15026 - 1 - 2010, Systems and Software Engineering: Systems and Software Assurance—Part 1:Concepts and Vocabulary,Institute of Electrical and Electronic Engineers(IEEE),New York,2011. (Adoption of ISO/IEC TR 15026 - 1 Part1:2010.)
[16] OMG Software Assurance(SwA) reference links: http://adm. omg. org/Software Assurance. pdf; http://swa. omg. org/docs/softwareassurance. v3. pdf; Omg Swa Sig,Retrieved May 8,2013 from,Swa. omg. org February 26,2010.
[17] Redwine,S. T. ,Ed. Software Assurance:A Guide to the Common Body of Knowledge to Produce,Acquire,and Sustain Secure Software,Department of Homeland Security(DHS),Washington,DC,2006.
[18] Cyber Resiliency Engineering Framework (CREF) from MITRE, https://www. mitre. org/publications/technical - papers/cyber - resiliency - engineering - framework(Accessed on August 10,2017).
[19] Engineered Resilient Systems, paper by Jeff Holland at NDIA conference, March 2015, http://www. defenseinnovationmarketplace. mil/resources/ERS_COI_March_2015. pdf(Accessed on August 10,2017).
[20] Common Weakness Enumeration(CWE),sponsored by the National Cyber Security Division of the U. S. Department of Homeland Security,Copyright 2011, The MITRE Corporation, https://cwe. mitre. org/(Accessed on August 10, 2017).
[21] Common Attack Pattern Enumeration and Classification(CAPEC),The MITRE Corporation,https://capec. mitre. org/(Accessed on August 10,2017).
[22] DoD Joint Software System Safety Committee of the Joint Services System Safety Panel and the Electronic Industries Association(EIA),G -48 Committee,Software System Safety Handbook, December 1999, http://www. system - safe-

ty. org/Documents/Software_System_Safety_Handbook. pdf(Accessed on August 10,2017).
[23] IEEE Computer Society. Software Engineering Standards Committee. ;Institute of Electrical and Electronics Engineers;IEEE Standards Board,IEEE Standard for Software Safety Plans,IEEE STD 1228 – 1994,Institute of Electrical and Electronic Engineers(IEEE),New York,1994.

第 17 章 经验教训

Jack Dixon, Louis J. Gullo, Dev Raheja

17.1 介绍

让我们引用西班牙哲学家、散文家、诗人和小说家乔治·桑塔亚那的话:“不能铭记历史的人注定要重蹈覆辙”。桑塔亚那生活在 1863—1952 年之间,而他的这些话语在今天仍然具有现实意义。在安全领域,我们希望能够记住过去,因为我们不想让世界在未来仍然重复我们出现过的事故而受到惩罚。没有人想再看到或经历另一个印度博帕尔灾难、切尔诺贝利核事故、三哩岛核事故、挑战者号航天飞机灾难、火车出轨、飞机失事。第一次经历任何事故都是很糟糕的,但是如果事故发生第二次,则更让人难以承受。

那么,我们应当如何保证遭受创伤的历史不会重复呢?要回答这一问题,我们只需要研究我们获得的经验教训。经验教训指的是什么?经验教训是“……通过经历事情获得的知识和理解。这一经历可能是正面的,如一次成功的测试或任务,也可能是负面的,如事故或故障……一个经验教训必须具有重要性、有效性和可适用性。重要性指的是对运营有着真正或假定的影响;有效性指的是在事实上和技术上是正确的;可适用性指的是它能够识别特定的设计、过程、决定来降低或消除故障和事故的可能性,或强化积极的结果”[1]。一个经验教训是对过去事件中发现的相似类型的数据和知识进行的研究,以防止灾难的再次发生,实现伟大的成功。

安全领域很多人都认识到经验教训的重要性,并创建了档案来记录事故和事件的历史资料。这样做的目的是将过去项目中的安全问题及其解决方法作为历史记录加以保存。这些过去安全问题的档案应该广泛传播,以便其他人可以通过研究和学习它们,在未来的产品或系统中不再重复相同的问题而从中获益。经验教训安全案例的档案是另一个可以为系统安全性分析提供帮助的数据来源,可以补充本书前面讨论过的各种类型的系统安全性分析。尽管这只是系统安全性分析的众多来源之一,但它是一个非常重要的来源,可以作为全面、成功的系统安全性工作的一部分。

思维方式10:如果停止使用错误的实践方式,那么很可能会发现正确的实践方式。

17.2 吸取经验教训非常重要

我们发现,过去使用的一些工程开发实践方式造成了问题,而这些问题是在开发结束多年以后才在系统或产品生命周期中发现的。在违规行为被停止之前,人们一直没有意识到应当对这些实践方式进行校正。需要很多年不断地重复出现问题后,才会有这种意识。这一重复发生的问题之所以会发生,是因为与导致问题发生的事件相关的数据没有被获取和理解,以确定模式和因果关系。数据可能是有的,但是人们却没有对它们进行分析,也没有认识到它们的价值。显然,我们必须要从我们的错误中吸取教训,不过要有效地实现这一点,并帮助他人从这些错误中学习,就必须要捕获、分析、保存这些经验教训并分享给他人。让数据和从中得到的经验教训来决定要采用的正确实践方式。正如 Trevor Kletz 所说的那样:

然而,将事故公开并不是完整的答案。公开的内容很快就会被阅读、存档,然后被遗忘,而事故还会再次发生,即使是在事故发生的同一家公司的相同设施中也是如此。组织是没有记忆的,只有人才有记忆,而几年后他们就会离开岗位,并带走他们的记忆。虽然我希望这种情况能有所改善,然而,由于公司裁员和提前退休,情况只会越来越糟。因此,我们应当总结一下为改善企业记忆而可以采取的一些行动。

· 在每个指令、行为准则和标准中包括一个注释,说明制定这些指令、行为准则和标准的原因,并说明如果遵循了这些指令、行为准则和标准的话,哪些事故就不会发生。

· 在知道某个设备的安装原因之前,切勿拆除该设备。在知道某个程序步骤为什么被采用之前,切勿废除这一程序步骤。

· 在安全公告中描述过去的事故以及最近发生的事故,并在安全会议上进行讨论。“这样的信息仅给出一次是不够的。”

· 定期跟踪进展,了解事故发生后给出的建议是否在设计和操作中得到遵循。

· 请记住,视而不见是滑向事故深渊的第一步。

· 将过去的重大事故纳入到大学生和公司员工的培训中。

· 设计更好的检索系统,以便我们能够比现在更加方便地查找过去事故的详细信息,包括在我们自己公司和其他公司发生的事故,以及之后给出的建议。

我们需要一个能够利用已输入信息的系统，以提醒操作员、设计人员和相关人员来准备那些他们可能会忽视的针对危险的工作许可。计算机将是主动的，而人则是被动的[2]。

17.3 对故障进行分析

对故障进行适当的分析是非常重要的，这样我们才能吸取到经验教训。发生故障后，我们必须努力找到故障的根本原因，而不仅仅是归结于"未能遵循程序步骤"这样肤浅的原因。通过更加深入的发掘，不仅可以保证我们发现真正的原因，并且有可能吸取真正的经验教训，并实施正确的解决方案来防止以后再发生同样的故障。

为什么故障分析往往"分量不足"？这是因为，要深入审视自己的失败，这在情感上是不愉快的，而且会打击我们的自尊心。如果能够自己决定，那么我们大多数人都会希望将故障分析快速了结，甚至是完全避免进行故障分析。另一个原因是，要对组织的失败进行分析，就需要有探究精神、开放的心态、耐心，以及对因果模糊的容忍。人们往往会因为决断力、效率和行动力而赞赏管理者并给予奖励，但是却不会因深思熟虑而给予同样的赞赏。因此，正确的企业文化是非常重要的。慢工才能出细活。企业文化也需要时间来慢慢培养思想，反思过去的经验教训，并开发出正确的解决方案。

这种调整不仅仅是情感上的，而且也是认知上的。虽然不是有意的，但是我们每个人都倾向于相信那些能够支持我们当前信念的证据，而不是带来其他解释的证据。我们还倾向于淡化自己的责任，并在失败的时候把原因归结于外部或形势因素[3]。

在复杂情况下，要找出失败的原因可能会很困难。埃德蒙森的研究"……已经表明，故障分析通常是有限的、无效的，即使是在医院这样人命关天的复杂组织中也是如此。很少有医院会系统地分析医疗过失或流程上的缺陷来从失败中获得经验教训。最近，在 2010 年 11 月发表在《新英格兰医学杂志》上的一个针对北卡罗来纳州医院的研究发现，尽管十多年来，人们对医疗过失每年导致数千人死亡这一事实越来越警觉，但是医院并没有变得更加安全"[3]。

幸运的是，这种模式也有一些令人欣喜的例外，让人希望组织还是有可能吸取经验教训的。Intermountain Healthcare 是一个由 23 家医院组成的系统，为犹他州和爱达荷州东南部地区提供服务。在这一系统中，人们对医生偏离医疗规程的行为进行定期的分析，以发现改进这些规程的机会。由于允许医生有偏差行为并允许他们分享关于这样是否能实现更好结果的数据，因此医生们愿意参与这一计划[3]。

如前面所述,深入挖掘对于理解失败是至关重要的。要实现这一目标,最佳的方法就是组建一个专业团队。这一团队应该是多元化的,由来自不同学科和具有不同视角的人组成。使用团队方法深入挖掘的一个很好的例子就是2003年2月1日哥伦比亚号航天飞机事故之后的调查工作。“哥伦比亚”号航天飞机在重新进入地球大气层后,在得克萨斯州和路易斯安那州的上空解体,7名机组人员全部牺牲:“一个由顶尖的物理学家、工程师、航空专家、海军领导人甚至宇航员在内的人员组成的团队花费了几个月的时间来分析哥伦比亚号灾难。他们不仅确定了事故的直接原因,还确定了事故的间接原因。直接原因是一块泡沫在发射过程中撞到了航天飞机的前缘,导致了瓷砖外部结构的破裂,间接原因则是NASA内部严格的等级制度和追求时间日程的氛围,因此除非是铁定会出问题,否则工程师很难毫无保留地畅所欲言”[3]。

思维方式2:有勇气“说不”。

同样的,这强调了适当组织文化的重要性,就是不仅要调查失败,而且首先要防止失败。埃德蒙森在研究医院中的错误和其他失败时“……发现在不同的护理单位,护士是否愿意毫无保留地提出问题方面存在着很大的差异。事实证明,中层管理人员的行为(他们如何对失败作出反应,他们是否鼓励公开讨论这些失败,欢迎提出问题,表现出谦逊和好奇心)是造成这一差异的原因。她在各种组织中看到了相同的模式”[3]。

前面提到的哥伦比亚号航天飞机事故就是说明文化问题的一个最好的例子。

NASA的管理人员花了大约两个星期的时间来淡化在发射时一块泡沫造成航天飞机左侧破裂的严重性。他们拒绝了工程师解决这种不确定性的要求(通过卫星拍摄航天飞机的照片或让宇航员进行太空行走来检查相关区域而就可以实现这一点),结果,严重的故障一直没有被发现,直到16天后发生了致命的后果。具有讽刺意味的是,计划的管理者之间有一个共同(但未经证实)的信念,即他们对此是无能为力的,这使得他们无法检测到这一故障。事后的分析表明,他们本来可能确实能够采取有成效的行动的。但是很显然,领导者们没有建立起必要的文化、制度和程序[3]。

思维方式9:不采取任何行动通常是一种不可接受的选项。

17.4 从成功和失败中学习

传统上,系统安全性工作的重点是确定可能出现的问题,然后设计相应的方法来预防或减轻已识别的风险,使其达到可接受的水平。系统安全性在许多企业中都取得了成功,包括军事系统、航空航天系统和核电站。在系统安全性方面,我们习惯于对故障进行处理和预测。因此,我们通常将经验教训与失败联系起来,但是,我们也可以从成功中吸取经验。如果我们完成了一个非常成功的项目、产品或系统,那么我们不仅应该庆祝它的成功,而且还应当从中学习。我们做了哪些工作,为什么会这么成功?

经验教训是通过经历事情获得的知识或理解。这一经历可能是正面的(最佳实践),如一次成功的测试、任务、练习或研讨会,也可能是负面的,如事故或故障。成功和失败都可被认为是经验教训的来源。[4]

NASA 在《NASA 项目经理的 100 条准则》[5]中简明扼要地强调了从成功中获取的经验教训。

准则 93:失败的事物是供以后参考的经验教训。有时候事情发展的很顺利:这些也是经验教训。请试着重复那些有效的方法。

在好事情和坏事情之间应当取得平衡。经验教训不仅应当关注于已经犯下的错误,而且还要考虑成功路上发生的所有好的事情。否则,使项目或产品获得成功而执行的活动、进行的流程,以及作出的决定都会丢失。失去那些起作用的方法,可以要比忽视那些出差错的事情或犯下的错误还要糟糕。因此,我们不能仅仅关注于失败,而且还必须要识别那些起作用的方法,以保证在未来的工作中能够重复这种成功。

思维方式 10:如果停止使用错误的实践方式,那么很可能会发现正确的实践方式。

即使没有损坏,也要进行修复

吉诺和皮萨诺在《哈佛商业评论》发表的一篇文章中指出,很多人都会问:"'……如果没有被损坏,为什么要进行修复?'因此,当我们成功时,我们只会关注于应用我们已经知道的方法来解决问题。我们不会修改我们的理论或扩展我们对业务运作方式的了解。成功是否意味着'它没有被破坏'?事情未必是这个样子。现实的情况是,虽然成功(或一系列成功)可能意味着你走在正确的道路上,但如果没有进一步的测试、实验和反思,你并不能假定这就是真的。你应该利用已有的成功,通过理解成功的原因来实现更大的成功"[6]。

他们继续评论说:"庆祝成功本身没有什么错。但是如果你在庆功碰杯的时候停止了对事情的探究,那么你就错过了一个巨大的机会。当实现某个成功时,组织应当采用与调查故障原因时采用的同样严格和仔细的方式来调查成功的原因。应当认识到,这可能是一个不那么令人愉快的过程。例如,你可能会发现,成功只是凭着偶然事件才实现的”[6]。你可能还会发现,其实你很幸运,因为成功是因为不受你掌控的外部条件才实现的。

要实现这种对导致成功或失败的所有事情进行的分析,最佳的方式就是对过程或产品的成功和/或失败进行深入的审查。

无论结果如何,军方在每次战斗遭遇和战斗训练演习后都会进行“行动后反思”(AR)。行动后反思是一些汇报工作,如果应用得当的话,可以获得能够立即投入使用的具体建议。在商业中,战斗成功或失败的原因往往并不那么明确。公司可以采用同样的流程,相对来说非常直接。就像体育教练和运动员那样,他们在一场比赛后会立刻聚集在一起,对球队的表现进行反思。在重要的实践或活动后,参与行动后反思的人员聚在一起,讨论 4 个关键的问题:我们开始要做的是什么?实际发生的是怎样的?为什么是这样发生的?我们下一次要怎样做?

当然,这一过程面临的挑战是,如何在对顺利的结果和糟糕的结果进行调查时,采用同样严格的手段。如果事情很顺利,那么我们最主要关注的是要知道我们是怎样做到的,以及如何保证我们能够重复这一成功。能够复制成功是非常重要的。我们需要在整个组织内传播良好的实践方式。不过,如果从成功的项目中获得的主要经验教训只是一个下次要以同样方式进行的事情列表,那么可以认为这是一种失败。你必须不断地努力进行持续改善,不要满足于现状。

六西格玛和全面质量管理等工具教会了我们如何深入地研究问题的根本原因。为什么不使用同样的方法来了解成功的根本原因呢?在这个过程中,应当建立起一个阶段,将每个促成成功的因素归类为“我们可以直接控制的”或“受外部因素影响的。”你自己能够控制的因素可以作为你的获胜之道的一部分。不过,你需要了解外部因素是如何与它们相互作用的[6]。

17.5 未遂事故

未遂事故(Near Miss)指的是几乎发生的事故。未遂事故有时候也称为侥幸逃脱、险肇事件、九死一生或事故的前兆。它们提供了另一种类型的经验教训。不幸的是,未遂事故大部分都没有得到关注,然而它们确是可以预防事故的非常重要的宝贵资源。根据美国国家安全委员会的定义:“未遂事故是一个计划外的事件,没有造成受伤、疾病或损坏,但是有造成这些后果的潜在可能”[7]。

由于没有不好的事情发生(如没有受伤、没有生病、没有损坏、没有损失),

因此人们往往忽略了未遂事故。由于真正的事故发生之前往往会有未遂事故的发生,因此对这些侥幸逃脱事件的忽视就等于失去了预防事故的机会。由于没有生命损失或财产损失,因此未遂事故是一个不需要成本的学习机会。为什么不利用这一机会来防止灾难呢?我们建议你就像收集真正事故的数据那样来收集未遂事故的数据。你可能会发现一种模式,能够用来预测事故或对事故进行预测推理。

虽然未遂事故在很多业务相关活动中都有作用,但是从安全的角度来看,它们尤为重要。就像在《哈佛商业评论》中报告的那样,“……未遂事故对各级管理人员的日常工作都是相关的,因为它们能够预示不那么重大但仍然有影响的问题。例如,针对工作场所安全性的研究表明,估计每经过1000次未遂事故,就会发生一次产生严重伤害或死亡的事故,至少10次造成轻微伤害的小型事故,以及30次会造成没有人身伤害但有财产损坏的事故。识别未遂事故并解决造成它们的潜在错误可以阻止那些转移组织注意力和消耗组织资源的更加普通的问题”[8]。

每个组织都应当收集和分析未遂事故。组织应该有一个针对未遂事故的报告系统,鼓励免受责备的报告。不要迁怒于呈报人!虽然不进行责备可能是实现成功报告的最重要方面,但还有其他障碍往往会阻止未遂事故的报告。Bridges[9]报告中表明:

获取未遂事故报告的障碍包括:

· 害怕纪律处分。

· 害怕被同事嘲笑(尴尬)。

· 缺乏对构成未遂事故与非事故事件的因素的理解。

· 报告了一次未遂事故后,缺乏管理层承诺,并且缺乏后续行动。

· 未遂事故的报告和调查显然需要进行大量的工作,而相比之下获得的回报却很少。

· 没有办法调查每月或每年数以千计的未遂事故!

· 对未遂事故报告的抑制因素(例如,报告未遂事故会损害本部门的安全绩效)。

· 不知道应该使用哪种事故调查系统(或报告系统是令人困惑的)。

· 由于害怕外部人员滥用这些报告而承担法律责任,因此公司不鼓励对未遂事故进行报告。

一旦未遂事故被报告后,就必须对它们进行分析,以确定其根本原因。这种根本原因分析是很有必要的,它们可以识别造成未遂事故的系统缺陷,并且能够确定所有可能有助于预防更具灾难性损失的因素。

17.5.1 未遂事故最后成为灾难的例子

未遂事故是大多数失败的先兆，因此不应当被忽视。“哥伦比亚号航天飞机致命性的大气层再入、英国石油公司（BP）在墨西哥湾的“深水地平线”（Deepwater Horizon）的钻油平台灾难、丰田汽车被卡住的油门踏板……这些重大事故发生之前，都有过未遂事故事件，本来可以提醒管理人员即将出现的危机。问题在于，未遂事故往往被人们忽视，更莫名其妙的是，被视为是系统具有弹性而且工作良好的标志”[8]。

1）英国石油公司油井的未遂事故

让我们看一看英国石油公司的钻油平台灾难。对于研究未遂事故和误读它们造成的后果来说，这几乎是一个完美的案例。2010 年 4 月，在“深水地平线”油井的水泥封堵过程出现了油气喷出的现象。喷出的油气被点燃，造成 11 人死亡，钻井平台沉没，并且引发了大量的水下原油泄漏，经过数月的时间才得到控制。很多糟糕的决策和危险的条件造成了这一灾难：钻井工人在放置管道时使用了太少的扶正器，起润滑作用的“钻井泥浆”被过早去除，管理人员误读了重要的测试结果（这些结果本来可以证实有碳氢化合物从油井中渗出）。此外，英国石油公司还依赖于一种叫做防喷器的旧型号的、复杂的故障自动防护装置，而这一装置有着臭名昭著的不良记录。

为什么尽管这一油井一直受到技术问题的困扰（钻井平台工作人员称为“地狱之井”），但是 Transocean 公司（钻井平台的所有者）、英国石油公司的高管们、钻井平台管理人员和钻井工作人员却忽视了这些警告信息？我们认为，行业中之前出现的一些未遂事故成功避免了灾难（其中运气起了关键作用），使得相关各方变得麻痹自满起来。人们正在钻探越来越多非常深的油井，但是重大的石油泄漏和伤亡事件还是极为罕见的。在墨西哥湾的很多油井在水泥封堵时都出现过油气喷出的事件（过去 20 年有几十次），然而每一次都是运气的成分（例如，有利的风向、泄漏时附近没人进行焊接作业）才防止了爆炸。每一次发生未遂事故后，并没有引起人们的警觉或推动事件调查，反而被认为是现有方法和安全措施有效的表现[8]。

2）丰田速度警报

2009 年 8 月 28 日，加利福尼亚州公路的巡警官 Mark Saylor 和 3 名家人因惨烈的车祸而死亡。原因是他们乘坐的雷克萨斯轿车的油门踏板被卡死，导致汽车被加速到 120 英里/h 以上。在高速行驶的汽车上拨打的 911 电话记录了撞车前的可怕时刻，并在新闻和社交媒体上广泛播放。

在此之前，制造雷克萨斯的丰田公司从 2001 年起已经收到了 2000 多次关于汽车意外加速的投诉,但是却进行了淡化处理。Mark Saylor 的悲剧迫使该公司认真调查这个问题。最终,丰田公司在 2009 年底和 2010 年初召回了 600 多万辆汽车,并暂停了 8 款车型的生产和销售,估计仅北美地区的销售额就损失了约 20 亿美元,并对该公司的声誉产生了不可估量的损害。

关于车辆加速和速度控制的投诉对于所有汽车制造商来说都很常见的,并且根据美国国家公路交通安全管理局的说法,在大多数情况下,问题都是由驾驶员的失误而不是车辆缺陷引起的。然而,从 2001 年开始(差不多正好是丰田公司引入新加速器设计的时间),关于丰田汽车加速问题的投诉就开始急剧增加,而其他汽车制造商的投诉则保持相对稳定(图 17.1)。丰田公司如果能够注意到这种偏离现象,并承认这数千个投诉其实是一种未遂事故的话,那么他们本来可以避免这一危机[8]。

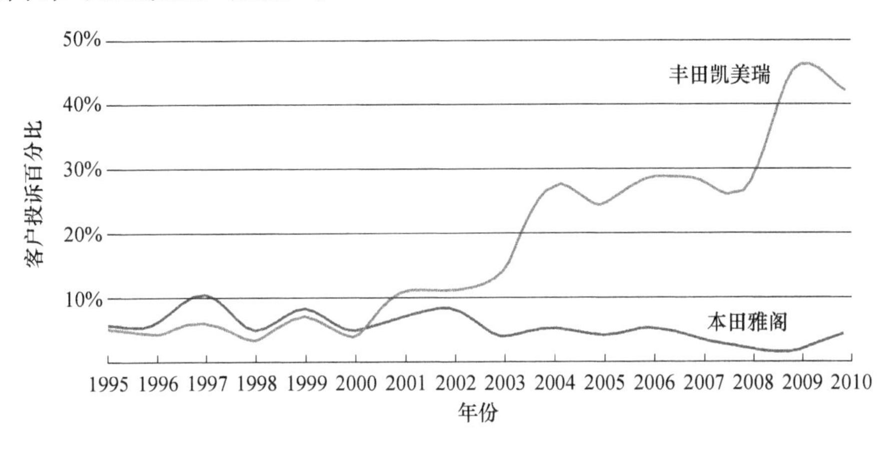

图 17.1　丰田公司问题的征兆——与速度控制有关的客户投诉百分比
(资料来源:美国国家公路交通安全管理局)

对这些未遂事故的研究表明,要避免更大的故障(如事故),就必须注意修复较小的故障。大多数事故的发生都是因为之前一系列的未遂事故没有得到重视,直到最后“星相不利,五行犯冲”而显现出结果。你应当向自己提出的问题如下:

· 为什么这些未遂事故没有得到重视?

· 我应当采取那些不同的措施,才能警觉这些预示事故的数据?

· 我应当关注哪些事项来识别导致未遂事故的因素?

· 我是否正在使用错误的实践方式来收集和分析那些用于预测和预防未遂事故的正确数据?

思维方式 10:如果停止使用错误的实践方式,那么很可能会发现正确的实践方式。

强有力的工作场所依赖于强有力的人来吸引、关注和保留那些最有才干的员工。有才干的员工需要不断地迎接挑战和充满能量,才能感受到在组织中的价值。你所在的工作场所的流程可能对于日常任务、绩效指标和团队活动来说工作得很好,但是它们总是有改进的空间。强有力的管理人员和团队知道,为了追求完美,他们必须要不断寻找流程和人员的改进。有才干的员工必须得到挑战,以发现流程和产品中的弱点,并让事情变得更好。他们应当希望改变现状,并寻求机会来不断地进行改善和创新。持续改进(CI)衡量在你的生命中、你的组织中、你的流程中、你的系统和产品中重要的东西,然后使用这一衡量结果来确定哪些是需要进行变更的。通过衡量,才能获得改善。通过衡量,可以关注于最为重要的东西。通过统计数据分析进行的衡量可以获得数据驱动的决策,以发现正确的实践方式。

在《首先,打破所有规则》一书中[10],作者在“标尺”一节描述了如何对人力资本进行衡量。在这一部分内容中,作者讲述了伊萨克·牛顿是如何撬开强大工作场所来理解核心要素的故事。

1666 年的一天,牛顿关上了他在剑桥房子中的百叶窗,然后坐在黑暗的房间里。外面则是阳光明媚。在房间里,牛顿在一个百叶窗上切了一个小洞,然后在入口处放了一个玻璃棱镜。阳光透过小洞打到棱镜上,然后在他面前的墙上就散开了一道美丽的彩虹。看着墙上展开的完美光谱色彩,牛顿意识到是棱镜撬开了白光,将不同程度的颜色折射出来。他发现,白光其实是可见光谱中从深红色到最深紫色的所有颜色的混合物;而创造白光的唯一方法是将所有这些不同的颜色组合到一起,形成单个光束[10]。

在《首先,打破所有规则》一书中,作者使用了统计分析执行了一个与伊萨克·牛顿爵士同样类型的试验,但针对的是一个不同的应用。作者收集了大量的工作场所测量数据。他们使用了统计分析技术来理解差异性,并搜索数据中的模式。作者深入研究了这些数据并进行了过滤,衡量了工作场所的强度,并发现了 12 个简单的问题来获取关于哪些品质能够让工作场所变得强大的最重要的信息,这些问题如下:

(1)我是否知道自己的工作职责是什么?

(2)我是否拥有完成工作所需的材料和设备?

(3)在工作中,我是否有机会每天做我最擅长的事情?

(4)在过去的 7 天里,我是否因工作良好而获得表彰或赞扬?

(5)我的主管或工作中的同事是否从人文角度上关心我?

(6)是否有工作中的同事鼓励我的发展?

(7)在工作中,我的意见是否重要?

(8)我所在公司的使命/目的是否让我觉得自己的工作很重要?

(9)我的同事是否致力于做高质量的工作?

(10)我在工作中有最好的朋友吗?

(11)在过去的6个月里,有人在跟我谈起过我的进展吗?

(12)上一年,我是否在工作中得到学习和成长的机会?

作者希望找到那些能够将最具生产力的部门区分开来的问题。只有在最具生产力的部门中的最强有力的工作场所才能处理范式转换的问题,从而停止那些他们已经习惯使用的实践方式,并寻找更好的实践方式来解决未遂事故的原因。这12个问题起到一个标尺的作用,使你能够确定你的工作场所的力量,并将个人和团队的成果与业务成果联系起来。你的工作场所的力量决定了你的工作场所的改善。这些改善可以通过基层的个人努力来实现,也可以由组织以从下至上的流程改进主动计划来实现。为了广泛地采纳系统改进,组织需要建立类似于系统安全性工程的功能性学科,以确保实施正确的组织常规流程变更,从而消除灾难性的未遂事故和意外的侥幸事故的可能性。

17.6 持续改进

与系统安全性一样,还有另一个致力于改进产品和流程的相关学科,称为持续改进(CI)。虽然持续改进最常用于制造流程和质量管理体系(QMS),但其规则也适用于设计和开发过程(例如,六西格玛设计(DFSS)和ISO 9001)、经验教训这一课题,以及系统安全性过程。

质量保证协会将持续改进定义为一个渐进式的、永无止境的变化:

……关注于提高组织实现其政策和目标的有效性和/或效率。它不仅限于质量改进行动。业务战略、业务成果、客户、员工和供应商关系的改进也可以是持续改进的主题。简而言之,它意味着“始终变得越来越好”[11]。

爱德华兹·戴明(W. Edwards Deming)是20世纪50年代日本质量领域的先驱,他在日本实施了统计控制和持续改进的理念。“在日本,许多人都认为戴明是1950—1960年日本战后经济奇迹的激励者之一,当时日本从战争的废墟中崛起,开始成为世界上的第二大经济体,而这一过程在一定程度上受到戴明所传授的思想影响”[12]。

“戴明将持续改进视为‘系统’的一部分,并根据组织的目标来评估来自流程和客户的反馈”[13]。这正是经验教训这一主题的一种变型,在经验教训实践方式中,我们同样也是以改进系统或产品并预防事故为目标而寻求来自用户、设计人员等方面的反馈。

1)14 条原则

戴明先是在日本然后又在美国进行教导,他提出了转变管理的 14 条原则。人们认为,正是这 14 条原则激发了“全面质量管理”运动,虽然戴明本人并没有使用这一术语。这 14 条原则摘自戴明所著的《走出危机》(Out of the Crisis)[14]一书:

(1)企业要把提高产品和服务的质量作为持续不断的追求目标,以使自己能够具有竞争力,能持续生存下去并提供工作机会。

(2)采用新的管理思想。我们正处在一个新的经济时代,西方管理层必须认识到面临的挑战,必须知道自己的责任,并在变革中发挥领导作用。

(3)停止靠检查来提高质量。取消大规模检查,而代之以在设计产品的第一时间就建立质量保证。

(4)结束以价格为标准来选择商业伙伴的行为。相反,要最小化总成本。在建立长期忠诚和信赖的基础上,一个项目选择一个供应商。

(5)要持之以恒地提高生产和服务的系统,以提高质量和生产效率,进而不断地降低成本。

(6)建立在岗培训。

(7)建立领导力。监管的目的应该是帮助人和机器设备更好的工作。监管型管理是需要改变的,对生产工人的监管也是一样需要改变的。

(8)消除恐惧,这样每个人就有可能为公司提供有效的工作。

(9)打破部门的界限。在研究、设计、销售和生产等不同部门的人应该以一个共同团队的形式来工作,以预测产品或服务在生产中可能会遇到的问题。

(10)消除那些要求工人零缺陷和新生产效率水平的口号、训诫和指标。这些警告只会产生敌对关系,因为大量的质量和生产效率低下的原因是由于系统的问题,并不是工人所能掌控的。

①消除对车间的工作指标(配额),代之以领导力。

②消除目标管理方式,消除只凭数目字和数字目标的管理方式,代之以领导力。

(11)消除那些剥夺小时工为自己工作技术而骄傲的障碍。管理者的职责必须从纯粹的关注数字改变到关注质量。

(12)消除那些剥夺管理和工程人员以工艺为劳的障碍。这就意味着放弃每年的评比和目标管理。

(13)建立一个强有力的教育和自我发展项目。

(14)让公司里的每个人都参与到这场变革中,变革是每个人的工作。

2)7 个致命疾病

这 14 条原则表述了戴明关于转换管理方式的理念,而他还提出了 7 个致命疾病,用于描述管理层在提高效率和实施持续改进时面临的障碍[15]:

(1)对于拥有市场、能够给公司带来业务并提供工作机会的产品和服务,缺乏贯彻一致的目的来进行规划。

(2)强调短期利润和短期思维(与持续经营的持久目的正好相反),担心不友好的收购,以及银行和股权所有人追求分红的压力。

(3)绩效评估、绩效评级或年度评估。

(4)管理流动性;跳槽。

(5)只根据看得见的数字来进行事后的管理,不了解未知和不可知数字的重要性。

(6)"治疗"成本过高。

(7)过高的责任成本,这种成本因那些靠风险代理费赚钱的律师而急剧攀升。

虽然这些要点主要关注于改善管理和制造,不过它们与本章全部内容都是契合的,事实上,可以说是与本书契合的。很多要点可以直接应用到经验教训过程和系统安全性过程中。

17.7 经验教训过程

要实现有效、高效地持续改进,组织就必须要制定相应的经验教训过程,并向使用这一过程实现增值效益的人员提供奖励。为了获取经验教训并切实从中学到东西,组织必须建立一个经验教训计划(LLP)或经验教训项目来开发经验教训程序。下面的内容简要总结了实现可行经验教训计划所需的要件。

1)获取

一旦发生事故或故障后,首先要做的就是获取相关信息,从而启动经验教训程序。在事故调查过程中,可以收集相关的信息。更多的信息可以通过访谈、问卷、调查、文件审核或数据挖掘等方式获取。最好是由一个有着多样化背景的专家团队参与,从而提供多样化的视角。就像本章前面讨论的那样,经验教训不一定来自失败。用于支持经验教训计划的信息采集流程也可以用于采集针对成功或未遂事故的信息。应当将未遂事故进行报告,收集相关的信息,并输入到经验教训库或档案中。项目、产品或系统开发成功后,应当进行项目后的回顾工作,从这个特定的成功案例中吸取经验。

2)分析

收集了关于故障的基本信息后,下一步就是分析情况以确定其根本原因。分析应该回答"谁、什么、何时、何地、为什么"的问题,以确定失败或成功的根本原因,除了找出根本原因之外,分析的结果还应当落实到行动中,与防止未来再次发生事故并从事件中获取经验教训。这是经验教训过程中最困难和最耗时的部分,但在实施经验教训后,最终将可以改进系统/产品。

3)传播

信息的传播和共享是成功经验教训计划最重要的一个方面。获得知识的分享必须包括系统/产品开发、制造的参与者和用户。

此外,还应当向最广泛的受众提供经验教训,以便每个人都可以从错误中吸取教训。一定要分享!"除了从自己的经验教训中学习外,最好的方式就是从他人的经验教训中学习,而且不需要什么痛苦就能获得收获!"[16] 分享可以通过多种方式完成,包括报告、简报、工具、数据库和网站。

4)档案

要保留经验教训供未来使用,就需要对信息进行存档。这可以是简单的书面报告库,也可以是采用数字存储库或数据库的较为复杂的工具和方法。数字存储库的例子包括对象数据库和关系数据库,这些数据库可以针对单独的应用和需求进行定制。无论使用何种方法,信息都必须易于检索,这样才能对未来的用户有价值。输入到数据库的数据必须是完整、准确、高质量的,并经过同行审核,以防止"垃圾进—垃圾出"的现象。存档和存储的数据必须对多种类型的用户有价值,还必须要长期持续地维护档案,否则它将变得无关紧要并且被闲置。

17.8 经验教训的示例

本节提供了少量的例子来说明不同失败的类型以及从中得到的经验教训。我们不准备提供失败及其经验教训的详尽列表,而是试图通过提供不同种类的例子来说明不同类型的经验教训。

17.8.1 从高田气囊召回事件中获得的汽车行业的经验教训

第4章简要讨论了高田气囊失效的问题,这一问题造成16人死亡以及有史以来最大的召回事件。气囊气体发生器在气囊展开的时候出现故障,造成气体发生器钢制外壳的爆炸性破裂,像弹片一样的碎片造成了车内人员的受伤,甚至死亡。

以下内容摘自 Harold R. Blomquist 为美国国家公路交通安全管理局(NHTSA)所作的专家报告,提供了安全气囊故障原因的简要总结[17]:

……气体发生器的设计使潮湿的空气能够慢慢进入到气体发生器中,对湿度敏感的发射火药随着温度周期变化慢慢降解。之后,在发生撞车气囊展开时,受损的发射火药会比设计的速度更快地燃烧,使气体发生器的钢制外壳承受过大的压力而破裂。

(……没有包含干燥剂)展开的方式是点燃增压发射火药,……而这又点燃主发射火药……这些发射火药由固体的粉末组成,这些粉末混合到一起,并压制后形成像药片那样的发射火药块。……主发射火药包含相稳定硝酸铵(PSAN),这是一种对潮湿敏感的氧化剂,这种氧化剂……如果暴露在潮湿和温度变化的环境中会导致发射火药块的降解。

评估……表明有缺陷的……气体发生器总体上没有已知的制造缺陷。换句话说,看起来气体发生器的制造符合设计,并且通过了所有批次验收测试,符合车辆制造商规范。

……所有未含干燥剂的位于驾驶员正面和乘客用的高田气体发生器都含有会随时间推移而降解的发射火药。降解主要是受潮的发射火药长期经历每天温度周期变化的结果。

该报告的最终结论如下:

……气体发生器的破裂是由以下因素和序列事件而造成的:

· 受影响的气体发生器没有采取足够的密封来保护对潮湿敏感的含相稳定硝酸铵(PSAN)的主发射火药。

· 使潮湿的空气能够进入到气体发生器内部的空间。

· 造成含孔洞结构的主发射火药的物理结构损坏。

· 经过几年的时间,因每天温度波动造成损坏程度的慢慢积累。

· 在燃烧的过程中,极热的气体进入到孔洞结构中。

· 逐层燃烧变成了同时燃烧,使钢制外壳承受过大的压力,造成灾难性的失效(破裂),产生对车辆乘员构成危险的碎片。

这里的经验教训是,即使产品是按预期方式生产的,满足规格要求,并且通过了所有批次测试,但是对于会常年暴露在各种环境下的产品,使用对潮湿敏感的发射火药却是个错误的选择。其次,使用了潮湿敏感的发射火药却没有在设计中使用干燥剂和足够坚固的密封,这也是一个要吸取的经验教训。

思维方式 3:在系统需求分析中投入大量精力。

下面继续探讨汽车行业的失败案例,让我们来看看通用汽车(GM)对故障点火开关的召回。

17.8.2 从2014年通用汽车召回事件中获得的汽车行业的经验教训

涉及汽车产品召回的一个常见的安全问题是因为汽车操作中一个关键组件出了问题。与汽车安全性相关的问题多如牛毛,一本专著也难以详细讨论,更别说本书的一个章节了。本书研究的一个特别问题是通用汽车涉及点火开关的召回,这一事件在2014年得到主流媒体的广泛报道。我们从2014年通用汽车开始点火开关召回时就进行了研究,并一直进行跟踪,包括到本书出版之前这一事件的最新进展。

17.8.2.1 2014年通用汽车召回事件摘要

2014年5月16日,美国政府因通用汽车公司未能披露汽车点火开关缺陷而向其罚款3500万美元。这一罚款数额是创纪录的。通用汽车公司延迟了10年的时间才向政府和公众披露了缺陷的存在。这一缺陷的影响清单最初仅包括几种小型汽车的设计,但受影响的汽车设计清单逐渐增加到许多其他通用汽车品牌和型号。根据通用汽车代表所述,这一缺陷与至少13例死亡有关。

通用汽车公司在2014年因汽车点火问题召回了250多万辆汽车。根据某个消息来源,这一问题引起了多次驾驶事故,导致超过40人死亡。死亡人数还在继续上升。通用汽车公司制定了一个客户补偿计划。截至2015年1月31日,由于点火系统故障,通用汽车公司收到了2200多起伤亡索赔。尽管通用汽车公司最终承担了人身伤害和死亡的责任,但是该公司在危机开始时的反应非常迟缓。通用汽车公司至少在10年前就知道了这种缺陷的可能性。像通用汽车公司这样一家大规模的公司(2014年第一季度盈利5亿美元)却无法对安全关键故障的客户数据作出快速反应,并且没有尽职尽责地针对故障的点火开关进行产品召回以防止死亡和伤害事故,这真的让人难以接受。通用汽车公司显然计算了提前召回的风险。该公司可能考虑了召回的成本,并将这些成本与不可靠性和不作为的成本进行了比较。于是,他们决定等待。然而,要考虑的成本不仅是包括召回费用和法律费用(包括罚款和诉讼费用),而且还有生命损失和失去客户的信任。可以想象,这种对公众信任的背叛会对通用汽车的品牌形象造成怎样的负面影响和未来销售收入的损失。

通用汽车公司的首席执行官玛丽·巴拉(Mary Barra)说:“导致点火开关召回的错误绝不应该发生。我们已经道歉,而且我们今天要再次道歉。我们面对着自己的问题,决心要在短期和长期都做正确的事情。我相信,我们的反应在坦率、合作、透明和同情方面是前所未有的。通用汽车公司的董事长西奥多·索尔索(Theodore Solso)说:“通用汽车公司的董事会采取了迅速的行动来调查点火开关问题,我们完全支持管理层的工作,以重新获得客户和监管机构的信任和信心,并解决司法部的调查。通用汽车公司的董事会和领导层认识到安全是一项基本承诺,公司在过去 15 个月中所做的变革使其更加强大"[18]。

17.8.2.2 失效原因和影响

调查发现,点火开关(也称为执行器)具有制造缺陷。点火开关执行器的壳体在制造时有一个关键的设计尺寸参数,而外部机械组件的尺寸超过了执行器机械尺寸的规格。有缺陷点火开关的设计和制造导致扭矩阻力比要求的要低。在某些情况下,开关会很容易从"运行"位置移动到"附件"或"关闭"位置。当开关脱离"运行"位置时,就会禁用汽车前部的安全气囊,在特定类型的碰撞中,本来会展开的安全气囊会无法打开,从而增加死亡和严重受伤的风险。在召回的车辆中,点火开关执行器的外壳尺寸过大,造成点火开关会卡在"启动"位置。如果车辆行驶时,钥匙卡在"启动"位置,那么在经历"明显颠簸"后,点火开关锁芯会进入"附件"位置,对发动机的动力、转向和刹车造成影响。取决于事件序列(与钥匙进入"附件"位置相对于出现车辆事故或撞车的时机有关),气囊的传感可能受到影响。在正面碰撞或撞车时,气囊有一定的概率不会展开。

这些开关被安装到一些小型号的汽车上,如雪佛兰科宝(Chevrolet Cobalt)和土星离子(Saturn Ion)。点火开关的失效会造成司机和乘客的死亡,原因是在发生撞车时气囊被禁用,而且由于以下原因造成司机无法控制车辆:

- 助力转向和刹车被禁用。
- 汽车从"运行"位置滑出。
- 汽车的发动机被关闭。

除了雪佛兰科宝和土星离子外,通用汽车还发现了其他具有缺陷的车型。通用汽车的召回包括某些雪佛兰 Silverado 轻型和重型皮卡,以及 Avalanche、Tahoe 和 Suburban;GMC Sierra 轻型和重型皮卡,以及 Yukon 和 Yukon XL;还有凯迪拉克 Escalade、Escalade ESV 和 Escalade EXT。召回涉及 2011 年和 2012 年的车型,以及使用缺陷部件进行维修的 2007—2014 年的车型。其他这些型号的缺陷是在保修方返回后,通用汽车在内部审查中发现的。

通用汽车公司为可能受到缺陷点火开关召回影响的通用汽车的车主建立了一个专门的网站,叫做"通用汽车点火召回安全信息"[19]。该网站给出了受召回影响的汽车型号和年份。图 17.2 显示了这些汽车和年份的列表。

人们似乎有理由相信,这一事件将改变汽车行业和其管理层对于问题避免和管理的思路。

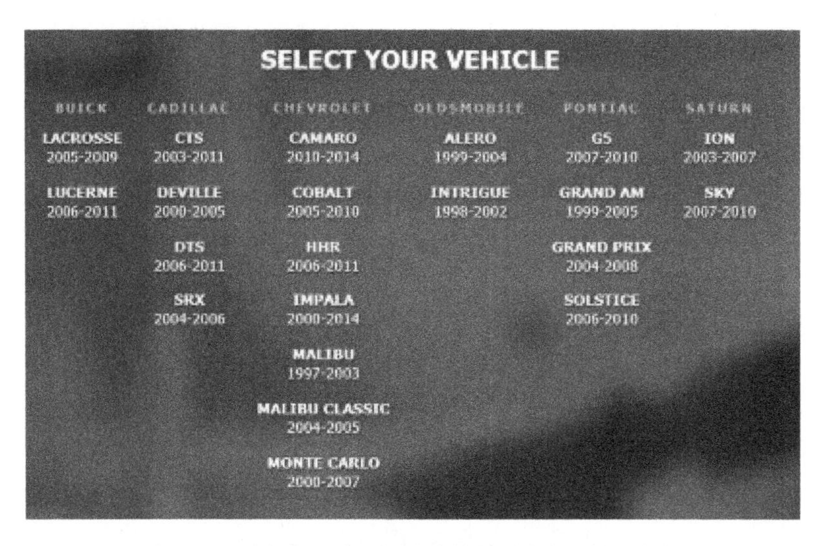

图 17.2　受点火开关召回影响的通用汽车型号和年份

17.8.2.3　通用汽车公司采取的纠正措施

如前面所述,通用汽车公司于 2014 年 5 月 16 日与美国联邦检察官办公室就该公司对点火开关缺陷的处理达成了一项重大协议。通用汽车公司以延期起诉协议的形式与美国纽约南区检察官办公室达成和解。根据该协议,美国联邦检察官办公室同意推迟 3 年起诉与通用汽车公司相关的点火开关缺陷和召回的指控。如果通用汽车公司能够满足协议的条件,那么联邦检察官将寻求对这些指控进行有偏袒的驳回。该协议包括要求通用汽车公司与联邦政府合作,并建立一个独立的监督机构来审查和评估该公司在与安全问题和召回有关的某些独立领域的政策和程序。通用汽车公司还将支付与该协议相关的 9 亿美元罚款,并在第三季度记录这一数额的收费。该协议称,政府之所以做出推迟起诉的决定,是因为通用汽车公司采取了行动来"证明对自己行为责任的接受和承认",这些行动包括[18]:

· 进行迅速而有力的内部调查。

· 为调查人员提供信息和持续的、未经掩盖的事实。

· 在政府调查中更全面地提供及时和有意义的合作。

· 终止不法行为。

· 建立一个完整且独立的受害者补偿计划,预计将支付超过 6 亿美元的赔偿。

玛丽 · 巴拉说:"与司法部达成协议并不意味着我们将问题抛在脑后。我们的使命是从这次经历中吸取教训并以此来改善我们的公司。我们已经经历了漫长的征途,而我们还将继续进步。”在对 2014 年 2 月和 3 月的点火开关召回做出回应后,通用汽车公司承诺与调查此事的当局充分合作。通用汽车公司的董事会还聘请了前美国联邦检察官安东·瓦卢卡斯(Anton Valukas)进行独立的调查。2014 年 6 月,瓦卢卡斯报告(Valukas Report)被提交给美国国家公路交通安全管理局、美国司法部以及美国众议院和参议院的议员。调查结果后来被公之于众。玛丽·巴拉还在全员大会上与通用汽车公司的员工们讨论了瓦卢卡斯报告。她说:“我们不仅仅是要解决这个问题并继续前进。我们还将修复我们系统中的失败之处……而我们还要为受影响的各方进行妥善的处理”[18]。

经过这次召回事件后,通用汽车公司开始对其车辆质量和安全组织进行大刀阔斧的改革[18]。其中一些变革和改进如下:

·通用汽车公司创建了“全球车辆安全副总裁”这样一个新的职位,在全球范围内负责通用汽车安全系统的开发、安全性能的确认和验证,以及包括召回在内的售后安全活动。关于车辆安全和召回的决策现在已提升到公司最高层层面。

·2014 年,约有 200 名员工加入了“全球安全”(Global Safety)组织,其中包括 30 多名在北美的新安全调查员,他们的职责是识别和快速解决潜在的安全问题。

·创建了一个数据分析团队,使用内部和外部资源搜索新出现的问题,包括那些已经向美国国家公路交通安全管理局报告的问题。

·通用汽车公司创建了“为安全而发声”的计划,旨在为员工和经销商提供一种简单、一致的方式来报告潜在的车辆或工作场所安全问题,提出与安全相关的改进建议。

·通用汽车的“全球车辆工程“组织进行了重组,以改善跨系统的集成,在整个车辆计划中实现更一致的表现,并解决车辆开发中的功能安全性和合规性问题。

·通用汽车实施了新的政策和程序,以加快召回车辆的维修,并改进其认证的二手车计划。

·通用汽车公司还建立了通用汽车点火补偿索赔解决机制,由肯尼斯·费恩博格(Kenneth Feinberg)律师独立管理。这一机制旨在解决因可能与点火开关相关事故而遭受身体伤害或失去家人的受害者提出的索赔。

·通用汽车公司甚至向那些涉及共同过失的人提出的索赔,以及破产法院裁决所禁止的索赔也进行了赔偿[18]。

2014 年 2 月，通用汽车公司召回了大约 70 万辆受故障开关影响的车辆。到 2014 年 3 月，召回的数量已增至 200 多万辆。自 2014 年 2 月和展开联邦刑事调查以来，通用汽车公司已采取示范行动，以证明对自己行为责任的接受和承认。此外，通用汽车公司进行了迅速、有力的内部调查，为政府提供了在内部调查过程中不断收集的未经掩盖的事实，在没有官方要求的情况下自愿提供本来受到律师——当事人保密特权保护的某些文件和信息，在联邦刑事调查中更全面地提供及时和有意义的合作，终止了不法行为，并建立了一个完整且独立的受害者补偿计划，迄今为止已经支付了数亿美元的赔偿[20]。

17.8.2.4 法庭诉讼

司法部长洛蕾塔·E·林奇（Loretta E. Lynch）、运输部长安东尼·福克斯（Anthony Foxx）、纽约南区联邦检察官普里特·巴拉拉（Preet Bharara）、国家公路交通安全管理局局长马克·R·罗斯坎德（Mark R. Rosekind）、交通部监察长办公室（DOT – OIG）首席调查官卡尔文·斯科韦尔（Calvin L. Scovel Ⅲ）、不良资产救助计划特别监察长（SIGTARP）克里斯蒂·戈德史密斯·罗梅罗（Christy Goldsmith Romero）、联邦调查局纽约外勤处主任迭戈·罗德里格斯（Diego Rodriguez）宣布对通用汽车公司提出刑事指控。通用汽车公司是一家总部位于底特律的汽车公司，设计、生产、装配和销售雪佛兰、庞蒂亚克和土星等品牌的汽车。通用汽车公司被指控从 2012 年春到 2014 年 2 月，向美国的监管机构——美国国家公路交通安全管理局（NHTSA）隐瞒了潜在的致命安全缺陷，并在此期间误导消费者关于通用汽车某些车型的安全性。配备了有缺陷开关的车型分别是 2005 年、2006 年和 2007 年款的雪佛兰科宝，2005 年、2006 年和 2007 年款的庞蒂亚克 G5，2003 年、2004 年、2005 年、2006 年和 2007 年款的土星离子，2006 年和 2007 年款的雪佛兰 HHR，2007 年款的土星天空；以及 2006 年和 2007 年款的庞蒂亚克 Solstice[20]。

美国联邦检察官普里特·巴拉拉宣布与通用汽车公司达成了一个延期起诉协议，根据该协议，通用汽车公司承认未向美国国家公路交通安全管理局披露安全缺陷，并针对这一缺陷误导了美国的消费者。这一书面承认包含在协议附带的详细事实陈述中。根据协议，为通用汽车公司安排了一个独立的监督员，以监督通用汽车公司关于安全问题的报道和公开声明，包括审查和评估与通用汽车安全相关的公共声明相关的政策、实践和程序，以及对工程数据的分享和召回流程。该协议还要求通用汽车公司在不迟于 2015 年 9 月 24 日之前向美国政府上交 9 亿美元，并同意根据当天在纽约南区提交的并行民事诉讼没收这些资金[20]。

美国联邦检察官普里特·巴拉拉说:“在将近两年的时间里,通用汽车公司未能向公众及其监管机构披露致命的安全缺陷。这样,通用汽车公司将其客户和驾驶人员置于严重风险之中。根据法律,需要提出刑事指控、详细的坦白,以及大额财务处罚,并任命一名联邦监督员。这些措施旨在确保这种情况永不会再次发生”。美国国家公路交通安全管理局局长马克·R·罗斯坎德说:“今天的诉讼行动加强了国家公路交通安全管理局为保护驾驶员而做出的努力。它不仅是向通用汽车公司发出信息,而且是向整个汽车行业发出了一个信息,即对于安全问题,告知全部真相是唯一的选择”。联邦调查局主任迭戈·罗德里格说:“通用汽车公司向消费者和监管机构隐瞒了安全缺陷,将驾驶员置于风险之中。本案的判决表明,永远不能因权宜之计而忽视安全”[20]。

美国运输部部长长安东尼·福克斯说:“通用汽车公司不仅未能披露这一致命缺陷,而且正如司法部的调查所显示的那样,它还向国家公路交通安全管理局和公众隐瞒了真相。今天的宣告向制造商们发出了一个信息:欺骗和延迟是不可接受的,做出这种行为将会付出很高的代价”。刑事指控包含在一个资料中,指控的一项罪名是有计划地向美国国家公路交通安全管理局隐藏重要事实,另一项指控则是电信欺诈。如果通用汽车公司遵守协议的所有条款,那么美国政府会将针对该资料的起诉推迟 3 年,然后寻求撤销指控[20]。

早在 2004 年和 2005 年,通用汽车公司的员工、媒体代表和通用汽车公司的客户就开始碰到因缺陷开关而引起的突然熄火和发动机关闭的情况,当时通用汽车公司曾经考虑过解决这一问题。然而,由于认为这一开关的缺陷不会引起安全问题,并且考虑到成本和其他因素,因此负责决策的工程师决定让有缺陷的开关保留原样,然后简单地向经销商发布了一个建议,提示他们应当如何尽量地减少意外从“运行”位置移出的风险。通用汽车公司甚至拒绝了对钥匙头部进行简单的改进,这种改进可以大大降低发动机意外关闭的风险,而对于每辆汽车的成本还不到一美元。与此同时,通用汽车公司在 2005 年 6 月发表公开声明,虽然承认存在开关缺陷,但保证说该缺陷不会引起安全问题[20]。

以下是由美国国家公共广播电台(NPR)[21]研究和发表的,与从 2005 年开始至 2014 年结束的通用汽车公司召回相关的重大事件简短时间表:

2005 年 3 月:通用汽车公司拒绝了一项解决问题的提议,因为它成本过高而且耗时太长。

2005 年 5 月:一名通用汽车公司的工程师建议公司对钥匙的头部进行重新设计,但该提议最终被拒绝。

2005 年 7 月 29 日:16 岁的马里兰州居民安伯·玛丽·罗斯(Amber Marie

Rose)开着她的雪佛兰科宝撞到了一棵树上后死亡。当时点火开关造成汽车电气系统关闭,导致气囊没有打开。

2005 年 12 月:通用汽车公司发布一个服务通告,宣布了问题的存在,但没有发起召回。

2007 年 3 月:安全监管机构通知通用汽车公司有关安伯·玛丽·罗斯死亡的问题,但通用汽车公司和安全监管机构都没有开展正式调查。

2007 年 4 月:一项调查将 2005 年发生在威斯康星州的一次雪佛兰科宝的致命事故与点火缺陷联系起来,但监管部门没有展开调查。

2007 年 9 月:美国国家公路交通安全管理局的一名官员向该管理局下属的缺陷调查办公室(ODI)发送电子邮件,建议调查雪佛兰科宝和土星离子撞车事故中气囊无法展开的问题。这一问题已经引起了 29 起投诉、4 起致命事故和 14 起现场报告。

2010 年 10 月 26 日:《消费者报告》称,根据道路测试和碰撞测试表现的得分,通用汽车被认为是“可靠的”。

2012 年:通用汽车公司确定了因这一缺陷引起的 4 起车祸和 4 起相应的死亡(均涉及 2004 年款的土星离子汽车),以及其他 4 起车祸造成的其他 6 起人身伤害。

2013 年 6 月:科宝项目的一名工程师的一份证言称,通用汽车公司做出了“不修复这一问题的商业决定”,这引发了一个问题,即通用汽车公司是否是在知道缺陷存在的情况下仍然有意地将科宝汽车投入市场。

2013 年底:通用汽车公司确定,故障的点火开关至少造成 31 起车祸和 13 人死亡。

2014 年 2 月 7 日:通用汽车公司通知美国国家公路交通安全管理局,“该公司确定,共有 619122 辆汽车中存在与机动车辆安全相关的这一缺陷。”

2014 年 2 月 13 日:通用汽车公司正式召回 2005—2007 年款的雪佛兰科宝和 2007 年款的庞蒂亚克 G5。

2014 年 3 月 17 日:通用汽车公司召回了 155 万辆厢式货车、轿车和运动型多功能车。

2014 年 3 月 17 日:玛丽·巴拉在视频道歉中承认,通用汽车公司对危机的不当处理中”有着非常严重的问题”。她表示,通用汽车公司预计本季度将支付约 3 亿美元的费用,用于修理 300 万辆汽车。

2014 年 3 月 18 日:通用汽车公司任命了新的安全负责人。

2014 年 3 月 20 日:众议院能源和商业委员会下属的监督和调查附属委员会定于 4 月 1 日举行一场听证会,名为“通用汽车公司点火开关召回:为什么需要这么长时间?”

2014 年 3 月 28 日:通用汽车公司又召回了额外的 824000 辆汽车(包括雪佛兰科宝和 HHR、庞蒂亚克 G5 和 Solstice、以及土星离子和土星天空的所有车型年份),声明点火开关可能有故障;美国召回的车辆的新总数达到了 2191146 辆。

2014 年 4 月 1 日至 2 日:玛丽·巴拉和美国国家公路交通安全管理局代理局长大卫·弗里德曼(David Friedman)在众议院和参议院听证会上就召回事件的处理进行作证。玛丽·巴拉向因这一缺陷而失去挚爱的家庭致歉。

2014 年 4 月 10 日:通用汽车公司发起“为安全发声”活动,旨在鼓励员工在看到与客户有关的潜在安全问题时勇敢指出来。

2014 年 4 月 10 日:通用汽车公司为其在美国召回的 220 万辆旧车型的汽车添加了点火锁芯。

2014 年 5 月 16 日:在美国国家公路交通安全管理局确定通用汽车公司延迟了针对点火开关缺陷的报告后,美国政府宣布,通用汽车公司将支付创纪录的 3500 万美元民事罚款。

2014 年 6 月 5 日:美国前联邦检察官安东·瓦卢卡斯在针对点火开关召回事件进行的内部调查中,发现了长达 11 年的“失败历史”和“无能、漠不关心的管理模式”。

经验教训

我们讨论了 2014 年与一个缺陷部件相关的通用汽车公司召回事件,以及通用汽车公司如何承认未能向消费者和美国监管机构披露其汽车中的致命安全缺陷。这里要吸取的几个经验教训包括:进行更好的设计、留意容差以及进行危险分析来发现和消除危险。不过,这里要学习的最主要教训是一个许多政客都迟迟未能学会的东西——掩盖真相比犯罪更可恶!

(注:要了解有关通用汽车公司点火安全开关召回的详细信息,我们建议您参考参考文献[19]中给出的通用汽车公司召回网站,或联系通用汽车公司的客户服务部:800 - 222 - 1020。如果您愿意,也可以拨打 888 - 327 - 4236 与美国国家公路安全管理局联系。)

接下来,我们将进入医疗安全方面的可怕世界,看看医疗设备可能出什么样的差错,以及在医院就诊期间可能会发生的事情。

17.8.3 医疗安全

过去 10 年来,医疗设备因不安全的性能而被召回的情况一直在持续增加。必须通过良好的安全设计实践来扭转这一趋势。医院也有类似的情况。在保护患者免受医疗失误和使用来自其他安全关键性行业（如国防、航空航天和核工业）的新技术方面，很多医院落后了好几年。根据美国国家患者安全基金会（NPSF）的统计，每年约有40万名患者因医疗失误而死亡[22]。

本节将讨论以下主题：

1）医疗器械问题

· 风险分析工具的使用不足，如ISO 14971国际标准中提供的工具。
· 不安全设备的示例。
· 安全性设计知识不足。
· 验证和确认不充分。
· 规程是指导性的，而不是规定性的。
· 不断带来挑战的新技术。
· 建议。

2）医院安全问题

· 没有采取足够的措施保障患者安全。
· 系统过于复杂。
· 医院致命错误的例子。
· 对新的技术不了解。
· 安全监管要求不足。
· 提高安全的激励不足。
· 需要将持续改进的文化转变为持续创新。
· 建议。

17.8.3.1 医疗设备问题的详细讨论

1）风险分析工具的使用不足，如ISO 14971国际标准中提供的工具

ISO 14971是一个国际标准，描述了风险管理在医疗设备中的应用。ISO 14971的使用不是强制性的，但美国食品药品监督管理局认为这是一个很好的标准，并希望医疗设备的设计人员能够使用这一标准。

结果是，大多数公司仅仅使用了5种工具中的一种工具。根据作者对这一行业超过20年的了解，很少有从业人员使用一种以上的工具。

大多数公司使用的工具是故障模式与影响分析（FMEA）。不幸的是，很多公司并没有利用这一工具在规格编写过程中创建良好的需求说明，从而防止设计故障。相反，他们是在规格说明得到批准后才使用这一工具，从而错过了在规格说明中找到缺陷的机会。

2）不安全医疗设备的示例

由于生产缺陷、维护错误、用户错误和软件故障，造成许多设备都是不安全

的。平均每天有 3 个医疗器械召回。这方面的例子包括：

· 美国食品药品监督管理局对核磁共振成像（MRI）机器进行了召回。有人将一个金属容器带入了核磁共振室；由于机器中有强磁体，导致机器发生故障。

· 因为有用户在购物中心的收银台前死亡，导致了心脏起搏器被召回。商场的收银机产生电磁场，导致极高的呼吸频率。

3）安全性设计知识不足

患者永远不会仅仅因为一个原因而受到伤害。受到伤害时，总会有至少两个原因[23]。这一知识并不广为人知，也没有在规程中有所提及。因此，相关行业仍然在继续犯下设计错误和生产错误，却没有意识到，如果能够防止造成伤害的第二原因，那么就可以实现失效安全的设计，从而能够容忍设计错误。我们前面谈到了因为金属容器进入相关区域导致的核磁共振成像机器的召回。如果能够禁止任何金属物体进入相关区域，或通过设计来容许相关区域中可以存在金属物，那么就都能防止伤害。

4）不充分的验证和确认

安全验证和确认中的一个主要问题是风险分析的时机。大多数设计人员是在规格说明和概念设计获得批准后才进行风险分析的，但这个时候已经太晚了。作者对新设备 25 年来的经验表明，在放射系统或自动化手术系统等产品中，有多达 200 个需求是缺失的或含糊不清的。如果有许多需求被忽略，那么设计人员就只能对部分需求进行验证和确认。这就导致随着复杂性的增加，召回的数量也在增加。

5）规程是指导性的，而不是规定性的

美国食品药品监督管理局的法规不应该是规定性的，因为这可能会对创新产生反作用，但是有一些充分的指导方针可以用来开发一个良好的设计。这些指导方针强调通过风险分析来实现完善的设计。不幸的是，指导方针经常被误解为只做必要的，而不是对设计提出挑战。准备食品药品监督管理局的审计所需的文档通常也要花费更多精力，从而减少了进行稳健设计的时间。食品药品监督管理局法规的另一个问题是不需要像国防部标准那样采用独立的验证和确认，这会导致有验证和确认结果有偏移。

6）不断带来挑战的新技术

医疗技术正在迅速发展，如可穿戴技术、设备之间过多的互操作性、手术机器人、身体器官的 3D 打印，以及通过电子健康记录的计费等。此外，网络威胁和黑客也构成不断的威胁。他们可以改变患者记录，通过改变监测设备的设置来伤害患者，并在窃取医疗记录和患者身份后要挟医院。风险分析必须包含各方面更广泛的主题,它们通过多种方式影响患者护理,而且常常包含未知的风险。

7)建议

组织必须做正确的事情,设计安全的设备,并利用来自其他行业的设计流程和产品来改善患者护理,从而避免代价高昂的医疗设备诉讼,并且能够在诉讼中为自己辩护。他们必须努力防止会造成数百万美元损失和损坏公司声誉的医疗设备召回。下面是一些相关的建议:

· 在努力工作之前,先要确定什么才是正确的事情。如果正在做的是错误的事情,那么再怎么努力工作也无济于事。

· 在批准产品规格说明之前,始终使用初步危险分析(PHA)和故障模式与影响分析(FMEA)进行全面的风险分析。

· 如果整个团队都没有对规格说明和概念设计提出应有的挑战,请学会对“唯唯诺诺”的人说“不”。

· 寻求独立的验证和确认,作为能够在设计和生产过程中发现缺陷的治标之策,并确保在将医疗产品交付给客户时,设计中没有缺陷。

· 唯一的绩效标准应该是零缺陷。学会第一次就把事情做好(参见本章推荐阅读建议中给出的菲利浦·克劳士比所著的《质量免费》一书)。

17.8.3.2 医院安全问题的详细讨论

1)没有采取足够的措施保障患者安全

一个政府机构——美国医疗保健研究与质量局(AHRQ)开展了一项患者体验调查。这些调查结果将用于医院的评定,而完成调查的人员可以获得奖励。这一调查有着很大的问题,因为它在询问患者体验时,仅仅询问了食物质量、设施是否能够保证安静睡眠、护士如何满足他们的身体和情感需求,以及可用的康乐设施。但是这一调查对于患者的安全和他们的护理结果却没有什么反映,如得到正确的诊断、错误的手术、错误的药物治疗、对紧急情况的反应,以及对警报没有反应等[24]。此外,调查的提交也是自愿的。如果调查结果不合标准,那么医院可以选择不予提交。调查中最大的问题是,已经死亡的患者是不会作出回应的[25]。他们的家人也往往不会回应,因为他们正处于极度伤心之中,也没有时间填写调查问卷。

2)系统过于复杂

每个患者的情况都是不同的。根据与患者的沟通质量和医疗记录的准确性,每位医生可能会有自己的意见。患者通常不会告诉记录患者信息的护士自己的所有情况。每个医生可能会根据自己的直觉进行判断。每一个过程都可能有多个护理人员,有着太多的差异。护士因每天会听到很多警报而导致警报疲劳,因此并不总是对患者的紧急需求做出回应。每个外科医生可能会有自己的手术方法和方案。70 万名患者因医生、护理人员以及消毒不良的病床和家具而感染。通常会有多个设备相互通信,而这会导致错误的警报,误报警、错误的结论等。与航空航天业相比,医院在系统安全性科学的使用方面要落后大约 20 年。医院是复杂的组织,需要采用系统安全性实践方式来提高患者的安全性。

3)致命医院错误的例子

由于太多的警报造成分心,护士无法应对,结果造成患者死亡。由于患者监护系统的设置不正确,也会造成患者死亡。致命医院错误的一些例子包括:

· 一名年轻的母亲在重症监护室照顾自己的儿子。由于有太多的警报发出声响,使她无法入睡。她请求护士减少警报的数量。护士无意之中将所有的警报静音了。当母亲醒来后,发现儿子已经死去。

· 一名医院勤杂工将两个患者设备的插头拔下,为的是将能够插入自己的吸尘器插头。

· 一些医院勤杂工没有携带正确的消毒剂来预防一种叫做艰难梭菌(Clostridium difficile)的感染病菌,这种病菌可能残留在窗帘和病床的扶手上。

· 很多患者因错误的辐射剂量设置而死亡。

· 大约 10% 的患者接受了错误的手术。每周大约有 40 个错误的手术被执行。

· 婴儿经常被注入错误的血液稀释剂,从而导致死亡。

如前面所述,每年有超过 400,000 名患者死于此类错误。医疗行业必须要解决这么大数量的无谓的死亡问题,并采取措施来减少这种死亡数量。以下是为改变这种趋势所采取的步骤示例。

4)对新的技术不了解

如果生产医疗器械的组织在风险分析方面效率低下的话,那么医院就更加糟糕了。医院对新技术的分析很少,他们相信供应商会进行风险分析。很多医院甚至从不质疑供应商。例如,某个放射技师曾经忘记调低辐射水平;作者建议医院给供应商打电话,要求他们增加一个功能,使机器在每次使用后能够自动复位到安全水平。他们的回答是:“要求供应商改变软件,这不是我们份内的工作。”医院应该利用其他行业的供应链管理组织来控制他们的供应商体系。医院必须要对自己承担起责任,了解从供应商处所购产品的风险,并要求进行设计变更来改进这些产品的设计。

5)安全监管要求不足

联合委员会仅要求医院每年对关键过程进行一次故障模式与影响分析(FMEA)。而大多数医院也就仅仅针对关键过程只做一次。为什么不对所有的过程都进行风险分析？几乎所有的过程都有可能危及生命。医院应当针对所有的医疗设备都采用 ISO 14971 标准。医院可以使用该标准全部的内容来管理设备的风险。

6）提高安全的激励不足

根据纽约时报的一篇文章，犯更多错误的医院也会赚更多的钱[26]。这一报告基于《美国医学会杂志》的研究文章。文章的作者来自波士顿咨询公司（BCG）、哈佛大学医学与公共卫生学院以及得克萨斯州健康协会（一个非营利组织）。文章声称，医院表现不佳的原因在于保险公司会向医院支付长时间住宿费用和额外的护理费用。文章建议，改变这一系统，停止为不良护理进行支付，这可能会对改善现状有所帮助；在采取这种措施之前，医院没有什么动力去改善现状。

7）需要将持续改进的文化转变为持续创新

医疗保健行业需要快速、永久性地防止用于患者的医疗设备出现缺陷。医疗设备轻微的缺陷都可以对生命造成威胁。如果医疗界能够利用其他行业针对持续改进和持续创新的过程性能控制步骤带来的好处，那么就能够很好地实现这一目标。多年来，约翰斯·霍普金斯医院一直有大约 14% 的中心静脉导管（Central Line Catheter）感染率，直到后来他们采用了来自航空业的一种理念。这种方法需要一个同事（相当于航空公司的副驾驶员）对照一个简短的检查单来验证清单中的每个步骤是否都正确地完成。医院指派了护士，在外科医生针对饲管将导管插入患者胸腔时，由护士来确认检查单。通过这一措施，感染率在 3 个月内下降至 0%。而这里唯一的成本就是要求护士对外科医生的操作观察大约 2 分钟的时间。参考文献[23]包含了这个案例史，并包含了 9 种简单的创新方法。

8）针对未来的建议

· 医院必须从现有的文献中学习系统安全性原则（如参考文献[27]、[28]）。

· 为了最大程度地降低复杂性带来的风险，应当使用白宫技术咨询委员会[29]推荐的系统工程实践方式。

· 即使可能有超过 1000 个过程，医院也必须学会对每个过程都进行风险分析。

· 保险制度应当仅仅对患者安全表现良好的行为作出奖励。

· 作为自己的首要任务，高级管理层需要尽可能地消除医疗失误。

现在，让我们继续学习一系列能够展示其他问题的简短经验教训。

17.8.4 提升系统

NASA 进行了许多研究,这些研究不一定是因为某次失败才进行的,其中一项研究总结了从航空航天安全咨询委员会实况调查活动中“学习到”的一些特定和通用的经验教训[30]。该委员会是根据国会法规而设立的,委员会成员(工作人员除外)为非 NASA 人员,定期向美国宇航局局长和国会报告。委员会的成员是真正独立的,而且他们“没有准备要针对谁”。在这项专门研究中,考虑的项目之一就是提升系统,这提供了一个很好的例子,说明即使没有发生任何失败,也可以获得经验教训——审查过程,并寻找改进。

NASA 在多个地点使用起重机和升降机来搬运重物。以下是航空航天安全咨询委员会报告的摘录。

肯尼迪航天中心(KSC)和垂直发射系统(VLS)的很多主要提升系统中都存在单点故障。这些提升系统用于操作或搬运一些可能会有导致危险的硬件,如轨道飞行器、固体火箭助推器级等。在大多数情况下,都会请求豁免并获得批准,事实上,这已经成为了对规范的背离(不是临时豁免,而是永久性的)。JSC-07700 第十卷 3.5.1.2.1.1 节要求所有的地面支持设备都采用故障安全的设计。

设备的设计和制造没有充分考虑提升系统的工作环境,也没有考虑到所涉及的关键硬件类型。这很大一部分都是无可奈何的,因为设备并不是专门为 NASA 的使用而制造的,但是必须进行修改以满足 NASA 的需求。对单点故障的豁免或接受需要管理层和质量保证/安全人员更加注意。

在需求已知的情况下,肯尼迪航天中心和垂直发射系统的用户有责任及早了解需求和采购行动,从而尽可能多地消除单点故障。与任何其他设备一样,应当定义故障模式与影响分析(FMEA)和由此产生的关键项目,指出危险并进行最终的风险评估。风险评估必须包括并取决于吊装系统接口的关键硬件的影响。

在这里我们可以看出,系统中潜伏着单点故障。需求被忽视,本来应该是临时性的豁免成为了永久性的,而管理层缺乏关注。此外,危险分析和风险评估也没有得到正确执行。

思维方式 3:在系统需求分析中投入大量精力。

17.8.5 物联网

这一经验教训与第 16 章讨论的软件安全和网络安全的价值有关。根据牛津英语词典,物联网(IoT)的定义是:嵌入日常物品中的计算设备通过互联网的互连,使这些设备能够发送和接收数据[31]。

如今的许多设备都属于这一类别。当人们提到物联网时,他们会想到所有可以通过外部手段互连和通信的家用电器。这些电器可以包括各种能够联网的智能设备,如电灯、温度调节装置、咖啡机、安防系统、前门的电子锁、吸尘器、烟雾探测器、冰箱、婴儿监视器、咖啡壶等,所有这些电器都可以通过互联网连接在一起,并可以使用手机进行控制。

1916 年 10 月 21 日,纽约时报报道说:

周五,在一家对互联网基础设施关键部分进行管理的公司声称该公司受到攻击后,美国大片地区的人们无法访问各大主要网站。用户报告说访问多个网站时出现问题,包括 Twitter、Netflix、Spotify、Airbnb、Reddit、Etsy、SoundCloud 和纽约时报。

Dyn 公司的服务器对互联网流量进行监视和安排路由。该公司表示,早上刚过 7 点,该公司就开始遭到安全专家所说的分布式拒绝服务攻击。拒绝服务(DoS)是今天我们面临的众多网络攻击手段之一。据报道,先是从东海岸开始,很多网站都无法访问了,而随着时间的推移一直到傍晚,期间分三波向西蔓延。事件的发展令人不安,攻击似乎靠的是成千上万与互联网连接的设备,如摄像头、婴儿监视器和家庭路由器,这些设备都已被感染,而且设备的所有者并没有意识到的是,设备的软件让黑客能够控制这些设备,并以排山倒海的流量冲击目标[32]。

路透社在后来的报道指出,"中国的制造商杭州雄迈信息技术有限公司于周二告诉路透社,在上周出现造成世界上一些最大网站无法访问的网络攻击后,该公司将召回多达 10000 个网络摄像头"[33]。

虽然我们通常将物联网视为基于消费者的产品,但也有许多工业和商业的物联网产品可以用于其他目的,例如:

一个典型的企业大楼由多个系统组成:安防系统、火/烟/水报警系统、加热/冷却系统、照明系统。通过物联网,可以让这些系统和设备能够彼此智能通信和与建筑物管理者进行通信。这可以在方便、节约、安全和环境方面取得巨大的提高和回报。

就在此刻,天然气公司正在阿拉斯加的远程泵站安装传感器,以便他们的工程师可以通过应用程序来监控机器的健康状况,而无需开车到那里进行检查。轮胎公司正在将传感器嵌入到轮胎中,并将收集的数据分享给货运公司,从而帮助他们节省燃料和金钱。市政自来水公司的传感器可以预测机器何时会发生故障,因此可以在发生重大事故之前进行修复[34]。

经验教训和建议

通过调查，揭示了系统中的一些缺陷，而参与物联网技术的各个组织采取相关行动以了解物联网技术得到迅速扩展应用时可能出现的问题。以下内容改编自参考文献[35]：

很多物联网设备要求用户执行很难的工作才能保证它们的安全。如果发现了安防问题，那么厂家会发布能够修复一些问题的固件补丁，但是大多数最终用户是否知道如何给物联网设备的固件打补丁？厂家应当提供自动更新功能来修复安防问题。

许多设备在发货时都带有相同的密码，并且这些密码很多都是常见的，如“admin”或“password”。制造商在发送每一个产品时，应当配备唯一的密码。

消费者在购买产品时，应该有一种简单的方法能够识别满足安防/安全要求的物联网设备。美国保险商实验室（UL）安全标签的例子经常出现，然后就有人提出，让保险商实验室针对网络安全做这项工作。保险商实验室和其他组织正在调查这种可能性，但是可能需要几年的时间才能实现。

目前，针对物联网设备，还没有像食品、航空旅行等行业那样的产品安全法规。政府必须要介入并解决这一问题。美国联邦贸易委员会（FTC）一直在研究这个问题，并在2015年的题为“物联网：互联世界中的隐私与安防”的报告中就这一问题进行了报告。与此同时，如果有公司就其设备的安防误导了客户，那么联邦贸易委员会可以对该公司进行追究。

到目前为止，涉及物联网的大多数攻击都是与安防或隐私有关的，但它们变得与安全性相关只是时间问题。正如我们在第16章中讨论的那样，安防问题和安全问题之间仅有一线之隔。

让我们想像一下，如果黑客能够控制卡车轮胎中的空气，而这辆卡车又以70英里的时速沿着高速公路从你身边呼啸而过，那该有多么可怕。或者，想想黑客能够对监视天然气泵站的气体传感器做些什么？或者，对于电力和供水等公共设施，黑客又能造成怎样的破坏？

17.8.6 佛罗里达州的爆炸事故

下面的事故摘要和分析来自参考文献[36]、[37]中的信息。

2007年12月19日，强烈的爆炸和随之而来的化学火灾导致了4名员工死亡，并摧毁了佛罗里达州杰克逊维尔的化学品制造商T2实验室（T2 Laboratories，Inc）。爆炸还造成32人受伤，其中包括4名员工和28名附近的群众。反应容器的碎片被炸飞到一英里之外的地方，而且爆炸造成该设施四分之一英里范围内的建筑物损坏。美国化学品安全和危险调查委员会（CSB）对这一事故进行了调查,发现爆炸是由于甲基环戊二烯三羰基锰(MCMT)生产过程中化学间歇式反应器中的放热反应失控造成的。甲基环戊二烯三羰基锰是一种化合物,用作提高辛烷值的汽油添加剂。

这一化学工艺过程需要冷却,并且冷却系统应当根据反应的温度增高速率,间歇性地将水注入到围绕反应容器的冷却套管中。美国化学品安全和危险调查委员会确定,反应失控是由于反应容器的冷却丢失,造成不受控制的温度和压力增加,最终导致发生爆炸的结果。尽管无法确定冷却丢失的确切原因,但美国化学品安全和危险调查委员会指出,冷却水系统缺乏冗余性,因此容易受到单点故障的影响。美国化学品安全和危险调查委员会还表示,这一系统中没有紧急备用的冷却源。此外,该公司也没有将冷却丢失的情况作为一种系统故障模式或危险而制定相应的预防措施,因此,当操作员注意到反应容器的温度升高时,他们并不知道该怎么办。美国化学品安全和危险调查委员会表示,该公司从来没有对这一过程进行危险分析。由于没有进行过分析,所有 T2 实验室也就没有认识到与甲基环戊二烯三羰基锰相关的失控反应危险。如果执行了这样的分析,就有可能认定需要采取额外的危险控制以防止出现反应失控的情况。该系统中有一个减压系统,但是该减压系统的容量仅适合正常情况下的操作,而不适用于此事故中的最坏应力条件。

另外,需要注意的是,美国化学品安全和危险调查委员会的调查发现,T2 实验室的工艺之前就出现过问题……这些是未遂事故?

2007 年 12 月 19 日的失控反应并非 T2 实验室公司经历的第一次意外放热反应。在前 10 个 MCMT 的批次中,有 3 个批次出现了意外的放热反应。在每一种情况下,批次的配方略有不同,并且 T2 实验室没有重复这些配方来试图隔离问题,而是在前 10 个批次中,每一批次的配方都有所改变。在第 11 个批次之后,T2 实验室向利益相关者宣布了成功的商业运营。

2005 年,在第 42 个批次中,T2 实验室将批次的剂量增加了三分之一。这种配方的变更可能会引入新的重大风险,因此本来应当执行额外的化学或过程分析,然而 T2 实验室却没有这么做。更大量的反应物增加了反应中可能产生的能量,并可能改变对冷却和压力释放的要求。

当甲基环戊二烯三羰基锰的生产过程在早期的批次中产生意外结果时,T2 实验室并没有停止生产、调查原因、并对过程进行重新设计。相反,T2 实验室试图通过操作员的控制来在线控制意外的反应结果,或通过微小的改动来继续运行已有的过程。随着需求的增长,T2 实验室增加了批量和频率,但并没有记录表明他们执行了额外的危险分析。

经验教训如下:

(1)不良的设计。

· 由于设计缺乏冗余性,因此 T2 实验室采用的冷却系统易受单点故障的影响。

· T2 实验室根据预期的正常运行确定反应容器减压装置的容量,而没有考虑潜在的紧急情况。MCMT 反应容器的压力释放系统没有能力来减轻失控反应下的压力。

· T2 实验室改变了批次的配方而没有对偏离行为进行调查,从而失去了从未遂事故中吸取教训的机会。

· T2 实验室增加了批量大小,却没有针对这一变化进行任何危险分析。

(2)没有过程危险分析。像 T2 实验室这样的开发生产化学过程的公司,必须要充分研究过程中涉及的危险。应在商业开发的每个阶段都识别危险,并且必须采取行动来评估风险,并减轻或消除潜在的后果。过程危险分析(PrHA)必须要在开发阶段进行。这一分析可以识别危险,并且有助于确定操作限制并制定防止失控反应的操作策略。在生产规模扩大时,T2 实验室的一名设计顾问曾确定了执行危险与可操作性分析(HAZOP)的必要性。如果执行了全面的危险与可操作性分析,那么就有可能确定需要进行测试来确定反应的热力学和动力学性质,以及冷却系统和压力释放系统的限制。美国化学品安全和危险调查委员会没有发现有证据表明 T2 实验室曾经执行过危险与可操作性分析。

17.8.7 钱诺夫由 ARCO 化工厂爆炸

下面的事故摘要和分析来自参考文献[38]中的信息。

1990 年 7 月 5 日,位于得克萨斯州钱诺夫由(Channelview)的 ARCO 化工厂的一个废水罐在压缩机重新启动的时候发生爆炸,造成 17 人死亡,损失估计为 1 亿美元。在正常操作中,来自环氧丙烷和苯乙烯工艺的工艺废水会流入到 900000 加仑的废水罐中。在废水罐的上游,过氧化物和苛性碱在管道中混合。通过氮气吹扫,使废水罐内的蒸汽空间保持惰性,并且在废物在深井中处理之前用压缩机抽出烃蒸汽。

在事故当天进行了维护,因此氮气吹扫明显减少,并且临时安装的氧气分析仪也未能检测到废水罐中可燃气体的堆积。当压缩机重新启动时,可燃蒸汽被吸入到压缩机中并被点燃。火焰闪回到废水罐的顶部空间,引起爆炸。

原因是废水罐没有被视为是工厂生产区的一部分。因此,管理人员和工人们都不了解废水罐内会发生化学反应并产生氧气。这种缺乏理解导致了一系列糟糕的决定,如停止氮气吹扫,临时性氧探头的设计和位置不佳,没有针对这些决策的变更审核管理,也没有启动前的安全审核。

经验教训如下：

·为了在设计和开发安全程序时，保证系统的所有组件都得到考虑（在这一案例中，应当包括废水罐），必须要采用系统化的方法。

·进入废水罐的化学品仍然容易发生反应。

·在执行任何维护工作之前，确保能够对变更程序进行适当的管理。在这次事件中，工人们并不知道废水罐内可能会发生产生氧气积聚的化学反应，因此他们不理解继续进行有效氮气吹扫的重要性。

·执行启动前安全审查以识别危险。

·确保工人知道并理解必要的安全操作和程序。

思维方式8：制定全面的安全培训计划，包括操作员和维护人员对系统的操作。

17.8.8 Terra Industries 公司的硝酸铵爆炸事故

下面的事故摘要和分析来自参考文献[38]中的信息。

1994 年 12 月 13 日，Terra Industries 公司位于爱荷华州尼尔港的化肥厂中生产硝酸铵（AN）的部分发生大规模爆炸，造成 4 人死亡，18 人受伤。爆炸对工厂其他部分也造成严重破坏，导致硝酸流入地下，无水氨进入到空气中。该工厂产生硝酸、氨、硝酸铵、尿素和硝酸铵脲。

爆炸是在工艺已经停止、硝酸铵溶液留在几个容器之后发生的。导致爆炸的有多种原因，包括中和剂中的强酸性条件、中和剂容器中施加了 200 磅/in^2 表压的蒸汽，以及在工艺被关闭后工艺容器中还留有材料的情况下缺乏监控。

美国环境保护署（EPA）得出的调查结论是，导致爆炸发生的条件是因为缺乏安全操作规程。在停止工艺过程时，没有将容器置于安全状态的程序，或在工艺终止期间对容器进行监控。美国环境保护署还指出，该公司没有针对硝酸铵工厂进行危险分析，受访员工表示他们对硝酸铵的许多危险都不了解。

经验教训如下：

·操作规程必须要涵盖所有的操作阶段。在这一案例中，缺乏必要工艺终止程序，也没有在工艺终止期间对设备进行监控，导致操作员的操作使硝酸铵溶液敏化，产生了能够引发分解反应的能量。

·由于没有进行危险识别研究，因此相关人员不了解造成硝酸铵敏化分解的条件。

17.9 总结

本章强调了从错误中吸取教训的重要性，以避免重复这些错误。每个组织都应当开发一个经验教训计划(LLP)并加以利用,应当收集和关注未遂事故,并且应当始终努力进行持续改进。

世界知名的过程安全专家Trevor Kletz有一句经常被引用的话:“组织是没有记忆的,只有人才有记忆。”本章提供了经验教训的例子和一些相关的理念,以强调利用经验教训来避免未来失败的重要性。

这种常见的担心应当被一种新的范式所取代,即承认在当今复杂的工作组织中,失败是不可避免的。能够先于别人获取、纠正,并从失败中吸取教训的人将会获得成功。那些整天忙着如何推脱责任的人永远也不会成功[3]。

参考文献

[1] Secchi, P. (Ed.) (1999) Proceedings of Alerts and Lessons Learned: An Effective Way to Prevent Failures and Problems (Technical Report WPP-167). European Space Agency, Noordwijk, the Netherlands.

[2] Kletz, T. (1999) The Origins and History of Loss Prevention, Process Safety and Environmental Protection (Transactions of Institution of Chemical Engineers), Vol. 77, No. Part B, 109-116.

[3] Edmondson, A. C. (2011) Strategies for Learning from Failure, Harvard BusinessReview, Vol. 89, No. 4, 48-55.

[4] Center for Army Lessons Learned (2011) Establishing a Lessons Learned Program, Handbook 11-33, U. S. Army Combined Arms Center, Center for Army Lessons Learned, Ft. Leavenworth, KS.

[5] Madden J. and Stewart, R. (2014) One Hundred Rules for NASA Project Managers, NASA Goddard Space Flight Center, Greenbelt, MD.

[6] Gino, F. and Pisano, G. P., Why Leaders Don't Learn from Success, Harvard Business Review, April 2011.

[7] National Safety Council, Near Miss Reporting Systems, National Safety Council, Itasca, IL, 2003.

[8] Tinsley, C. H., Dillon, R. L., and Madsen, P. M. (2011) How to Avoid Catastrophe, Harvard Business Review, Vol. 89, No. 4, 90-99.

[9] Bridges, W. G. (2012) Gains from Getting Near Misses Reported, Presentation at the8th Global Congress on Process Safety, Houston, TX, April 1-4, 2012.

[10] Buckingham, M. and Coffman, C. (1999) First, Break All the Rules, Simon and Schuster, New York, NY.

[11] Fryer, K. J. , Antony, J. , and Douglas, A. (2007) Critical Success Factors of Continuous Improvement in the Public Sector, The TQM Magazine, Vol. 19, No. 5, 497 – 517.

[12] W. Edwards Deming, https://en. wikipedia. org/wiki/W. _Edwards_Deming (Accessedon August 10, 2017).

[13] Continual Improvement Process, https://en. wikipedia. org/wiki/Continual_improvement_process (Accessed on August 10, 2017).

[14] Deming, W. E. (1982) Out of the Crisis, Massachusetts Inst Technology, Center for Advanced Engineering Study, Cambridge, MA.

[15] The W. Edwards Deming Institute, Seven Deadly Diseases of Management, https://deming. org/management – system/deadlydiseases (Accessed on August 10, 2017).

[16] Midha, A. (2005) How to Incorporate "Lessons Learned" for Sustained ProcessImprovements, Presentation at the NDIA CMMI Technology Conference, Denver, CO, November 13 – 17, 2005.

[17] National Highway Traffic Safety Administration (NHTSA) (May 2016) Expert Report of Harold R. Blomquist, EA15 – 001, Air Bag Inflator Rupture, Washington, DC.

[18] GM Ignition switch recall issue press release, http://www. slideshare. net/sagar1122/gm – ignition – switch – recall – issue – press – release (Accessed on August 10, 2017).

[19] GM Recall Website, http://www. gmignitionupdate. com/product/public/us/en/GMIgnitionUpdate/index. html (Accessed on August 10, 2017).

[20] U. S. Department of Justice, U. S. Attorney of the Southern District of New York Announces Criminal Charges against General Motors and Deferred Prosecution Agreement with $900 Million Forfeiture, September 17, 2015 https://www. justice. gov/opa/pr/us – attorney – southern – district – new – york – announces – criminal – charges – against – general – motors – and (Accessed on August 10, 2017).

[21] National Public Radio (NPR), Timeline: A History Of GM's Ignition Switch Defect, March 31, 2014 (Sources: General Motors, National Highway Traffic Safety Administration, House Energy and Commerce Committee, The New York Times, Automotive News, Bloomberg, NPR research) http://www. npr. org/2014/03/31/297158876/timeline – a – history – of – gms – ignition – switch –

defect(Accessed on August 10,2017).

[22] Daniels, E. ,440,000 Deaths Annually from Preventable Hospital Mistakes, The National Trial Lawyers web site, January 21,2015, http://www. thenation altriallawyers. org/2015/01/hospital - deaths/(Accessed on August10, 2017).

[23] Raheja, D. (2011) Safer Hospital Care, CRC Press/Taylor & Francis, New York, NY.

[24] Robbins, A. ,The Problems with Satisfied Patients, The Atlantic. com web site, April17, 2015 http://www. theatlantic. com/health/archive/2015/04/the - problem - with - satisfied - patients/390684/(Accessed on August 10, 2017).

[25] Firger, J. ,12 Million Americans Misdiagnosed Each Year, CBS News, April 17,2014http://www. cbsnews. com/news/12 - million - americans - misdiagnosed - each - year - study - says/(Accessed on August 10,2017).

[26] Grady, D. ,Hospitals Profit from Surgical Errors, New York Times, April 6,2013, http://www. nytimes. com/2013/04/17/health/hospitals - profit - from - surgical - errors - study - finds. html(Accessed on August 10,2017).

[27] Raheja, D. and Allocco, M. (2006) Assurance Technologies Principles and Practices, Wiley - Interscience, Hoboken, NJ.

[28] MIL - STD - 882E, System Safety, 2012.

[29] Cassel, C. , Penhoet, E. , and Savitz, M. , New PCAST Report Says "Systems Engineering" Can Improve Health Care, White House Home Blog, May 29, 2014, https://www. whitehouse. gov/blog/2014/05/29/new - pcast - report - says - systems - engineering - can - improve - health - care(Accessed on August 10,2017).

[30] Roth, G. L. (1986) Lessons Learned: An Experience Data Base for Space Design, Test and Flight Operations, National Aeronautics and Space Admin (NASA), Washington, DC.

[31] Internet of Things, https://en. oxforddictionaries. com/definition/internet_of_things(Accessed on August 10,2017).

[32] Perlroth, N. , Hackers Used New Weapons to Disrupt Major Websites Across U. S. , New York Times, October 21,2016.

[33] Jiang, S. and Finkle, J. , China's Xiongmai to Recall up to 10,000 Webcams After Hack, Reuters, October 26,2016.

[34] Pogue, D., Here's the Real Money – Maker for the Internet of Things, http://finance. yahoo. com/news/david – pogue – on – the – internet – of – things – 120124623. html(Accessed on August 10, 2017).

[35] Pegoraro, R., Hackers Are Taking over Your Smart Devices, Here's How We Can Stop Them, http://finance. yahoo. com/news/hackers – are – taking – over – your – smart – devices – heres – how – we – can – stop – them – 193329567. html;_ylt = AwrBT4FonmJYNREA. 4pXNyoA;_ylu = X3oDMT EyZjM2YmNiBG – NvbG8DYmYxBHBvcwMxBHZ0aWQDQjI5MTNfMQRzZWMDc3I – (Accessed on August 10, 2017).

[36] Hardy, T., Resilience: Case Studies and Lessons Learned, GCA Paper No. 2014 – 001, January 6, 2014.

[37] U. S. Chemical Safety and Hazard Investigation Board, Investigation Report, T2 Laboratories, Inc. Runaway Reaction, Report No. 2008 – 3 – I – FL, September 2009.

[38] Ness, A. (2015) Lessons Learned from Recent Process Safety Incidents, Center for Chemical Process Safety, American Institute of Chemical Engineers (AIChE), New York, NY.

补充阅读建议

Crosby, P. (1979) Quality is Free, McGraw – Hill, New York, NY.

Deming, W. E. (1982) Quality Productivity and Competitive Position, Massachusetts Inst Technology, Center for Advanced Engineering, Cambridge, MA.

Imai, M. (1986) Kaizen: The Key to Japan's Competitive Success, Random House, New York, NY.

Lawson, D. (2005) Engineering Disasters: Lessons to be Learned, ASME Press, New York, NY.

Raheja, D. (2011) Safer Hospital Care: Strategies for Continuous Innovation, Productivity Press, New York, NY.

Walton, M. (1986) The Deming Management Method, Dodd, Mead & Company, New York, NY.

第 18 章　关于系统安全性的特殊主题

Louis J. Gullo,Jack Dixon

18.1　介绍

对于很多行业和市场(如汽车、商业航空、航空航天、医疗系统等)来说,安全都是第一位的。在我们广泛的文化领域中,当一个流行而且昂贵的产品容易出现问题时,安全这一主题就会引起客户和消费者的关注。

在最后一章中,我们将深入探讨几个特殊主题和应用,并思考系统安全性的未来。要探讨系统安全性功能的未来,商业航空和汽车行业是最好的切入点。我们将审视这两个行业的历史和当前的安全数据,从而看出致命事故的历史趋势和以后发生的可能性。来自商业航空旅行的数据可以为机动车的设计变更提供支持,从而实施新的安全增强设计。我们看到,商业航空旅行的数据表明未来航班安全有进一步改善的趋势,而机动车辆统计数据则表明死亡率的趋势正在恶化。我们将探索那些汽车制造商和新型地面运输系统开发者可以利用的商业航空旅行中的安全设计经验。我们可以有把握地预测,通过采用商业航空旅行中的设计特征,汽车系统也将变得更加安全。这些商业航空旅行功能引入了自动系统行为,能够避免飞机的正面碰撞或未遂事故,从而防止飞行中的灾难。本章还将探讨商业航空航天旅行的后续改进方向。

18.1.1　为什么许多商用航空运输系统都是安全的?

如今的商用航空运输系统都是很安全的,因为它们采用了健壮的自动驾驶设计、飞行控制计算机(FCC)、飞行管理系统(FMS)、快速的通信和遥测、先进的制导和导航系统(包括惯性参考单元(IRU)和全球定位卫星(GPS)系统)、容错架构,以及针对关键系统功能的多层次系统冗余。这些设计中,很多都是专门针对飞行安全而创建的,这些设计集成了很多系统,如故障预测和健康管理(PHM)、空中防撞系统(TCAS)、风切变计算机(WSC),以及其他各种自主系统传感器和功能,能够让飞行器变得不仅更加安全,而且更可靠、更高效。这些飞行系统和其他类似的系统是当今商用飞机系统如此安全的原因。

在商业航空运输中，每一项设计决策都要仔细考虑其对安全的影响才能做出。自商业航空旅行开始以来，其累计飞行时间已经接近10亿小时，稳定的信息流被不断地输入到大量数据云和数据湖（如Hadoops）中，为商业航空业提供了宝贵的当前知识。为航空公司带来收入的是飞机，而这种知识有助于理解和对每架飞机的应力与正常使用条件作出相应的反应，从而不断改进飞机设计。

在许多现代喷气式客机中，传统机械控制已经被电子控制所取代。这些用于引导飞机的电子控制装置称为电传操纵（FBW）控制系统。电传操纵系统是大型飞机的标准组件，包括最新型号的波音777、波音787、空中客车A330、空中客车A340和空中客车A380。麻省理工学院的航空航天学副教授、前美国海军战斗机飞行员Missy Cummings说："随着飞机从机器变为计算机，那个靠'壮汉'拉动操纵杆的日子已经一去不复返了。查克·耶格尔（注：Chuck Yeager，美国二战飞行英雄，航空史传奇人物）已经无用武之地。现代的飞行员是信息管理者，技术承揽了驾驶舱内大部分工作"[1]。

通用电气航空公司（GE Aviation）的营销总监Ken Shapero说："如今许多飞机都可以在一个地理窗口内执行非常准确的操作，水平位置可以保持在翼展范围内，垂直偏差小于尾翼高度"。

机载系统和地面系统互连，在空中创建了"高速公路"，每一个飞机都不会偏离自己的航线。史蒂夫·富尔顿说："自动化系统确定了飞行轨迹，在大多数航程里，都是空中交通管制员让飞机飞行的"。富尔顿原来是一名航空公司的飞行员，他创建了Naverus导航公司，该公司于2009年被通用电气航空公司收购。具有挑战性的地形、很低的能见度、恶劣的天气，原来这些因素可能会造成机场关闭并迫使飞机改降其他机场，但是以后它们将不再造成混乱。富尔顿说："现在，这是一个全新的世界"[1]。

18.1.2 最近和历史上发生过多少飞机失事和死亡事故?

2016年5月19日，埃及航空公司从法国巴黎飞往埃及开罗的MS804客机坠入地中海，机上包括乘客和机组乘员在内的66人全部死亡。人们怀疑这是恐怖主义所为[2]。

埃及航空公司的A320－200型MS804客机是从法国巴黎飞往埃及开罗的国际航班，当时该地区的空中交通管制员发现，MS804在雷达上的信号消失了。这架飞机在37000英尺的高度巡航，飞越了埃及海岸以北的地中海东部后坠入大海。机上共有56名乘客和10名机组人员，无人幸免。埃及空难事故是自2016年初以来，世界范围内的第五大空难[2]。

根据航空安全网站收集的数据，2016年，全球共发生18起事故，造成320

人死亡。如果考虑同样的全球数据，并采用10年的平均值，那么每年有28起事故，662人死亡。这一总计数据表明，每年的事故数量和每年的死亡人数减少了大约50%。数据表明，过去20年中死亡率呈下降趋势。有关原始数据的详细说明，请参见 aviation - safety. net 网站[3]。

美国最近一次的飞机事故发生在2016年10月28日。联邦快递公司的DC-10型FX910航班（尾号为N370FE）是一个从田纳西州孟菲斯飞往佛罗里达州劳德代尔堡的美国国内航班。在飞机着陆的时候，左侧的主起落架折断，然后飞机在着陆跑道附近停下来。飞机起火，造成飞机左侧严重损坏。飞机上没有乘客，两名机组人员也没有受伤[4]。

同样是在2016年10月28日，也发生了一起事故。美国航空公司的波音767-300型AAL383号航班（尾号为N345AN）是一个从伊利诺伊州芝加哥飞往佛罗里达州迈阿密的美国国内航班。在起飞过程中，飞机右侧的发动机出现了无法控制的故障，于是机组人员中止了起飞。飞机右发动机所在的区域起火，机内乘客紧急疏散。在161名乘客和9名机组人员中，有8人受轻伤[4]。

在世界范围内，乘坐飞机旅行出事的风险非常小，而如果你是在美国乘坐飞机，那么这种风险要更小，感觉非常安全。自2001年9月11日以来，美国共发生了4起导致死亡的商用飞机事故。这意味着，在过去13年中的9年里，有人死亡的事故概率为零[5]。

自从2001年美国航空公司587航班坠毁在纽约贝尔港皇后区附近、造成265人死亡的空难后，美国没有再出现特别重大的人员伤亡事故。最近一次的事故发生在2006年，在肯塔基州列克星敦的一架 Comair Flight 5191 支线飞机在起飞时坠毁，造成49人死亡。在美国最后一次出现有人死亡的事故是韩亚航空公司214航班在着陆时坠毁。韩亚航空公司的214航班是一架波音777飞机，于2013年7月6日在旧金山坠毁。307名乘客和机组人员中有3人死亡。在此之前，上一次的事故发生在2009年2月12日，科尔根航空公司的3407号支线航班在纽约州布法罗附近坠毁，机上50人全部死亡[5-6]。

考虑到数据趋势，这些事实可能仍然会让某些人感到害怕或担心，觉得飞行不够安全。这些人之所以有这种担心，是因为他们仅仅看到了事故，却没有对所有的数据进行审视。通过了解这方面的一些数据，可以缓解对飞行的恐惧或担心，如数据趋势、与其他旅行方式的比较，以及商业航空旅行有史以来在飞机和飞机行业设计的安全方面的大量改进。这些年来，除了技术上的进步，对飞行员和机组人员的培训也得到了极大的改善。值得一提的是，最近有个根据真实事件改编的电影“萨利机长”，讲述了一架客机在起飞时遭到鸟群撞击，而机长凭着自己精湛的飞行技术和敏捷的判断拯救了所有乘客生命的故事。

切斯利·“萨利”·萨伦伯格解释说:“技术无法取代人的经验、技术和判断。”他和副驾驶杰夫·斯基尔斯在那一天控制着高度自动化的空中客车A320客机,紧急迫降在纽约的哈得孙河上。155人全部生还,这被称为是哈得孙河上的奇迹。而这一壮举要归功于萨利机长整个职业生涯的飞行经验,以及他应对危机的心里准备、预期和专注[1]。

商业航空业的安防和安全水平主要是通过检查特定类型的致命事故和是否遵循现行规程来判定的。Airline Ratings是一个航空公司安全和产品评级审查网站,在该网站最近发布的一份报告中给出了20家最安全的商业航空公司,评定的标准包括:航空公司的安全和安防认证,是否被美国联邦航空管理局(FAA)或其他外国运输机构列入黑名单,以及过去10年里发生的致命事故数量(或是没有致命事故)。然而,值得注意的是,根据国际航空运输协会的数据,在2015年,只有6%的航空公司事故涉及死亡。这一事实严重扭曲了风险的衡量标准。在我看来,风险衡量不应当仅考虑实际死亡事故,还应当考虑到未遂事故和有乘客受伤的事故[2]。

波音公司的发言人Julie O'Donnell说:“在20世纪50年代和60年代,每20万次航班就会发生致命事故。如今,全球的飞行安全记录要好10倍以上,每200万次飞行出现不到一次致命事故”[1]。

除非你在过去几年完全不看电视也不上网,否则几乎不可能不了解最近各种引人注目的和悲剧性的飞机空难。从至今仍然神秘失踪的马来西亚航空公司MH370号航班到飞行员故意将飞机坠毁的德国之翼9525航班,每次坠机的细节都令人感到不安,充满了悲伤和心痛。这足以让经常出门的旅行者想知道,飞行是否正在变得越来越不安全。虽然过去几年出现了一些引人注目的事故,但如果从长远来看,很明显航空业实际上有着非常好的安全记录,而且这种安全性正在变得更好,而不是更糟[7]。

人们首先想到的是将在地面上驾驶汽车与航空旅行进行比较。美国国家安全委员会指出,在机动车撞车事故中失去生命的可能性为1∶112(0.9%),而在飞机失事中失去生命的可能性要低得多,为1∶96,566(0.001%)[7]。这意味着与在行驶距离相同的情况下,与驾驶四个轮子的汽车相比,乘坐商用飞机的生存概率要高将近三个数量级。如果与摩托车等两轮或三轮的车辆相比,商业航空飞行的结果就更有利。

美国国家安全委员会提供了一些其他死亡方式的概率,所有这些概率都比在飞机失事中丧生的可能性更大[7]:

·被枪支袭击而死:1/358。

·触电身亡:1/12200。

· 走在大街上死亡:1/704。

· 坠落身亡:1/144。

· 处方止痛药服用过量:1/234。

航空安全专家认为,随着技术进步,使用新型号飞机替换旧飞机,以及在亚洲等地区不断开发先进的航空旅行程序以努力达到欧洲和美国的水平,以后商业航空旅行的安全记录将会得到保持甚至提高[7]。

航空业官员在周一表示,在 2015 年,全球商业客机坠毁概率为每 310 万架次航班中 1 次,使去年成为有史以来最安全的一年。根据国际航空运输协会报告,在统计数据中包含的 4 起致命事故都涉及涡轮螺旋桨飞机,共造成 136 人死亡。这些事故中,没有一起发生在美国(美国客机最近一次的致命坠机事故发生在 2009 年 2 月)。麻省理工学院的统计学教授阿诺德 · 巴内特(Arnold Barnett)对从 2008 年到 2014 年的数据进行了详细分析来计算飞行风险,根据他的结论,任何商业飞行都是相对安全的。阿诺德 · 巴内特教授说,从发展中国家机场起飞的航班风险更高(每一百万次航班中有一起死亡),与之相比,工业化国家的航班每 2390 万次飞行中有一起死亡。而且他说,如果随便找一个正在机场的孩子,那么这个孩子更有可能在未来成为总统或赢得奥运会金牌,而不是在下一次飞行中死亡。去年的重大事故中,每百万次飞行中损失了 0.32 架飞机,这一比率要高于 2014 年的 0.27 架次。不过,根据国际航空运输协会的数据,过去几年的死亡率有所改善,从 2010—2014 年,航空公司每年平均发生 17.6 起致命事故和 504 人死亡。

"根据国际航空运输协会(IATA)的数据,在 2015 年,每 450 万次航班中会发生一起商用喷气式飞机事故。这与 2014 年的数据差不多(2014 年是每 440 万次航班发生一次事故),比 2013 年的数据要好(每 240 万次航班发生一次事故)。2015 年仅发生了 4 起致命事故,共有 136 人死亡(注意,德国之翼的坠毁和被怀疑是恐怖袭击的 Metrojet 9268 航班空难不包含在这些统计数据中,因为这两起空难不属于意外事故,这两起事故共有 374 人死亡)。相比之下,从 2010—2014 年,平均每年有 17.6 起致命事故和 504 人死亡。2015 年,总的死亡人数为 510 人,而总的旅行次数超过 35 亿次。美国广播公司网站(ABCNews.com)以一种直观的方式报告说,平均而言,如果你每天都乘坐飞机,那么要经过 5 万 5 千年后才会碰到致命的坠机事故"[7]。

华尔街日报的一篇文章非常明确地阐述了安全性大幅提升的趋势。事实上,年纪大一些的旅行者们可能会对他们过去幸存的概率感到吃惊;华尔街日报这篇文章中提到的一个最具冲击力的统计数据表明,如果今天的事故率与

1973 年相同的话,那么每隔一天就会发生一起致命的坠机事故[7]。

下面给出的其他一些关键数据也许可以帮助你克服对飞机失事的恐惧[7]：

· 德国之翼 9525 航班空难是自 2008 年以来西欧首次发生的重大坠机事故。

· 德国之翼失事飞机的机型是空中客车 320,有 3673 架这种型号的飞机在全球范围内运行,假设每架飞机每天飞行一次(许多飞机每天的飞行不止一次),那么世界上每隔 11 ~ 12s 就会有一架 A320 起飞或降落。考虑到这种频率,实际上坠机的概率是非常低的。

· 根据上面提到的美国广播公司的新闻报道,在坠机中,有 96% 的乘客能够生存,而且如果乘客知道在出现事故时如何正确应对的话,还有一些死亡事故本来是可以被避免的[7]。

根据航空安全网(ASN)的数据,2014 年共有 21 起事故,造成 990 人死亡,2013 年共有 29 起事故,造成 265 人死亡,2012 年全球共有 23 起事故,造成 475 人死亡。尽管在总死亡人数方面,2014 年是糟糕的一年,但过去几年的致命事故在现代历史上数量是最少的。另外,如果考虑到这些死亡人数中,还有 537 个来自两起马航的悲剧(其中一起是战争行为,另一起可能是因为事故,也可能不是因为事故造成的),那么因不安全的航空旅行造成的死亡人数与其他历史时期相比甚至还要更低一些[5]。

这里的重点是,过去 30 年来航空旅行造成的死亡人数一直在迅速下降。考虑到航班次数和乘客的里程数几乎以同样的速度快速增加,因此无论以任何方式来衡量,实际的死亡率肯定是在持续大幅下降的。简单来说,现在的乘客飞行里程大约是 30 年前的 3 倍,但平均死亡人数只有约为一半[5]。

2014 年的商业航班共有 3000 万次,其中发生了 21 起致命事故,这意味着你登上失事飞机的机会为 0.000007,或者说大约为 143 万分之一。如果你是一个经常飞来飞去的人,并且去年共搭乘了 100 次航班,那么你登上失事飞机的机会大约为 1 : 14300,而且你还不一定会成为失事飞机中死去的那部分人里的一个。对于一个每年乘坐 10 次航班的更为典型的旅行者来说,这一风险降到了 1 : 142000[5]。

根据航空安全行业的说法,现在是世界航空历史上最安全的时期。如上面的统计数据所示,在全球和美国及加拿大,每年航空死亡人数和重大飞机失事的数量已经连续数十年有所下降。“2013 年,有 265 人在飞行事故中丧生,这是航空业自 1945 年以来最安全的一年。2014 年,全球航空死亡人数增加了 1 倍以上,但这一数字仍然是相对较低的。航空安全网是跟踪这些统计数据的几个组织之一。根据航空安全网的数据,2014 年的 12 起商业航空事故中,共有 761 人死亡。航空安全网的数据范围从 1946 年一直到现在(包括劫机、破坏和击落)。除了9/11恐怖袭击外,很难知道7天内损失3架客机是不是前所未有的。华盛顿飞行安全基金会的全球项目主任Rudy Quevedo说,仔细分析这些数据会让我们非常忙碌,而且会消耗大量的人力,他说:'这是罕见的事情'。"[6]

显然,飞机越大,出事时就可能有更多的人丧生。1972年是有记录以来最糟糕的一年,共有55起坠机事故。苏联民航217号班机的坠毁造成174人死亡,而康维尔990班机在西班牙的坠机事故中共有155人丧生。Quevedo说,近年来的数据表明,我们总体上出现的致命事故数量比较少。"这是一个非常安全的系统。因此,虽然连着发生三起坠机事故的不幸悲剧,但是这并不会让我感到震惊,因为你也会连着两三年碰不到一起事故。最后总是会扯平的"[6]。

Quevedo说,仅仅是衡量坠机或死亡数并不能提供针对安全性的准确概况,还必须要考虑民航客运总量[6]。航空业监视从全球机场出发的所有商业飞机。这一数据可以将事故率基于系统的使用情况进行考虑,从而将事故风险规范化。为了实现这种规范化,航空业针对每一个航空公司收集特定时间段事故数量和出发数量。航空业根据这一数据来计算航空事故率,也就是将特定时间段内事故数量除以出发数量。

2013年,这一比率为每一百万次出发会发生0.24起事故。这意味着每百万次飞行还不到一次事故。Quevedo说:"这个数字证明,遇到致命飞机事故的可能性是非常小的"。瑞士一家战略咨询公司"Aviation Advocacy"的总经理安德鲁·查尔顿(Andrew Charlton)以不同的方式进行了描述:"坐飞机旅行的过程中,最危险的部分是在开车前往机场的路上"[6]。

波音公司使用出发数据计算了每年每百万次出发的年致命事故率,表明事故率呈下降的趋势。1959年,美国和加拿大的飞机事故率约为每百万次出发40次。在过去的20年间,这一事故率大幅下降,在每百万次出发0.0~0.5次之间波动[8]。

18.2 适航性和飞行安全

适航性是衡量一架飞机是否适合安全飞行标准。适航性认证最初由某个国家的航空局颁发适航证书而获得,并通过执行要求的维护行动来维持[9]。

适航性定义了飞机的状况,并为该飞机是否能够适合飞行提供了判断基准,评判的标准是设计具有工程严谨性,建造、维护和预期的操作都能满足执行标准和限制。执行以上操作的都是有能力、得到批准的人员,他们是认可组织的成员,其工作已经被认证是正确的,而且被国家所接受[9]。

适航性不合法的飞行器的一个例子就是1982年拉里·沃尔特斯的"草坪

躺椅飞行”。美国联邦法规第 14 章第 F 分章第 91.7 部分规定:“①除非飞机处于适航状态,否则任何人都不得操作该飞机。②民用飞机的飞行员负责确定该飞机是否处于能够安全飞行的状态。当发生不适合飞行的机械、电气或结构条件时,飞行员必须停止飞行”[10]。

“适航性”这个词的真正定义一直没有包含在美国联邦法规中,直到联邦法规第 14 章第 3 部分“一般要求”建立为止。这一定义被包含在指导原则中(如民航通告和指令),但是从来没有被包含在“法规”中。第 3 部分将适航性定义为飞机符合其类型设计并且处于能够安全飞行的条件[10]。

需要一个更通用并且是非面向过程的定义。JSP553“军用适航性条例”(2006)第 1 版变更 5[9]中将适航性定义为:

飞机或其他机载设备或系统能够在不对机组人员、地勤人员、乘客(如果相关的话)或这种飞行系统飞过的公众造成重大危险的情况下进行工作的能力。

用于描述“重大危险”的方法的一个示例是军方使用的风险降低技术。这一技术在整个工程中也得到广泛使用,称为最低合理可行(ALARP)。其定义为:

在“职业安全和健康法案“的应用中采用的原则,即安全性应当在合理可行的范围内尽可能地高于基线标准。如果能够证明,任何再采取进一步降低风险的措施,其成本(包括能力损失的成本以及财务成本或其他资源成本)与能够从风险降低中获得的收益已经完全不成比例,那么就可以说风险已经是“最低合理可行”的[10]。

18.3 商业航空旅行与汽车旅行的统计数据比较

现在,让我们来看看汽车旅行的安全统计数据,并将这些统计数据与商业航空统计数据进行对比。本章的这一节和后面几个小节将讨论美国的汽车旅行事故数据,并与美国的商业航空旅行事故的数据进行对比,并讨论商业航空是如何实现这种安全性改进的,以及汽车行业应当如何利用航空业的这种安全设计能力,从而有可能将其转化为汽车设计中的安全改善。

18.3.1 最近和过去发生过多少机动车事故?

2015 年,美国发生的致命机动车事故总数为 32166 起,共有 35092 人死亡。也就是说,美国每 10 万人中平均 10.9 人死于机动车事故。各地区的每 10 万人死亡率范围不等,从华盛顿特区的每 10 万人死亡 3.4 人到怀俄明州的每 10 万人死亡 24.7 人。死亡率高于平均值的州有阿拉巴马州(17.5)、阿肯色州(17.8)、肯塔基州(17.2)、密西西比州(22.6)、蒙大拿州(21.7)、北达科他州

(17.3)、俄克拉荷马州(16.4)和南卡罗来纳州(20.0)[11]。

美国国家公路交通安全管理局(NHTSA)车辆安全研究办公室的使命是制定战略、规划和实施研究计划,以不断推进该机构减少撞车事故、死亡和伤害的目标。我们的研究优先考虑事项基于撞车/死亡/伤害减少的潜力,并与美国国会的训令和美国交通部(DOT)以及美国国家公路交通安全管理局的目标保持一致。美国国家统计与分析中心(NCSA)是美国国家公路交通安全管理局的一个办公室,负责为美国国家公路交通安全管理局和整个公路安全领域提供广泛的分析和统计支持[12]。以下数据由美国国家公路交通安全管理局在其网站上提供。

美国的交通事故死亡统计数据表明,死亡人数从1975年的44525人减少到2015年的35092人。死亡率在同一时期段也有所下降,每1亿车辆行驶里程(VMT)的死亡数从3.35降至1.12。2015年的车祸统计数据中,不仅给出了美国共有35092人死亡,还给出一共发生了32166起致命的交通事故,1715000起有人受伤的交通事故,共有2443000人受伤,以及大约总共1300万起普通交通事故。相关的经济成本估计为2420亿美元[13]。

图18.1显示了2006—2015年间,每年同一季度的死亡人数变化百分比[13]。从这张图中(尤其根据过去4年的数据),人们可以得出结论,导致死亡

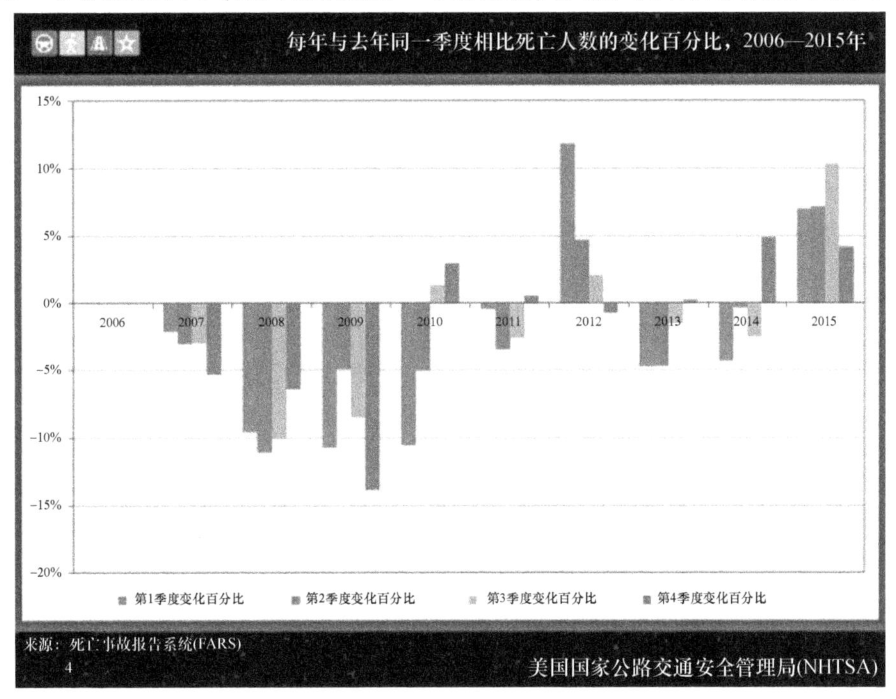

图18.1 2006—2015年机动车死亡人数的百分比变化

的机动车事故正在增加。2014—2015 年期间，总的死亡人数增加了 7.2%。图 18.2显示了 1975—2015 年间，按照车辆行驶里程（VMT）的年度百分比变化数据图表。该图显示了在过去的 10 年里，按行驶里程的死亡人数数据突然激增。车辆行驶里程是事故发生可能的一个估计量。对未来事故的预测与车辆行驶里程数相关。这种数据激增可以作为可预测未来死亡率继续增加可能性的一个预估量。

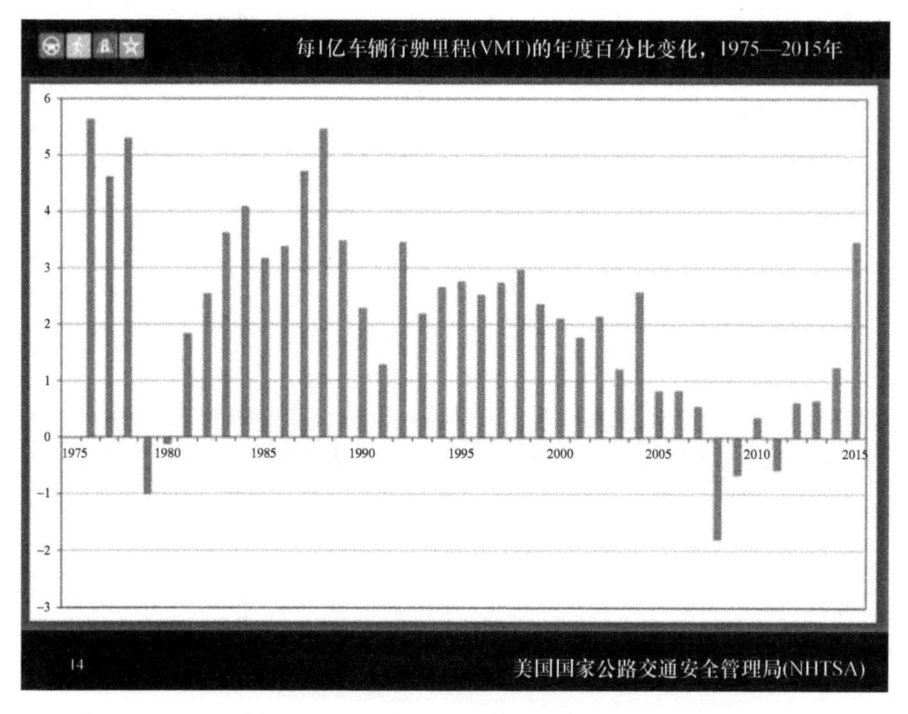

图 18.2　1975—2015 年间，按车辆行驶里程（VMT）的年度百分比变化

18.3.2　什么时候系统会改善安全性？

当发生大量事故而且这些事故本来可以通过系统设计修改避免时，或者有监管机构介入时，在这种情况下，汽车制造商通常会对车辆系统的安全功能进行改进，安全带和气囊就是这样的例子。地方政府交通管理部门在改善其管辖路段的安全性时，也是如此。例如，在某个住宅区十字路口，一开始通常都没有安装信号灯，通常只有在发生死人的重大交通事故后，才会安装红绿灯。

商用航空旅行中的安全设计优点可以被商业汽车制造商和新地面运输系统的开发商利用，如智能公路、车辆基础设施集成、综合车辆健康监测（IVHM）

和智能交通系统(ITS),以确保具有不同程度的人为干预的自动驾驶车辆能够在各种形式的道路上安全运行。可以肯定地说,通过采用商业航空旅行中的设计功能,越来越多的系统将变得更加安全。这些功能引入了自主系统行为,包括使用一种称为空中防撞系统(TCAS)的飞机避让系统来避免正面碰撞或险情,以及使用风切变计算机(WSC)来避免风切变等恶劣天气条件。空中防撞系统和风切变计算机的输出是用于系统范围内自主行为的传感器套件的一部分。这种自主行为在大多数现代大型商用客机中得到普遍采用,这些客机设计中有着特定类型的飞行控制系统,包括飞行控制计算机(FCC)、电传操纵控制系统(FBW),以及具有操作机构的自动驾驶系统,能够在飞行过程中控制飞机的方向、速度、高度、俯仰角、侧倾角和偏航角。

自动驾驶车辆(AV)的控制在本质上能够使汽车变得更加安全。保险行业相信这一点,并鼓励汽车公司在人工智能、传感器、智能公路和智能汽车方面进行投资,以实现更加安全的设计。

18.4 通过自动驾驶车辆实现更安全的地面交通

毫无疑问,自动驾驶车辆将在未来带给我们更好的安全性。自动驾驶车辆在提高交通安全的同时,还应该提供巨大的社会、经济和环境效益。自动驾驶车辆为社会经济和车主带来成本效益的一个方面就是它可以降低保险费和车辆碰撞引发的费用。通过使用嵌入式健康监测和早期预警传感器,以及使用在线实时传感器数据处理和算法来实现预测分析模型,可以控制汽车以避免或防止出现汽车事故,从而获得这些经济成本效益。

Richard Ni 和 Jason Leung 引用题为"自动驾驶车辆技术的安全和责任"的报告,讨论了他们开发自动驾驶车辆安全操作的研究方法。他们的研究探索了为确保自动驾驶车辆安全运行所需的系统安全性要求和性能标准。此外,他们还针对应当如何建立新汽车制造商责任计划进行了研究,并提出相关建议,他们还针对应当如何根据不同级别的自动驾驶车辆技术来修改个人车主保险政策和相关法律制度提出了建议[11]。

随着驾驶功能越来越自动化,不仅原有的技术规范和安全法规变得越来越过时,而且驾驶的责任也从人类驾驶员转移到车辆本身。这促使人们重新审视安全和责任机制,以便从自动驾驶车辆中获得最大利益[11]。

Richard Ni 和 Jason Leung 在题为"自动驾驶车辆技术的安全和责任"的报告中描述了他们的目标是向加利福尼亚机动车辆管理局(DMV)提供建议,以便将自动驾驶车辆技术融入到加利福尼亚州的法律体系中,而这有可能成为联邦一级的安全和责任法规的基础。如果他们在开创性的加利福尼亚州新法律法规中取得成功,那么就可以影响到其他许多州,从而使美国以及许多其他国家的运输安全态势发生广泛的变化。

Richard Ni 和 Jason Leung 在其报告中说:“在安全小节中,我们针对安全气囊和自主航空技术的案例研究提供了一个框架,使我们从可能的替代建议中来制定我们的建议。在责任小节中,我们将侵权责任与制造商责任区分开来,并对 2001 年凡世通和福特轮胎争议案进行了案例研究,并采访了汽车公司和技术专家代表,以此来证明我们对责任法规的建议”[11]。

自动驾驶车辆(AV)技术有可能给交通运输带来革命性的变化。随着这些技术接管驾驶功能的能力越来越强,而且逐渐从测试阶段进入到商用阶段,安全法规也变得越来越重要。此外,随着驾驶的责任预期从驾驶员转移到车辆本身,这也促成了对责任问题的分析。美国国家公路交通安全管理局(NHTSA)定义的 5 个自动化水平很好地定义了这一技术的连续性[14]。我们将在贯穿本文的内容中使用这 5 个层级”[15]:

·第 0 级:人类驾驶员完全控制汽车的所有功能。

·第 1 级:有一项功能是自动化的。

·第 2 级:在同一时间有多个功能是自动化的(如转向和加速),但驾驶员必须始终保持对驾驶的关注。

·第 3 级:驾驶功能已经足够自动化,驾驶员可以安全地进行其他活动。

·第 4 级:汽车可以在没有人类驾驶员的情况下自动驾驶。

政策制定者逐渐意识到自动驾驶车辆可能给经济、社会和环境带来巨大的变化。他们面临着许多政策上的问题,其中许多将决定自动驾驶车辆技术的实施和影响。本文侧重于建议适当的政策原则,从而为政策制定者们提供指导,以决定这一技术何时可以在道路上得到使用,以及如何制定适当的责任制度[15]。

在开发新的自动驾驶车辆技术时,必须要充分理解针对第 2 级(一些驾驶功能是自动化的)、第 3 级(大多数驾驶功能是自动化的)和第 4 级(所有驾驶功能都是自动化的)的安全和责任规程,然后才能将安全措施的普遍设计纳入到大规模的汽车生产中。

2004 年 3 月 13 日,美国国防高级研究计划局(DARPA)在莫哈韦沙漠举行了第一次挑战赛,对于任何一支团队,如果他们的自动驾驶车辆可以完成 150 英里赛道,那么就可以获得 100 万美元的奖金。获得第一名团队的车辆只持续行驶了 7.32 英里,不过这已经足够令人兴奋了。在第二年的挑战赛中,有 5 个团队成功完成了赛道,而到了 2007 年,国防高级研究计划局的组织者对挑战赛的赛道进行了重新设计,以模拟城市的环境。2014 年 4 月,谷歌公司宣称,其自动驾驶汽车已经自动行驶了大约 70 万英里,其中包括许多城市或郊区环境。通用汽车公司、梅赛德斯奔驰、奥迪等很多大型汽车公司也都紧随其后,开展对自动驾驶汽车的研究,并采用了停车辅助和车道保持等自动驾驶要素。其他大型科技公司也开始参与进来。例如,特斯拉最近宣布,他们的 S 型轿车正在实现自动驾驶技术的下一次重大飞跃,配有有限的自动驾驶模式并正在探索其他自主功能。一些汽车公司认为,完全的自动驾驶技术有可能在 2025 年实现[15]。

2013 年,美国国家公路交通安全管理局的调查表明,有 34080 名美国人在交通事故中丧生。国家公路交通安全管理局认为,这里面绝大多数事故都是由于人为差错造成的,估计约为 93%。较多的(40.1%)事故是由于识别错误(如监视不足)而引起的,其次是决策错误(37.0%)引起的事故。第 1 级和第 2 级技术(如前方碰撞警告和车道偏离警告)有助于减少事故,而完全自动化的车辆有可能在美国每年挽救成千上万人的生命。其他形式的交通工具(如自行车、火车和飞机)每英里行程的死亡率要低得多,但对于大多数人来说,汽车仍然是最受欢迎的交通工具。因此,开发出能够降低汽车相关事故率的技术是非常重要的[15]。

总体而言,美国汽车事故的数量一种在逐渐下降,但是相关的伤亡人数仍然非常令人震惊,是一个重大的公共健康问题。我们可以想象出一个理想的世界,在这个世界中,技术已经非常成熟,我们的车辆都是自动化的,而且不会发生任何交通事故。随着时间的推移,自动驾驶车辆技术融入我们的社会中,这有可能挽救数百万人的生命和数十亿美元的财产损失以及公共健康成本。根据一篇研究报告的估计,即使“市场渗透率仅达到 10%,这一技术每年就有可能挽救 1000 多人的生命,并提供数百亿美元的经济收益。“归根到底,自动驾驶车辆更深入地融入到社会中的最大好处就是挽救人的生命[15]。

正如本书第 16 章所讨论的那样,不良的网络安全可能会导致不良的安全性设计,并引入可能导致事故的危险。随着汽车自动化程度越来越高、互连性越来越强,黑客有可能获取汽车控制系统的访问权限,并在驾驶员还在驾驶车辆的时候造成致命事故。2015 年,在《连线》杂志上发表的一片文章讨论了这种情况的一个很好的例子[16]。在这篇文章中,两位黑客展示了当他们的朋友在州际高速公路上进行测试驾驶时,他们是如何通过无线方式劫持朋友的车辆的。在演示中,黑客控制了他们朋友的汽车,并导致汽车发生故障并停在了繁忙的高速公路上。驾驶员没有办法,只能给他的黑客朋友打电话,求他们停止网络攻击演示。这两名黑客着实让汽车行业惊出了一身冷汗,而且他们计划鼓励美国的立法者采取行动,让参议员 Ed Markey 和 Richard Blumenthal 提出一项汽车安全法案,并在2017年得到批准。人们希望新的立法会要求美国国家公路交通安全管理局和美国联邦贸易委员会制定新的安全标准,并为消费者建立一个隐私和安全评级系统。Markey在《连线》杂志的一篇声明中写到:“受控制的演示活动表明,让黑客接管汽车控制权是多么可怕。驾驶者不应该在连接和受保护之间做出选择。我们需要明确的道路规则,以保护汽车免受黑客攻击、美国家庭的数据不被人跟踪”[16]。

为了降低黑客试图获取汽车控制权限的网络攻击风险,软件安全/安防工程师可以进行与本书前面章节所述的故障树分析(FTA)类似的分析。这种类型的故障树分析被称为攻击树分析。创建攻击树分析时,采用的是与故障树分析类似的方式,使用逻辑门的组合在一个事件图上排列功能和时序依赖性,并使用割集来显示攻击向量的综合影响。这只是一个分析方法的例子,展示了这种方法如何能够防止无线入侵者造成机动车事故,以及防止繁忙道路上对安全交通造成的网络威胁。

另一个值得探讨的问题是针对商业太空旅行的计划,以及美国联邦航空管理局(FAA)是如何准备针对这种新的责任来制定新法规的。

18.5 商业太空旅行的未来

随着航天器变得越来越复杂、自主性越来越高,而且太空旅行被移交给美国交通部(DOT)管辖以促进商业太空旅行,因此对安全关键功能和可靠故障保护的需求将变得越来越重要。如果再考虑到限制成本的额外要求,那么在航天器上执行故障保护的任务是极具挑战性的。航天器故障保护领域的知识应当被获取并存储到一个可重用、基于组件的航天器架构中。然后,就可以将一般组件规格说明(每一个都包含了组件级别的故障防护)组合,从而创建出航天器级别的故障防护策略。然后,在成本高昂的实施阶段开始之前,可以通过分析和仿真的方式对生成的设计进行验证。随着航天器技术的进步,以及该技术在新市场的应用,可能会增加新的方法论来用于故障保护数据存储、数据处理、预测模型、故障预测和健康管理(PHM)以及数据遥测[17]。

美国政府正在与美国联邦航空局和美国交通部开发相关的计划,准备在不久的将来实现商业太空旅行。美国联邦航空局正在针对这一新的职责制定新的法规。这些方案与新的“太空法案”相关,该法案意味着“促进私人航空航天竞争力和企业家精神”。太空法案中的一个显著的方面是让美国交通部承担起新的职责,由他们来采集数据、执行分析,并向国会报告商业航天运输业现状。

美国国会参考了商业旅行安全和美国国家运输安全委员会(NTSB)、美国联邦航空局商业旅行和航天飞行安全条例[18]，于2015年制定了新的法律，称为《太空法案》(SPACE Act)，H. R. 2262 -《美国商业太空发射竞争法案》[19]。2015年11月25日，该法案成为第114 - 90号公法。该法案是由众议员Kevin McCarthy[R - CA - 23]在2015年5月12日提出的。

2015年11月，美国政府通过了2015年太空法案，从而更新了美国的商业空间立法。通过这一法律更新，使美国的公民能够参与到太空资源(如水和矿物)的商业勘探和开发中。太空法案还将因发射失败造成的巨大灾难性第三方损失而对美国发射提供商提供的补偿延长到2025年。在之前的法律中，对美国发射提供商的补偿将于2016年到期。除了扩展对美国发射提供商的补偿外，新的法律还将"学习期"的限制扩展到2025年。这些"学习期"限制对美国联邦航空局针对航天飞行参与者制定法规的能力进行了限制。到2015年，因发射失败造成的巨大灾难性第三方损失而对美国发射提供商提供补偿的规定已经作为美国空间法的一部分存在了25年。在这段时期内，这一部分法律还没有因任何商业发射事故而被引用过[18-19]。

下面的文本摘自太空法案第1篇第101、102和103节中与商用航天器发射和美国交通部新角色有关的内容。

(第101节)本法案要求交通部(DOT)定期向指定的国会委员会报告商业航天运输业在开发自愿达成共识的标准或其他促进最佳实践的建设方面的进展。

交通部还应当向国会报告商业航天运输业在提供用于补偿或租用的飞行服务时获得的知识和操作经验的状况，以支持安全框架开发。

应当由交通部签约的一个独立非官方系统工程和技术援助组织或标准开发组织来评估行业和联邦政府是否准备好过渡到可能包括法规在内的安全框架。

作为这种审查的一部分，该签约组织必须评估：①商业航天工业在采用行业自愿标准方面的进展情况，或交通部在知识与操作报告中的中期评估中报告的任何其他建设；②商业航天工业在提供补偿或租用服务时所获得的知识和操作经验。

(第102节)交通部应当向委员会提供一个计划，通过使用经过验证的风险预测方法，更新用于计算商业许可的航天发射责任保险索赔和财务责任要求的最大可能损失的方法。美国政府责任署(GAO)必须对这一计划进行评估。

(第103节)商业空间发射和再入试验许可要求的某些时间限制被废除。涵盖的内容包括将被发射到亚轨道轨迹的火箭、可重复使用运载火箭，以及此类飞行器的设计和火箭的设计。即使已经发布了任何发射或再入许可证，交通部仍然可以颁发试验发射或再入许可证。此类许可证的发布也不会使试验许可证失效。

该法案重申，交通部在监督和协调商业发射和再入活动时应当：

· 促进私营部门的商业空间发射和再入。

· 促进政府，州和私营部门参与加强美国的发射场地和设施建设。

· 保护美国的公共健康和安全、财产安全、国家安全利益和外交政策利益。

· 根据需要咨询包括美国国防部或 NASA 在内的其他执行机构，以提供商业空间发射许可要求的一致性应用。

交通部必须向国防部、NASA 和其他执行机构进行咨询，以识别和评估与所有运载火箭的商业发射或再入飞行器的商业再入的所有必要的相关要求，以保护美国的公共健康和安全、财产安全、国家安全利益和外交政策利益，并且：

· 确定一个机构的某个要求的满足是否可以使另一个机构的某个要求得到满足。

· 解决所有的不一致之处，并删除任何过时或重复的联邦要求或批准。

商业太空旅行的前景是如此光明，你最好戴上墨镜以免被晃到。见证商业航空未来的诞生、这一行业的快速成长、新的公司不断涌现，已有的公司也正在通过重塑自己来进入到这个新的市场，这些都令人兴奋不已。随着这一市场的发展，我们希望越来越多的安全工程从业者能够进入这一市场，应用本书中描述的众多思维方式和过程、技术、经验教训和经验来确保商业太空旅行飞行就像今天的商业航空飞行那样安全，甚至更安全。

18.6 总结

总之，这些特殊的主题向读者展示了来自公共互联网资源的安全数据，帮助你对不同来源的结果进行比较，从而作出关于未来新系统或产品设计的决定。如果某个安全设计功能在某个应用中表现出色，那么请考虑将这一技术应用到另一个应用中，从而有可能获得类似的好处。通过寻找研究数据的机会，你就有了创新的可能性。安全工程师应该利用创新，将来自一个应用领域的技术（如技术已经非常成熟并且被证明是有效的商业航空领域）转移到另一个应用领域中（如汽车行业），从而使该领域也能获得成熟技术带来的好处。通过创新，你就有可能走在所有人的前面，从技术上解决全世界面临的一些难题。如果这些全球性的问题会给人身安全带来风险，那么请考虑采取大胆、勇敢的步骤来理解问题并提供创新的解决方案。如果你的技术解决方案能够挽救人的生命，那么你就将成为一名英雄。我们鼓励你使用本书描述的各种技术来探索各种可能性，成为这样的英雄。

参考文献

[1] Negroni, C. , Why Airplanes Are Safe, Travel and Leisure Magazine, http://www. travelandleisure. com/articles/why – airplanes – are – safe (Accessed on August 9,2017).

[2] Is Commercial Aviation as Safe and Secure as We're Told? https://www. scientificamerican. com/article/is – commercial – aviation – as – safe – and – secure – as – we – re – told/(Accessed on August 9,2017).

[3] Airliner Accident Fatality Data from Aviation Safety Database,https://aviation – safety. net/(Accessed on August 9,2017).

[4] AirSafe Website,Key Information for Air Travelers,http://www. airsafe. com/events/last_15. htm(Accessed on August 9,2017).

[5] How Safe Is Air Travel? The Statistical Truth,https://thepointsguy. com/2015/02/how – safe – is – air – travel – the – statistical – truth/(Accessed on August 9,2017).

[6] Is 2014 the Deadliest Year for Flights? Not Even Close, CNN. com, http://www. cnn. com/interactive/2014/07/travel/aviation – data/(Accessed on August 9,2017).

[7] How Safe Is Air Travel? http://www. independenttraveler. com/travel – tips/travelers – ed/how – safe – is – air – travel(Accessed on August 9,2017).

[8] Boeing (2015) Statistical Summary of Commercial Jet Airplane Accidents, WorldwideOperations,1959 –2015,Boeing Commercial Airplanes,Seattle,WA.

[9] Ministry of Defense(2006)JSP553 Military Airworthiness Regulations,Edition 1,Change 5.

[10] Purton,L. and Kourousis,K. (2014)Military Airworthiness Management Frameworks:A Critical Review. Procedia Engineering,80,545 –564.

[11] Insurance Institute for Highway Safety(IIHS)Highway Loss Data Institute(HLDI) Website, http://www. iihs. org/iihs/topics/t/general – statistics/fatalityfacts/state – by – state – overview(Accessed on August 9,2017).

[12] National Highway Traffic Safety Administration (NHTSA) Website, https://www. nhtsa. gov/research – data(Accessed on August 9,2017).

[13] Fatalities in the United States, NHTSA's National Center for Statistics and Analysis, September 16, 2016, https://crashstats. nhtsa. dot. gov/#/(Accessed

on August 9,2017).

[14] National Highway Traffic and Safety Association(NHTSA),Preliminary Statement of Policy Concerning Automated Vehicles,May 13,2013.

[15] Ni,R. and Leung,J. ,(2014)Safety and Liability of Autonomous Vehicle Technologies,Massachusetts Institute of Technology(MIT),Boston,MA.

[16] Hackers Remotely Kill a Jeep on the Highway—With Me in It,http://www.wired.com/2015/07/hackers-remotely-kill-jeep-highway/(Accessed on August 9,2017).

[17] Ong, E. C. and Leveson, N. G. , Fault Protection in a Component - Based Spacecraft Architecture. Proceedings of the International Conference on Space Mission Challenges for Information Technology,Pasadena,July 2003.

[18] FAA commercial space transportation regulations, Chapter Ⅲ, Parts 400 to 460,ofTitle 14 Code of Federal Regulations(CFR),Federal Aviation Administration(FAA),Washington,DC.

[19] The Space Act, H. R. 2262, U. S. Commercial Space Launch Competitiveness Act SPACEAct of 2015(reference Wikipedia).

附录 A　危险检查单

电气

- 电击
- 灼伤
- 过热
- 点燃可燃物
- 意外激活
- 断电
- 配电反向馈电
- 影响操作安全的故障
- 爆炸/电气(静电)
- 爆炸/电气(电弧)

机械

- 锋利的边缘/点
- 旋转设备
- 往复式设备
- 夹伤点
- 提升重物
- 稳定性/倾倒的可能
- 弹出的部件/碎片
- 破碎的表面

气动压力/液压压力

- 压力过大
- 管道/容器/导管破裂
- 内爆
- 压力释放装置错位

- 动压载荷
- 压力缓释设置不当
- 回流
- 横流
- 液压油缸
- 意外释放
- 压力释放装置校准错误
- 吹破的物体
- 管/软管鞭
- 爆炸

加速/减速/重力

- 无意的动作
- 松动的物体发生平移
- 冲击
- 坠落的物体
- 碎片/抛射物
- 晃动的液体
- 滑倒/绊倒
- 坠落

极端温度

- 热源/热沉
- 热/冷表面烧伤
- 压力评估
- 密闭气体/液体
- 可燃性提高
- 挥发性提高
- 反应性提高
- 冷冻
- 湿度/水分
- 可靠性降低
- 改变了结构特性(例如脆化)

辐射(电离)

- 阿尔法
- 贝塔
- 中子
- 伽玛
- X - 射线

辐射(非电离)

- 激光
- 红外线
- 微波
- 紫外线

起火/可燃性 - 存在

- 燃料
- 点火源
- 氧化剂
- 推进剂

爆炸(引发物)

- 热
- 摩擦
- 冲击/震动
- 振动
- 静电放电
- 化学污染
- 闪电
- 焊接(杂散电流/火花)

爆炸(影响)

- 大火
- 爆炸超压
- 抛出的碎片

- 地震地面波
- 气象强化

爆炸(促进因素)

- 冷/热
- 振动
- 冲击/震动
- 低湿度
- 化学污染

爆炸(条件)

- 存在爆炸性推进剂
- 存在爆炸性气体
- 存在爆炸性液体
- 存在爆炸性蒸气
- 存在爆炸性粉尘

泄漏/溢出(材料条件)

- 液体/致冷剂
- 气体/蒸汽
- 粉尘 - 刺激
- 辐射源
- 可燃物
- 有毒物
- 活性材料
- 腐蚀性材料
- 光滑材料
- 有异味的材料
- 病原性
- 窒息性
- 溢流
- 径流
- 蒸汽传播

化学/水污染

- 系统交叉连接
- 泄漏/溢出
- 容器/管道/导管破裂
- 回流/虹吸效应

生理学(参见人体工程学)

- 极端温度
- 滋扰粉尘/气味
- 大气压力极端值
- 疲劳
- 提升重物
- 噪声
- 振动(雷诺综合征)
- 诱变剂
- 窒息剂
- 过敏原
- 病原菌
- 辐射(参见辐射)
- 冷冻剂
- 致癌物
- 致畸剂
- 毒素
- 刺激物

人为因素(参见人体工程学)

- 操作员错误
- 误操作
- 操作失败
- 操作过早/过晚
- 操作失序
- 正确的操作/错误的控制
- 操作时间太长

- 操作时间太短

人体工程学(参见人为因素)

- 疲劳
- 不可访问
- 不存在/不充分的“总开关”
- 眩光
- 不充分的控制/读数差异
- 不适当的控制/读数位置
- 错误/不充分的控制/读数标识
- 错误的工作站设计
- 不充分/不适当的照明

控制系统

- 停电
- 干扰(EMI/ESI)
- 潮湿
- 潜在电路
- 潜在软件
- 雷击
- 接地故障
- 意外激活

未经通知的公共事业设施中断

- 电力
- 蒸汽
- 加热/冷却
- 通风
- 空调
- 压缩空气/气体
- 润滑耗尽/下降
- 汽油
- 排气

常见原因

- 公用事业设施中断
- 水分/湿度
- 极端温度
- 地震干扰/影响
- 振动
- 溢流
- 粉尘/污垢
- 校准错误
- 起火
- 单算耦合
- 场所
- 辐射
- 耗损
- 维护错误
- 害虫/有害动物/泥蜂

意外情况(系统/操作人员对“异常”事件的紧急响应)

- “硬”关闭/失败
- 冷冻
- 起火
- 风暴
- 雹暴
- 公用事业设施中断
- 洪水
- 地震
- 雪/冰荷载

任务阶段

- 运输
- 交付
- 安装
- 校准

- 检验
- 适应新环境
- 激活
- 标准启动
- 紧急启动
- 正常运行
- 负载变化
- 耦合/解耦
- 压力下的操作
- 标准关机
- 紧急停机
- 诊断/故障排除
- 维护

参考文献

[1] Goldberg, B. E. , System Engineering "Toolbox" for Design - Oriented Engineers, NASA Reference Publication 1358, National Aeronautics and Space Administration, Marshall Space Flight Center, Huntsville, AL, 1994.

附录 B 系统安全性设计验证检查单

第 1 节:电气安全	验证	注释
◆商用货架设备◆ 1.1 商用货架设备(COTS)是否得到某个国家认可测试实验室(NRTL)的列名或是认证? 1.2 列名的商用货架设备在使用时是否符合制造商的手册、处于预期的环境,并且在列名的限制范围内? 1.3 设备的任何修改是否得到了该国家认可测试实验室的重新评估? 1.4 除了制造商手册中说明的内容外,列名的商用货架设备是否不再需要其他维护? ◆电击和电弧放电防护◆ 1.5 在设置、操作或拆卸设备时,是否提供了适当的保护,以免人员接触到危险电压(带电部件与接地之间的电压差 >30V)? 1.6 在维护期间和维护盖打开时,是否提供了适当的保护,以免人员接触到危险电压(带电部件与接地之间的电压差 >30V)? 1.7 如果对问题 1.6 的回答为"否",那么是否有旁路安全联锁装置,在拆除维护盖后关闭电气室内的所有电源? 1.8 对于 30 ~ 500V 的端子或类似设备,其外壳或防护装置上是否用橙底黑字显示了"警告,× × ×电压"标记? 1.9 装置内工作电势高于 500V 的部分是否完全采用外壳封闭,与装置的其他部分隔离,并且外壳带有不可旁路的安全联锁? 1.10 对于电势高于 500V 的外壳,是否以红底白字标有"危险,高电压,× × ×V"的字样? 1.11 对于通过电流可能大于 25A 的所有端子、导线等,是否采用了工具、可拆卸导电板和装置等方式来防止意外短路? 1.12 对于所有的高电压电路(大于 500V)和电容器(大于 30V 或大于 20J),是否能够在断电后 2s 内可靠、自动地放电到低于 30V/20J? 1.13 对于需要由维护人员测量的所有测试点,其电压是否被限制为低于 300V(测试点和可接触的不带电金属/接地之间)? 1.14 如果使用分压器来降低测试点电位,那么测试点和中性点(非地接)之间是否使用了两个电阻器?		

第1节:电气安全	验证	注释
1.15　如果要通过保护屏蔽中的孔来测量测试点的电压,那么是否标记了最大电压?		
1.16　带电部件和不带电金属部件之间是否有足够的空间,以防止短路或电弧放电?		
1.17　部件和组件是否适当固定,以防止因松动或旋转而导致短路或电弧放电?		
1.18　如果在设备通电时需要工具进行调整,那么间距和绝缘是否充分,以防止工具与带电部件接触?		
◆连接器和插头◆		
1.19　选择的用于多个电路/电压的连接器是否可以防止错配的情况?		
1.20　是否避免在很近距离内使用类似配置的连接器?		
1.21　如果在很近距离内使用了类似配置的连接器,那么插头和插座是否经过编码和标记,以清楚地标明匹配的连接器?		
1.22　插头和插座的设计是否可以在断开连接时防止电击和灼伤?		
1.23　断开连接时,插头是否断电?		
1.24　是否针对意外断开射频电缆时的电弧放电为操作员提供了保护?		
1.25　在额定值与标准额定值不同的情况下,所有的插座是否都标记了电压、电流强度、相位和频率特性?		
◆接线◆		
1.26　接线和绝缘是否适合预期的负载和工作电压?		
1.27　接线绝缘是否适合预期的环境、温度和/或可能接触的燃料、油脂或其他化学品?		
1.28　为防止冲击和火灾,是否以合适的方式对电线和电缆进行了支撑、保护和端接?		
1.29　通过开口、尖锐边缘附近和接近热表面时,接线是否受到保护?		
1.30　是否为导体和电线的终端提供了合适的应力消除装置,以防止应力传递到端子、接头或内部接线?		
1.31　如果用户可以接触到带有危险电压/电流的接线,那么接线是否带有第二道保护屏障(如带护套的电线、导管等)?		
1.32　单相导线是否采用颜色编码的黑色或其他方式明确标识?		
1.33　三相导线是否采用了如下的颜色编码:A 为黑色,B 为红色,C 为蓝色,或采用其他方式明确标识?		
1.34　直流电导线的颜色编码是否是正极为红色,负极为黑色?		
◆接地◆		
1.35　当设备通电时(不包括自供电设备),是否设备中的所有非载流金属部件和表面都处于接地电位?		
1.36　自供电设备的所有外表面是否都具有相同的电位?		
1.37　从各种设备点到接地的路径是否是连续的和永久的(铰链和滑轨不得作为接地路径)?		
1.38　维护人员可以接触到的内部组件的非载流部分是否接地?		

第1节:电气安全	验证	注释
1.39 容纳了仪表、断路器等的面板和门是否以可靠的方式接地,无论是处于关闭位置还是打开/移除位置($<0.1\Omega$)? 1.40 接地路径是否具有安全传导可能施加于其上的任何电流的能力? 1.41 接地路径的阻抗是否足够低,以限制电压降并允许过电流设备快速清除? 1.42 从设备连接点到接地的路径是否具有足够的机械强度,以尽可能地减少接地被意外断开的情况? 1.43 带有已接地导线(中性线)的电缆是否也带有设备接地导线(EGC),其端接方式与其他导线相同? 1.44 绝缘接地线的颜色编码是否为带或不带黄色条纹的绿色? 1.45 中性/已接地导体的彩色编码是否为白色或是天然灰色? 1.46 绿色和白色的颜色编码是否仅分别应用于接地和已接地导体? 1.47 电源附件是否自动插入接地设备? 1.48 当已接地的电源插头与插座配对时,接地插针是否第一个接通/最后一个断开? 1.49 非载流金属部件、接地线等(射频电缆屏蔽除外)是否未被用来完成电路? 1.50 接地线是否与电路分开,即除了电源外,没有连接到中性线? 1.51 如果设备的二次供电电路提供了中性点/接地连接点,那么它是否与主电源中性点/接地连接点相隔离,以防止出现接地回路? 1.52 在输电设备上是否提供了可以安装便携式短路杆(shorting rod)的接地螺栓? 1.53 对于通过很长的信号电缆与远程系统互连的设备,是否设有接地螺柱? 1.54 是否进行了测试,以验证设备(以及设备系统)是否允许小于5个测量指示单位(MIU)的残余漏电流在输入电压/频率的最不利条件下流入大地(如果系统可以从接地故障断路器(GFCI)保护电路供电,那么可以是3个测量指示单位)? 1.55 如果设备的泄漏电流过大,是否提供了冗余的EGC? ◆电源断开和开关◆ 1.56 是否提供了一种装置,能够在安装、更换或维修整个系统或任何外场可更换单元(LRU)时切断电源? 1.57 如果提供了一个主电源开关,那么它是否可以切断整个系统的所有电源? 1.58 开关是否位于前面板上,并且清晰可辨? 1.59 电源和控制开关的选择和位置是否可以防止设备的意外启动或停止? 1.60 是否提供了开关,可以在不断开设备其他部件的情况下停用机械驱动装置? 1.61 在设备上是否提供了电源/维护开关,从而可以远程启动或控制? 1.62 在维护时用来断电的开关上是否可以采用锁定/挂牌设备? 1.63 是否提供了保护措施,以防止意外接触到主电源开关的供电侧? 1.64 紧急控制装置是否容易访问并且可以清楚地识别?		

第 1 节:电气安全	验证	注释
◆联锁◆ 1.65　如果使用了安全联锁装置,那么联锁执行器是否是凹进的,或以其他方式防止意外接触? 1.66　安全联锁的电路是否被设计为故障安全的? 1.67　安全联锁的带电部分是否得到保护,防止意外接触? 1.68　如果使用了可旁路的安全联锁装置,那么在更换盖板或护罩后,它们是否会自动复位? 1.69　保安短路器联锁是否配有指示器,在激活时进行显示? ◆过载和过电流保护◆ 1.70　如果设备具有多种输入电源能力,或由具有多种电压输出能力的发电机供电,那么在连接到错误的输入电源/电压电平时,设备是否受到保护而不受损坏? 1.71　是否为初级电路提供了过电流和/或过载保护装置? 1.72　如果过电流保护装置与在电源接地的任何导体串联,那么该装置是否能够同时断开电路中的所有其他负载导线? 1.73　是否为多相电路提供了多极断路器,从而在任何一个相出故障的时候断开所有相? 1.74　如果断路器是用来给设备供电/断电的,那么它们是否是专门为此目的而设计的? 1.75　断路器在跳闸时,是否能够提供直观指示? 1.76　是否可以在不使用工具的情况下安全地拆除保险丝(没有暴露的带电部件)? 1.77　是否标注了保险丝的更换类型和额定值? 1.78　是否加入了电涌保护装置以保护用户和设备?		

第 2 节:机械安全	验证	注释
◆外壳和防护装置◆ 2.1　考虑到预期的环境和粗暴处理时的情况,设备的外壳是否经过适当设计,足以保护设备和人员? 2.2　设备开口和通风口的尺寸和位置是否可以防止有人接触到危险部件,并且能够防止物体掉入设备内部并接触到危险部件? 2.3　用于固定门和外围组件的紧固件的方法是否足够牢固,在正常使用过程中能够防止脱离? 2.4　是否能够避免因外露的齿轮、凸轮、风扇、皮带,拉索和其他活动部件造成障碍的危险? 2.5　设备外壳的材料和外壳上的开口是否能够限制火势蔓延? 2.6　开关和其他电气部件是否有足够的防水能力,以防止下雨或冲洗设备时有水进入?		

第2节:机械安全	验证	注释

2.7　设备的设计是否能够在安装、操作和维护时为人员提供充分、安全的访问(无障碍物)?

2.8　是否在必要的位置提供了“禁止踩踏”标记,以防止人身伤害和设备损坏?

◆止动器、限位器和联锁◆

2.9　自锁式或其他故障安全装置是否安装在可扩展和可折叠的结构中,如遮蔽物、千斤顶、桅杆和三脚架,以防止意外或偶然跌倒或掉落?

2.10　是否集成了可靠的止动器/限位器,以保护移动部件不会因过度伸展或驱动到固定部件而受到损坏?

2.11　如果在设备的装载、运输或维护期间使用了销或闩来固定可移动部件(即电动天线盘等),那么在销留下并且驱动机构被激活的情况下是否可以防止损坏?

2.12　门和抽屉以及相关的铰链、支架、滑块和挡块是否能彻底锁定或以其他方式固定,以防止在打开或关闭位置时意外移动?

◆夹伤点和尖锐的边缘◆

2.13　伸缩式梯子和装配的横档/部件之间是否留有足够的间隙,以防止出现夹伤点?

2.14　铰接支架和此类装置的设计和定位是否能够在调节过程中保证手指不会位于夹伤点?

2.15　是否避免出现尖锐的边角和突出部分?

2.16　安装的设备是否没有可能造成伤害的突出棱角?

2.17　处于打开位置时,门和盖子的边缘是否没有处于与眼睛同样的高度?

◆操作◆

2.18　根据下面的标准,设备的重量限制是否可以保证预期数量的用户/维护人员安全操作?

士兵数量	质量/磅
1	37
2	74
3	102
4	130

2.19　如果设备的重量超过的单个士兵操作的标准,那么在设备上是否贴有一个说明重量和提升要求的警示标签?

2.20　是否提供了合适的提手或手抓区域?

2.21　设备的尺寸和重量分布是否便于操作、移动和放置?

2.22　无论操作条件如何,在25℃的环境温度下,是否所有暴露部件的瞬间接触温度都满足金属小于60℃、玻璃小于68℃,或塑料/木材小于85℃?

第 2 节:机械安全	验证	注释
2.23　如果问题 2.22 的答案为“否”,那么热表面上是否提供了充分的标签,并采取措施防止意外接触? 2.24　对于需要长时间接触的地方(手柄,控制器等),那么无论操作条件如何,表面温度是否满足金属小于 49℃、玻璃小于 59℃,或塑料/木材小于 69℃? ◆其他◆ 2.25　考虑到设备的支撑方式、重心和斜率,在正常使用和有强风的情况下,设备是否容易保持直立状态? 2.26　起重机、千斤顶和其他此类设备的承重能力是否适合预期的荷载条件,而且设备上是否标明了荷载能力? 2.27　加压系统或组件是否配有泄压阀,能够向以安全的方式向安全的方向排出? 2.28　是否提供了可靠的方法来防止配件、联轴器、燃油、机油、液压和气动管线,以及机械连接的错配? 2.29　是否采取了措施来防止阴极射线管内爆造成的伤害? 2.30　是否所有的玻璃都是安全型玻璃?		

第 3 节:其他安全事项	验证	注释
3.1　系统的设计是否可以避免因操作员错误而造成的人身伤害或设备损坏? 3.2　设备的设计是否可以在危险环境中使用时避免意外着火的情况(适用于在爆炸性气体或蒸气,可燃粉尘或可燃纤维和飞花的空气条件下使用的设备)? 3.3　紧急控制装置是否易于访问并且被明确标识? 3.4　开关、指示器、面板仪器和控制装置是否有足够的标签,以防止因混淆而导致危险? 3.5　是否提供了声音/视觉警告装置,以警告人员即将发生危险,或指示可能导致人身伤害或设备损坏的故障? 3.6　是否针对安全关键性的指示提供了正确的颜色编码(绿色:开机、就绪;琥珀色:警告;红色:危险;白色:信息)? 3.7　关键警示灯和其他灯之间是否有足够的间隔? 3.8　声音警告信号是否与正常操作条件下的其他声音有所区别? 3.9　飞机电子设备(航空电子设备)的显示照明是否与夜视镜的使用兼容? 3.10　是否通过警告标签提示了与设备相关的所有机械、电气、化学和健康危险? 3.11　防护装置、盖子和屏障上是否有标记,说明如果拆除此设备可能会造成的危险? 3.12　标签的尺寸和位置是否明显,从而使用户在暴露于危险之前就能知道这一危险? 3.13　如果可能,标签的位置是否能够在移除隔离门或检修门的情况下仍然使标签得以保留?		

第 3 节:其他安全事项	验证	注释
3.14 警告标签是否符合系统规范中详细说明的标记、设计和颜色要求? 3.15 在其所贴设备的正常预期寿命和操作环境下,警告标签是否能持久? 3.16 是否针对安全联锁、分压器、电容器放电电路等安全关键性的电路建立起预防性维护检查和保养(PMCS)? 3.17 是否所有的维修程序都属于指定军事职业类别(MOS)的资格认证范围?		

第 4 节:健康危险	验证	注释
4.1 操作员和维护人员所在位置的噪声水平是否低于下列限值? 稳态,8h TWA: 85dBA 稳态,16g TWA: 82dBA 脉冲: 140dBP 4.2 如果在运行或维护过程中有可能超过安全噪音水平,那么设备上是否提供了适当的警告标签? 4.3 如果需要耳麦或耳机与设备一起使用,那么设备上是否提供了标签以警告用户将音量保持在最低可用水平? 4.4 设备(考虑到操作、维护、储存和/或处置)中是否没有危险或潜在危险的材料? 4.5 是否尽可能使用了无害的替代材料? 4.6 危险物质潜在暴露是否被控制为低于美国职业安全和健康管理局(OSHA)允许暴露限值(PEL)和/或美国政府工业卫生学家会议(ACGIH)阈值限值(TLV)的水平(以两者中更为严格的要求为准)? 4.7 是否能够防止有毒、腐蚀性或爆炸性烟雾或蒸汽的释放? 4.8 设备是否不含先进的复合材料(如纺织玻璃纤维、碳/石墨纤维、芳纶纤维、陶瓷纤维,复合基质)? 4.9 电缆、电线和其他部件的外壳是否不含玻璃纤维材料? 4.10 在正常操作期间,人员是否不需要长时间占用庇护所?如果答案为"否",请回答问题4.11~4.13。 4.11 是否提供了一个环境控制单元,能够将庇护所内的温度保持在65~85°F之间,以防止热或冷应激? 4.12 庇护所的空气温度在地板水平面和头部水平面之间的差异是否小于10°F? 4.13 庇护所内是否提供了足够的通风(20cfm/人的新鲜空气)? 4.14 如果有发电机和车辆需要在庇护所附近(小于25英尺)工作,那么是否进行了空气采样,以保证满足下面列出的柴油废气允许暴露极限(PEL)?		

第4节:健康危险	验证	注释
允许极限(PPM)		

物质	8h TWA	短时间暴露极限(STEL)
一氧化碳	25	N/A
甲醛	—	0.3
二氧化硫	2	5
丙烯醛	0.1	0.3
一氧化氮	25	N/A
二氧化氮	3	3

4.15 系统中是否不含绝缘材料(例如石棉、玻璃纤维、矿棉、聚苯乙烯泡沫、聚氨酯泡沫)?如果答案为“否”,那么在设备和技术手册中是否提供了适当的警告和/或保护措施?

4.16 是否提供了固定式灭火系统?如果答案为“是”,请说明类型、体积浓度,并回答问题4.17和4.18。

4.17 在释放灭火剂之前,是否会启动声音或视觉警报?

4.18 在释放灭火剂之前,是否留出了一定的时间?

4.19 系统中是否没有任何与健康有关的危险(振动、冲击、创伤、生物危险等)?

第5节:环境影响	验证	注释
5.1 物品或组件中是否不含美国联邦标准313、EPA(40CFR)、DOT(49CFR)、OSHA ACGIH或其他联邦法律、法规或标准所定义的危险或潜在危险物质?		
5.2 物品或组件是否不含溶剂、稀释剂或稀释液等反应性或易燃化学品?		
5.3 物品或组件是否不含毒素和致癌物质(如多氯联苯、单质汞、氧化铍、石棉等)?		
5.4 是否不含消耗臭氧化学品(ODC,即消耗臭氧层物质(ODS))、制冷剂气体、氯氟烃等?		
5.5 如果对问题5.1~5.4中任何一个问题的回答是“否”,那么是否已尽一切努力使用无害材料替代?		
5.6 是否填写了针对任何有害物质的材料安全数据表并提交给政府?		
5.7 设备中是否避免了电池的使用?如果答案为“否”,请完成第8节“电池安全”。		
5.8 系统中是否没有电离辐射源(放射性同位素等)?如果答案为“否”,请完成第6节“辐射安全”。所有放射性同位素,无论数量多少,都必须报告给陆军部。		
5.9 系统中是否没有非电离辐射源(射频、激光等)?如果答案为“否”,请完成第6节“辐射安全”。		
5.10 对于在维护过程中需要经常更换的所有组件,选择的组件是否可以无需特殊处理或处置?		

第 5 节:环境影响	验证	注释
5.11　是否已经识别那些具有重大经济废物利用或回收潜力的组件(贵金属、特殊合金等组件)?		
5.12　是否已经消除了所有违反联邦、州或地方法规的有可能形成或释放有害气体、蒸汽或烟雾的材料?		
5.13　系统的设计是否能够不释放燃烧产物、散发令人不快的气味,或产生空中悬浮颗粒物?		
5.14　是否消除了有毒或有害物质释放到土壤或地表或地下水中的可能性?		

第 6 节:辐射安全	验证	注释
6.1　对于功率密度超过以下限值的组件,是否提供了警告标签来说明微波辐射的危险范围?		

频率(f)/MHz	功率密度/(mW/cm^2)
<100	参见 DODI 6055.11
100 ~ 300	1.0
300 ~ 3000	$f/300$
3000 ~ 300000	10

第 6 节:辐射安全(续)	验证	注释
6.2　对于发射设备,如果天线可以在附近不带电金属物体上产生射频电流,那么在抓握不带电金属物体的条件下,通过相当于人体阻抗的最大电流是否被限制为以下值:对于($0.003 < f \leq 0.1\text{MHz}$),$I = 1000f\text{mA}$;对于($0.1 < f \leq 100\text{MHz}$),$I = 100\text{mA}$?		
6.3　是否对所有超过 10000V 的设备进行了 X 射线辐射评估?		
6.4　X 射线生成设备的屏蔽是否能够将人员辐照剂量减小到小于 2.0mR/h,且不超过 50mR/年?		
6.5　X 射线生成设备及其所在的组件是否标有 X 辐射危险警告标志?		
6.6　是否在任何零件或组件的设计和制造中都避免了任何数量放射性物质的使用?		
6.7　如果问题 6.6 的答案为“否”,那么制造商是否确定了每个组件/系统中使用的任何放射性材料的物理形态、同位素和数量?		
6.8　如果问题 6.6 的答案为“否”,那么制造商是否拥有针对放射性材料的适当授权(NRC 许可或 CECOM 授权)?		
6.9　光学产品(镜头、镜子、窗户、光纤等)中是否不含任何放射性物质?		
6.10　在含有放射性物质的所有部件或组件上是否贴有辐射标记和标签?		
6.11　对于所有的射频、紫外线、红外线、高能量可见光、激光和任何其他类型的危险辐射能源,是否已经识别和/或提供过滤器、护目镜或其他保护装置,并张贴了警告标志?		

第6节:辐射安全	验证	注释
6.12　如果使用了激光器,那么其输出功率是否被限制在能够满足性能要求的最低功率密度? 6.13　所有Ⅲ类和Ⅳ类激光器的光束出口和激光发射按钮(如果适用的话)附近是否贴有警告标签? 6.14　激光器是否符合系统规格中详细说明的联邦法规要求?如果答案为"否",请回答问题6.15~6.17。 6.15　是否通过合同办公室获得了军事豁免批准? 6.16　豁免的激光系统是否符合MIL-STD-1425A标准? 6.17　豁免的激光系统是否提供了永久警告标签进行告知?		

第7节:天线和桅杆	验证	注释
7.1　天线端子是否绝缘,以防止射频灼伤? 7.2　天线尖端的设计是否可以防止刺伤? 7.3　是否提供了标签,以警告不要接触架空电线? 7.4　在设计允许的情况下,天线是否配有隔直流电容器和/或涂有绝缘材料,以提供与架空电线的绝缘? 7.5　对于可能对维护人员造成机械射频危险的可远程操作天线,是否提供了锁定装置? 7.6　绞盘、可折叠部件、张紧器和其他类似的设备是否配有安全闩或类似装置,以防止意外坍塌、空转、或是拉索不受控的释放? 7.7　如果问题7.6的答案为"是",那么安全闩的设计是否可以防止无意或有意的旁路? 7.8　对于高度大于45英尺的桅杆,是否提供了某种装置(滑轮和绳索),从而可以将特定地点可能需要的警告信标升起? 7.9　是否提供了能够确保桅杆水平的装置? 7.10　拉索最短化是否会导致绊倒和"晾衣架"危险? 7.11　指定的组员数量是否可以安全设置和拆除天线桅杆? 7.12　在紧急情况、组件故障、积冰、或干扰时,是否有其他方法能够将桅杆恢复到安全状态? 7.13　是否确定了安全装配、拆卸和维护桅杆时的最大风速限制? 7.14　对于最坏情况的风荷载条件,是否选择了合适的天线桩尺寸,在所有土壤条件下都可以防止天线被拔出? 7.15　三脚架的设计是否可以保证在有任何腿下沉的情况下,在安装桅杆的过程中都可以随时安全地进行调节? 问题7.16~7.27是关于防雷充分性的。注意:如果天线桅杆是电气连续性的,则将其视为引下线。		

第7节:天线和桅杆	验证	注释
7.16 如果天线是作为天线接线端子的,那么其导电率是否等于或优于#3AWG实心铜?		
7.17 如果问题7.16的答案为“否”(例如碟形天线),那么天线是否位于天线接线端子尖端的45°锥形范围内?		
7.18 引下线是否等效于#3AWG实心铜,最小绞线尺寸为#17AWG?		
7.19 接头是否机械坚固且耐腐蚀?		
7.20 接头的电阻是否小于2英尺(0.6m)引下线($R=0.002\Omega$或更小——可忽略的电阻)?		
7.21 重复使用后,引下线是否可以保证没有弯曲或扭结?		
7.22 引下线是否已经尽可能地形成直线,且任何转弯半径为8英寸的转弯不小于90°?		
7.23 接地棒是否是直径至少为1/2英寸、8英尺长的铜包钢或等效材料?		
7.24 接地棒是否没有涂漆?		
7.25 在安装、存放、拆卸或操作过程中,天线桅杆的配置是否能够保证雷电保护系统的任何部件都不会受到机械损坏或磨损?		
7.26 如果桅杆是电气连续性的,并且是起到引下线的作用,那么接地螺柱是否充分?		
7.27 是否为天线接线端子提供了安全尖端护帽?		

第8节:电池安全	验证	注释
8.1 对于每种电池类型,请确定制造商、型号、化学成分、用途和使用的数量。		
8.2 电池是否在政府清单中?如果是,请指明电池的命名法(BA-xxx,BB-xxx等)和NSN。		
8.3 如果安装了非充电电池,那么设备是否能够防止给非充电电池充电?		
8.4 设备是否包含电压切断装置,以防止电池在使用或长期存放过程中过度放电?		
8.5 是否采用了相关的设计功能,以防止可充电电池在高温下的充电?		
8.6 是否采用了相关的设计功能,以防止可充电电池的过度充电?		
8.7 电池是否是封闭的,并采取了针对环境和机械冲击的保护措施?		
8.8 电池盒/外壳是否充分通风,以防止爆炸性气体的积聚?		
8.9 电池盒的设计是否能够防止任何泄漏的液体/气体进入主设备?		
8.10 导电电池盖的使用是否得到避免?		
8.11 如果电池盒装有不可充电的锂电池,它们的设计能够根据美国陆军通信电子司令部(CECOM)TB 7“电池盒设计”的要求,在猛烈的电池排气或破裂的情况下防止受伤或损坏?		
8.12 是否使用美国陆军通信电子司令部认证的测试仪器进行了测试,以验证问题8.11?		

第 8 节:电池安全	验证	注释
8.13　电池盒的朝向是否能够在电池排气时,保证气体或液体的喷出方向是远离用户的脸部和身体的? 8.14　电池端子周围是否提供了足够的间距/防护装置,以保证在电池附近使用工具工作时或是断开电池电缆时不会造成电气短路? 8.15　如果设备并联使用两节电池,那么是否采用了适当的电路来防止电池的反向或并联充电并限制电流消耗的不平衡? 8.16　是否采用了适当的机械或电气特性,以防止因插入尺寸相似、型号不同的电池而造成设备损坏?		

第 9 节:发电机	验证	注释
9.1　是否提供了一个主断路器,并将其置于一个易于访问的位置? 9.2　是否提供了带有适当指示器的以下保护装置,以防止操作员受伤和/或设备损坏:超速运行、过热、过压、过载和短路、机油压力过低和燃油液面过低? 9.3　是否提供了保安短路器开关,并放置于主控制面板上? 9.4　是否所有的电源连接点都清楚地标有端子信息和极性? 9.5　是否所有的插座都提供过电流保护以及接地故障断路器保护? 9.6　是否提供了合适的接地端子接线片来连接接地电极? 9.7　是否部署了与发电机组配套的军方认可的接地系统,是否为其提供了存储位置? 9.8　组件、导体和屏蔽的位置是否合适,以避免出现过热、电弧、短路和与运动部件接触的情况? 9.9　电池端子和电缆是否标有极性,并带有不导电的防护装置以防止意外短路? 9.10　在高压附近使用的工具(如负载端子扳手)是否充分绝缘? 9.11　燃料管路是否得到充分的支撑,并与带电电线和电缆分开? 9.12　通过金属孔的燃料管路是否有垫圈保护,并固定在框架构件上? 9.13　隔热和隔音材料是否采用了阻燃剂处理,不会产生有害烟雾,不受电池电解质或石油衍生物影响,能够本身保持其形状位置和一致性,或通过采用保持方法和可更换物来保持这种一致性? 9.14　如果在运行或维护过程中有可能超过安全噪音水平,那么设备上是否提供了适当的警告标签? 9.15　是否为发电机配备了 B/C 型干式化学灭火器? 请说明尺寸。 9.16　CARC 涂料是否仅用于不超过 400°F 的表面? 9.17　发电机的排气口的位置是否远离指定的操作员区域? 9.18　进气口与排气口之间是否有足够的距离? 9.19　燃油箱的设计和位置是否能够避免燃油泄漏或溢出而进入发动机、排气装置或电气设备中?		

第9节:发电机	验证	注释
9.20 燃油箱是否配备了浮阀,以防止从辅助燃油连接装置加油时燃油从燃油箱中溢出?		
9.21 如果辅助加油系统是集成的,那么是否提供了一条燃油管和简便油桶适配器,用于连接外部燃油容器?		
9.22 是否明显标记了整套设备的重心和重量?		
9.23 是否清楚标明了栓系和提升的位置?		
9.24 是否提供了吊环、吊索和叉车眼?		

第10节:庇护所和拖车的设备集成	验证	注释
10.1 车辆重量的分布是否适当,而且车辆是横向稳定的?		
10.2 庇护所/设备的重心(COG)是否位于牵引车的中心包络线?		
10.3 是否明显标记了重心和设备重量?		
10.4 系统重量(包括成员装备和拖车枢轴的重量)是否不超过牵引车的负载能力?		
10.5 车辆是否合格地通过了道路测试(如Munson道路测试)?		
10.6 与系统集成后,是否对牵引车的车速有所限制?		
10.7 对于分离的拖车,是否提供了充分的放置说明?		
10.8 是否提供了安全链,以防止拖车与拖曳车分离?		
10.9 提升环是否能够支撑庇护所和已安装设备的总重量?		
10.10 入口和出口是否没有障碍物阻挡?		
10.11 入口通道的梯子或台阶是否能够保证安全的进出?		
10.12 是否提供了紧急出口并进行标记?		
10.13 在高应力、零能见度情况下,紧急出口是否易于接近且易于操作?		
10.14 如果需要在庇护所顶部长时间工作,那么是否为庇护所的屋顶提供了梯子、防滑表面、以及护栏或保护链条?		
10.15 地板的表面是否是防滑的?		
10.16 是否在所有的区域都提供了充足的照明?		
10.17 墙壁、地板和天花板的紧固件是否足以防止设备脱落、掉落或意外移位?		
10.18 车辆移动时,附件的固定或存放是否可以防止损坏?		
10.19 如果设备具有多种输入电源能力,或由具有多种电压输出能力的发电机供电,那么在连接到错误的输入电源/电压电平时,设备是否受到保护而不受损坏?		
10.20 是否提供了军方认可的接地系统(接地棒、SWGK等)?		
10.21 已接地电路和接地电路是否在整个庇护所内(包括在电源面板的供电侧)保持隔离?		
10.22 如果提供了用于在不同电源之间切换的开关,那么已接地/中性导线是否也要切换,以避免接地回路?		
10.23 电源接入盒上是否有接地螺栓,是否有适当的识别?		
10.24 是否车辆/庇护所的外壳或框架的任何部分都没有作为交流接地路径?		

第 10 节:庇护所和拖车的设备集成	验证	注释
10.25　万用插座的接地引脚是否硬接线到庇护所/系统接地点? 10.26　所有电缆的电源和信号接入面板是否提供了雷电浪涌保护? 10.27　是否所有室外插座都带有接地故障断路器(GFCI)保护? 10.28　如果问题 10.27 的答案为“否”,那么没有带有接地故障断路器(GFCI)保护的每个室外插座的插座配置是否是专用的、不能用于其他应用,还是作为万用插座使用的? 10.29　整个系统的残余泄漏电流是否经过测试验证,证明残余泄漏电流小于 5mA(如果系统可以从带有接地故障断路器保护的电路供电,则为 3.5mA)? 如果是,请说明测量到的电流大小。 10.30　是否在庇护所入口处提供了一个主电源开关? 10.31　是否在远处的装配上提供了安全开关,以保护维护人员? 10.32　对于配电盘中可能超过 30V 或 20A 的端子、插头和其他暴露部件,是否提供了防护装置以防止维护期间暴露的情况下发生意外接触? 10.33　在存在发射设备和空间许可的条件下,是否提供了短路棒? 10.34　庇护所内的燃料管路是否尽可能的短? 10.35　庇护所内是否有加热器断油阀? 10.36　是否提供了燃油管和简便油桶的适配器,以连接外部油箱或容器? 10.37　是否为燃油管路和燃料源提供了适当的保护,以防止潜在的损坏和热源? 10.38　电池舱的设计是否能够防止庇护所内的气体积聚(即强制通风到外面)? 10.39　是否提供了警告装置,从而能够在电池通气盖或门关闭的情况下、或是通风扇无法工作的情况下给出警告? 10.40　车辆的排气装置是否与庇护所的开口有着充分的间隔,以避免一氧化碳在庇护所内堆积? 10.41　是否为电气设备提供了 B/C 型二氧化碳或干式化学灭火器,并将它们放置在庇护所的出口附近? 请说明其尺寸。 10.42　天花板、墙壁和其他与过道相邻的表面上是否没有容易因意外碰撞而破坏的电气组件和开关? 10.43　控制器、连接器或其他从走道突出或是位于脚部高度位置的部件是否得到保护,以免受到机械损坏? 10.44　在需要攀爬环、扶手,扶轨等装置的地方,是否提供了这些装置? 10.45　在有可能造成危险的地方,把手是否是凹陷而不是突出的? 10.46　设备发出的电磁干扰(EMI)是否会导致其他设备的性能下降或不稳定? 10.47　如果设备是安装在带有武器或炮塔的平台上,那么是否进行了测试,以确保电磁干扰不会导致不受控制的炮塔移动或武器无法发射? ◆移动中的操作◆ 10.48　庇护所是否是在系统静止的时候才会有人在里面和进行操作(不是在移动中操作)? 如果答案为“否”,请回答问题 10.49 ~ 10.59。		

第10节:庇护所和拖车的设备集成	验证	注释
10.49　是否为要求数量的使用者提供了适当的座椅和约束装置? 10.50　在崎岖的地形上驾驶时,设备的放置是否能够保证不会与人碰撞或擦碰? 10.51　如果需要经常观察和访问设备,那么操作员是否可以无需在座椅上扭转就可以做到,以免影响安全带的防护作用? 10.52　当车辆在崎岖的地形上行驶时,或是发生事故或翻车时,设备的安装是否牢固,以防止松动或移位? 10.53　庇护所中的用户是否可以随时与司机保持可靠的通信? 10.54　操作员是否可以在保持坐姿的状态下访问灭火系统、通信系统和其他关键控制装置? 10.55　是否能够保持足够的气流和温度控制?以及用户是否可以在保持坐姿的状态下访问ECU控制器? 10.56　是否避免使用锂二氧化硫电池等能够排出有毒气体的电池? 10.57　失去主电源时,是否有应急电源和照明可用? 10.58　是否为用户提供了充分的噪音防护? 10.59　对于有可能意外键入的关键指令,是否需要第二次确认操作?		

第11节:车辆驾驶室的设备集成	验证	注释
11.1　设备或互连电缆的放置是否可以避免对原有的控制、指示器或其他需要访问的设备和面板产生干扰? 11.2　主要出口和次要出口的路径中,是否能够避免设备或互连电缆造成绊倒、障碍或阻碍的危险? 11.3　设备的放置是否对台阶位置造成干扰? 11.4　设备的位置是否能够避免人员进出时被人踩踏或损坏? 11.5　设备的控制装置和开关是否得到保护,以免被意外启动? 11.6　对于有可能意外键入的关键指令,是否需要第二次确认操作? 11.7　为设备供电的导线是否配有适当的熔断器? 11.8　是否避免了电缆锐角转弯的情况? 11.9　是否避免了尖锐或突出的边缘、表面或边角,以免在设备操作或存储位置时这些部位造成人员受伤? 11.10　在崎岖的地形上驾驶时,设备的放置是否能够保证不会与人碰撞或擦碰? 11.11　在发生车祸或翻车时,设备的位置是否可以防止人员受伤? 11.12　设备的安装是否适当,当车辆在崎岖地形上行驶或发生事故或翻车时是否可以防止松动或移位? 11.13　安装硬件的设计和安装是否合理,以保证在设备拆除后,剩余的安装硬件不会对人员造成机械危险?		

第 11 节:车辆驾驶室的设备集成	验证	注释
11.14　是否避免了电磁干扰(EMI)导致其他设备的性能下降或运行不稳定的情况? 11.15　如果设备是安装在带有武器或炮塔的平台上,那么是否进行了测试,以确保电磁干扰不会导致不受控制的炮塔移动或武器无法发射? 11.16　所有的设备是否都适当地与底盘接地? 11.17　互连的电缆是否都排列整齐并系紧,以避免出现绊倒和造成阻碍的危险? 11.18　电缆扎带和粘合剂是否能够承受环境条件和野蛮操作? 11.19　铰接式或可调节的安装硬件是否能够避免夹伤危险? 11.20　安装螺钉和螺栓的尺寸是否合适,以避免从表面突出? 11.21　无论设备在任何位置安装和调整时,驾驶员通过驾驶员和乘客挡风玻璃的视野是否都不受遮挡?驾驶员是否可以清楚地看到所有镜子? 11.22　如果驾驶员的视线可能会被可调节的显示器或设备遮挡,那么设备是否可以与现有的车辆障碍物对齐,以尽量减少对视线遮挡的影响?是否提供了标签,警示驾驶员这样做?可调节支架的设计是否可以保证不会因车辆的运动和振动而逐渐移动/移位? 11.23　如果需要经常观察或访问设备,那么是否可以避免操作员做出会造成重复运动压力的扭转或其他动作? 11.24　如果需要经常观察或访问设备,那么操作员是否不需要在座椅上扭转就可完成操作,以免降低安全带在事故中的保护效果? 11.25　如果使用了夜视镜,那么在驾驶员使用夜视功能进行驾驶时,是否可以避免指示器或显示器的直接或反射光造成干扰? 11.26　设备的散热是否充分,以保证驾驶室内的温度不会显著增加? 11.27　如果设备不能随时从车辆上抛弃,那么是否避免使用能够排出有毒气体的电池(如锂二氧化硫电池)? 11.28　设备的位置是否不会让驾驶员转移注意力?		

第 12 节:转运箱安装的设备	验证	注释
12.1　如果转运箱中安置了商用货架设备,那么是否为这些设备提供了箱子打开时的额外保护? 12.2　电源线中是否集成了接地故障断路器保护? 12.3　是否提供了接地螺栓和绑定带,以允许箱体之间的绑定? 12.4　如果能够从距离电源 25 英尺之外的地方供电,那么是否提供了接地系统? 12.5　是否在前面板上带有过电流保护,并清楚地标明? 12.6　系统是否能够以适当的方式堆放或是紧固,以防倾倒? 12.7　如果在伸出的抽屉或盖子上施加重力,那么能否防止系统倾倒? 12.8　是否针对不平坦地形中的设置提供了调平系统? 12.9　腿或其他类似机构是否配有垫子,以防止在软土条件下出现下沉的情况?		

第 12 节:转运箱安装的设备	验证	注释
12.10 是否提供了足够的把手和警告标签,以便在转运箱盖子被拿开的情况下重新放置设备? 12.11 对于运输或存放朝向重要的情况,转运箱是否贴有“此面朝上”的标签? 12.12 是否为转运箱提供了减压阀?		

第 13 节:软件安全	验证	注释
13.1 系统或设备是否没有以下软件:(a)可能造成危险的软件;(b)用于控制危险过程或输出的软件;(c)对操作员作出安全决策所必须依赖的信息进行控制的软件。如果没有这些软件,则跳过第 13 节。 13.2 软件是否对所有的危险例程和输出有着充分控制? 13.3 软件是否允许操作员随时获得硬件控制权?如果答案为“是”,则跳过问题 13.4。 13.4 当涉及危险例程或输出时,软件是否允许操作员获得硬件控制权? 13.5 操作员是否能够获得必要信息,以便在不依赖软件生成信息的情况下做出安全决策?如果是,则跳过问题 13.6。 13.6 软件无法提供操作员作出安全决策所需信息的概率是否有着可接受的低水平? 13.7 软件引发危险严重危险的概率是否有着可接受的低水平? 13.8 任何输入或输出设备的故障是否会导致危险严重危险? 13.9 在电源故障或任何硬件组件(如主计算机)发生故障时,系统是否能够进入或恢复到安全状态?在发生这种事件的情况下,是否可以防止安全关键性数据的损坏? 13.10 是否已将所有遗留软件(包括操作系统和商业软件)作为整个系统的一部分进行测试,以确保其集成不会产生危险严重危险? 13.11 除了其他软件功能的测试外,是否针对特定软件测试识别了所有安全关键软件功能? 13.12 是否所有的软件安全分析、测试和危险消除的结果都已经正式记录,用于当前的考虑和未来的变更/升级? 13.13 如果系统会显示态势感知数据,那么是否使用了 MIL - STD - 2525 中描述的常见作战符号系统?是否避免对任何符号进行修改? 13.14 显示界面是否针对色盲用户的局限性进行了适当处理? 13.15 对于不可逆/破坏性的动作(归零),是否需要两个分离的输入? 13.16 操作员是否得到安全关键信息和警报的充分通知?		

参考文献

[1] US Army Communications – Electronics Command (CECOM) , System Safety DesignVerification Checklist, SEL Form 1183, February 2001.